21 世纪全国本科院校电气信息类创新型应用人才培养规划教材

物联网概论

主　编　王金甫　王　亮
副主编　胡冠宇　陈　明　施　勇

北京大学出版社
PEKING UNIVERSITY PRESS

内 容 简 介

全书较为全面地讲述了物联网基本知识、技术体系以及相关理论。本书首先对物联网进行了总的论述，介绍了物联网的起源、定义、体系结构、标准、关键技术和应用等。接下来对物联网的关键技术，如 EPC 和 RFID 技术、传感器技术、无线传感器网络技术、M2M 技术等进行了详细分章讲解。然后对物联网的通信技术进行了全面的论述，同时对与物联网密切相关的云计算、智能技术、安全技术也进行了深入的论述。本书图文并茂，在写作构思和结构编排上力争为读者提供全面、系统的讲述，使读者不仅对物联网有一个较为清晰的了解和认识，还能进一步地理解和掌握。

本书可作为物联网工程专业及其相关专业的教材，供需要掌握物联网基础知识的高年级本科生学习和研究生选读，还可作为希望了解物联网知识的企业管理者、科研人员、高等院校教师等读者朋友的参考用书。

图书在版编目(CIP)数据

物联网概论/王金甫，王亮主编．—北京：北京大学出版社，2012.12
（21 世纪全国本科院校电气信息类创新型应用人才培养规划教材）
ISBN 978-7-301-21439-8

Ⅰ.①物…　Ⅱ.①王…②王…　Ⅲ.①互联网络—应用—高等学校—教材②智能技术—应用—高等学校—教材　Ⅳ.①TP393.4②TP18

中国版本图书馆 CIP 数据核字（2012）第 243409 号

书　　　　名：	物联网概论
著作责任者：	王金甫　王　亮　主编
策 划 编 辑：	程志强
责 任 编 辑：	程志强
标 准 书 号：	ISBN 978-7-301-21439-8/TN · 0091
出 版 发 行：	北京大学出版社
地　　　　址：	北京市海淀区成府路 205 号　　　100871
网　　　　址：	http://www.pup.com　　　新浪官方微博:@北京大学出版社
电 子 信 箱：	pup_6@163.com
电　　　　话：	邮购部 62752015　发行部 62750672　编辑部 62750667　出版部 62754962
印 刷 者：	北京鑫海金澳胶印有限公司
经 销 者：	新华书店

787 毫米×1092 毫米　16 开本　21.25 印张　492 千字
2012 年 12 月第 1 版　　2012 年 12 月第 1 次印刷

定　　　价：42.00 元

前　言

互联网的热浪尚未退去，物联网的高潮又在形成。这波科技革命的浪潮不仅催生出一批新兴产业，更拓展出一片广阔的应用领域。由于在多个领域将引发一系列的飞跃，并将深刻地改变着全人类的生产与生活方式，物联网也因此成为独立的新兴战略性产业而备受世人关注。我国从政府到行业对此都予以高度的重视，温家宝视察无锡物联网产业研究院，政府将物联网列入《国家中长期科学技术发展规划（2006—2020 年）》，并发布了2050 年国家产业路线图等，都为促进物联网在我国的全面发展提供了有力的支持和保障。

在物联网这个新领域中，我国的技术研发还是比较早的，发展比较领先，所以我们应有充分的信心抢占这一新一代信息技术革命的制高点，为中国经济的发展、产业结构调整和提档升级做出新贡献。

科技发展，教育先行，推广普及物联网知识就是当前的要务之一。麦肯锡咨询公司认为，物联网将在信息采集分析、自动化与控制两大领域中，从精确跟踪、环境动态感知、传感驱动型决策控制、流程精优、优化资源消耗与复杂自治系统等六大方面发挥革命性的作用。可见，单从物联网涉及的知识范畴与结构来看，其涉及广泛而复杂的多学科领域，这也成为对物联网领域知识点作综合性、交叉性、均衡性和全面性的阐述难点之一。

为此，本书立足于面向物联网基础知识和重点应用，理论结合实际，较为全面地讲述了物联网基本知识、技术体系以及相关理论，对物联网的关键技术，如 EPC 和 RFID 技术、传感器技术、无线传感器网络技术、M2M 技术等进行了详细分章讲解，同时对与物联网密切相关的云计算、智能技术、安全技术也进行了深入的论述。本书图文并茂，在写作构思和结构编排上力争为读者提供全面、系统的讲述，使读者不仅对物联网有一个较为清晰的了解和认识，还能进一步地理解掌握。

本书共分 9 个章节，第 1 章对物联网进行概述，介绍物联网的发展史、物联网的一些基本概念、体系结构、标准体系、关键技术、应用和发展；第 2 章介绍传感器的基础知识、常用传感器简介、智能传感器介绍、MEMS 简介等；第 3 章介绍 EPC 和 RFID 技术；第 4 章介绍无线传感器网络；第 5 章介绍 M2M 的起源、标准、体系、应用模式、关键技术；第 6 章介绍物联网的通信技术，包括核心传输技术和接入技术；第 7 章介绍云计算的基本概念，论述云计算与物联网的联系，并详细讲述云计算的实现机制及相关技术；第 8 章介绍物联网的智能处理技术；第 9 章介绍物联网安全与管理技术。根据各章介绍的内容还配有相应习题。

为方便教师的教学，本书还配有教师用电子教案和各章节习题的答案。

本书由长春理工大学光电信息学院王金甫，长春工业大学王亮、胡冠宇、陈明和沈阳建筑大学施勇共同编写。王金甫编写了第 1 章、第 4 章和第 6 章的主要内容，王亮编写了第 5 章、第 7 章的主要内容；胡冠宇编写了第 8、9 章的主要内容；陈明编写了第 3 章的主要内容，施勇编写了第 2 章的主要内容。

本书具有如下特色。

（1）清晰完整的知识体系结构：全书以物联网体系结构为基础，按照"从上层到下层，从具体技术到方法论"的思路进行编写，便于读者从总体上把握物联网工程的知识内涵。

（2）深入浅出、易于理解：本书内容由浅入深，从具体的标签、传感器等技术到无线传感器网络、云计算、智能处理技术和安全技术等。

（3）具有较强的可读性和前沿性：本书加入大量的图表，图文并茂，便于阅读和理解；同时本书融入了最新的物联网知识、最近的物联网新闻以及优秀的教改成果。

本书可作为物联网工程专业及其相关专业的教材，供需要掌握物联网基础知识的高年级本科生学习，还可作为希望了解物联网知识的企业管理者、科研人员、高等院校教师等读者朋友的参考用书。

由于时间仓促，加之作者水平有限，不当之处在所难免，恳请读者不吝赐教。我们的E-mail 地址是 wangjinfu@mail. ccut. edu. cn。

编　者

2012 年 9 月

目　录

第 **1** 章
绪 论

教学目标

- 了解物联网的起源与发展现状
- 了解物联网标准体系
- 掌握物联网的相关概念
- 掌握物联网的体系架构
- 掌握物联网应用领域
- 理解物联网关键技术

教学要求

知 识 要 点	能 力 要 求
物联网起源与发展现状	(1) 了解物联网的由来 (2) 了解国内外物联网发展的现状
物联网的相关概念	(1) 掌握物联网的基本定义、特征与功能 (2) 理解物联网与其他网络的关系
物联网的体系架构	(1) 理解物联网分层思想 (2) 掌握每一层的功能
物联网关键技术	理解每一层所用的关键技术
物联网标准体系	(1) 理解制定标准的意义 (2) 理解物联网标准的总体划分思想 (3) 了解主要的物联网国际标准化组织 (4) 了解我国物联网的标准化工作
物联网应用领域	掌握物联网在各个领域中的应用

引例1

物联网实现了物理世界和信息世界的联接

从图 1.1 中人们可以看到 3 个世界：真实的物理世界、数字世界与连接两者的虚拟控制的世界。真实的物理世界与数字世界之间存在着物的集成关系；物理世界与虚拟控制的世界之间存在着描述物与活动之间的语义集成关系；数字世界与虚拟控制的世界之间存在着数据集成关系。三者之间的集成关系共同形成了物联网社会的知识集成关系。

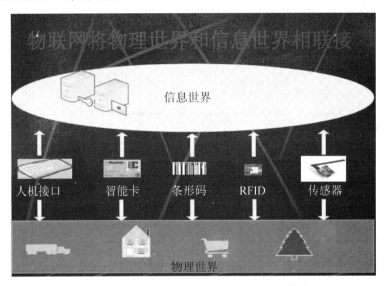

图 1.1　物联网将物理世界和信息世界联接

引例2

车 联 网

到上海世博会园区里的热门场馆——"上汽—通用汽车馆"，看一部科幻大片《2030》，就可以超前体验到具有"车联网"的汽车生活。在片中，2030 年的上海拥有 5 层立体交通网络。人们驾驶着 EN−V、叶子和海贝这 3 种未来车型出行，任何人都可以开车，车速飞快，而且在"车联网"的保护下实现了零交通事故率，堪称绝对安全。通过"车联网"，汽车具备了高度智能的车载信息系统，并且可以与城市交通信息网络、智能电网以及社区信息网络全部连接，从而可以随时随地获得即时资讯，并且做出与交通出行有关的明智决定。智能的"车联网"，甚至可以以"一键通"接通呼叫中心的形式帮助司机获取周边信息、寻找停车场，以及找到充电站完成充电。"车联网"借助无线通信，实现城市内车与车之间、车与建筑物之间，以及车与城市基础设施之间互联互通。这就如同一个蝙蝠定位系统，在接收到局部信息后，迅速地传递到范围更广的网络中，帮助交通系统将车流分配到不同的区域内。再加上高智能的车辆驾驶系统，车辆如深海中的鱼群快速地游动却彼此永不相撞。

引例3

智 能 家 居

它能够让你无论身居何处都能洞悉家中的任何风吹草动，哪怕是自来水管刚被冻裂，远在千里之外的你也能立即感知并可切断水阀，而不至于赶回家时已是满地狼藉。也可能一次匆忙的出差让你忘记了关窗户，当你坐上火车听到暴风雨预报想起这些时，你再也不必焦虑万分，你需要做的只是掏出手机切换到出差模式，窗户会自动关闭；雨过天晴，窗户又会自动打开通风透气，不致使你的居所开始滋生霉菌。

当然你更可以将你家的安全提示交给信任的网友，如果你想轻松旅行，那你只需关掉手机，将无线门、窗磁抽屉锁、人体入侵等安全信息分享至微博，家里的安全将得到更多人的关注，帮你看门护院的不仅是有限的几个物业保安，还有千千万万的网友，当然对于不请而入的不速之客其犯罪行为将暴露在整个互联网上，犯罪风险如此之高，犯罪分子肯定也会三思而行。

 ## 本章导读

2009 年 11 月 3 日，温家宝总理在人民大会堂向首都科技界发表了题为《让科技引领中国可持续发展》的讲话。他提出："要着力突破传感网、物联网关键技术，及早部署后 IP 时代相关技术研发，使信息网络产业成为推动产业升级、迈向信息社会的"发动机"。这篇讲话对我国物联网的发展目标提出了明确要求，把对物联网概念的研究推向了新的高潮。

本章将简要介绍物联网领域目前的研究状况，从物联网概念定义、发展历程、体系架构、技术标准、关键技术等角度，对物联网研究的核心问题、本质特色等进行阐述，并根据目前物联网标准发展情况，分析其应用领域，以达到推动物联网的未来发展和物联网工程专业及其相关学科学生研究、学习的目的。

"物联网"被称为继计算机、互联网之后，世界信息产业的第三次浪潮，专家认为，物联网一方面可以提高经济效益，大大节约成本；另一方面可以为经济发展提供技术推动力。物联网（Internet of Things，IOT）已被看成是信息领域的一次重大发展与变革，其广泛应用将在未来 5～15 年中为解决现代社会问题做出极大贡献。但整体而言，无论国内还是国外，物联网的研究和开发都还处于起步阶段，不同领域的专家、学者对物联网研究的起点各异，关于物联网的定位和特征的认识还未能统一，对于其框架模型、标准体系和关键技术都还缺乏清晰化的界定。

1.1 物联网起源与发展现状

1.1.1 物联网的由来

物联网概念最早出现于比尔·盖茨 1995 年的《未来之路》一书中，在书中，比尔·盖茨已经提及物联网概念，只是当时受限于无线网络、硬件及传感设备的发展，并未引起世人的重视。1998 年，美国麻省理工学院（MIT）创造性地提出了当时被称作 EPC 系统的"物联网"的构想。1999 年，美国 Auto-ID 首先提出"物联网"的概念，主要是建立在物品编码、RFID 技术和互联网的基础上。过去在我国，物联网被称为传感网。中科院早在 1999 年就启动了传感网的研究，并已取得了一些科研成果，建立了一些适用的传感网。同年，在美国召开的移动计算和网络国际会议提出了"传感网是下一个世纪人类面临的又一个发展机遇"的新思想。2003 年，美国《技术评论》提出传感网络技术将是未来改变人们生活的十大技术之首。

2005 年 11 月 17 日，在突尼斯举行的信息社会世界峰会(WSIS)上，国际电信联盟(ITU)发布了《ITU 互联网报告 2005：物联网》，正式提出了"物联网"的概念。报告指出，无所不在的"物联网"通信时代即将来临，世界上所有的物体从轮胎到牙刷、从房屋到纸巾都可以通过因特网主动进行交换。射频识别技术(RFID)、传感器技术、纳米技术、智能嵌入技术将得到更加广泛的应用。根据 ITU 的描述，在物联网时代，通过在各种各样的日常用品上嵌入一种短距离的移动收发器，人类在信息与通信世界里将获得一个新的沟通维度，从任何时间、任何地点的人与人之间的沟通连接扩展到人与物和物与物之间的沟通连接。

1.1.2 国内外物联网发展的现状

1. 物联网发展战略规划现状

当前，国际国内社会普遍面临经济、社会、安全、环境等问题带来的挑战，低碳经济、节能减排、气候、能源等问题日益受到关注。美国、欧盟、日本、韩国等国家和组织纷纷制定了各自的信息技术战略发展规划，物联网在这些战略规划中具有举足轻重的地位。在我国，物联网已被确定为五大新兴国家战略产业之一。图 1.2 是中外国家领导人在物联网战略规划方面提出的概念。

温总理：感知中国　　　　　　奥巴马：智慧地球　　　　　　戈尔：数字地球

图 1.2　中外领导人在物联网战略规划方面提出的概念

1) 美国"智慧地球"战略

美国在世界上率先开展传感器网络、RFID、纳米技术等物联网相关技术的研究。2008 年美国国家情报委员会发布报告，将物联网列为 6 项"2025 年前潜在影响美国国家利益"的颠覆性民用技术之一。

"智慧地球"概念最初由美国 IBM 公司提出，2009 年得到上台伊始的美国总统奥巴马的积极回应，物联网被提升为一种战略性新技术，全面纳入到智能电网、智能交通、建筑节能和医疗保健制度改革等经济刺激计划中。IBM 公司的"智慧地球"市场策略在美国获得成功，随后迅速在世界范围内被推广。

IBM 将"智慧地球"的构建归纳为 3 个步骤，一是完成部署，二是实现互联，三是使其智能。"智慧地球"的特征在我国推广时被进一步归纳为"更透彻的感知"、"更全面的互联互通"和"更深入的智能化"。

IBM 公司围绕"智慧地球"的策略推出了涵盖智慧医疗、智慧城市、智慧电力、智慧铁路、智慧银行等一揽子解决方案，包括基于系统的观念构建智慧地球的方案，力求在物联网这一新兴战略性领域和市场占据有利地位。

2) 欧盟物联网发展计划

2009 年 6 月欧盟委员会发布物联网发展规划，给出了未来 5～15 年欧盟物联网发展的基础性方针和实施策略。该规划中对物联网的基本概念和内涵进行了阐述，指出物联网不能被看成是当今互联网的简单扩展，而更应该是包括许多独立的、具有自身基础设施的新系统(也可以部分借助于已有的基础设施)。同时，物联网应该与新的服务共同实现。规划中指出，物联网应当包括多种不同的通信连接方式，如从物到物、从物到人、从机器到机器等，这些连接方式可以建立在网络受限或局部区域，也称为以面向公众可接入的方式建立。物联网需要面临规模(Scale)、移动性(Mobility)、异构性(Heterogeneity)和复杂性(Complexity)所带来的技术挑战。这份规划还对物联网发展过程中涉及的主要问题，如个人数据隐私和保护、可信和安全、标准化等进行了对策分析。

与物联网发展规划相呼应，欧盟在其第七科技框架计划下的信息通信技术、健康、交通等多个主题中实施物联网相关研究计划，目的是在物联网相关科技创新领域保持欧盟的领先地位。

3) 日本"I-Japan"及韩国"U-Korea"战略规划

作为亚洲乃至世界信息技术发展强国，日本和韩国均制定了各自的信息技术国家战略规划。

2009 年 7 月，在之前"e-Japan"、"U-Japan"战略规划的基础上，日本发布了面向 2015 年的"I-Japan"信息技术战略规划，其目标之一就是建立数字社会，实现泛在、公平、安全、便捷的信息获取和以人为本的信息服务，其内涵和实现物理空间与信息空间互联融合的物联网相一致。以医疗和健康领域为例，"I-Japan"计划通过信息技术手段实现了高质量的医疗服务和电子医疗信息系统，并建立了基于医疗健康信息的以实现全国范围流行病研究和监测的系统。

早在 2006 年，韩国就制定了"U-Korea"规划，其目标是通过 IPv6、USN(Ubiquitous Sensor Network)、RFID 等信息网络基础设施的建设建立起泛在的信息社会。为实现这一目标，韩国启动了名为"IT839"的战略规划。

"U-Korea"分为发展期和成熟期两个执行阶段。发展期(2006—2010 年)以基础环境建设、技术应用以及 U 社会制度建立为主要任务，成熟期(2011—2015 年)以推广 U 化服务为主。目前，韩国的 RFID 发展已经从先导应用开始转向全面推广，而 USN 也已进入实验性应用阶段。

4) 中国"感知中国"计划

我国现代意义的传感器网络及其应用研究几乎与发达国家同步启动，首次正式在 1999 年中国科学院《知识创新工程试点领域方向研究》的信息与自动化领域研究报告中提出，并作为该领域的重大项目之一。中国科学院和国家科学技术部在传感器网络方向上，陆续部署了若干重大研究项目和方向性项目。

经过 10 多年的发展，我国传感器网络研究领域已取得了阶段性进步。2009 年 8 月 7 日，温家宝总理在中国科学院无锡高新微纳传感网工程技术研发中心考察时指出，要大力发展传感网，掌握核心技术，并指出"把传感系统和 3G 中的 TD 技术结合起来"。

在 2009 年 11 月 3 日，温家宝总理在《让科技引领中国可持续发展》的讲话中，再次

提出"要着力突破传感网、物联网关键技术，及早部署后 IP 时代相关技术研发，使信息网络产业成为推动产业升级、迈向信息社会的'发动机'"。

2009 年 11 月 13 日，国务院批复同意《关于支持无锡建设国家传感网创新示范区（国家传感信息中心）情况的报告》，物联网被确定为国家战略性新兴产业之一。

2010 年，《政府工作报告》指出，要加快物联网的研发应用，抢占经济科技制高点。至此，"感知中国"计划正式上升至国家战略层面。

2010 年 6 月 5 日，胡锦涛总书记在两院院士大会上讲话指出，当前要加快发展物联网技术，争取尽快取得突破性进展。"感知中国"计划进入战略实施阶段，中国物联网产业发展面临着巨大机遇。

2. 物联网产业总体现状

总体上看，物联网作为新兴产业，目前正处于产业化初期，大规模产业化与商业化时代即将到来。欧洲智能系统集成技术平台（EPOSS）在《Internet of Things in 2020》报告中分析预测，未来物联网的发展将经历 4 个阶段，2010 年之前 RFID 被广泛应用于物流、零售和制药领域，2010—2015 年物体互联，2015—2020 年物体进入半智能化，2020 年之后物体进入全智能化。

我国在这一新兴领域自 20 世纪末与国际同时起步，具有同等水平，部分达到领先，如何将技术优势快速转化为国际产业优势，是我国面临的严峻挑战。

在物联网产业化进程方面，由于物联网应用众多、环境差异大、物物互联系统异构性、用户需求和市场培育速度等诸多因素，当前物联网在成果转化和技术熟化方面存在的主要问题见表 1-1。

表 1-1 当前物联网在成果转化和技术熟化方面存在的主要问题

1	在物联网产品开发环境方面，缺乏物联网产品开发和工程化平台，如物联网设计与仿真平台、样本数据库平台、专用测试平台等的缺乏，限制了物联网各研发机构对核心技术的成果转化，降低了科研成果转化率
2	在物联网产品测试方面，缺乏规范的测试平台，难以批量化生产，生产类测试、工艺类测试、功能类测试、性能类测试等规范化物联网测试环境缺乏，使得绝大多数的物联网相关设备没有达到批量化生产的要求，从而严重制约了产业化的发展进程
3	在物联网应用示范方面，缺乏物联网多行业应用的集成示范平台，物联网应用场景多种多样，并且行业要求各异，在各应用领域内建立完整系统的解决方案有待进一步推进
4	在物联网标准化方面，缺乏统一的标准体系，难以形成明确的市场分工
5	在物联网产品认证方面，缺乏具有行业公信力的认证机构；物联网系列标准认证是促进物联网大规模应用推广和建立完整、规范的产业链的重要基础。物联网国际、国内标准仍在进一步制定中。因此，物联网行业内的各类机构仍处于粗放式的发展过程中。缺乏具有行业公信力的认证机构的认证，使得产品难以被社会接受，更加难以规模化推广
6	在物联网系统集成和商业模式方面，缺乏较成熟和规模化的发展模式。由于物联网具有多样的应用场景，因此在规模化发展模式设计时应当基于共性的应用需求，在此基础上再通过成熟的商业模式真正实现物联网的规模化应用和发展

1.2 物联网的相关概念

随着信息领域及相关学科的发展，相关领域的科研工作者分别从不同的方面对物联网进行了较为深入的研究，物联网的概念也随之有了深刻的改变，但是至今仍没有提出一个权威的、完整和精确的物联网定义。

1.2.1 物联网的基本定义、特征与功能

目前，不同领域的研究者对物联网的思考所基于的起点各异，对物联网的描述侧重于不同的方面，短期内还没有达成共识。下面给出几个具有代表性的物联网定义。

概念1(MIT 麻省理工学院，1999)：物联网把所有物品通过射频识别技术和条码等信息传感设备与互联网连接起来，实现智能化识别和管理功能的网络。

概念2(ITU 国际电信联盟，2005)：将各种信息传感设备，如射频识别装置、各种传感器节点等，以及各种无线通信设备与互联网结合起来形成的一个庞大、智能网络。

概念3(2010)：物联网是指通过射频识别(RFID)、红外感应器、全球定位系统、激光扫描器等信息传感设备，按照约定的协议，把任何物品与互联网连接起来，进行信息交换和通信，以实现智能化识别、定位、跟踪、监控和管理的一种网络。它是在互联网基础上延伸和扩展的网络。

从上面的定义可以看出，物联网就是物物相连的互联网。这里有两层意思：第一，物联网的核心和基础仍然是互联网，是在互联网基础上的延伸和扩展的网络；第二，其用户端延伸和扩展到了任何物品与物品之间，进行信息交换和通信。

概念1、2、3的描述基本差不多，都是通过感知和识别设备把物品(包括动物和人)通过网络连接起来，形成一个智能的网络。当然概念3要比概念1和2描述得更加清晰和全面一些，所以是当前比较公认的定义。

除了以上给出的定义外，还有其他的一些定义，本书比较认可的定义有如下两个，一个是2011年4月，在北京召开的第二届物联网大会上，北京邮电大学计算机学院的马华东教授提出了一个物联网的定义，描述如下："物联网是一个基于互联网、传统电信网等信息承载体，让所有能够被独立寻址的普通物理对象实现互联互通从而提供智能服务的网络。"再如网络技术研究中心徐勇军提出的"物联网是把传感器与传感器网络技术、通信网与互联网技术、智能运算等技术融为一体，实现全面感知、可靠传送、智能处理为特征的、连接物理世界的网络。"

尽管关于物联网的定义众说纷纭，但人们对物联网应该具备的三大特征却达成了共识，即全面感知、可靠传送、智能处理，见表1-2。

表1-2 物联网的特征

全面感知	利用射频识别、二维码、传感器等感知、捕获、测量技术随时随地对物体进行信息采集和获取
可靠传送	通过将物体接入信息网络，依托各种通信网络，随时随地进行可靠的信息交互和共享
智能处理	利用各种智能计算技术，对海量的感知数据和信息进行分析并处理，实现智能化的决策和控制

从产业角度看，物联网产业链可以细分为信息获取、信息传输、信息处理和信息施效4个环节，为了更清晰地描述物联网的关键环节，围绕信息的流动过程，可以抽象出物联网的信息功能模型，如图 1.3 所示。

（1）信息获取功能。包括信息的感知和信息的识别，信息感知指对事物状态及其变化方式的敏感和知觉；信息识别指能把所感受到的事物运动状态及其变化方式表示出来。

（2）信息传输功能。包括信息发送、传输和接收等环节，最终完成把事物状态及其变化方式从空间（或时间）上的一点传送到另一点的任务，这就是一般意义上的通信过程。

（3）信息处理功能。指对信息的加工过程，其目的是获取知识，实现对事物的认知以及利用已有的信息产生新的信息，即制定决策的过程。

（4）信息施效功能。指信息最终发挥效用的过程，具有很多不同的表现形式，其中最重要的就是通过调节对象事物的状态及其变换方式，使对象处于预期的运动状态。

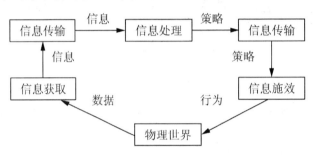

图 1.3 物联网信息功能模型

1.2.2 物联网与其他网络的关系

1. 物联网与互联网、移动互联网的关系

不同的专家对物联网与互联网的关系分别给出了不同的理解，也就是说，专家们还存在着不同的观点。但从当前物联网的现状和今后一定时期的发展来看，本书认为物联网应是互联网的一部分同时又是对互联网的补充。

说它是一部分是因为物联网并不是一张全新的网，实际上早就存在了，它是互联网发展的自然延伸和扩张。互联网是可包容一切的网络，将会有更多的物品加入到这张网中。也就是说，物联网包含于互联网之内。说它是对互联网的补充，是因为我们通常所说的互联网是指人与人之间通过计算机结成的全球性的网络，服务于人与人之间的信息交换。而物联网的主体则是各种各样的物品，通过物品间传递信息从而达到最终服务于人的目的，两张网的主体不同。所以物联网是互联网的扩展和补充，物联网与互联网是相对平等的两张网。如果把互联网比作是人类信息交换的动脉，那么物联网就是毛细血管，两者相互连通，是互联网的有益补充。

随着业务技术的发展，物联网与互联网走向移动是必然的发展趋势，同时随着物联网的移动也给移动互联网提出了新的要求，如庞大数量的终端、稀疏传输、地址与标识、安全与计费等。这些都是移动互联网要解决的问题。

2. 物联网与传感器网络、泛在网络的关系

1) 传感器网络

ITU—TY.2221 建议中定义传感器网是包含互联的传感器节点的网络,这些节点通过有线或无线通信交换传感数据。传感器节点是由传感器和可选的能检测处理数据及联网的执行元件组成的设备;而传感器是感知物理条件或化学成分并且传递与被观察的特性成比例的电信号的电子设备。传感器网络与其他传统网络相比具有显著特点,即资源受限、自组织结构、动态性强、应用相关、以数据为中心等。以无线传感器网络为例,一般由多个具有无线通信与计算能力的低功耗、小体积的传感器节点构成;传感器节点具有数据采集、处理、无线通信和自组织的能力,协作完成大规模复杂的监测任务;网络中通常只有少量的汇聚(Sink)节点负责发布命令和收集数据,实现与互联网的通信;传感器节点仅仅感知到信号,并不强调对物体的标识;仅提供局域或小范围内的信号采集和数据传递,并没有被赋予物品到物品的连接能力。

2) 泛在网络(Ubiquitous Networking)

ITU-TY.2002 建议中将泛在网络描述为,在服务预订的情况下,个人和/或设备无论在何时、何地、何种方式都能以最少的技术限制接入到服务和通信的能力。简单地说,泛在网络是指无所不在的网络,可实现随时随地与任何人或物之间的通信,涵盖了各种应用;是一个容纳了智能感知/控制、广泛的网络连接及深度的信息通信技术(ICT)应用等技术,超越了原有电信范畴的更大的网络体系。泛在网络可以支持人到人、人到对象(如设备和/或机器)和对象到对象的通信。图 1.4 描述了泛在网络下不同的通信类型。从图 1.4 可见,人与物、物与物之间的通信是泛在网络的突出特点。

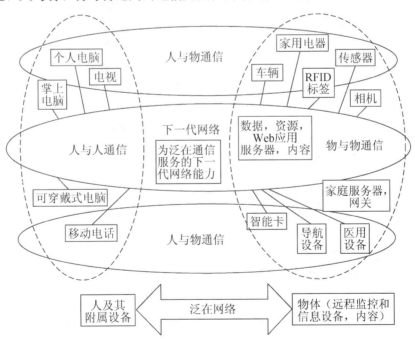

图 1.4 泛在网络通信类型

3) 三者之间的区别与联系

基于上述对物联网、传感器网络以及泛在网络的定义及各自特征的分析,物联网与传感器网络、泛在网络的关系可以概括为,泛在网络包含物联网,物联网包含传感器网,如图 1.5 所示。从通信对象及技术的覆盖范围看:①传感器网是物联网实现数据信息采集的一种末端网络。除了各类传感器外,物联网的感知单元还包括如 RFID、二维码、内置移动通信模块的各种终端等;②物联网是迈向泛在网络的第 1 步,泛在网络在通信对象上不仅包括物与物、物与人的通信,还包括人与人的通信,而且泛在网络涉及多个异构网的互联。

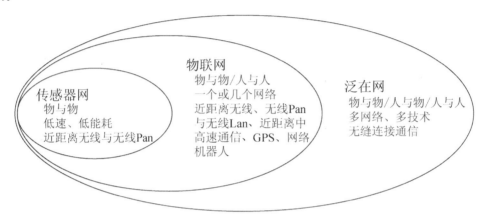

图 1.5　传感网、物联网和泛在网络的关系

当然也不能把物联网与互联网、移动互联网、传感器网络和泛在网络的关系看成是固定的,随着网络的发展,这种关系可能会发生变化,所以要用动态发展的眼光看待它们之间的关系。

1.3　物联网的体系结构

前面介绍了与物联网相关的概念,分析、比较了物联网的典型定义,讨论了物联网与其他网络的关系。然而,要彻底、清晰地认识物联网,离不开从体系架构和技术发展的角度了解物联网的系统组成。

物联网作为一种形式多样的聚合性复杂系统,涉及了信息技术自上而下的每一个层面,其体系架构一般可分为感知层、网络层、应用层 3 个层面,如图 1.6 所示。其中,公共技术不属于物联网技术的某个特定层面,而是与物联网技术架构的 3 层都有关系,它包括标识与解析、安全技术、网络管理和服务质量(QoS)管理等内容。

感知层:解决对物理世界的数据获取的问题,从而达到对数据全面感知的目的。由数据采集子层、短距离通信技术和协同信息处理子层组成。数据采集子层通过各种类型的传感器获取物理世界中发生的物理事件和数据信息,例如,各种物理量、标识、音视频多媒体数据。物联网的数据采集涉及传感器、RFID、多媒体信息采集、二维码和实时定位等技术。短距离通信技术和协同信息处理子层将采集到的数据在局部范围内进行协同处理,

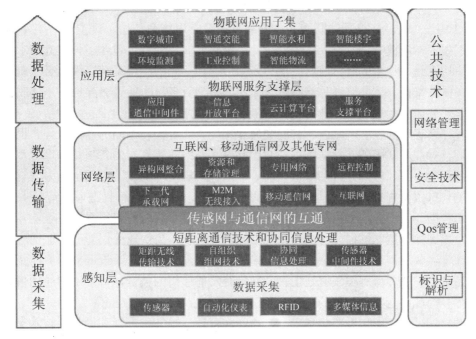

图 1.6 物联网的体系结构

以提高信息的精准度，降低信息冗余度，并通过具有自组织能力的短距离传感网接入广域承载网络。感知层中间件技术旨在解决感知层数据与多种应用平台间的兼容性问题，包括代码管理、服务管理、状态管理、设备管理、时间同步、定位等。在有些应用中还需要通过执行器或其他智能终端对感知结果做出反应，实现智能控制。该部分除 RFID、短距离通信、工业总线等技术较为成熟外，尚需研制大量的物联网特有的技术标准。

网络层：主要通过网络对数据进行传输。网络层将来自感知层的各类信息通过基础承载网络传输到应用层，包括移动通信网、互联网、卫星网、广电网、行业专网，及形成的融合网络等。根据应用需求，可作为透传的网络层，也可升级以满足未来不同内容传输的要求。经过 10 余年的快速发展，移动通信、互联网等技术已比较成熟，在物联网的早期阶段基本能够满足物联网中数据传输的需要。网络层主要关注来自于感知层的、经过初步处理的数据经由各类网络的传输问题。这涉及智能路由器，不同网络传输协议的互通、自组织通信等多种网络技术。其中，全局范围内的标识解析将在该层完成。该部分除全局标识解析外，其他技术较为成熟，以采用现有标准为主。

应用层：利用云计算、模糊识别等智能计算技术，解决对海量数据的智能处理问题，达到信息最终为人所用的目的。应用层主要包括物联网服务支撑层和物联网应用子集层。物联网的核心功能是对信息资源进行采集、开发和利用，因此这部分内容十分重要。服务支撑层的主要功能是根据底层采集的数据，形成与业务需求相适应、实时更新的动态数据资源库。该部分将采用元数据注册、发现元数据、信息资源目录、互操作元模型、分类编码、并行计算、数据挖掘、数据收割、智能搜索等各项技术，急需重点研制物联网数据模型、元数据、本体、服务等标准，开展物联网数据体系结构、信息资源规划、信息资源库设计和维护等技术；各个业务场景可以在此基础上，根据业务需求特点，开展相应的数据资源管理。业务体系结构层的主要功能是根据物联网业务需求，采用建模、企业体系结构、SOA 等设计方法，开展物联网业务体系结构、应用体系结构、IT 体系结构、数据体系结构、技术参考模型、业务操作视图设计。物联网涉及面广，包含多种业务需求、运营模式、应用系统、技术体制、信息需求、产品形态均不同的应用系统，因此必须统一、系统的业务体系结构，才能够满足物联网全面实时感知、多目标业务、异构技术体制融合等需求。各业务应用领域可以对业务类型进行细分，包括绿色农业、工业监控、公共安全、城市管理、远程医疗、智能家居、智能交通和环境监测等各类不同的业务服务，根据业务需求不同，对业务、服务、数据资源、共性支撑、网络和感知层的各项技术进行裁剪，形成不同的解决方案，该部分可以承担一部分呈现和人机交互功能。应用层将为各类业务提供统一的信息资源支撑，通过建立、实时更新可重复使用的信息资源库和应用服务资源库，使得各类业务服务根据用户的需求随需组合，使得物联网的应用系统对于业务的适应能力明显提高。该层能够提升对应用系统资源的重用度，为快速构建新的物联网应用奠定基础，满足在物联网环境中复杂多变的网络资源应用需求和服务。该部分内容涉及数据资源、体系结构、业务流程类领域，是物联网能否发挥作用的关键，可采用的通用信息技术标准不多，因此尚需研制大量的标准。

除此之外，物联网还需要信息安全、物联网管理、服务质量管理等公共技术支撑，以采用现有标准为主。在各层之间，信息不是单向传递的，是有交互、控制等，所传递的信息多种多样，其中最为关键的是围绕物品信息，完成海量数据采集、标识解析、传输、智能处理等各个环节，与各业务领域应用融合，完成各业务功能。因此，物联网的系统架构和标准体系是一个紧密关联的整体，引领了物联网研究的方向和领域。

1.4　物联网的关键技术简介

在物联网的概念没有提出之前，一些技术已经出现和使用，这些技术的不断进步、演变催生了物联网的出现。物联网不是一门技术或一项发明，而是过去、现在和将来多项技术的高度集成和创新。1.3 节中描述的物联网分为 3 层，分别为感知层、网络层、应用层，下面就对每一层使用的主要技术加以介绍。

RFID 即射频识别，俗称电子标签，可以快速读写、长期跟踪管理，被认为是 21 世纪最有发展前途的信息技术之一。作为一种自动识别技术，RFID 通过无线射频方式进行非接触双向数据通信对目标加以识别，与传统的识别方式相比，RFID 技术无须直接接触、无须光学可视、无需人工干预即可完成信息输入和处理，且操作方便快捷。它能够广泛应用于生产、物流、交通、运输、医疗、防伪、跟踪、设备和资产管理等需要收集和处理数据的应用领域，并被认为是条形码标签的未来替代品。

EPC(Electronic Product Code)即产品电子代码，1999 年由美国麻省理工学院教授提出。EPC 的载体是 RFID 电子标签，并借助互联网来实现信息的传递。EPC 旨在为每一件单品建立全球的、开放的标识标准，实现全球范围内对单件产品的跟踪与追溯，从而有效提高供应链管理水平，降低物流成本，是一个完整的、复杂的、综合的系统。

ZigBee 技术是一种近距离、低复杂度、低功耗、低速率、低成本的双向无线通信技术。它主要用于短距离、低功耗且传输速率不高的各种电子设备之间进行数据传输以及典型的有周期性数据、间歇性数据和低反应时间数据传输的应用。与蓝牙技术类似，它是一种新兴的短距离无线技术，用于传感控制应用，是一种高可靠的无线数据传输网络，类似于 CDMA 和 GSM 网络，并且数据传输模块类似于移动网络基站。其通信距离从标准的75m 到几百米、几公里不等，并且支持无限扩展。

无线传感器网络技术广泛应用于军事、国家安全、环境科学、交通管理、灾害预测、医疗卫生、制造业、城市信息化建设等领域，是典型的具有交叉学科性质的军民两用战略技术。它由众多功能相同或不同的无线传感器节点组成，每一个传感器节点由数据采集模块、数据处理和控制模块、通信模块和供电模块等组成。近年来微电子机械加工(MEMS)技术的发展为传感器的微型化提供了可能，微处理技术的发展促进了传感器的智能化，通过 MEMS 技术和射频(RF)通信技术的融合促进了无线传感器及其网络的发展。传统的传感器正逐步实现微型化、智能化、信息化、网络化。

M2M(Machine to Machine)是指通过在机器内部嵌入无线通信模块(M2M 模组)，以无线通信等为主要接入手段，实现机器之间智能化、交互式的通信，为客户提供综合的信息化解决方案，以满足对监控、数据采集和测量、调度和控制等方面的信息化需求。

M2M 系统在逻辑上可以分为 3 个不同的域，即终端域、网络域和应用域，其中终端域包括 M2M 终端、M2M 终端网络及 M2M 网关等，经有线、无线或蜂窝等不同形式的接入网络连接至核心网络，M2M 平台可为应用域用户提供终端及网关管理、消息传递、安全机制、事务管理、日志及数据回溯等服务。

移动互联网就是将移动通信和互联网两者结合起来，成为一体，同时移动互联网又是一个全国性的、以宽带 IP 为技术核心的，可同时提供语音、传真、数据、图像、多媒体等高品质电信服务的新一代开放的电信基础网络，是国家信息化建设的重要组成部分。在最近几年里，移动通信和互联网成为当今世界发展最快、市场潜力最大、前景最诱人的两大业务，它们的增长速度都是任何预测家未曾预料到的。

NGI，也就是下一代互联网，目前还没有统一的严格定义，已经取得共识的 NGI 主要特征是：①更大、更快、更安全可信、更及时、更方便、更可管理以及更有效益等；②一般认为 IPv6 协议是 NGI 的特征之一，除此之外，还需要扩展一批协议；③NGI 将从现有Internet 通过协议的扩展和容量的增加而演变得到。NGI 采用 IPv6 协议，IPv6 的最大特点之一就是地址数量足够多，这对无处不在的海量物联网终端来说是非常适合的，它完全能够满足为每个物联网终端分配一个全球唯一的地址。

智能处理技术作为物联网的基础，感知层和网络层分别实现对物体信息的"感知"(采集)和传输，此外还需要对数据、信息进行智能化分析与处理的平台应用层才能实现对物体的智能化管理，真正达到"物物相联"。物联网概念下"物物相联"会产生海量的数据信息，只有对其进行智能的处理、分析和应用，物联网的现实价值才能得以实现。这方面的技术主要有云计算技术、人工智能、数据挖掘技术等。

云计算的定义有多种版本，按照维基百科的定义，云计算是将动态、易扩展且被虚拟化的计算资源通过互联网提供出来的一种服务。虚拟化、弹性规模扩展、分布式存储、分布式计算和多租户是云计算的关键技术。云计算的基本原理是把计算分布在大量的分布式

计算机上，而非本地计算机或远程服务器中，企业数据中心的运行将更类似于互联网。由此企业能够将资源切换到需要的应用上，按照需求访问计算机和存储系统。

人工智能（Artificial Intelligence，AI）研究计算和知识之间的关系。用机器去模拟人的智能，使机器具有类似于人的智能，其实质是研究如何构造智能机器或智能系统，以模拟、延伸、扩展人类的智能。人工智能是在计算机科学、控制论、信息论、神经心理学、哲学、语言学等多种学科研究的基础上发展起来的。在物联网中，人工智能技术主要负责将物品"说话"的内容进行分析，从而实现计算机自动处理。

数据挖掘（Data Mining，DM）是指从大量的数据或信息中挖掘或抽取出知识的过程。这里包含数据的挖掘和智能信息的抽取过程，前者要从大量纷繁复杂的现实世界数据中挖掘出未知的、有价值的模式或规律，后者是对知识进行比较、选择，总结出原理和法则，形成所谓的智能。数据挖掘体现了人工智能技术的进展。

在分析物联网的技术基础上，展望其未来变化发展方向，发现物联网是在信息与通信技术集成环境下产生的，通过实现物物之间互联互通，加速高科技技术在生活中落地，而高科技技术的发展又是推动国家信息化建设与经济发展的重要步骤。

1.5 物联网的标准体系

1.5.1 制定标准的意义

俗话说："没有规矩，不成方圆。"古人早已深谙其中的道理。秦始皇灭了六国，建立秦朝后，便统一了文字、货币、度量衡，成为维护中国封建国家统一的重要基础。源远流长的标准化为人类文明的发展提供了重要的技术保障。标准的实质就是一种统一，它是对重复性事物和概念的统一规定；标准的任务是实现规范，它的调整对象是各种各样的市场经济客体。从某种意义上来说，标准具有鲜明的法律属性。它和法律法规一起，共同保障着市场经济有效、正常运行。

标准的制定是一个领域发展的制高点。当今世界，谁掌握了标准的制定权，就掌握了技术和经济竞争的主动权。标准化水平已成为衡量一个国家综合实力的标志。一个企业乃至一个国家，要在激烈的国际竞争中立于不败之地，必须深刻认识标准对国民经济与社会发展的重要意义。

1.5.2 物联网的标准体系的划分情况

1. 总体划分思想

根据物联网技术与应用密切相关的特点，按照技术基础标准和应用子集标准两个层次，应采取引用现有标准、裁剪现有标准或制定新规范等策略，形成包括总体技术标准、感知层技术标准、网络层技术标准、服务支撑技术标准和应用子集类标准的标准体系框架（图1.7），以求通过标准体系指导成体系、系统的物联网标准制定工作，同时为今后的物联网产品研发和应用开发中对标准的采用提供重要的支持。

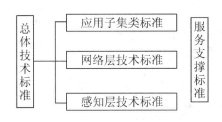

图 1.7 物联网标准体系框架

每一层具体的标准制定可以按图 1.8 来实现，其中感知层和网络层标准现在还比较成熟，服务支撑子层和业务中间件子层在国际上尚处于标准化研究阶段，物联网应用服务层标准涉及的领域广阔，门类众多，并且应用子集涉及行业复杂，正处于开始研究阶段，还未制定出具体完善的技术标准。物联网标准体系建设是一项复杂的系统工程，尤其是在产业发展的起始阶段，既要加强统筹规划，建设完善各种机制，保护好各方面的积极性，又要整合资源，合理分工，防止重复研制等各种混乱和无序状态。同时，要以国际视野和开放兼容的心态，积极参与国际标准的制定，掌握发展的主动权。所以图 1.8 只是为物联网的标准划分做一个总体的参考，并不是一成不变的，还可以在此基础上进行完善和修改。

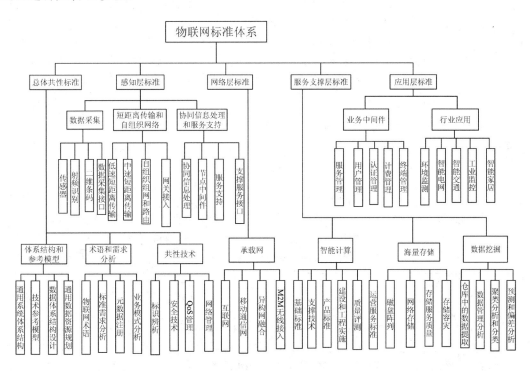

图 1.8 物联网标准体系划分图示

2. 主要的物联网国际标准化组织

目前介入物联网领域主要的国际标准组织有 IEEE、ISO、ETSI、ITU-T、3CPP 等，具体研究方向和进展见表 1-3。

表1-3　物联网标准研究组织及进展

ITU-T （国际电信联盟）	2005 年开始进行泛在网的研究，研究内容主要集中在泛在网总体框架、标识及应用 3 个方面，对于泛在网的研究已经从需求阶段逐渐进入到框架研究阶段，但研究的框架模型还处在高层层面；在标识研究方面和 ISO（国际标准化组织）合作，主推基于对象标识的解析体系；在泛在网应用方面已经逐步展开了对健康和车载方面的研究
ETSI（欧洲电信标准化协会）	采用 M2M 的概念进行总体架构方面的研究，相关工作的进展非常迅速，是在物联网总体架构方面研究得比较深入和系统的标准组织，也是目前在总体架构方面最有影响力的标准组织；主要研究目标是从端到端的全景角度研究机器对机器的通信，并与 ETSI 内 NCN 的研究及 3GPP 已有的研究展开协同工作
3CPP 和 3CPN （第三代合作 伙伴计划）	采用 M2M 的概念进行研究，作为移动网络技术的主要标准组织，3CPP 和 3CPN 关注的重点在于物联网网络能力增强方面，是在网络层方面开展研究的主要标准组织，研究（第三代合作伙伴计划）主要从移动网络出发，研究 M2M 应用对网络的影响，包括网络优化技术等；3GPP 对 M2M 的研究在 2009 年开始加速，目前基本完成了需求分析，已转入网络架构和技术框架的研究
IEEE（美国电气及电子工程师学会）	主要研究在物联网的感知层领域，目前无线传感网领域用得比较多的 ZigBee 技术就基于 IEEE 802.15.4 标准，在 IEEE 802.15 工作组内有 5 个任务组，分别制定适合不同应用的标准，这些标准在传输速率、功耗和支持的服务等方面存在差异，其中我国参与了 IEEE 802.15.4 系列标准的制定工作，并且 IEEE 802.15.4c 和 IEEE 802.15.4e 主要由我国起草
WGSN（传感器网络标准工作组）	2009 年 9 月成立，主要研究偏重传感器网络层面。其宗旨是促进我国传感器网络的技术研究和产业化的迅速发展，加快开展标准化工作，认真研究国际标准和国际上的先进标准，积极参与国际标准化工作，建立和不断完善传感网标准化体系，进一步提高我国传感网技术水平
CCSA（中国通信标准化协会）	2002 年 12 月成立，研究偏重通信网络和应用层面，主要任务是为了更好地开展通信标准研究工作，把通信运营企业、制造企业、研究单位、大学等关心标准的企事业单位组织起来，进行标准的协调、把关，2009 年 11 月，CCSA 新成立了泛在网技术工作委员会，专门从事物联网相关的研究工作

3. 我国物联网的标准化工作

我国物联网发展处于初始阶段。无论是国标的自主制定，还是核心技术产品的研发、产业化以及规模化应用示范都处于起步阶段。标准的缺失与核心技术产品的产业化配套能力相对薄弱制约了我国物联网的大规模应用，所以要想大力发展物联网，必须加快物联网标准的制定。

2010 年由工业和信息化部电子标签标准工作组、全国信息技术标准化技术委员会传感器网络标准工作组、工业和信息化部信息资源共享协同服务（闪联）标准工作组、全国工业过程测量和控制标准化技术委员会等 19 个不同行业的标准组织共同发起成立物联网标准联合工作组(图1.9)。物联网标准联合工作组将紧紧围绕产业发展需求，协调一致，整合资源，共同开展物联网技术的研究，积极推进物联网标准化工作，加快制定符合我国发展需求的物联网技术标准，建立健全标准体系，并积极参与国际标准化组织的活动，以联合工作组为平台，加强与欧、美、日、韩等国家和地区的交流和合作，力争成为制定物联网国际标准的主导力量之一。

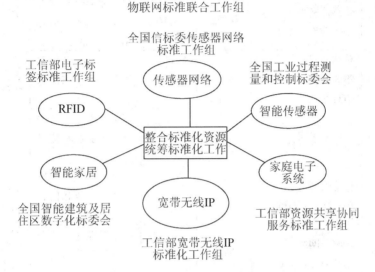

图 1.9 物联网标准联合工作组

目前，我国物联网技术的研发水平已位于世界前列，在一些关键技术上处于国际领先地位(表1-4和表1-5)，与德国、美国、日本等国一起，成为国际标准制定的主要国家，逐步成为全球物联网产业链中重要的一环。

表 1-4 已立项的国家和国际标准

项目名称	标准性质	制/修订	完成年限	主管部门	技术归口单位
传感器网络网关技术要求	推荐	制定	2010	国家标准化管理委员会、工业和信息化部	全国信息技术标准化技术委员会
传感器网络协同信息处理支撑服务及接口	推荐	制定	2010	国家标准化管理委员会、工业和信息化部	全国信息技术标准化技术委员会
传感器网络节点中间件数据交互规范	推荐	制定	2010	国家标准化管理委员会、工业和信息化部	全国信息技术标准化技术委员会
传感器网络数据描述规范	推荐	制定	2010	国家标准化管理委员会、工业和信息化部	全国信息技术标准化技术委员会

表 1-5　已立项的国家和行业标准

计划编号	项目名称	标准性质	完成年限	主管部门	技术归口单位
20091414-T-469	传感器网络 第1部分：总则	推荐	2010	国家标准化管理委员会、工业和信息化部	全国信息技术标准化技术委员会
20091414-T-469	传感器网络 第2部分：术语	推荐	2010	国家标准化管理委员会、工业和信息化部	全国信息技术标准化技术委员会
20091414-T-469	传感器网络 第3部分：通信与信息交互	推荐	2010	国家标准化管理委员会、工业和信息化部	全国信息技术标准化技术委员会
20091414-T-469	传感器网络 第4部分：接口	推荐	2010	国家标准化管理委员会、工业和信息化部	全国信息技术标准化技术委员会
20091414-T-469	传感器网络 第5部分：安全	推荐	2010	国家标准化管理委员会、工业和信息化部	全国信息技术标准化技术委员会
20091414-T-469	传感器网络 第6部分：标识	推荐	2010	国家标准化管理委员会、工业和信息化部	全国信息技术标准化技术委员会
20091414-T-sj	机场围界传感器网络防入侵系统技术要求	推荐	2010	工业和信息化部	全国信息技术标准化技术委员会
20091414-T-sj	面向大型建筑节能监控的传感器网络系统的技术要求	推荐	2010	工业和信息化部	全国信息技术标准化技术委员会

　　特别是 2011 年以来，我国对物联网标准的建设更是加快了步伐。由工业和信息化部电信研究院在 2011 年 5 月发起立项，并作为该标准的编辑人单位，组织国内相关单位编写了"物联网概述"标准草案。

　　2012 年 3 月 27 日国际电信联盟第 13 研究组会议审议通过了"物联网概述"标准草案，标准编号为 Y.2060。这是全球第一个物联网总体性标准，物联网概述标准涵盖了物联网的概念、术语、技术视图、特征、需求、参考模型、商业模式等基本内容，同时反映了我国利益诉求，转化国内已经形成的研究成果，对于指导和促进全球物联网技术、产业、应用、标准的发展具有重要意义。此次物联网概述标准被采纳，标志着我国在物联网国际标准制定中拥有了重要主导权，为物联网走向规模产业化提供了重要支撑。

1.6　物联网的应用领域

　　物联网最为明显的特征是物物相连，而无须人为干预，从而极大程度地提升了效率，降低了人工带来的不稳定性。因此，物联网在行业应用中将发挥无穷的潜力。国家"十二五"规划明确提出，物联网将会在智能电网、智能交通、智能物流、金融与服务业、国防军事等十大领域重点部署。预计到 2015 年，中国物联网整体市场规模将达到 7500 亿元，年复合增长率超过 30%，市场前景将远远超过计算机、互联网、移动通信等市场。下面简要介绍物联网在各个领域中的应用。

1. 物联网在工业领域中的应用

工业是物联网应用的重要领域。具有环境感知能力的各类终端、基于泛在技术的计算模式、移动通信等不断融入到工业生产的各个环节，可大幅提高制造效率，改善产品质量，降低产品成本和资源消耗，将传统工业提升到智能工业的新阶段。

从当前技术发展和应用前景来看，物联网在工业领域的应用主要集中在以下几个方面。

1）制造业供应链管理

物联网应用于企业原材料采购、库存、销售等领域，通过完善和优化供应链管理体系，提高了供应链效率，降低了成本。空中客车通过在供应链体系中应用传感网络技术，构建了全球制造业中规模最大、效率最高的供应链体系。

2）生产过程工艺优化

物联网技术的应用提高了生产线过程检测、实时参数采集、生产设备监控、材料消耗监测的能力和水平。生产过程的智能监控、智能控制、智能诊断、智能决策、智能维护水平不断提高。钢铁企业应用各种传感器和通信网络，在生产过程中实现对加工产品的宽度、厚度、温度的实时监控，从而提高了产品质量，优化了生产流程。

3）产品设备监控管理

各种传感技术与制造技术融合，实现了对产品设备操作使用记录、设备故障诊断的远程监控。GE Oil&Gas 集团在全球建立了 13 个面向不同产品的 i-Center，通过传感器和网络对设备进行在线监测和实时监控，并提供设备维护和故障诊断的解决方案。

4）环保监测及能源管理

物联网与环保设备的融合实现了对工业生产过程中产生的各种污染源及污染治理各环节关键指标的实时监控。在重点排污企业排污口安装无线传感设备，不仅可以实时监测企业排污数据，而且可以远程关闭排污口，防止突发性环境污染事故的发生。电信运营商已开始推广基于物联网的污染治理实时监测解决方案。

5）工业安全生产管理

把感应器嵌入和装备到矿山设备、油气管道、矿工设备中，可以感知危险环境中工作人员、设备机器、周边环境等方面的安全状态信息，将现有分散、独立、单一的网络监管平台提升为系统、开放、多元的综合网络监管平台，实现实时感知、准确辨识、快捷响应、有效控制。

2. 物联网在农业领域中的应用

把物联网应用到农业生产，可以根据用户需求，随时进行处理，为实施农业综合生态信息自动监测、对环境进行自动控制和智能化管理提供科学依据。例如，可以实时采集温

室内温度、湿度信号以及光照、土壤温度、二氧化碳浓度、叶面湿度、露点温度等环境参数，经由无线信号收发模块传输数据，实现对大棚温湿度的远程控制，自动开启或者关闭指定设备。在粮库内安装各种温度、湿度传感器，通过联网将粮库内环境变化参数实时传到计算机或手机上进行实时观察，记录现场情况以保证粮库内的温湿度平衡。在牛、羊等畜牧体内植入传感芯片，放牧时可以对其进行跟踪，实现无人化放牧。

物联网在农业领域具有远大的应用前景，主要有3点：①无线传感器网络应用于温室环境信息采集和控制；②无线传感器网络应用于节水灌溉；③无线传感器网络应用于环境信息和动植物信息监测。

3. 物联网在智能电网领域中的应用

智能电网与物联网作为具有重要战略意义的高新技术和新兴产业，已引起世界各国的高度重视，我国政府不仅将物联网、智能电网上升为国家战略，并在产业政策、重大科技项目支持、示范工程建设等方面进行了全面部署。应用物联网技术，智能电网将会形成一个以电网为依托，覆盖城乡各用户及用电设备的庞大的物联网络，成为"感知中国"的最重要基础设施之一。智能电网与物联网的相互渗透、深度融合和广泛应用，将能有效整合通信基础设施资源和电力系统基础设施资源，进一步实现节能减排，提升电网信息化、自动化、互动化水平，提高电网运行能力和服务质量。智能电网和物联网的发展，不仅能促进电力工业的结构转型和产业升级，更能够创造一大批原创的具有国际领先水平的科研成果，打造千亿元的产业规模。

采用物联网技术可以全面有效地对电力传输的整个系统，从电厂、大坝、变电站、高压输电线路直至用户终端进行智能化处理，包括对电力系统运行状态的实时监控和自动故障处理，确定电网整体的健康水平，触发可能导致电网故障发展的早期预警，确定是否需要立即进行检查或采取相应的措施，分析电网系统的故障、电压降低、电能质量差、过载和其他不希望的系统状态，并基于这些分析，采取适当的控制行动。目前智能电网的主要项目应用有电力设备远程监控、电力设备运营状态检测、电力调度应用等。

4. 物联网在智能家居领域中的应用

智能家居是一个居住环境，是以住宅为平台安装有智能家居系统的居住环境，实施智能家居系统的过程就称为智能家居集成。将各种家庭设备(如音视频设备、照明系统、窗帘控制、空调控制、安防系统、数字影院系统、网络家电等)通过程序设置，使设备具有自动功能，通过电信运营商的宽带、固话和3G无线网络，可以实现对家庭设备的远程操控。由此也就衍生出了智能建筑、智能社区、智能城市、感知中国、智慧地球等新生名词，它们将真正地影响和改变人们的生活。

5. 物联网在医疗领域中的应用

智能医疗系统借助简易实用的家庭医疗传感设备，对家中病人或老人的生理指标进行自测，并将生成的生理指标数据通过电信运营商的固定网络或3G无线网络传送到护理人或有关医疗单位。乡村卫生所、乡镇医院和社区医院可以无缝地连接到中心医院，从而实时地获取专家建议、安排转诊和接受培训。通过联网整合并共享各个医疗单位的医疗信息记录，从而构建一个综合的专业医疗网络。根据客户需求，电信运营商还提供相关增值业务，如紧急呼叫救助服务、专家咨询服务、终生健康档案管理服务等。智能医疗系统真正解决了现代社会子女们因工作忙碌无暇照顾家中老人的无奈，可以随时实现孝子的愿望。

6. 物联网在城市安保领域中的应用

智能城市产品包括对城市的数字化管理和城市安全的统一监控。前者利用"数字城市"理论，基于3S(地理信息系统(GIS)、全球定位系统(GPS)、遥感系统(RS))等关键技术，深入开发和应用空间信息资源，建设服务于城市规划、城市建设和管理，服务于政府、企业、公众，服务于人口、资源环境、经济社会的可持续发展的信息基础设施和信息系统。后者基于宽带互联网的实时远程监控、传输、存储、管理的业务，利用电信运营商无处不达的宽带和3G网络，将分散、独立的图像采集点进行联网，实现对城市安全的统一监控、统一存储和统一管理，为城市管理和建设者提供一种全新、直观、视听觉范围延伸的管理工具。

7. 物联网在环境监测领域中的应用

物联网在环境监测领域应用非常广泛，包括生态环境检测、生物种群检测、气象和地理研究、洪水和火灾检测、水质监测、排污水监控、大气监测、电磁辐射监测、噪声监测、森林植被防护、土壤监测、地址灾害监测等。通过对以上各方面实施的自动监测和检测，可以实现实时连续的远程监控，及时掌握各个方面变化情况，预防各种污染、事故和灾害等的发生。如太湖环境监控项目，通过安装在环太湖地区的各个监控的环保和监控传感器，将太湖的水文、水质等环境状态提供给环保部门，实时监控太湖流域水质等情况，并通过互联网将监测点的数据报送至相关管理部门。

8. 物联网在智能交通领域中的应用

将物联网应用于交通领域，可以使交通智能化。例如，司机可以通过车载信息智能终端享受全方位的综合服务，包括动态导航服务、位置服务、车辆保障服务、安全驾驶服务、娱乐服务、资讯服务等。通过交通信息采集、车辆环境监控、汽车驾驶导航、不停车收费等有利于提高道路利用率，改善不良驾驶习惯，减少车辆拥堵，实现节能减排，同时也有利于提高出行效率，促进和谐交通的发展。

继互联网、物联网之后"车联网"又成为未来智能城市的另一个标志。车联网是指装载在车辆上的电子标签通过无线射频等识别技术，实现在信息网络平台上对所有车辆的属性信息和静、动态信息进行提取和有效利用，并根据不同的功能需求对所有车辆的运行状态进行有效地监管和提供综合服务。目前智能交通每年以超过1000亿元的市场规模在增长，预计到2015年交通运输管理将达400亿元。

9. 物联网在物流领域中的应用

智能物流打造了集信息展现、电子商务、物流配载、仓储管理、金融质押、园区安保、海关保税等功能为一体的物流园区综合信息服务平台。信息服务平台以功能集成、效能综合为主要开发理念，以电子商务、网上交易为主要交易形式，建设了高标准、高品位的综合信息服务平台。并为金融质押、园区安保、海关保税等功能预留了接口，可以为园区客户及管理人员提供一站式综合信息服务。

10. 物联网在智能校园领域中的应用

中国电信的校园手机一卡通和金色校园业务，促进了校园的信息化和智能化。校园手机一卡通主要实现功能包括：电子钱包、身份识别和银行圈存。电子钱包即通过手机刷卡实现主要校内消费；身份识别包括门禁、考勤、图书借阅、会议签到等；银行圈存即实现银行卡到手机的转账充值、余额查询。目前校园手机一卡通的建设，除了满足普通一卡通功能外，还实现了借助手机终端实现空中圈存、短信互动等应用。中国电信实施的"金色校园"方案，帮助中小学行业用户实现学生管理电子化，老师排课办公无纸化和学校管理的系统化，使学生、家长、学校三方可以时刻保持沟通，方便家长及时了解学生学习和生活情况，通过一张薄薄的"学籍卡"，真正达到了对未成年人日常行为的精细管理，最终达到学生开心、家长放心、学校省心的效果。

11. 物联网在金融与服务业领域中的应用

物联网的诞生，把商务延伸和扩展到了任何物品上，真正实现了突破空间和时间束缚的信息采集、交换和通信，使商务活动的参与主体可以在任何时间、任何地点实时获取和采集商业信息，摆脱固定的设备和网络环境的束缚。这使得"移动支付"、"移动购物"、"手机钱包"、"手机银行"、"电子机票"等概念层出不穷。另外，通过将国家、省、市、县、乡镇的金融机构联网，建立一个各金融部门信息共享平台，有效遏制了传统金融市场因缺乏有效监管而带来的风险蔓延，维护了国家经济安全和金融稳定。

12. 物联网在国防军事领域中的应用

物联网被许多军事专家称为"一个未探明储量的金矿"，正在孕育军事变革深入发展的新契机。物联网概念的问世，对现有军事系统格局产生了巨大冲击。它的影响绝不亚于互联网在军事领域里的广泛应用，将触发军事变革的一次重新启动，使军队建设和作战方式发生新的重大变化。可以设想，在国防科研、军工企业及武器平台等各个环节与要素设置标签读取装置，通过无线和有线网络将其连接起来，那么每个国防要素及作战单元甚至整个国家军事力量都将处于全信息和全数字化状态。大到卫星、导弹、飞机、舰船、坦克、火炮等装备系统，小到单兵作战装备，从通信技侦系统到后勤保障系统，从军事科学试验到军事装备工程，其应用遍及战争准备、战争实施的每一个环节。可以说，物联网扩大了未来作战的时域、空域和频域，对国防建设各个领域产生了深远影响，将引发一场划时代的军事技术革命和作战方式的变革。

物联网在其他很多方面都有广泛的应用，如物联网在智能文博领域、物联网在 M2M 平台领域等的应用，由于篇幅有限这里就不介绍了，也就是说，物联网的应用不局限于上面的领域，可以说物联网的应用无所不及。当前物联网的应用主要集中在物联网、车联网和智慧城市等方面。

1.7 物联网的演进与发展

欧洲智能系统集成技术平台在报告《Internet of Things in 2020》中预测了未来物联网发展的 4 个阶段，见表 1-6。

表1-6 物联网发展的阶段

阶 段	描 述
第一阶段：2010年前	主要是基于RFID技术实现低功耗、低成本的单个物体间的互联，并在物流、零售、制药等领域进行局部应用
第二阶段：2010—2015年	将利用传感器网络及无所不在的RFID标签实现物与物之间的广泛互联，同时针对特定产业制定技术标准，并完成部分网络融合
第三阶段：2015—2020年	具有可执行指令标签将被广泛应用，物体进入半智能化，同时完成网间交互标准的制定，网络具有超高速传输能力
第四阶段：2020年后	物体具有完全智能的相应行为，异质系统能够协同交互，强调产业整合，实现人、物和服务网络的深度融合

从以上物联网的发展阶段可以总结出物联网的发展具有以下的特点。

（1）物联网的发展与信息通信技术的发展应具有相似的发展规律，也要经历数字化、IP化、宽带化、移动化、智能化、云化、社交化和范在化。

（2）信息技术的演进是一个长期并不断深化的过程，物联网也需要一个较长而且深化应用的过程。第一阶段主要在嵌入消费电子应用，第二阶段为行业的垂直应用，第三阶段为社会化应用。

（3）物联网是互联网应用的拓展，是信息化的新发展，将成为未来网络发展的重要特征，未来网络将扩展感知范围和领域。

自从15年前发明WWW以来，就进入了互联网的第一阶段，在工业界的几乎所有人们的生活都被它所感染；当前人们正处在互联网的第二阶段——移动互联网阶段，几乎所有的人都被它所吸引。在WWW和移动互联网之后，人们正在航向互联网革命的第三个、最具有潜力的"突破性"阶段——物联网阶段。从物联网人们可以看到未来网络的特征，未来的网络应具有IoT（Internet of Things）、IoM（Internet of Media）、IoS（Internet of Services）和IoE（Internet of Enterprises）的特征。从未来网络看物联网，物联网将具备服务感知、数据感知、环境感知能力，进一步还将拥有社会与经济的感知能力，把物联网跟社会和经济发展关联在一起，全面推进物联网的发展。

（4）信息技术助力物联网的发展，物联网与移动互联网和下一代互联网相伴而行。物联网与移动互联网、下一代互联网、云计算、社交网络结合将掀起网络技术和业务运用的新浪潮。

本 章 小 结

本章首先介绍了物联网的起源和发展。而后重点介绍了物联网的概念、物联网的体系结构、物联网的相关标准、物联网的关键技术、物联网的应用和物联网的发展。物联网的理念是在计算机互联网的基础上，利用射频识别技术、无线数据通信等技术，构造一个实现全球物品信息实时共享的实物互联网。物联网分为硬件的感知控制层、网络传输层，软件的应用服务层，其中每一部分既相互独立，又密不可分。物联网标准体系既可以分为感知层标准、网络层标准、应用服务层标准，又包含共性支撑标准。RFID和EPC技术、传

感控制技术、无线网络技术、组网技术以及人工智能技术为物联网发展应用的关键支撑技术。目前，发展应用主要体现在智能电网、智能交通、智能物流、智能家居等领域。总之，通过本章的学习，能够对物联网的起源和发展、对物联网的概念定义、基本组成结构、关键技术、主要应用领域和未来的发展有一个基本了解，并建立物联网的整体概念，为后续各章节的学习打下基础。

习 题 1

一、填空题

1.1 物联网应该具备的三大特征分别是（   ）、（   ）和（   ）。

1.2 从产业角度看，物联网产业链可以细分为（   ）、（   ）、（   ）和（   ）4个环节。

1.3 根据物联网技术与应用密切相关的特点，按照技术基础标准和应用子集标准两个层次，应采取引用现有标准、裁剪现有标准或制定新规范等策略，形成包括（   ）标准、（   ）标准、（   ）标准、（   ）标准和（   ）标准的标准体系框。

二、选择题

1.4 下面哪一项不是物联网体系结构包含的层次？（   ）

A. 感知层　　　　　B. 网络层　　　　　C. 应用层　　　　　D. 链路层

1.5 物联网的应用领域包含下面哪些项？（   ）

A. 智能家居　　　　B. 城市安保　　　　C. 环境监测　　　　D. 智能电网

1.6 下面哪些项是物联网的关键技术？（   ）

A. 无线传感器网络　　　　　　　　B. 云计算

C. 人工智能　　　　　　　　　　　D. 传感器技术

三、简答题

1.7 简述当前比较公认的物联网定义。

1.8 简述物联网与传感器网络、泛在网络的关系。

1.9 列举一些典型物联网的关键技术。

1.10 物联网标准体系框架包括哪几部分？

1.11 物联网的发展具有哪些特点？

第 **2** 章
传感器技术

教学目标

- 掌握传感器基础知识
- 了解几种常用传感器
- 理解智能传感器技术
- 了解 MEMS 技术
- 理解传感器接口技术

教学要求

知 识 要 点	能 力 要 求
传感器基础知识	(1) 掌握传感器的概念 (2) 理解传感器的作用 (3) 掌握传感器的组成 (4) 掌握传感器的分类 (5) 理解传感器的基本特性
几种常用传感器	(1) 了解温度传感器 (2) 了解湿度传感器 (3) 了解超声波传感器 (4) 了解气敏传感器
智能传感器	(1) 掌握智能传感器的基本概念 (2) 掌握智能传感器的组成 (3) 掌握智能传感器的功能与特点 (4) 理解基于 IEEE 1451 的智能化网络 (5) 了解智能传感器标准体系的应用和发展趋势

续表

知 识 要 点	能 力 要 求
MEMS 技术	(1) 理解 MEMS 的概念 (2) 了解 MEMS 的特点和应用 (3) 了解常用的 MEMS 传感器
传感器接口技术	(1) 理解传感器接口特点 (2) 理解常用传感器接口电路 (3) 掌握传感器与微机接口的一般结构 (4) 了解接口电路应用

引例

"智能尘埃"

20 世纪 90 年代,一个名叫克里斯·皮斯特的研究人员曾经有过一个疯狂的梦想:人们会在地球上撒上不计其数的微型传感器,每个传感器都比米粒还小。他管这些传感器叫"智能尘埃"。"智能尘埃"就像地球的电子神经末梢一样,能将地球上的每件事都监控起来。"智能尘埃"配有计算设备、传感设备、无线电台以及使用寿命很长的电池。它不是普通意义上的尘埃,而是一种廉价而又智能的微型无线传感器,它们互相联系,形成独立运行的网络,可以监测气候情况、车流量、地震损害等。它被誉为改变世界运行方式的技术。未来的智能微尘甚至可以悬浮在空中几个小时,搜集、处理和发射信息,它能够仅靠电池就能工作多年。如把"智能微尘"用在军事领域,可以把量"智能微尘"装在宣传品、子弹或炮弹上,或在目标地点撒落下去,形成严密的监视网络,敌国的军事力量和人员、物资的流动自然一清二楚。

本章导读

在第 1 章介绍了物联网的体系架构,共分为 3 层,最底层是感知层,传感器技术是该层的关键技术之一。随着物联网的发展,传统的传感器发展遇到了前所未有的挑战。作为构成物联网的基础单元,传感器在物联网信息采集层面,能否完成它的使命,成为物联网成败的关键。传感技术与现代化产生和科学技术的紧密相关,使传感技术成为一门十分活跃的技术学科,几乎渗透到人类活动的各种领域,发挥着越来越重要的作用。本章将简要介绍传感器的基础知识和几种常用的传感器,重点介绍智能传感器。本章还将介绍 MEMS 的特点、应用以及常用的 MEMS 传感器。在本章的最后,将简要介绍传感器的接口技术。

2.1 传感器知识概述

2.1.1 传感器的概念

世界是由物质组成的,各种事物都是物质的不同形态。人们为了从外界获得信息,必须借助于感觉器官。人的五官——眼、耳、鼻、舌、皮肤分别具有视、听、嗅、味、触觉等直接感受周围事物变化的功能,人的大脑对五官感受到的信息进行加工、处理,从而调节人的行为活动。人们在研究自然现象、规律以及生产活动中,有时需要对某一事物的存在与否作定性了解，有时需要进行大量的实验测量以确定对象的量值的确切数据，所以单靠人的自身感觉器官的功能是远远不够的，需要借助于某种仪器设备来完成，这种仪器设备就是传感器。传感器是人类五官的延伸，是信息采集系统的首要部件。

国家标准 GB 7665—87 对传感器下的定义是："能感受规定的被测量件并按照一定的规律转换成可用信号的器件或装置，通常由敏感元件和转换元件组成"。

这一定义包含了几个方面的含义。

（1）传感器是测量装置，能完成测量任务。

（2）它的输入量是某一被测量，可能是物理量、也可能是化学量、生物量等。

（3）它的输出量是某一物理量，这种量要便于传输、转换、处理和显示等，这就是所谓的"可用信号"的含义。

（4）输出与输入有一定的对应关系，这种关系要有一定的规律。根据字义可以将传感器理解为一感二传，即感受信息并传递出去。

2.1.2　传感器的作用

人们为了从外界获取信息，必须借助于感觉器官。而单靠人们自身的感觉器官，在研究自然现象和规律以及生产活动时它们的功能就远远不够了。为适应这种情况，就需要传感器。因此说，传感器是人类五官的延长，又称为电五官。

新技术革命的到来，世界开始进入信息时代。在利用信息的过程中，首先要解决的就是要获取准确可靠的信息，而传感器是获取自然和生产领域中信息的主要途径与手段。

在现代工业生产尤其是自动化生产过程中，要用各种传感器来监视和控制生产过程中的各个参数，使设备工作处在正常状态或最佳状态，并使产品达到最好的质量。因此可以说，没有众多的、优良的传感器，现代化生产也就失去了基础。

在基础学科研究中，传感器更具有突出的地位。现代科学技术的发展，已进入了许多新领域，例如，在宏观上要观察上千光年的茫茫宇宙，微观上要观察小到厘米的粒子世界，纵向上要观察长达数十万年的天体演化，短到秒的瞬间反应。此外，还出现了对深化物质认识，开拓新能源、新材料等具有重要作用的各种极端技术研究，如超高温、超低温、超高压、超高真空、超强磁场、超弱磁场等。显然，要获取大量人类感官无法直接获取的信息，没有相适应的传感器是不可能的。许多基础科学研究的障碍，首先就在于对象信息的获取存在困难，而一些新机理和高灵敏度的检测传感器的出现，往往会导致该领域内的突破。一些传感器的发展，往往是一些边缘学科开发的先驱。

传感器早已渗透到诸如工业生产、宇宙开发、海洋探测、环境保护、资源调查、医学诊断、生物工程、甚至文物保护等极其之泛的领域。可以毫不夸张地说，从茫茫的太空到浩瀚的海洋，以至各种复杂的工程系统，几乎每一个现代化项目，都离不开各种各样的传感器。

在航空、航天技术领域，仅阿波罗 10 号飞船就使用了数千个传感器对 3295 个测量参数进行监测。我国的嫦娥一号也使用了大量的传感器，如图 2.1 所示。

在兵器领域中，使用了诸如机械式、压电、电容、电磁、光纤、红外、激光、生物、微波等传感器，以实现对周围环境的监测与目标定位信息的收集，从而更好地解决安全、可靠的防卫能力，如图 2.2 所示。

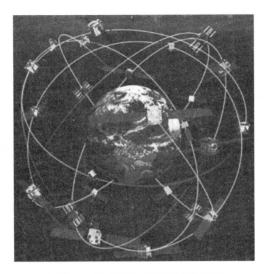

图 2.1　传感器在航天领域的应用

中国外销的122加农炮　　　　我军93式雷达侦察车

图 2.2　传感器在军事领域的应用

在民用工业生产中，传感器也起着至关重要的作用。如一座大型炼钢厂就需要 2 万多台传感器和检测仪表，大型的石油化工厂需要 6 千台传感器和检测仪表，如图 2.3 所示。

图 2.3　传感器在民用生产中的应用

日常生活中的电冰箱、洗衣机、电饭煲、音像设备、电动自行车、汽车、空调器、照相机、电热水器、报警器等家用电器都安装了传感器，如图2.4所示。

图2.4 传感器在日常生活中的应用

在医学上，人体的体温、血压、心脑电波及肿瘤等的准确诊断与监控都需要借助各种传感器来完成，如图2.5所示。

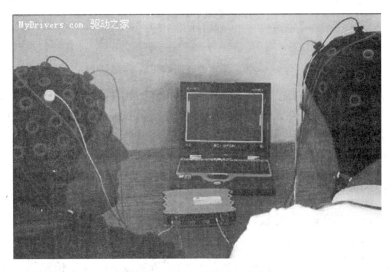

图2.5 传感器在医学上的应用

由此可见，传感器技术在发展经济、推动社会进步方面的重要作用是十分明显的。世界各国都十分重视这一领域的发展。特别是物联网的问世，极大地推动了传感器的应用，相信在不久的将来，传感器技术将会出现一个飞跃，达到与其重要地位相称的新水平。

2.1.3　传感器的组成

在介绍传感器的组成前，先介绍一下电量和非电量。表征物质特性及运动形式的参数很多，根据物质的电特性，可分为电量和非电量两类。

电量一般是指物理学中的电学量，例如，电压、电流、电阻、电容及电感等。

非电量则是指除电量之外的一些参数，例如，压力、流量、尺寸、位移量、重量、力、速度、加速度、转速、温度、浓度及酸碱度等。

人类为了认识物质及事物的本质，需要对物质特性进行测量，其中大多数是对非电量的测量。非电量不能直接使用一般的电工仪表和电子仪器进行测量，因为一般的电工仪表和电子仪器只能测量电量，而要求输入的信号为电信号。非电量需要转化成与其有一定关系的电量，再进行测量，实现这种转换技术的器件就是传感器。传感器由敏感元件和转换元件组成，如图 2.6 所示。

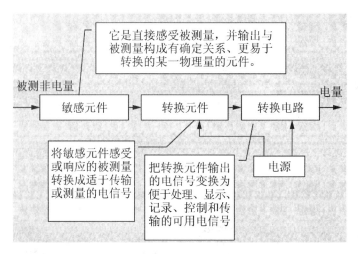

图 2.6　传感器的组成

并不是所有的传感器都必须包含有敏感元件和转换元件。如果敏感元件直接输出的是电量，它就同时兼为转换元件，如果转换元件能直接感受被测量而输出与之成一定关系的电量，它就同时兼为敏感元件。例如，压电晶体、热电偶、热敏感电阻及光电器件等。敏感元件与转换元件两者合二为一的传感器是很多的。

2.1.4　传感器的分类

传感器的分类方法很多，比较常见的有下列几种。

1. 按输入量(被测对象)分类

输入即被测对象可分为物理量传感器、化学量传感器和生物量传感器三大类。其中物理量传感器又可分为温度传感器、压力传感器、位移传感器等。这种分类方法给使用者提供了方便，容易根据被测对象来选择所需要的传感器。

2. 按输出量分类

传感器按输出量不同，可分为模拟式传感器和数字式传感器两类。模拟式传感器是指传感器的输出信号为模式量。数字式传感器是指传感器的输出信号为数字量。

3. 按基本效应分类

根据传感技术所应用的基本原理，可以将传感器分为物理型、化学型、生物性。物理型是指依靠传感器的敏感元件材料本身的物理特性来实现信号的变换。例如，水银温度计是利用水银的热胀冷缩，把温度变化转变为水银柱的变化，从而实现温度测量。

化学型是指依靠传感器的敏感元件材料本身的电化学反应来实现信号的变换，如气敏转换器、湿度转换器。

生物型是利用生物活性物质选择性的识别特性来实现测量的，即依靠传感器的敏感元件材料本身的生物效应，来实现信号的变换。待测物质经扩散作用，进入固定化生物敏感膜层经分子识别，发生生物学反应产生的信息，这些信息被相应的化学或物理换能器转变成可定量和可处理的电信号，如本酶传感器、免疫传感器。

4. 按工作原理分类

传感器可按其工作原理命名，如应变式传感器、电容式传感器、电感式传感器、压电式传感器、热电式传感器等。这种分类方法通常在讨论传感器的工作原理时使用。

2.1.5 传感器的基本特性

1. 传感器静态特性

传感器的静态特性是指对静态的输入信号，传感器的输出量与输入量之间具有相互关系。因为这时输入量和输出量都和时间无关，所以它们之间的关系，即传感器的静态特性可用一个不含时间变量的代数方程，或以输入量作横坐标，把与其对应的输出量作纵坐标而画出的特性曲线来描述。表征传感器静态特性的主要参数有：线性度、灵敏度、迟滞、重复性、漂移等。

（1）线性度：指传感器输出量与输入量之间的实际关系曲线偏离拟合直线的程度。定义为在全量程范围内实际特性曲线与拟合直线之间的最大偏差值与满量程输出值之比。

（2）灵敏度：是传感器静态特性的一个重要指标。定义为输出量的增量与引起该增量的相应输入量增量之比。用 S 表示灵敏度。

（3）迟滞：传感器在输入量由小到大（正行程）及输入量由大到小（反行程）变化期间其输入输出特性曲线不重合的现象成为迟滞。对于同一大小的输入信号，传感器的正反行程输出信号大小不相等，这个差值称为迟滞差值。

（4）重复性：是指传感器在输入量按同一方向作全量程连续多次变化时，所得特性曲线不一致的程度。

（5）漂移：是指在输入量不变的情况下，传感器输出量随着时间变化。产生漂移的原因有两个方面：一是传感器自身结构参数；二是周围环境（如温度、湿度等）。

2. 传感器动态特性

所谓动态特性,是指传感器在输入变化时,它的输出的特性。在实际工作中,传感器的动态特性常用它对某些标准输入信号的响应来表示。这是因为传感器对标准输入信号的响应容易用实验方法求得,并且它对标准输入信号的响应与它对任意输入信号的响应之间存在一定的关系,往往知道了前者就能推定后者。最常用的标准输入信号有阶跃信号和正弦信号两种,所以传感器的动态特性也常用阶跃响应和频率响应来表示。

2.2 常用传感器介绍

传感器的种类很多,按照不同的分类法有不同的种类,各种传感器介绍见表 2-1,下面将介绍一些常用传感器的基本知识和原理。

表 2-1 传感器的分类

按被测量分类	物理量传感器	力学量	压力传感器、力矩传感器、加速度传感器、流量传感器、位移传感器、位置传感器、尺度传感器、密度传感器、黏度传感器、硬度传感器、浊度传感器
		热学量	温度传感器、热流传感器、热导传感器
		光学量	可见光传感器、红外光传感器、紫外光传感器、照度传感器、色度传感器、图像传感器、亮度传感器
		磁学量	磁场强度传感器、磁通传感器
		电学量	电流传感器、电压传感器、电场强度传感器
		声学量	噪声传感器、超声波传感器、声表面波传感器
		射线	X射线传感器、β射线传感器、γ射线传感器、辐射测量传感器
	化学量传感器		离子传感器、气体传感器、湿度传感器
	生物量传感器	生物量	体压传感器、脉搏传感器、心音传感器、血流传感器、呼吸传感器、血容量传感器、体电图传感器
		生化量	酶式传感器、免疫血型传感器、微生物型传感器、血气传感器、血液电解质传感器

2.2.1 温度传感器

1. 基本概念

温度是表征物体冷热程度的物理量。在人类社会的产生、科研和日常生活中,温度的测量都占有重要的地位。温度传感器可用于家电产品中的空调、干燥器、电冰箱、微波炉等;还可用在汽车发动机的控制中,如测定水温、吸气温度等;也广泛用于检测化工厂的溶液和气体的温度。但是温度不能直接测量,只能通过物体随温度变化的某些特征来间接测量。

用来度量物体温度数值的标尺称为温标，它规定了温度的度数起点(零点)和测量温度的基本单位。目前，国际上用得较多的温标有华氏温标、摄氏温标、热力温标和国际实用温标。

温度传感器有各种类型，根据敏感元件与被测介质接触与否，可分为接触式和非接触式两大类；按照传感器材料及电子元件特性，可分为热电阻和热电偶两类。在选择温度传感器时，应考虑到诸多因素，如被测对象的湿度范围、传感器的灵敏度、精度和噪声、响应速度、使用环境、价格等。下面主要对接触式和非接触式传感器进行介绍。

1) 接触式温度传感器

接触式温度传感器的监测部分与被测对象良好接触，又称温度计。通过传导或对流达到热平衡，从而使温度计的示值能直接表示被测对象的温度。一般测量精度较高。在一定的测温范围内，温度计也可测量物体内部的温度分布。但对于运动物体、小目标或热容量很小的对象，则会产生较大的测量误差。常用的温度计有双金属温度计、玻璃液体温度计、压力式温度计、电阻温度计、热敏电阻和温差电偶等。它们广泛用于工业、农业、商业等部门，在日常生活中人们也常常使用这些温度计。随着低温技术在国防工程、空间技术、冶金、电子、食品、医药和石油化工等部门的广泛应用和超导技术的研究，测量120K(热力温标)以下温度的低温温度计得到了发展，如低温气体温度计、蒸汽压温度计、声学温度计、量子温度计、低温热电阻和低温温差电偶等。低温温度及要求感温元件体积小、精准度高、复现性和稳定性好。利用多孔高硅氧玻璃渗碳烧结而成的渗碳玻璃热电阻，就是低温温度计的一种感温元件，可用于测量 1.6～300K 范围内的温度。

2) 非接触式温度传感器

非接触式温度传感器的敏感元件与被测对象互不接触，又称非接触式测温仪表。这种仪表可用来测量运动物体、小目标和热容量小或温度变化迅速(瞬间)对象的表面温度，也可用于测量温度场的温度分布。

最常用的非接触式测温仪表基于黑体辐射(黑体是一种理想的物质；它能百分百吸收射在它上面的辐射而没有任何反射；使它显示成一个完全的黑体。在某一特定温度下。黑体辐射出它的最大能量，称为黑体辐射。)的基本定律，形成辐射测温表。辐射测温法包括亮度法(见光学高温计)、辐射法(见辐射法高温计)和比色法(见比色温度计)。各类辐射测温方法只能测出对应的光度温度、辐射温度或比色温度。只有对黑体(吸收全部辐射并不反射光的物体)所测温度才是真实温度。如欲测定物体的真实温度，则必须进行材料表面发射率的修正。而材料表面发射率，不仅取决温度和波长，而且还与表状态、涂膜和微观组织等有关，因此很难精确测量。在自动化产生中，往往需要利用辐射测温法，来测量或控制某些物体的表面温度，如冶金中的钢带轧制温度、锻件温度和各种熔融金属在冶炼炉或坩埚中的温度，在这些具体情况下，物体表面发射率的测量是相当困难的。对于固体表面温度的自动测量和控制，可以采用附加的反射镜，与被测表面一起组成黑体空腔。附加辐射的影响能提高被测表面的有效辐射和有效发射系数。利用有效发射系数，通过仪表对实测温度进行相应的修正，最终可得到被测表面的真实温度。

2. 常用温度传感器的介绍

1) DS18B20 数字温度传感器

采用美国 DALLAS 公司产生的 DS18B20 可组网数字温度传感器芯片封装而成，具有

耐磨、耐碰、体积小、使用方便、封装形式多样的特点，适用于各种狭小空间设备数字测温和控制领域，如图 2.7 所示。

DS18B20 的数字温度计提供 9～12 位(可编程设备)温度读数。信息通过 1 线接口被发送到 DS18B20，所以中央微处理器与 DS18B20 只需要有一条并口线连接。并温度读写和转换可以从数据线本身获得能量而不需要外接电源。因为每一个 DS18B20 包含一个独特的序号，多个 DS18B20 可以同时存在于一条总线上。这使得这种温度传感器能放置在许多不同的地方。它的用途很多，包含空调环境控制、感测建筑物内温设备或机器并进行过程监测和控制。DS18B20 数字温度传感器产品型号主要包括 TS-18B20A、TS-18B20B。

DS18B20 数字温度传感器的主要特性如下。

（1）适应电压范围更宽，电压范围：3.0～5.5V，在寄生电源方式下可由数据线供电。

（2）独特的单线接口方式，DS18B20 在与微处理器连接时仅需要一条并口线即可实现微处理器与 DS18B20 的双向通信。

（3）DS18B20 支持多点组网功能，多个 DS18B20 可以并联在唯一的三线上，实现组网多点测温。

（4）DS18B20 在使用中不需要任何外围元件，全部传感元件及转换电路集成在形如一只三极管的集成电路内。

（5）测温范围 $-55℃～+125℃$，在 $-10～+85℃$ 时精度为 $±0.5℃$。

（6）可编程的分辨率为 9～12 位，对应的可分辨温度分别为 $0.5℃$、$0.25℃$、$0.125℃$ 和 $0.0625℃$，可实现高精度测温。

（7）在 9 位分辨率时最多在 93.75ms 内把温度转换为数字，12 位分辨率时最多在 750ms 内把温度值转换为数字，速度更快。

（8）测量结果直接输出数字温度信号，以"一线总线"串行传送给 CPU，同时可传送 CRC 校验码，具有极强的抗干扰纠错能力。

（9）负压特性：电源极性接反时，芯片不会因发热而烧毁，但不能正常工作。

2）AD590 温度传感器

AD590 是美国模拟器件公司产生的电流输出型号温度传感器，其供电电压范围为 3～30V，输出电流为 223$(-50℃)$～423$\mu A(+150℃)$，灵敏度为 $1\mu A/℃$。当在电路中串接采样电阻 R 时，R 两端的电压可作为输出电压。注意，R 的阻值不能取得太大，以保证 AD590 两端电压不低于 3V。AD590 输出电流信号传输距离可达到 1km 以上。作为一种高阻电流源最高可达到 $20M\Omega$，所以它不必考虑选择开关或 CMOS 多路转换器所引入的附加电阻造成的误差。它适用于多点温度测量和远距离温度测量的控制，如图 2.8所示。

图 2.7　DS18B20 数字温度传感器　　　　图 2.8　AD590 温度传感器

2.2.2 湿度传感器

随着时代的发展，湿度及对湿度的测量和控制对人们的日常生活显得越来越重要。如气象、科研、农业、纺织、机房、航空航天、电力等部门，都需要采用湿度传感器来进行测量和控制，对湿度传感器的性能指标要求也越来越高，对环境温度、湿度的控制以及对工业材料水分值的监测和分析，都已成为比较普遍的技术环境条件之一。

1. 基本概念

1) 绝对湿度和相对湿度

湿度是空气中含有水蒸气的多少。它通常用绝对湿度和相对湿度来表示，空气的干湿程度与单位体积的空气里所含水蒸气的多少有关，在一定温度下，一定体积的空气中，水汽密度愈大，气压也愈大，密度愈小，气压也愈小。所以通常是用空气里水蒸气的压强来表示湿度的。湿度是表示空气的干湿程度的物理量。空气的湿度有多种表示方式，如绝对湿度、相对湿度、露点等。

绝对湿度表示每立方米空气中所含的水蒸气的量，单位是千克/立方米；相对湿度表示空气中的绝对湿度与同温度下的饱和绝对湿度的比值，得数是一个百分比。也就是指在一定时间内，某处空气中所含水汽量与该气温下饱和水汽量的百分比。

2) 露点

露点的概念有两种解释，一是使空气里原来所含的未饱和水蒸气变成饱和时的温度，称为露点。另一个是空气的相对湿度变成100%时，也就是实际水蒸气压强等于饱和水蒸气压强时的温度，称为露点。单位习惯上常用摄氏温度表示。人们常常通过测定露点，来确定空气的绝对湿度和相对湿度，所以露点也是空气湿度的一种表示方式。例如，当测得了在某一气压下空气的温度是20℃，露点是12℃，那么就可从表中查得20℃时的饱和蒸汽压为17.54mmHg(kPa)，12℃时的饱和蒸汽压为10.52mmHg。则此时：空气的绝对湿度p=10.52mmHg，空气的相对湿度B=(10.52/17.54)×100%=60%。采用这种方法来确定空气的湿度，有着重大的实用价值。

2. 湿度传感器分类

湿度传感器基本上都为利用湿敏材料对水分子的吸附能力或对水分子产生物理效应的方法测量湿度。有关湿度测量，早在16世纪就有记载。许多古老的测量方法，如干湿球温度计、毛发湿度计和露点计等至今仍被广泛采用。现代工业技术要求高精度、高可靠和连续地测量湿度，因而陆续出现了种类繁多的湿敏元件。

湿敏元件主要分为两大类：水分子亲和力型湿敏元件和非水分子亲和力型湿敏元件。利用水分子有较大的偶极矩，易于附着并渗透入固体表面的特性制成的湿敏元件称为水分子亲和力型湿敏元件。例如，利用水分子附着或浸入某些物质后，其电气性能（电阻值、介电常数等）发生变化的特性可制成电阻式湿敏元件、电容式湿敏元件；利用水分子附着后引起材料长度变化，可制成尺寸变化式湿敏元件，如毛发湿度计。金属氧化物是离子型结合物质，有较强的吸水性能，不仅有物理吸附，而且有化学吸附，可制成金属氧化物湿敏元件。这类元件在应用时附着或浸入被测的水蒸气分子，与材料发生化学反应生成氢氧

化物，或一经浸入就有一部分残留在元件上而难以全部脱出，使重复使用时元件的特性不稳定，测量时有较大的滞后误差和较慢的反应速度。目前应用较多的均属于这类湿敏元件。另一类非亲和力型湿敏元件利用其与水分子接触产生的物理效应来测量湿度。例如，利用热力学方法测量的热敏电阻式湿度传感器，利用水蒸气能吸收某波长段的红外线的特性制成的红外线吸收式湿度传感器等。

湿度传感器的种类繁多，下面主要介绍一下有机高分子湿度传感器。

1) 有机高分子型湿度传感器

有机高分子型湿度传感器是目前研究最多的一类湿度传感器。它是根据环境湿度的变化，高分子材料的感湿特征量发生变化，从而来检测湿度。特征量的变化可以是材料的介电常数导电性能等的变化，也可以是材料长度或者体积的变化。与陶瓷湿度传感器相比，它具有量程宽、响应快、湿滞小、与集成电路工艺兼容、制作简单、成本低等特点，在气象、纺织、集成电路生产、家用电器、食品加工等方面得到广泛的应用。按照其测量原理，一般可分为电容型、电阻型、声表面波型、光学型等，并以前两类为主。

高分子电容型湿度传感器的感湿机理是基于湿敏膜在环境中吸附水分子时，其介电常数发生改变，从而导致电容发生变化，由此可以测定相对湿度。高分子电容型湿敏器件的典型结构为"三明治"结构：基片上具有一层梳状金属电极作为下电极，其上涂布高分子感湿膜，在湿敏膜上再镀一层透水性好的金属膜作为上部电极，有的湿敏元件再盖上一层多孔网罩以增加抗污染能力，延长寿命。目前占有高分子湿度传感器 70％市场。但其也存在高湿区的明显漂移、抗高湿能力差、长期稳定性不够理想等一系列问题。

高分子电阻型湿度传感器是目前发展比较迅速的一类传感器，具有制作简单、价格低廉、稳定性好、易于大规模生产等优点。它主要基于感湿膜的导电能力随相对湿度的变化而变化，通过测定元件阻抗就可求出相对湿度。其基本结构是在基片上镀上一对梳状金或铂电极，再涂上一层高分子感湿膜，有的还在膜上涂敷透水性好的保护膜。

2) 常用的湿度传感器

目前，国外生产集成湿度传感器的主要厂商及典型产品分别是美国 Honeywell 公司生产的 HH-3602、HIH-3605、HIH-3610 型号湿度传感器，法国的 Humirel 公司生产的 HM1500、HM1520、HF3223、HTF3223 型湿度传感器和瑞士 Sensiron 公司生产的 SHT11、SHT15 型湿度传感器。这些产品可分成以下 3 种类型。

(1) 线性电压输出集成式湿度传感器。典型产品有 HIH3605/3610（图 2.9）、HM1500/1520 型湿度传感器。其主要特点是采用恒压供电，内置放大电路，能输出与相对湿度成比例关系的伏特级电压信号，响应速度快、重复性好、抗污染性能强。

(2) 线性频率输出集成湿度传感器。典型产品是 HF3223 型湿度传感器，如图 2.10 所示。它采用模块式结构，属于频率输出式集成湿度传感器。在 55％RH 时其输出频率为 8750Hz（型值）；当相对湿度从 10％ 变化到 95％ 时，输出频率就从 9560Hz 减小到 8030Hz。这种传感器具有线性度好、抗干扰能力强、价格低等特点。

图 2.9 HIH3605 湿度传感器　　　　　　　图 2.10 HF3223 湿度传感器

（3）频率/温度输出式集成湿度传感器。典型产品为 HTF3223 型湿度传感器，它除具有 HF3223 的功能以外，还增加了温度信号输出端，利用负温度系数（NTC）热敏电阻作为温度传感器。当环境温度变化时，其电阻值也相应改变并且从 NTC 端引出，配上二次仪表即可测量出温度值。

2.2.3 超声波传感器

1. 基本概念

声波是一种机械波，是机械振动在介质中的传播过程。频率为 20Hz～20kHz 能为人耳所听到的，称为可听声波；低于 20Hz 的称为次声波；高于 2×10^4 Hz 的称为超声波。

超声波传感器是利用超声波的特性研制而成的传感器。超声波振动频率高于可听声波。可换能晶片在电压的激励下，发声振动能产生超声波。它具有频率高、波长短、绕射现象小的特点，特别是方向性好，能够成为射线而定向传播等。超声波对液体、固体的穿透能力很强，在不透明的固体中它可穿透几十米的深度。超声波碰到杂质或分界面，会发生显著反射，反射成回波碰到活动物体能产生多普勒效应。因此，超声波检测广泛应用在工业、国防、生物医学等方面。

超声波探头主要由压电晶片组成，既可以发射超声波也可以接收超声波。小功率超声探头多用来探测。它有许多不同的结构，可分直探头（纵波）、斜探头（横波）、表面波探头（表面波）、兰姆波探头（兰姆波）、双探头（一个探头反射、一个探头接收）等，如图 2.11 所示。

2. 主要性能指标

1）工作频率

工作频率就是压电晶片的共振频率。当加到它两端的交流电压的频率和晶片的共振频率相等时，输出的能量最大灵敏度也最高。

2）工作温度

由于压电材料的居里点（居里点也称居里温度或磁性转变点，是指材料可以在铁磁体和顺磁体之间改变的温度，即铁电体从铁电相转变成顺电相引的相变温度。也可以说是发生二级相变的转变温度。低于居里点温度时该物质成为铁磁体，此时和材料有关的磁场很难改变。当温度高于居里点温度时，该物质成为顺磁体，磁体的磁场很容易随周围磁场的

图 2.11　超声波传感器

改变而改变。这时的磁敏感度约为 10^{-6}。)一般比较高，特别是诊断用超声波探头功率比较小，所以工作温度比较低，可以长时间地工作而不失效。医疗用的超声探头的工作温度比较高，需要单独的制冷设备。

3）灵敏度

主要取决于制造晶片本身。机电耦合系数大，灵敏度高；反之灵敏度低。

3. 工作原理

超声波是一种在弹性介质中的机械振荡，有两种形式：横向振荡（横波）及纵向振荡（纵波）。在工业应用中主要采用纵向振荡。超声波可以在气体、液体及固体中传播，其传播速度不同。另外，它也有折射和反射现象，并且在传播过程中有衰减。在空气中传播超声波其频率较低，一般为几万赫兹，而在液体及固体中则频率较高。它在空气中衰减较快，在液体及固体中衰减较小，传播较远。利用超声波的特性可做成各种超声波传感器，再配上不同的电路，可制成各种超声测量仪器及装置，并在通信、医疗、家电等各方面得到广泛应用。

超声波传感器主要材料有压电晶体（电致伸缩）及镍铁铝合金（磁致伸缩）两类。电致伸缩的材料有锆钛酸铅（PZT）等。压电晶体组成的超声波传感器，是一种可逆传感器。它可以将电能转变成由机械振荡而产生超声波，同时它也能将接收到的超声波转变成电能，所以它可以分成发送器或接收器。有的超声波传感器既作发送也能作接收。

4. 系统组成

系统由发送传感器（或称波发送器）、接受传感器（或称波接收器）、控制部分与电源部分组成。发送器传感器，由发送器与使用直径为 15mm 左右的陶瓷振子的换能器组成，是将陶瓷振子的电振动能量转换成超声波能量并向空气辐射。而接受传感器由陶瓷振子换能器与放大电路组成，换能器接收超声波产生机械振动，将其转换成电能量作为传感器接收器的输出，从而对发送的超声波进行检测。而实际使用中用作发送传感器的陶瓷振子，也可以用作接收器传感器的陶瓷振子，控制部分主要对发送器发出的脉冲链频率、占空比及系数调制和计数及探测距离等进行控制。超声波传感器电源（或称信号源）可用 DC12V (1±10%)或 24V(1±10%)。

2.2.4 气敏传感器

1. 气敏传感器概述

人类的日常生活和生产活动与周围的环境密切相关，现代生活接触到的易燃、易爆、有毒等对人体有害气体的机会日益增多，如氢气、天然气、液化石油气、一氧化碳等。气敏传感器就是能够感知环境中某种气体及浓度，从而对环境进行检测、监控、报警的一种敏感器件。

由于气体种类繁多，性质各不相同，不可能用一种传感器检测所有类别的气体，因此，能实现气—电转换的传感器种类很多，按构成气敏传感器材料可分为半导体和非半导体两大类。目前实际使用最多的是半导体气敏传感器。

半导体气敏传感器是利用待测气体与半导体表面接触时，产生的电导率等物理性质变化来检测气体的。按照半导体与气体相互作用时产生的变化只限于半导体表面或深入到半导体内部，可分为表面控制型和体控制型，前者半导体表面吸附的气体与半导体间发生电子接受，结果使半导体的电导率等物理性质发生变化，但内部化学组成不变；后者半导体与气体的反应，使半导体内部组成发生变化，而使电导率变化。按照半导体变化的物理特性，又可分为电阻型和非电阻型，电阻型半导体气敏元件是利用敏感材料接触气体时，其阻值变化来检测气体的成分或浓度；非电阻型半导体气敏元件是利用其他参数，如二极管伏安特性和场效应晶体管的阈值电压变化来检测被测气体的。表 2-2 为半导体气敏元件的分类。

表 2-2 半导体气敏元件的分类

	主要物理特征	类型	检测气体	气敏元件
电阻型	电阻	表面控制型	可燃性气体	SnO_2、ZnO 等的烧结体、薄膜、厚膜
		体控制型	酒精 可燃性气体 氧气	氧化镁，SnO_2 氧化钛（烧结体） $T-Fe_2O_3$
非电阻型	二极管整流特性	表面控制型	氧气 一氧化碳 酒精	铂—硫化镉 铂—氧化钛 （金属—半导体结型二极管）
	晶体管特性		氢气、硫化氢	铂栅、钯栅 MOS 场效应管

气敏传感器是暴露在各种成分的气体中使用的，由于检测现场温度、湿度的变化很大，又存在大量粉尘和油雾等，所以其工作条件较恶劣，而且气体对传感元件的材料会产生化学反应物，附着在元件表面，往往会使其性能变差。因此，对气敏元件有下列要求：能长期稳定工作，重复性好，响应速度快，共存物质产生的影响小等。用半导体气敏元件

组成的气敏传感器主要用于工业上的天然气、煤气，石油化工等部门的易燃、易爆、有毒等有害气体的监测、预报和自动控制。

2. 半导体气敏传感器的机理

半导体气敏传感器是利用气体在半导体表面的氧化和还原反应导致敏感元件阻值变化而制成的。当半导体器件被加热到稳定状态，在气体接触半导体表面而被吸附时，被吸附的分子首先在表面物性自由扩散，失去运动能量，一部分分子蒸发掉，另一部分残留分子产生热分解而固定在吸附处（化学吸附）。当半导体的功函数小于吸附分子的亲和力（气体的吸附和渗透特性）时，吸附分子将从器件夺得电子而变成负离子吸附，半导体表面呈现电荷层。例如氧气等具有负离子吸附倾向的气体被称为氧化型气体或电子接收性气体。如果半导体的功函数大于吸附分子的离解能，吸附分子将向器件释放出电子，而形成正离子吸附。具有正离子吸附倾向的气体有 H_2、CO、碳氢化合物和醇类，它们被称为还原型气体或电子供给性气体。

当氧化型气体吸附到 N 型半导体上，还原型气体吸附到 P 型半导体上时，将使半导体载流子减少，而使电阻值增大。当还原型气体吸附到 N 型半导体上，氧化型气体吸附到 P 型半导体上时，则载流子增多，使半导体电阻值下降。图 2.12 表示了气体接触 N 型半导体时所产生的器件阻值变化情况。由于空气中的含氧量大体上是恒定的，因此氧的吸附量也是恒定的，器件阻值也相对固定。若气体浓度发生变化，其阻值也将变化。根据这一特性，可以从阻值的变化得知吸附气体的种类和浓度。半导体气敏时间（响应时间）一般不超过 1min。N 型材料有 SnO_2、ZnO、TiO 等，P 型材料有 MoO_2、CrO_3 等。

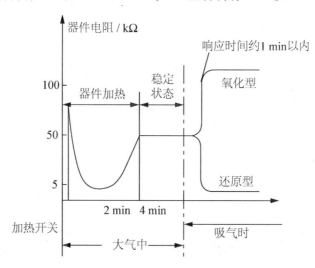

图 2.12　N 型半导体吸附气体时器件阻值变化图

3. 半导体气敏传感器类型及结构

1）电阻型半导体气敏传感器

半导体气敏传感器类型有 3 种，分别是烧结型气敏器件、薄膜型器件、厚膜型器件，如图 2.13 所示。

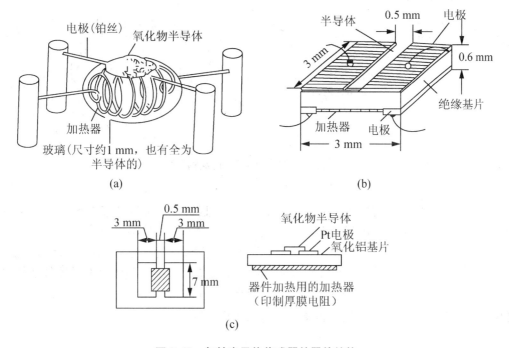

图 2.13 气敏半导体传感器的器件结构

(a) 烧结型气敏器件；(b) 薄膜型器件；(c) 厚膜型器件

图 2.13(a)为烧结型气敏器件。这类器件以 SnO_2 半导体材料为基体，将铂电极和加热丝埋入 SnO_2 材料中，用加热、加压、温度为 $700\sim900℃$ 的制陶工艺烧结成形，因此，被称为半导体陶瓷，简称半导瓷。半导瓷内的晶粒直径为 $1\mu m$ 左右，晶粒的大小对电阻有一定影响，但对气体检测灵敏度则无很大的影响。烧结型器件制作方法简单，器件寿命长；但由于烧结不充分，器件机械强度不高，电极材料较贵重，电性能一致性较差，因此应用受到一定限制。

图 2.13(b)为薄膜型器件。它采用蒸发或溅射工艺，在石英基片上形成氧化物半导体薄膜(其厚度约在 100nm 以下)，制作方法也很简单。实验证明，SnO_2 半导体薄膜的气敏特性最好，但这种半导体薄膜为物理性附着，因此器件间性能差异较大。

图 2.13(c)为厚膜型器件。这种器件是将氧化物半导体材料与硅凝胶混合制成能印刷的厚膜胶，再把厚膜胶印刷到装有电极的绝缘基片上，经烧结制成的。由于这种工艺制成的元件机械强度高，离散度小，适合大批量生产。

这些器件全部附有加热器，它的作用是将附着在敏感元件表面上的尘埃、油雾等烧掉，加速气体的吸附，从而提高器件的灵敏度和响应速度。加热器的温度一般控制在200~400℃左右。

由于加热方式一般有直热式和旁热式两种，因而形成了直热式和旁热式气敏元件。直热式气敏器件的结构及符号如图 2.14 所示。直热式器件是将加热丝、测量丝直接埋入 SnO_2 或 ZnO 等粉末中烧结而成的，工作时加热丝通电，测量丝用于测量器件阻值。这类器件制造工艺简单、成本低、功耗小，可以在高电压回路下使用，但热容量小，易受环境气流的影响，测量回路和加热回路间没有隔离而相互影响。国产 QN 型和日本费加罗 TGS#109 型气敏传感器均属此类结构。

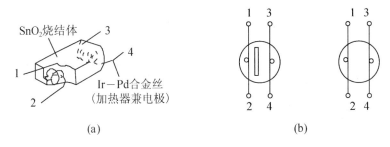

图 2.14　直热式气敏器件的结构及符号

(a) 结构；(b) 符号

　　旁热式气敏器件的结构及符号如图 2.15 所示，它的特点是将加热丝放置在一个陶瓷管内，管外涂梳状金电极作测量极，在金电极外涂上 SnO_2 等材料。旁热式结构的气敏传感器克服了直热式结构的缺点，使测量极和加热极分离，而且加热丝不与气敏材料接触，避免了测量回路和加热回路的相互影响，器件热容量大，降低了环境温度对器件加热温度的影响，所以这类结构器件的稳定性、可靠性都较直热式器件好，国产 QM-N5 型和日本费加罗 TGS#812、813 型等气敏传感器都采用这种结构。

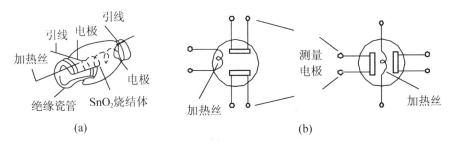

图 2.15　旁热式气敏器件的结构及符号

(a) 旁热式结构；(b) 符号

　　2）非电阻型半导体气敏传感器

　　非电阻型气敏器件也是半导体气敏传感器之一。它是利用 MOS 二极管的电容—电压特性的变化以及 MOS 场效应晶体管(MOSFET)的阈值电压的变化等特性而制成的气敏元件。由于类器件的制造工艺成熟，便于器件集成化，因而其性能稳定且价格便宜。利用特定材料还可以使器件对某些气体特别敏感。由于应用不是非常广泛，这里就不再详细介绍了。

　　4. 气敏传感器的主要参数与特性

　　(1) 灵敏度。灵敏度是气敏传感器的一个重要参数，用 S 表示。它标志着气敏元件对气体的敏感程度，用其电阻值的变化量 ΔR 与气体浓度的变化量 ΔP 之比来表示，即

$$S = \Delta R / \Delta P$$

　　(2) 响应时间。响应时间指的是从气敏元件与被测气体接触，气敏元件的参数达到新的稳定状态所需要的时间。它表示了气敏元件的反应速度。

　　(3) 选择性。在多种气体共存的环境中，气敏元件对不同的气体有不同的灵敏度，这

种区分不同气体的能力称为选择性。选择性是气敏元件的一个重要参数，也是一个比较难解决的问题。

（4）稳定性。当检测的气体浓度不变时，气敏元件的输出也应保持不变，但实际情况会受其他条件的影响而发生变化，这种在其他条件发生变化时，气敏元件的输出特性保持不变的能力称为稳定性。

（5）温度特性。是气敏元件的特性，随温度的变化而发生变化的特性称为温度特性。消除这种影响的方法是采用温度补偿。

（6）湿度特性。随环境的湿度不同而发生变化的特性，称为湿度特性。湿度特性是影响检测精度的另一个因素。解决这一问题的措施之一是采用湿度补偿法。

（7）电源电压特性。电源电压发生变化时气敏元件也会发生变化。解决的方法是采用恒压源供电。

5. 气敏传感器应用

半导体气敏传感器由于具有灵敏度高、响应时间和恢复时间快、使用寿命长以及成本低等优点，从而得到了广泛的应用。按其用途可分为以下几种类型：气体泄露报警、自动控制、自动测试等。表2-3给出了半导体气敏传感器的应用举例。

表2-3 半导体气敏传感器的各种检测对象气体

分类	检测对象气体	应用场所
爆炸性气体	液化石油气、城市用煤气、甲烷、可燃性煤气等	家庭、煤矿、办事处等
有毒气体	一氧化碳、硫化氢、含硫的有机化合物、卤素、卤化物、氨气等	煤气灶、特殊场所等
环境气体	氧气（防止缺氧）、二氧化碳（防止缺氧）、水蒸气（调节温度、防止结露）、大气污染等	家庭、办公室、电子设备、汽车、温室等
工业气体	氧气（控制燃烧、调节空气燃烧比）、一氧化碳（防止不完全燃烧）、水蒸气（食品加工）等	发电机、锅炉、电炊灶等
其他	呼出气体中的酒精、烟等	

2.3 智能传感器

2.3.1 智能传感器的基本概念

智能传感器（Intelligent Sensor）是具有信息处理功能的传感器。所谓智能传感器（Smart Sensor），最早由美国宇航局（NASA）在20世纪80年代提出，定义为带有微处理器的、兼有信息检测和信息处理、逻辑思维与判断功能的传感器。其最大特点就是将信息检测和信息处理功能结合在一起。智能传感器带有微处理器，具有采集、处理、交换信息的能力，是传感器集成化与微处理机相结合的产物。一般智能机器人的感觉系统由多个传感器集合而成，采集的信息需要计算机进行处理，而使用智能传感器就可将信息分散处理，从而降低成本。与一般传感器相比，智能传感器具有以下3个优点：通过软件技术可实现高精度的信息采集，而且成本低；具有一定的编程自动化能力；功能多样化。

2.3.2 智能传感器的组成

从构成上看，智能传感器是一个典型的以微处理器为核心的计算机检测系统，如图 2.16 所示。

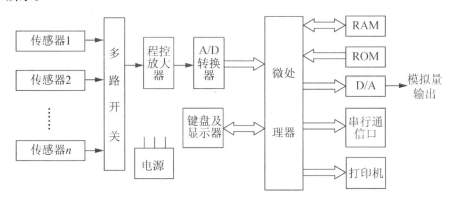

图 2.16 智能传感器的组成

传感器将被测的物理量转换成相应的电信号，送到信号调理电路中，进行滤波、放大、模/数转换后，送到微处理器中。微处理器是智能传感器的核心，它可以对传感器测量数据进行计算、存储、数据处理。由于微处理器充分发挥各种软件的功能，可以完成硬件难以完成的任务，从而大大降低传感器制造的难度，提高了传感器的性能，降低了成本。

2.3.3 智能传感器的功能与特点

(1) 信息存储和传输——随着全智能集散控制系统(Smart Distributed System)的飞速发展，对智能单元要求具备通信功能，用通信网络以数字形式进行双向通信，这也是智能传感器关键标志之一。智能传感器通过测试数据传输或接收指令来实现各项功能。如增益的设置、补偿参数的设置、内检参数设置、测试数据输出等。

(2) 自补偿和计算功能——多年来从事传感器研制的工程技术人员一直为传感器的温度漂移和输出非线性做了大量的补偿工作，但都没有从根本上解决问题。而智能传感器的自补偿和计算功能为传感器的温度漂移和非线性补偿开辟了新的道路。这样，放宽传感器加工精密度要求，只要能保证传感器的重复性好，利用微处理器对测试的信号通过软件计算，采用多次拟合和差值计算方法对漂移和非线性进行补偿，从而能获得较精确的测量结果压力传感器。

(3) 自检、自校、自诊断功能——普通传感器需要定期检验和标定，以保证它在正常使用时有足够的准确度，这些工作一般要求将传感器从使用现场拆卸送到实验室或检验部门进行。对于在线测量传感器出现异常则不能及时诊断。采用智能传感器情况则大有改观，首先自诊断功能在电源接通时进行自检，诊断测试以确定组件有无故障。其次根据使用时间可以在线进行校正，微处理器利用存在 EPROM 内的计量特性数据进行对比校对。

(4) 复合敏感功能——人们观察周围的自然现象，常见的信号有声、光、电、热、力、化学等。敏感元件测量一般通过两种方式：直接和间接的测量。而智能传感器具有复合功能，能够同时测量多种物理量和化学量，给出能够较全面反映物质运动规律的信息。如美国加利弗尼亚大学研制的复合液体传感器，可同时测量介质的温度、流速、压力和密度。美国 EG&GIC Sensors 公司研制的复合力学传感器，可同时测量物体某一点的三维振动加速度(加速度传感器)、速度(速度传感器)、位移(位移传感器)等。

(5) 具有自适应、自调整功能。可根据待测物理量的数值大小及变化情况自动选择检测量程和测量方式，提高了检测适用性。

(6) 具有数据通信功能。智能化传感器具有数据通信接口，能与计算机直接联机，相互交换信息，提高了信息处理的质量。

(7) 掉电保护功能。由于微处理器的 RAM 的内部数据在掉电时会自动消失，这给仪器的使用带来很大的不便。为此，在智能仪器内装有备用电源，当系统掉电时，能自动把后备电源接入 RAM，以保证数据不丢失。

2.3.4 基于 IEEE 1451 的网络化智能传感器

为了解决智能传感器产品以及智能传感器与总线接口互不兼容的问题，实现在网络条件下智能传感器接口的标准化，国际标准技术协会(NIST)和国际电子电气工程师协会(IEEE)于 20 世纪 90 年代开始颁布了一套 IEEE 1451 智能传感器接口标准。IEEE 1451 标准定义了一系列通用通信接口，用于连接变送器和微处理器系统、仪器及现场网络，使智能变送器更为方便地集成运行于各种工业网络下的分布式测量与控制系统中。由于网络化智能传感器有标准接口方式以及优越的工作性能，因此在众多领域都有广阔的应用前景，如分布式测控、嵌入式网络、远程故障诊断和监测及设备的智能维护等。

IEEE 1451 系列标准定义了传感器的软硬件接口。该系列所有标准都支持 TEDS (Transducer Electronic Data Sheet，变送器电子数据表)概念，这为传感器提供了自识别和即插即用的功能。IEEE 1451 标准可以分为面向软件和硬件接口两部分。软件接口部分借助面向对象模型来描述网络化智能传感器的行为，定义了一套使智能传感器顺利接入不同测控网络的软件接口规范；同时通过定义通用的功能、通信协议及 TEDS 格式，以达到加强 IEEE 1451 标准族成员之间的互操作性。软件接口部分主要由 IEEE 1451.0 和 IEEE 1451.1 组成。硬件接口部分是由 IEEE 1451.X(X 代表 2～6)组成，主要是针对智能传感器的具体应用而提出来的。

IEEE 1451.0 标准，即通用功能、通信协议和传感器电子数据表格(Common Functions, Communication Protocols, and Transducer Electronic Data Sheet(TEDS)Formats)。IEEE 1451 标准族由几个标准组成，尽管它们之间有共同的特征，但是却不存在通用的功能、通信协议和电子数据表格的设置，这影响了这些标准之间的互操作性，阻碍了这些标准在用户群中的广泛使用。IEEE 1451.0 标准就是为解决这一问题提出来的，通过定义一个包含基本命令设置和通信协议的独立于 NCAP 到传感器模块接口的物理层，为不同的物理接口提供通用、简单的标准，以达到加强这些标准之间的互操作性。

IEEE 1451.1 定义了网络独立信息模型，使传感器接口与 NCAP 相连，它使用了面向对象的模型定义提供给智能传感器及其组件。该模型由一组对象类组成，这些对象类具有特定的属性、动作和行为，它们为传感器提供了一个清楚、完整的描述。该模型也为传感器的接口提供了一个与硬件无关的抽象描述。该标准通过采用一个标准的应用编程接口（API）来实现从模型到网络协议的映射。同时，这个标准以可选的方式支持所有的接口模型的通信方式，如其他的 IEEE 1451 标准提供的 STIM、TBIM(Transducer Bus Interface Module)和混合模式传感器。图 2.17 为 IEEE 1451.1 标准实现模型示意图。

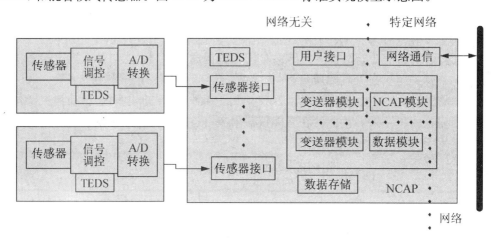

图 2.17　IEEE 1451.1 标准实现模型

IEEE 1451.1 标准通过客户端、发布端和订阅端的对象实例化以及实施服务对象的操作来实现这些网络通信模型。另外这些软件接口是独立于具体的应用网络，也就是说，在网络发生变化时接口是不需要修改的，这是因为 IEEE 1451.1 标准并没有规定任何具体的网络通信规则和协议。对任何一个具体的网络，它只是要求网络软件的提供者提供一个代码库，这个代码库中包括把 IEEE 1451.1 的数据形式转换成在线传输的格式的编排规则以及把在线传输格式的数据恢复成 IEEE 1451.1 的数据形式的反编排规则。有了这些代码库，再加上前面已经编好的软件接口，就可以使所设计的网络传感器完全摆脱总线的内部要求。

IEEE 1451.2 标准规定了一个连接传感器到微处理器的数字接口，描述了电子数据表格 TEDS 及其数据格式，提供了一个连接 STIM 和 NCAP 的 10 线的标准接口 TII，使制造商可以把一个传感器应用到多种网络中，使传感器具有“即插即用”(plug-and-play)兼容性。这个标准没有指定信号调理、信号转换或 TEDS 如何应用，由各传感器制造商自主实现，以保持各自在性能、质量、特性与价格等方面的竞争力。IEEE 1451.2 智能传感器结构模型如图 2.18 所示。

IEEE 1451.3 标准定义了一个标准物理接口标准，以多点设置的方式连接多个物理上分散的传感器。这是非常必要的，例如，在某些情况下，由于恶劣的环境，不可能在物理上把 TEDS 嵌入在传感器中。IEEE 1451.3 标准提议以一种“小总线”(mini-bus)方式实现传感器总线接口模型(TBIM)，这种小总线因足够小且便宜可以轻易地嵌入到传感器中，从而允许通过一个简单的控制逻辑接口进行最大量的数据转换。图 2.19 为 IEEE 1451.3 的物理连接表示。在图 2.19 中，一条单一的传输线既被用作支持传感器的电源，又用来提供总线控制器与传感器总线接口模型 TBIM 的通信。这条总线可具有一个总线控制器和多个 TBIM。网络适配器(NCAP)包含了总线的控制器和支持很多不同终端、NCAP 和传

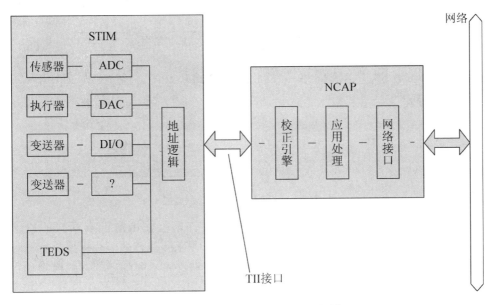

图 2.18 IEEE 1451.2 智能传感器模块框图

感器总线的网络接口。一个传感器总线接口模型 TBIM 可以有一到多个不同的传感器。所有 TBIM 都包含有 5 个通信函数，这些通信函数将在一个物理传输媒介上最少利用其中两个通信通道。通信通道将与启动传感器的电源共享这个物理媒介。IEEE 1451.3 中定义了几种 TEDS。其中通信 TEDS、模型总体 TEDS 和传感器特定的 TEDS 对系统操作是必需的，其他的 TEDS 都是可选的。

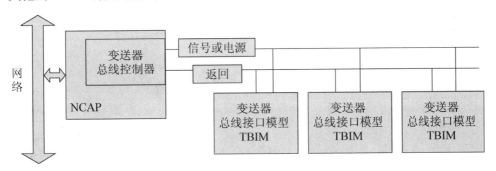

图 2.19 IEEE 1451.3 的物理连接

IEEE 1451.4 标准主要致力于基于已存在的模拟量传感器连接方法提出一个混合模式智能传感器通信协议，它同时也为具有智能特点的模拟量传感器连接到合法的系统指定 TEDS 格式。这个提议的接口标准将与 IEEE 1451.X 网络化传感器接口标准相兼容。IEEE 1451.4 提议定义了一个允许模拟量传感器以数字信息模式(或混合模式)通信的标准，目的是使传感器能进行自识别和自设置。图 2.20 为 IEEE 1451.4 的混合模式传感器(传感器和执行器)和接口的关系图。

一个 IEEE 1451.4 的传感器包括一个传感器电子数据表格 TEDS 和一个混合模式的接口 MMI。它定义了一个混合模式传感器接口标准，如以控制和自我描述的目的，模拟量

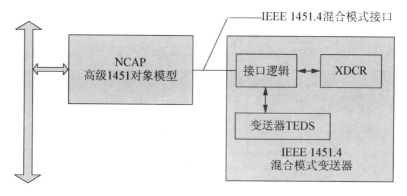

图 2.20 IEEE 1451.4 接口示意图

传感器将具有数字输出能力。它将建立一个标准允许模拟输出的混合模式的传感器与 IEEE 1451 兼容的对象进行数字通信。每一个 IEEE 1451.4 兼容的混合模式传感器将至少由一个传感器、传感器电子数据表单和控制与传输数据进入不同的已存在的模拟接口的接口逻辑组成，如图 2.21 所示。

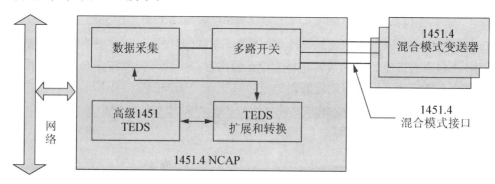

图 2.21 IEEE 1451.4 的 NCAP

传感器的 TEDS 很小但定义了足够的信息，可允许一个高级的 IEEE 1451.4 对象来进行补充。这里的 TEDS 将以 IEEE 1451.2 的 TEDS 为基础。但标准没有指定传感器的设计、信号调理或 TEDS 的特别使用。

IEEE 1451.5 标准，即无线通信与传感器电子数据表格（Wireless Communication and Transducer Electronic Data Sheet(TEDS)Formats）。该标准定义的无线传感器通信协议和相应的 TEDS，旨在现有的 IEEE 1451.5 框架下，构筑一个开放的标准无线传感器接口，从而适应工业生产自动化等不同应用领域的需求。

IEEE 1451.6 提议标准，即用于本质安全和非本质安全应用的高速的、基于 CANopen 协议的传感器网络接口（A High-speed CANopen-based Transducer Network Interface for Intrinsically Safe and Non-intrinsically Safe Application），目前该标准正在制定过程中。该标准主要致力于建立基于 CANopen 协议网络的多通道传感器模型，定义一个安全的 CAN 物理层，使 IEEE 1451 标准的 TEDS 和 CANopen 对象字典（Object Dictionary）、通信消息、数据处理、参数配置和诊断信息一一对应，使 IEEE 1451 标准和 CANopen 协议相结合，在 CAN 总线上使用 IEEE 1451 标准传感器。标准中 CANopen 协议采用 CiADS404 设备描述。

2.3.5 智能传感器标准体系

IEC 标准化管理局在 2009 年提出了 17 项 IEC 潜在新技术领域,其中第 14 项明确指出智能传感器属 IEC/TC65。我国的相关国家标准欠缺,导致了市场的无序和研究内容的交叉重复,严重阻碍了仪器仪表企业对智能传感器的设计、研发和生产。机械工业仪器综合技术经济研究所初步建立智能传感器系统标准体系构架,以规范国内智能传感器市场,服务于各相关应用领域,奠定我国物联网体系建设的基础,标准体系构架如图 2.22 所示。

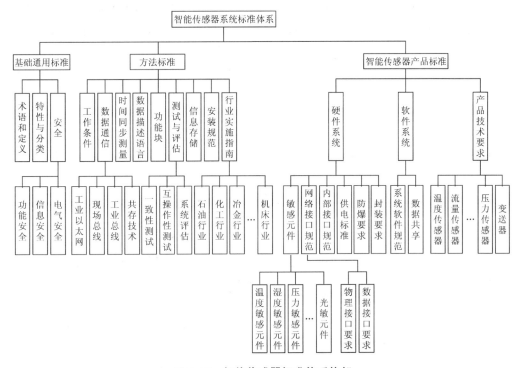

图 2.22　智能传感器标准体系构架

标准体系中最重要的就是第 3 部分——智能传感器产品标准。按照智能传感器的构成,分为硬件系统、软件系统和产品技术要求。

硬件系统包括敏感元件、网络接口规范、内部接口规范、供电标准、防爆要求、封装要求。其中,敏感元件按照其物理特性分为温度、湿度、压力、流量、加速度等,并对各种不同原理产品的特性指标、封装形式给出具体要求。网络接口规范分别规定了智能传感器的物理接口和数据接口要求。内部接口规范规定了智能传感器实现 IEEE 1451 标准时的通信接口要求。

软件系统包括系统软件规范和数据共享。其中,系统软件规范智能传感器的编程规范等,数据共享指源数据和编码的格式要求、信息分类等,是与物联网衔接时的重要组成部分。

产品技术要求按照被测参数不同,分为温度传感器、流量传感器、压力传感器、变送器等的具体技术要求,比如自校验、自诊断、信息决策等。

2.3.6 智能传感器的应用

近年来，智能传感器已经广泛应用在航天、航空、国防、科技和工农业生产等各个领域，特别是随着高科技的发展，智能传感器备受青睐。例如，它在智能机器人的领域中有着广阔的前景，智能传感器如同人的五官，可以使机器人具有各种感知功能。已经实用化的智能传感器有很多种类，如智能检测传感器、智能流量传感器、智能位置传感器、智能压力传感器、智能加速度传感器等。

集成智能传感器技术日趋活跃，国外一些著名的公司和高等院校开展了有关集成智能传感器的研制。我国一些院校、研究所也积极跟进，使集成智能传感器技术取得了瞩目的发展。

但就目前我国产业水平而言，物联网的发展仍存在一定瓶颈。RFID 高端芯片等核心领域无法产业化，而且我国 RFID 产品以低频为主。此外，传感器产业化水平低，产品种类不全。可靠性、稳定性等关键指标未全部达到要求，高档、大型仪器设备几乎全部依赖进口。

因此，必须做出长期规划，将智能传感器产业作为一个开发和生产适用于物联网应用的各类传感器。在物联网技术产业化发展的形势面前，全面指定协调一致的战略措施并认真贯彻执行，以保障仪器仪表行业能够继续带动国民经济的发展。

2.3.7 智能传感器发展趋势

智能传感器代表着传感器发展的总趋势，它已经受到了世界范围的瞩目。因此，可以说智能传感器是一种发展前景被十分看好的新型传感器。今后，随着硅微细加工技术的发展，新一代的智能传感器的功能将会更加增多。它将利用人工神经网络、人工智能、信息处理技术等，使传感器具有更高的智能功能，同时它还将朝着微传感器、微执行器和微处理器三位一体构成一个微系统的方向发展。

1. 向高精度发展

随着自动化生产的提高，对传感器的要求也在不断提高，必须研制出具有灵敏度高、精确度高、响应速度快、互换性好的新型传感器，以确保生产自动化的可靠性。

2. 向高可靠性、宽温度范围发展

传感器的可靠性直接影响到电子设备的抗干扰等性能，研制高可靠性、宽温度范围的传感器将是长久的方向。发展新兴材料（如陶瓷）传感器将很有前途。

3. 向微型化发展

各种控制仪器设备的功能越来越强，要求各个部件体积越小越好。因而传感器本身体积也是越小越好。这就要求发展新的材料及加工技术。目前，利用硅材料制作的传感器体积已经很小。例如，传统的加速度传感器是由重力块和弹簧等制成的，体积较大、稳定性差、寿命也短，而利用激光等各种微细加工技术制成的硅加速度传感器体积非常小，互换性、可靠性都较好。

4. 向微功耗及无源化发展

传感器一般都是非电量向电学物理量的转化，工作时离不开电源，在野外或者远离电网的地方，往往是用电池供电或用太阳能等供电。开发微功耗的传感器电及无源传感器是必然的发展方向，这样既可以节省能源又可以提高系统寿命。目前，低功耗损的芯片发展很快，如 T12702 运算放大器，静态电流只有 $1.5\mu A$，而工作电压只需 $2\sim5V$。

5. 向智能化数字化发展

随着现代化的发展，传感器的功能以突破传统的功能，其输出不再是单一的模拟信号（如 $0\sim10mV$），而是经过微电脑处理后的数字信号，有的甚至带有控制功能，这就是所说的数字传感器。

6. 向网络化发展

网络化是传感器发展的一个重要方向，网络的作用和优势正逐步显示出来。网络传感器必将促进电子科技的发展。

2.4 MEMS 技术

2.4.1 MEMS 概述

MEMS 概念于 20 世纪 80 年代末提出。它一般泛指特征尺度在亚微米至亚毫米范围的装置。MEMS 是微机电系统（Micro-Electro-Mechanical Systems）的英文缩写。MEMS 是美国的叫法，在日本被称为微机械，在欧洲被称为微系统。MEMS 是随着半导体集成电路微细加工技术和超精密机械加工技术的发展而发展起来的。MEMS 技术是一种全新的必须同时考虑多种物理场混合作用的研发领域。相对于传统的机械系统，它的尺寸更小，最大的不超过 1cm，甚至仅仅为几个毫米，其厚度就更加微小。采用以硅为主的材料电气性能优良，硅材料的强度、硬度和杨氏模量（是描述固体材料抵抗形变能力的物理量）与铁相当，密度与铝类似，热导率接近于钼和钨。可大量利用 IC 生产中的成熟技术、工艺，进行大批量、低成本生产，使性价比相对于传统"机械"制造技术大幅度提高。

完整的 MEMS 是指可批量制作的，集微型机构、微型传感器、微型执行器以及信号处理和控制电路、接口、通信和电源等于一体的微型器件或系统。其目标是把信息的获取、处理和执行集成在一起，组成具有多功能的微型系统，并集成于大尺寸系统中，从而大幅度地提高系统的自动化、智能化和可靠性水平。

沿着系统及产品小型化、智能化、集成化的发展方向可以预见：MEMS 会给人类社会带来另一次技术革命，它将对 21 世纪的科学技术、生产方式和人类生产质量产生深远影响，是关系到国家科技发展、国防安全和经济繁荣的一项关键技术。

手持式设备制造商正在逐渐意识 MEMS 的价值以及这种技术所带来的好处——大批量、低成本、小尺寸，而且开始转向成为 MEMS 公司。其所实现的成本削减幅度之大，将影响整个消费类电子业，而不仅是高端设置。MEMS 在整个 20 世纪 90 年代都由汽车工业主导；在过去几年中，由于 iPhone 的出现，使全世界的工程师都看到运动传感器带来

的创新，是MEMS在消费电子产业出现爆炸式增长，成为改变终端产品用户体验以及实现产品差异化的核心要素。

我国MEMS芯片供应商主要有：上海微系统所、沈阳仪表所、北京微电子所等。目前，形成生产的主要是MEMS压力传感器芯片(Die)。

2.4.2 MEMS 特点

MEMS并不只是传统机械在尺度上的缩小。与传统机械相比，除了在尺度上很小外，它将是一种高度智能化、高度集成的系统。同时在用材上，MEMS突破了原来的以铁为主，而采用硅、CaAs、陶瓷以及纳米材料，具有较高的性价比，而且延长了使用寿命。由于MEMS的体积小、集成度高、功能灵活而强大，使人类的操作、加工能力延伸到微米级空间。

MEMS的研究还具有极大的学科交叉性：微型元器件的制造就涉及设计、材料、制造、测试、控制、能源以及连接等技术。MEMS的研究除了上述技术外，还需要元器件的集成、装配等组装技术，同时会涉及材料学、物理学、化学、生物学、微光学、微电子学等学科作为理论基础。同时，为了掌握MEMS的各种机械、力学、传热、摩擦等方面的性能，还必须建立微机械学、微动力学、微流体学、微摩擦学等新的理论、新的学科。

2.4.3 MEMS 应用

MEMS的器件和系统具有体积小、重量轻、功耗低、成本低、可靠性高、性能优异、功能强大、可以批量生产等传统机械无法比拟的优点，在很多领域得到广泛的应用。

1. 信息业

信息技术的发展，对设备提出了更高的要求，功能更加强大的同时要缩小体积。从多媒体人机界面看，使用微送话机(麦克风)的语音输入和使用微摄像系统的图像输入，都有广阔的市场。如今正在大力研制的微型智能机器人，更是控制系统的更高目标之一；用微陀螺装在鼠标上以稳定其运动；把微机械及其控制电路集成的微器件，装于磁头上可使其在磁道上运行精度大大提高($<0.1\mu m$)，提高磁盘的磁道密度。

2. 航空、航天业

由于卫星及其发射的成本高，早已提出小卫星、微小卫星、微卫星和纳米卫星等概念。在1995年的国际会议上，已有人提出研制全硅卫星。即整个卫星由硅太阳能电池板、硅导航模块、硅通信模块等组合而成，这样可使整个卫星的重量缩小到以千克计算，大幅度降低卫星的成本，使较密集的分布式卫星系统成为现实。

3. 医疗和生物技术

生物细胞的典型尺寸为$1\sim10\mu m$，生物大分子的厚度为纳米量级，长为微米量级。微加工技术制造的器件尺寸在这个范围内，因而适合于操作生物细胞和生物大分子的各种微泵、微阀、微镊子、微沟槽、微器皿和微流量计都可以用MEMS技术制造。利用这种技术，可以在指甲盖大小的硅片上，制作出包含有10万种DNA片段的芯片，无疑对遗传学研究、疾病诊断、检测和治疗等均具有极其重要的作用。美国Stanford H 和 Affmetrix公司制作的 DNA 芯片，是通过在玻璃上刻蚀出非常小的图案来检测 DNA，该芯片已能够检测到 6000 多种 DNA 基因片段。

4. 环境科学

利用 MEMS 技术制造的由化学传感器、生物传感器和数据处理系统组成的微型测量和分析设备，用来检测气体和液体的化学成分，检测核生物、化学物质及有毒物品，其优势在于体积小、价格低、功耗小、便于携带。

美国密歇根大学在 1998 年发表了环境监测用无线微系统样机——μCluster，由无线通信、微系统控制和传感器前端等 3 个方块组成。该微系统未封装时体积为 $10cm^3$，当扫描速度较低时，功耗小于 1mW，遥测半径 50m，压力测量范围 $80\sim105kPa$，精度为 $\pm13Pa$。该系统已在美国海军中使用。

2.4.4 常用的 MEMS 传感器

1. 微机械压力传感器

微机械压力传感器是最早开始研制的微机械产品，也是微机械技术中最成熟、最早开始产业化的产品。从信号检测方式来看，微机械压力传感器分为压阻式和电容式两类，分别以体微机械加工技术和牺牲层技术为基础制造。从敏感膜结构来看，有圆形、方形、矩形、E 形等多种结构，如图 2.23 所示。目前，压阻式压力传感器的精度可达 0.05%～0.01%，年稳定性达 0.1%/(F·S)，温度误差为 0.0002%，耐压可达几百兆帕，过压保护范围可达传感器量程的 20 倍以上，并能进行大范围下的全温补偿。现阶段微机械压力传感器的主要发展方向有以下几个方面。

图 2.23 微机械压力传感器

（1）将敏感元件与信号处理、校准、补偿、微控制器等进行单片集成，研制智能化的压力传感器。

这一方面，Motorala 公司的 Yoshii Y 等人在 Transducer'97 上报道的单片集成智能压力传感器堪称典范。这种传感器在 1 个 SOI 晶片上集成了压阻式压力传感器、温度传感器、CMOS 电路、电压电流调制、8 位 MCU 内核（68H05）、10 位模/数（A/D）转换器、8 位数/模（D/A）转换器、2KB EPROM、128KB RAM，启动系统 ROM 和用于数据通信的外围电路接口，其输出特性可以由 MCU 的软件进行校准和补偿，在相当宽的温度范围内具有极高的精度和良好的线性。

（2）进一步提高压力传感器的灵敏度，实现低量程的微压传感器。这种结构以 Endev-co 公司在 1977 年提出的双岛结构为代表，它可以实现应力集中从而提高了压阻式压力传感器的灵敏度，可实现 10kPa 以下的微压传感器。1989 年，复旦大学提出一种梁膜结构来实现应力集中，其结构可看作 1 个正面的哑铃形梁叠加在平膜片上，可实现量程为 1kPa 的微压传感器。另外还有美国 Honywell 公司在 1992 年提出的"Ribbed and Bossed"结构和德国柏林技术大学提出的类似结构。这种微压传感器用于脉动风压、流量和密封件泄露量标识等领域。

（3）提高工作温度，研制高低温压力传感器。压阻式压力传感器由于受 PN 结耐温限制，只能用于 120℃ 以下的工作温度，然而在许多领域迫切需要能够在高低温下正常工作的压力传感器，例如，测量锅炉、管道、高温容器内的压力，井下压力和各种发动机腔体内的压力。目前对高温压力传感器的研究主要包括 SOS、SOI、SiC、Poly、Si 合金薄膜溅射压力传感器、高温光纤压力传感器、高温电容式压力传感器等。其中 6HSiC 高温压力传感器有望在 600℃ 下应用。

（4）开发谐振式压力传感器。微机械谐振式压力传感器除了具有普通微传感器的优点外，还具有准数字信号输出、抗干扰能力强、分辨率和测量精度高的优点。硅微谐振式传感器的激励/检测方式有电磁激励/电磁拾振、静电激励/电容拾振、逆压电激励/压电拾振、电热激励/压敏电阻拾振和光热激励/光信号谐振。其中，电热激励/压敏电阻拾振的微谐振式压力传感器价格低廉，与工业 IC 技术兼容，可将敏感元件与信号调理电路集成在 1 块芯片上，具有诱人的应用前景。目前国内主要有中科院电子所、北京航空航天大学和西安交通大学从事这方面的研究，精度可达到 0.37%。在研究中发现，这种传感器的温度交叉灵敏度较大，为此设计了一种具有温度自补偿功能的复合微梁谐振式压力传感器。谐振器由在同一硅片上制作的微桥谐振器和微悬臂梁谐振器组成，微桥谐振器和微悬臂梁谐振器材料相同，厚度相等或相近，制作工艺完全相同，同时制作，因而二者对温度变化可以同步响应。通过数据融合技术，作为温敏元件的微悬臂梁谐振器的谐振频率实时补偿温度变化对微桥谐振器谐振频率的交叉灵敏度。经补偿的谐振式压力传感器的温度交叉灵敏度减小了两个数量级。光热激励/光学信号检测的微谐振式压力传感器具有抗电磁干扰、防爆等优点，是对电热激励/压敏电阻拾振的微谐振式压力传感器的有益补充，但是需要复杂的光学系统，不易实现，成本较高。

2. 微加速度传感器

微加速度传感器是继微压力传感器之后第二个进入市场的微机械传感器。其主要类型有压阻式、电容式、力平衡式和谐振式。其中最具有吸引力的是力平衡加速度计，其典型产品是 Kuehnel 等人在 1994 年报道的 AGXL50 型。其结构包括 4 个部分：质量块、检测电容、力平衡执行器和信号处理电路，集成制作在 3mm×3mm 的硅片上，其中机械部分采用表面微机械工艺制作，电路部分采用 BiCMOSIC 技术制作。随后 Zimmermann 等人报道了利用 SIMOXSOI 芯片制作的类似结构，Chan 等人报道了测量范围在 5g 和 1g 的改进型力平衡式加速度传感器。这种传感器在汽车的防撞气袋控制等领域有广泛的用途，成本在 15 美元以下。图 2.24 是一些常见微加速度传感器。

图2.24 几种常见的微加速度传感器

（a）方向盘转盘传感器；（b）横摆角速度传感器；（c）纵向/横向加速度传感器；（d）轮速传感器

国内在微加速度传感器的研制方面也做了大量的工作，如西安电子科技大学研制的压阻式微加速度传感器和清华大学微电子所开发的谐振式微加速度传感器。后者采用电阻热激励、压阻电桥检测的方式，其敏感结构为高度对称的 4 角支撑质量块形式，在质量块 4 边与支撑框架之间制作了 4 个谐振梁用于信号检测。

3. 微机械陀螺

角速度一般是用陀螺仪来进行测量的。传统的陀螺仪是利用高速转动的物体具有保持其角动量的特性来测量角速度的。这种陀螺仪的精度很高，但它的结构复杂，使用寿命短，成本高，一般仅用于导航方面，而难以在一般的运动控制系统中应用。实际上，如果不是受成本限制，角速度传感器可在诸如汽车牵引控制系统、摄像机的稳定系统、医用仪器、军事仪器、运动机械、计算机惯性鼠标、军事等领域有广泛的应用前景。因此，近年来人们把目光投向微机械加工技术，希望研制出低成本、可批量生产的固态陀螺。目前常见的微机械角速度传感器有双平衡环结构，悬臂梁结构、音叉结构、振动环结构等，如图 2.25 所示。但是，目前实现的微机械陀螺的精度还不到 $10°/h$，离惯性导航系统所需的 $0.1°/h$ 相差尚远。

图2.25 ARG-80A 角速度陀螺

4. 微流量传感器

微流量传感器不仅外形尺寸小，能达到很低的测量量级，而且死区容量小，响应时间

图 2.26   2057 微流量传感器

短，适合于微流体的精密测量和控制。目前国内外研究的微流量传感器(图 2.26)依据工作原理可分为热式(包括热传导式和热飞行时间式)、机械式和谐振式 3 种。清华大学精密仪器系设计的阀片式微流量传感器通过阀片将流量转换为梁表面弯曲应力，再由集成在阀片上的压敏电桥检测出流量信号。该传感器的芯片尺寸为 3.5mm×3.5mm，在 $10\sim200$ml/min 的气体流量下，线性度优于 5%。

荷兰 Twente 大学的 Rob LegtenBerg 等人利用薄膜技术和微机械加工技术制作了 1 对具有相对 V 型槽的谐振器芯片和顶盖芯片，利用低温玻璃键合技术将二者键合在一起，形成质量流量传感器，相对的 V 型槽形成流体通过流管。由于激励电阻和检测电桥产生的热量，使谐振器温度上升到高于环境温度的某一温度，如果有气流流过流管，对流换热使谐振器温度降低。气体流量不同，谐振器温度亦不同。由于谐振器和衬底材料不同，不同温度对应不同的内应力，因而可通过谐振频率的大小得到流量的大小。谐振器可以是微桥谐振器，也可以是微方膜谐振器。研究表明，质量流量传感器的灵敏度与向衬底传导的热量和对流换热之比有关。对相同材料制作的微桥谐振器和微方膜谐振器来说，后者向衬底传导的热量更多，因而其灵敏度较微桥谐振器低。对用其制作的氮化硅桥谐振器来说，在压曲临界温度以下，灵敏度为 4kHz/Sccm，在压曲温度以上为 −7kHz/Sccm。

5. 微气敏传感器

根据制作材料的不同，微气敏传感器分为硅基气敏传感器和硅微气敏传感器。其中前者以硅为衬底，敏感层为非硅材料，是当前微气敏传感器的主流。微气敏传感器可满足人们对气敏传感器集成化、智能化、多功能化等要求。例如，许多气敏传感器的敏感性能和工作温度密切相关，因而要同时制作加热元件和温度探测元件，以监测和控制温度。MEMS 技术很容易将气敏元件和温度探测元件制作在一起，保证气体传感器优良性能的发挥。

谐振式气敏传感器不需要对器件进行加热，且输出信号为频率量，是硅微气敏传感器发展的重要方向之一。北京大学微电子所提出的 1 种微结构气体传感器，由硅梁、激振元件、测振元件和气体敏感膜组成。微梁被置于被测气体中后，表面的敏感膜吸附气体分子而使梁的质量增加，使梁的谐振频率减小。这样通过测量硅梁的谐振频率可得到气体的浓度值。对 NO_2 气体浓度的检测实验表明，在 $0\times10^{-4}\sim1\times10^{-4}$ 的范围内有较好的线性，浓度检测极限达到 1×10^{-6}，当工作频率是 19kHz 时，灵敏度是 1.3Hz/10^{-6}。德国的 M. Maute 等人在 SiNx 悬臂梁表面涂敷聚合物 PDMS 来检测己烷气体，得到 0.099Hz/10^{-6} 的灵敏度。

6. 微机械温度传感器

微机械温度传感器与传统的传感器相比，具有体积小、重量轻的特点，其固有热容量仅为 10^{-8}J/K$\sim10^{-15}$J/K，使其在温度测量方面具有传统温度传感器不可比拟的优势。现开发有 1 种硅/二氧化硅双层微悬臂梁温度传感器。基于硅和二氧化硅两种材料热膨胀系数的差异，不同温度下梁的挠度不同，其形变可通过位于梁根部的压敏电桥来检测。其非线性误差为 0.9%，迟滞误差为 0.45%，重复性误差为 1.63%，精度为 1.9%。

现还研究出 1 种微谐振式温度传感器，其工作原理如下：环境温度变化时，悬臂梁谐振器材料的杨氏模量和密度、梁的长度和厚度发生变化，因而谐振频率变化。长、宽、厚分别为 $300\mu m$、$50\mu m$、$7\mu m$ 的微谐振式温度传感器，其灵敏度为 $1.5\mathrm{Hz}/℃$。

7. 其他微机械传感器

利用微机械加工技术还可以实现其他多种传感器，例如，瑞士 Chalmers 大学的 Peter E. 等人设计的谐振式流体密度传感器，浙江大学研制的力平衡微机械真空传感器，中科院合肥智能所研制的振梁式微机械力敏传感器等。

用 MEMS 技术加工制作的微结构传感器具有微型化、可集成化、阵列化、智能化、低功耗、低成本、高可靠性、易批量生产、可实现多点多参数检测等一系列优点，受到各国研究者的重视。尽管目前开发的传感器还有某些不足之处，例如灵敏度低、工作温区窄、精度不高。但是，随着科研工作者的深入研究，在不久的将来必有更多结构更新、性能更优异的实用化的传感器问世。

2.5　传感器接口技术

传感器接口是传感器和系统中其他功能部件之间的接口，其性能直接影响到整个系统的测量精度和灵敏度。传感器接口电路的选择，是根据传感器的输出信号特点及用途确定的。不同传感器具有不同的输出信号，就要求有不同的接口电路。传感器的接口电路形式多样，功能千变万化。它可能是一个放大器，也可能是一个信号转换电路。

2.5.1　传感器接口特点

有些非电量的检测，要求对被测量进行某一定值的判断，当达到确定值时，检测系统应输出控制信号。在这种情况下，大多使用开关型传感器，利用其开关功能作为直接控制元件使用。开关型传感器的检测电路接口比较简单，可以直接使用传感器输出的开关信号来驱动控制电路和报警电路工作。

由于传感器种类繁多。传感器的输出信号形式也是各式各样的，即使是同一类传感器其输出形式也会不同。

一般来说传感器输出信号具有如下特点。

(1) 输出信号比较弱。这样会使传感器电压仅有 $0.1\mu V$，就要求接口电路必须有一定的放大功能。

(2) 输出阻抗比较高。这样会使传感器信号输入测量信号时，产生较大的信号衰弱。

(3) 输出信号动态范围很宽。输出信号随着输出物理量的变化而变化，但它们之间的关系不一定是线性比例的关系。例如，热敏电阻的电阻值随温度按指数函数变化，输出信号大小会受温度影响，有温度系数存在。所以，有时需要进行线性化处理。

根据传感器输出信号特点，采取不同的信号处理方法来提高测量的测量精度和线性度，是传感器信号的主要目的。传感器在测量过程中掺杂许多噪声信号，它会直接影响测量系统的精度。因此,抑制噪声也是传感器信号处理的重要内容。

传感器信号的处理主要由传感器的接口电路完成。因此,传感器接口电路应具有一定的信号预处理能力。经预处理后的信号应成为可供测量控制使用及便于向微型计算机输入的信号形式。

2.5.2 常用传感器接口电路

1. 阻抗匹配器

传感器输出阻抗都比较高,为防止信号的衰弱,常使用高输入阻抗和低输出阻抗的阻抗匹配器作为传感器输入到测量系统的前置电路。常见的阻抗匹配器有晶体管阻抗匹配器、场效应晶体管阻抗匹配器及运行放大器阻抗匹配器。

晶体管阻抗匹配器实际上是一个晶体管共集电极电路,又称为射极输出器。射极输出器的输出相位与输入相位不同,其电压放大倍数小于但接近 1。电流放大倍数从几十倍到几百倍。由于射极输出器输出阻抗比较高,输出阻抗低,带负载能力强。所以,常将其用来作阻抗变换电路和前后级隔离电路。晶体管阻抗匹配器虽然有较高的输出阻抗,但由于受偏置电阻和管子本身基极及集电极间电阻的影响,不可能获得很高的输入抗阻,在有些场合可能依然无法满足传感器的要求。

场效应晶体管是一种电平驱动器件,栅、源极间电流很小,其输入阻抗可高达 $10^{12}\,\Omega$ 以上,可作阻抗匹配器使用。场效应晶体管阻抗匹配器结构简单体积小,因此常用作前置级的阻抗变换器。场效应晶体管阻抗匹配器有时还直接安装在传感器内,以减少外界的干扰。在电容式传感器、压电式传感器等容性传感器中得到了广泛的应用。

运算放大器的输入抗阻一般也非常高,且性能稳定,故也是阻抗匹配器的理想选择。

2. 电桥电路

电桥电路是传感器检测电路中经常使用的电路,主要用来把传感器的电阻、电容、电感变化转换为电压或电流信号。根据电桥供电电源的不同,电桥可分为直流电桥和交流电桥。直流电桥主要用于电阻式传感器,如热敏电阻、电位器等。交流电桥主要用于测量电容式传感器和电感式传感器的电容和电感的变化。电阻应变片传感器大都采用交流电桥,这是因为应变片电桥输出信号微弱,需经放大器进行放大,而使用直流放大器容易产生零点漂移。此外,应变片与桥路之间采用电缆连接,其引线分布电容的影响不可忽略。使用交流电桥还可以消除这些影响。

1) 直流电桥

直流电桥的基本电路如图 2.27 所示。

它是由直流电源提供电的,电桥电路电阻构成桥式电路的桥槽,桥路的一条对角线两端是输出端。由于一般接有高输入抗阻的放大器,因此还可以把电桥的输出端看成是开路,电路不受负载电阻影响。在电桥的另一条对角线两端加有直流电压。

电桥的输出电压可由下式给出。

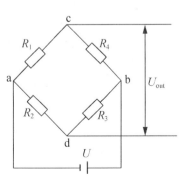

图 2.27 直流电桥电路

$$U_{out} = U(R_2R_4 - R_1R_3)/(R_1+R_4)(R_2+R_3)$$

电桥平衡条件为

$$R_2R_4 = R_1R_3$$

当电桥平衡时输出电压为零。

当电桥 4 个臂的电阻发生变化而产生增量 ΔR_1、ΔR_2、ΔR_3、ΔR_4 时，电桥的平衡被打破，电桥的输出电压变为

$$U_{out} = UR_1R_4/(R_1+R_4)^2(\Delta R_4/R_4 - \Delta R_3/R_3 + \Delta R_2/R_2 - \Delta R_1/R_1)$$

当 $\dfrac{R_4}{R_4} = \dfrac{R_3}{R_3} = 1$ 时，有

$$U_{out} = U/4(\Delta R_4/R_4 - \Delta R_3/R_3 + \Delta R_2/R_2 - \Delta R_1/R_1)$$

此时，电桥电路被称为四等臂电桥，输出灵敏度最高，而非线性误差最小。因此，在传感器的实际应用中多采用四等臂电桥。

直流电桥在应用过程中常出现误差，消除误差通常采用补偿法，其中包括零点平衡补偿、温度补偿和非线性补偿等。

2) 交流电桥

图 2.28 为交流桥式电路。

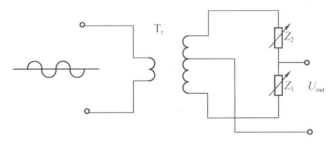

图 2.28 交流电桥电路

图中，Z_1 和 Z_2 为抗阻元件，它们同时可以为电感或电容；电桥两臂为差动方式，又称为差动交流电桥。在初始状态时 $Z_1 = Z_2 = Z_0$，电桥平衡，输出电压 $U_{out} = 0$。测量时一个元件的抗阻增加，另一个元件的抗阻减小。假定 $Z_1 = Z_0 + \Delta Z$，$Z_2 = Z_0 - \Delta Z$，则电桥的输出电压为

$$U_{out} = (Z_0 + \Delta Z/2Z_0 - 1/2)U = \Delta ZU/2Z_0$$

如果 $Z_1 = Z_0 - \Delta Z$，$Z_2 = Z_0 + \Delta Z$，则电桥的输出电压为

$$U_{out} = -\Delta ZU/2Z_0$$

3) 放大电路

传感器的输出信号一般比较微弱，因而在大多数情况下，都需要放大电路。放大电路主要用来将传感器输出的直流信号或交流信号进行放大处理，为检测系统提供高准确度的模拟输入信号，它对检测系统的精度起着关键作用。此内容在前课程中已讨论过，在这里就不再赘述。

2.5.3 传感器与微机接口的一般结构

在智能传感器系统中，微机是系统核心。各部件的工作都要在微机的控制下协调工

作。因此，传感器的输出信息要送入微机进行处理。有微机控制的传感器系统的一般结构如图 2.29 所示。

图 2.29　传感器与微机接口的一般结构

通常将微机之前的信息处理过程称为前向通道或输入通道，通常将微机之后的信息处理过程后向通道或输出通道。

输入通道的特点如下。

（1）输入通道的结构特点类型取决于传感器送来的信号的大小和类型，由于被测量和信号转换的差异，输入通道会有不同的类型。

（2）输入通道的主要技术指标是信号转换精度和实时性，后者为实时检测和控制系统的特殊要求。对输入通道技术指标的要求，是选择通道中有关器件的依据。

（3）输入通道是一个模拟、数字信号混合的电路，其功耗小，一般没有功率驱动要求。

（4）被测信号所在的现场可能存在各种电磁干扰。这些干扰会被与被测信号一起从输入通道进入微机，影响测量的控制精度。甚至使微机无法正常工作，因此在输入通道中必须采取措施。

输出通道的特点如下。

（1）通道结构取决于系统要求。其中的信号有数字量和模拟量两大类，要用到的转换器件是 D/A 转换器。

（2）微机输入信号的电平和功率都很小，而被控装置所要求的信号电平和功率往往比较大，因此在输出通道中要有功率放大，即输出驱动环节。

（3）输出通道连接被控装置的执行结构，各种电磁干扰会经通道进入被控装置，因此必须在输出通道中采取抗干扰措施。

2.5.4　接口电路应用实例

图 2.30 为自动温度控制仪表电路原理框图。该系统主要由以下几部分组成：传感器、差分放大器、V/F 转换电路、CPU、存储器、监视与复位电路、显示器电路及键盘、控制输出电路及系统电源。

它是一个典型的单片机测控电路，有实时信号的采集、信号的调节、模拟数字的转换、数据的显示、键盘控制数据的输入、控制信号输出等部分。这些都在单片机的协调、控制下完成工作。

温度信号的采集可以用热电偶、铜热电阻、铂热电阻、数字温度芯片或模拟温度芯片等，视具体应用时间对温度范围、精度和测量对象等的要求而决定。不同的传感器需要不同的电路连接，可根据传感器的类型、技术参数来设计。

在测控电路中信号的采集是关键，它直接影响到系统的精度。通常现场情况都是比较恶劣的，信号容易受干扰，所以在信号采集中必须采用有效措施，如电源隔离、A—D 转换隔离、V/F 转换隔离、低通滤波器和差分放大等。采用差分放大、V/F 转换是一种性

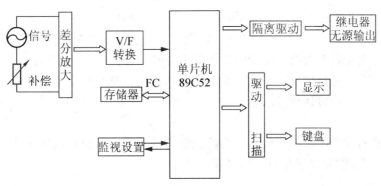

图 2.30 自动温度测控仪表电路原理框图

价比较高的方案。差分放大器能有效地抑制共模干扰；采用 V/F 转换能有效抑制噪声，并对信号变化进行平滑；同时频率信号与单片机接口也比较方便。本电路还具有良好的精度和线性度。

显示功能可应用根据环境、产品定位选用不同的显示器材，如 LED、LCD、CRT 等。本例中采用的是 LED，配以动态扫描电路，其价格低廉，可以实时显示采集数据和键盘输入的控制参数等。在测控系统中控制参数的设置是必不可少的，使用中要根据输入信息量来选用合适的键盘。

现场数据要按一定的算法进行计算，要进行非线性校正，要根据键盘输入设定的参数进行控制，控制必须按一定的方法进行，一般现场闭环控制中最常用的是 PID(比例－积分－微分校正)算法。这些都是由单片机进行的，在工业控制中 80C51 系列单片机应用比较多。还有 89C52 型单片机，它带 8KB 的 E^2PROM。该单片机性价比很高，有一定的可靠性、合理性。

信号输出在工业控制中采用继电器和固态继电器等方式，其可靠性很重要，将影响到系统的安全。一般被控制对象的功率都很大，产生的干扰也很大，所以在输出通道中要采用电源隔离和干扰吸收等措施。

测控系统中的电源也很重要，它直接影响到系统的可靠性、稳定性、精度。应根据应用环境、电路形式来选用，关键是电源的输出功率、电源的质量和能提供的输出组数等。

本 章 小 结

本章首先介绍了传感器的基础知识，然后分别介绍了几个常用的传感器。针对物联网的发展特点，本章对智能传感器做了重点介绍，继而引出了 IEEE 1451 标准，对此标准做了整体的介绍。随后，还对 MEMS 技术的基本知识以及常用 MEMS 传感器做了分析。最后，对传感器接口技术进行了简单的介绍。

习 题 2

一、填空题

2.1 传感器由( )和( )组成。

2.2 IEEE 1451 标准可以分为面向（　　　　　）和（　　　　　）两部分。软件接口部分主要由（　　　　　）和（　　　　　）组成。硬件接口部分是由 IEEE 1451. X（　　　　　）组成，主要是针对智能传感器的具体应用而提出来的。

2.3 声波是一种机械波，是机械振动在介质中的传播过程。频率为（　　　　　）能为人耳所听到的，称为可听声波；低于（　　　　　）的称为次声波；高于（　　　　　）的称为超声波。

2.4 传感器输出阻抗都比较高，为防止信号的衰弱，常使用高输出阻抗和低输出阻抗的（　　　　　）作为传感器输出到测量系统的（　　　　　）。

二、选择题

2.5 下面哪些属于 MEMS 传感器？（　　　）

A. 微机械压力传感器　　　　　　　　B. 微加速度传感器

C. 微流量传感器　　　　　　　　　　D. 微气敏传感器

E. 微机械温度传感器

2.6 下面哪个不是智能传感器的发展趋势？（　　　）

A. 向高精度　　　　　　　　　　　　B. 向高可靠性

C. 向微型化　　　　　　　　　　　　D. 向大众化

2.7 传感器属于物联网的以下哪一层技术？（　　　）

A. 感知层　　　　　B. 应用层　　　　　C. 网络层　　　　　D. 智能处理层

三、简述题

2.8 传感器的定义是什么？

2.9 什么是绝对湿度和相对湿度？

2.10 什么是智能传感器？

2.11 气敏传感器的主要参数与特性？

2.12 MEMS 的优点和特点是什么？

2.13 电桥电路的主要作用是什么？可以分为哪几种？

第 **3** 章
EPC 和 RFID 技术

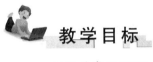

教学目标

- 理解并掌握 EPC 编码
- 掌握 EPC 编码类型
- 了解 EPC 条形码标签
- 掌握射频识别技术(RFID)
- 理解 EPC、RFID、条形码的区别
- 理解 EPC 和 RFID 的关系

教学要求

知 识 要 点	能 力 要 求
EPC 编码	(1) 了解 EPC 的产生 (2) 掌握 EPC 编码原则 (3) 掌握 EPC 系统的构成 (4) 理解信息网络系统 (5) 理解 EPC 系统的工作流程 (6) 掌握 EPC 系统的特点
EPC 编码类型	(1) 掌握 EPC-64 码 (2) 掌握 EPC-96 码 (3) 掌握 EPC-256 码
EPC 条形码标签	了解 EPC 条形码标签
射频识别技术(RFID)	(1) 掌握 RFID 技术的基本工作原理 (2) 掌握 RFID 应答器的组成和原理 (3) 掌握 RFID 阅读器 (4) 理解 RFID 天线 (5) 理解 RFID 中间件技术

续表

知 识 要 点	能 力 要 求
EPC、RFID、条形码的区别	理解 EPC、RFID、条形码的区别
EPC 和 RFID 的关系	理解 EPC、RFID 的关系

引例 1

一包箭牌果汁口香糖

在美国华盛顿史密斯美国历史博物馆中，陈列着一包箭牌果汁口香糖。1974 年 6 月 26 日，这包口香糖在俄亥俄州特罗伊城的玛西超市售价为 67 美分。你可能会说，这有什么稀罕的呀？但它却是全世界第一件通过条形码扫描售出的商品。

说到条形码就和 RFID 分不开，RFID 最早应用在第二次世界大战，英国军队用于区分飞入国家领空的飞机为敌军还是英军。19 世纪 80 年代之前，此项技术多用于国家军事及核能原料方面，未得到普及应用。直到 1977 年美国国家实验室开始将 RFID 转为社会商品化应用后，随之得到大规模应用。

首先，条形码依靠被动式的手工读取方式，工作人员需要手持读取设备逐个扫描，而 RFID 读取设备利用无线电波，可以全自动瞬间读取大量标签的信息；其次，条形码属于易碎标签，由于物理、化学的原因很容易褪色、被撕毁，RFID 属于电子产品，可以在条件苛刻的环境下使用；第三，条形码的存储量很小，而 RFID 标签内部嵌有存储设备，信息量巨大。

本章导读

20 世纪 70 年代，商品条码的出现引发了商业的第一次革命，一种全新的商业运作形式大大减轻了员工的劳动强度，顾客可以在一个全新的环境中选购商品，商家也获得了巨大的经济效益。时至今日，许多人都享受到了条码技术带来的便捷和好处。21 世纪的今天，一种基于射频识别技术的电子产品标签——EPC 标签产生了，它将再次引发商业模式的变革——购物结账时，再也不必等售货员将商品一一取出、扫描条码、结账，而是在瞬间实现商品的自助式智能结账，人们称之为 EPC 系统。EPC 系统是在计算机互联网的基础上，利用 RFID、无线数据通信等技术，构造的一个覆盖世界上万事万物的实物互联网（Internet of Things）。

本章主要介绍两种关键标签技术，EPC 条形码技术和 DFID 技术。

3.1　EPC 编码

针对 RFID 技术的优势及其可能给供应链管理带来的效益，国际物品编码协会 EAN 和 UCC 早在 1996 年就开始与国际标准组织 ISO 协同合作，陆续开发了无线接口通信等相关标准，自此，RFID 的开发、生产及产品销售乃至系统应用有了可遵循的标准，对于 RFID 制造者及系统方案提供商而言也是一个重要的技术标准。

1999 年麻省理工大学成立了 Auto-ID Center，致力于自动识别技术的开发和研究。Auto-ID Center 在美国统一代码委员会（UCC）的支持下，将 RFID 技术与 Internet 结合，提出了产品电子代码（EPC）概念。国际物品编码协会与美国统一代码委员会将全球统一标识编码体系植入 EPC 概念当中，从而使 EPC 纳入全球统一标识系统。世界著名研究性大学——英国剑桥大学、澳大利亚的阿德雷德大学、日本 Keio 大学、瑞士的圣加仑大学、上海复旦大学相继加入并参与 EPC 的研发工作。该项工作还得到了可口可乐、吉利、强生、辉瑞、宝洁、联合利华、UPS、沃尔玛等 100 多家国际大公司的支持,其研究成果已在一些公司中试用,如宝洁公司、TESCO 等。

2003 年 11 月 1 日,国际物品编码协会(EAN/UCC)正式接管了 EPC 在全球的推广应用工作,成立了 EPCglobal,负责管理和实施全球的 EPC 工作。EPCglobal 授权 EAN/UCC 在各国的编码组织成员负责本国的 EPC 工作,各国编码组织的主要职责是管理 EPC 注册和标准化工作,在当地推广 EPC 系统和提供技术支持以及培训 EPC 系统用户。在我国,EPCglobal 授权中国物品编码中心作为唯一代表负责我国 EPC 系统的注册管理、维护及推广应用工作。同时,EPCglobal 于 2003 年 11 月 1 日将 Auto-ID 中心更名为 Auto-ID Lab,为 EPCglobal 提供技术支持。

EPCglobal 的成立为 EPC 系统在全球的推广应用提供了有力的组织保障。EPCglobal 旨在改变整个世界,搭建一个可以自动识别任何地方、任何事物的开放性的全球网络,即 EPC 系统,可以形象地称其为"物联网"。在物联网的构想中,RFID 标签中存储的 EPC 代码,通过无线数据通信网络把它们自动采集到中央信息系统,实现对物品的识别。进而通过开放的计算机网络实现信息交换和共享,实现对物品的透明化管理。

EPC 编码是 EPC 系统的重要组成部分,它是对实体及实体的相关信息进行代码化,通过统一并规范化的编码建立全球通用的信息交换语言。

EPC 编码是 EAN·UCC 在原有全球统一编码体系基础上提出的,它是新一代的全球统一标识的编码体系,是对现行编码体系的一个补充。

3.1.1　什么是 EPC

1998 年麻省理工学院的两位教授提出,以射频识别技术为基础,对所有的货品或物品赋予其唯一的编号方案,来进行唯一的标识。这一标识方案采用数字编码,并且通过实物互联网来实现对物品信息的进一步查询。这一技术设想催生了 EPC 和物联网概念的提出。即利用数字编码,通过一个开放的、全球性的标准体系,借助于低价位的电子标签,经由互联网来实现物品信息的追踪和即时交换处理,在此基础上进一步加强信息的收集、整合和互换,并用于生产和物流决策。

EPC 又称电子产品编码。EPC 最终目标是为每一个商品建立全球的、开放的编码标准。

3.1.2　EPC 的产生

20 世纪 70 年代开始大规模应用的商品条码(Bar Code for Commodity)现在已经深入到日常生活的每个角落,以商品条码为核心的 EAN·UCC 全球统一标识系统,已成为全球通用的商务语言。目前已有 100 多个国家和地区的 120 多万家企业和公司加入了 EAN·UCC 系统,上千万种商品应用了条码标识。EAN·UCC 系统在全球的推广加快了全球流通领域信息化、现代物流及电子商务的发展进程,提升了整个供应链的效率,为全球经济及信息化的发展起到了举足轻重的推动作用。

商品条码的编码体系是对每一种商品项目的唯一编码，信息编码的载体是条码，随着市场的发展，传统的商品条码逐渐显示出来一些不足之处。

1. 从 EAN·UCC 系统编码体系的角度来讲

主要以全球贸易项目代码（GTIN）体系为主。而 GTIN 体系是对一族产品和服务，即所谓的"贸易项目"，在买卖、运输、仓储、零售与贸易运输结算过程中提供唯一标识。虽然 GTIN 标准在产品识别领域得到了广泛应用，却无法做到对单个商品的全球唯一标识。而新一代的 EPC 编码则因为编码容量的极度扩展，能够从根本上革命性地解决了这一问题。

2. 从 EAN·UCC 系统识别产品的角度来讲

虽然条码技术是 EAN·UCC 系统的主要数据载体技术，并已成为识别产品的主要手段，但条码技术存在如下缺点。

（1）条码是可视的数据载体。识读器必须"看见"条码才能读取它，必须将识读器对准条码才有效。相反，无线电频率识别并不需要可视传输技术，RFID 标签只要在识读器的读取范围内就能进行数据识读。

（2）如果印有条码的横条被撕裂、污损或脱落，就无法扫描这些商品。而 RFID 标签只要于识读器保持在既定的识读距离之内，就能进行数据识读。

（3）现实生活中对某些商品进行唯一的标识越来越重要，如食品、危险品和贵重物品的追溯。而条码只能识别制造商和产品类别，而不是具体的商品。牛奶纸盒上的条码到处都一样，辨别哪盒牛奶先超过有效期将是不可能的。

3.1.3 EPC 编码原则

1. 唯一性

EPC 提供对实体对象的全球唯一标识，一个 EPC 代码只标识一个实体对象。为了确保实体对象的唯一标识的实现，EPCglobal 采取了以下措施。

1）足够的编码容量

EPC 编码冗余度见表 3-1。从世界人口总数（大约 70 亿人）到大米总粒数（粗略估计 1 亿亿粒），EPC 有足够大的地址空间来标识所有这些对象。

表 3-1　EPC 编码冗余度

比 特 数	唯一编码数	对　　象
23	6.0×10^6/年	汽车
29	5.6×10^8 使用中	计算机
33	6.0×10^9	人口
34	2.0×10^{10}/年	刀片
54	1.3×10^{16}/年	米粒数

2）组织保证

必须保证EPC编码分配的唯一性并寻求解决编码冲突的方法，EPCglobal通过全球各国编码组织来负责分配各国的EPC代码，建立相应的管理制度。

3）使用周期

对一般实体对象，使用周期和实体对象的生命周期一致。对特殊的产品，EPC代码的使用周期是永久的。

2. 简单性

EPC的编码既简单又能同时提供实体对象的唯一标识。以往的编码方案，很少能被全球各国各行业广泛采用，原因之一是编码的复杂导致不适用。

3. 可扩展性

EPC编码留有备用空间，具有可扩展性。EPC地址空间是可发展的，具有足够的冗余，确保了EPC系统的升级和可持续发展。

4. 保密性与安全性

EPC编码与安全和加密技术相结合，具有高度的保密性和安全性。保密性和安全性是配置高效网络的首要问题之一。安全的传输、存储和实现是EPC能否被广泛采用的基础。

3.1.4 EPC系统的构成

1. EPC系统的结构

EPC系统是一个非常先进的、综合性的和复杂的系统。其最终目标是为每一单品建立全球的、开放的标识标准。它由EPC编码体系、射频识别系统及信息网络系统3部分组成，主要包括6个方面，见表3-2和图3.1。

表3-2 EPC系统的构成

系统构成	名 称	注 释
EPC编码体系	EPC编码标准	识别目标的特定代码
射频识别系统	EPC标签	贴在物品之上或者内嵌在物品之中
	识读器	识读EPC标签
信息网络系统	Savant（神经网络软件）	EPC系统的软件支持系统
	Object Naming Service（ONS），对象名解析服务	
	Physical Markup Language（PML），实体标记语言	

2. EPC编码体系

EPC编码体系是新一代的与GTIN兼容的编码标准，它是全球统一标识系统的延伸和拓展，是全球统一标识系统的重要组成部分，是EPC系统的核心与关键。EPC代码是由标头、厂商识别代码、对象分类代码、序列号等数据字段组成的一组数字。具体结构见表3-3，具有以下特性。

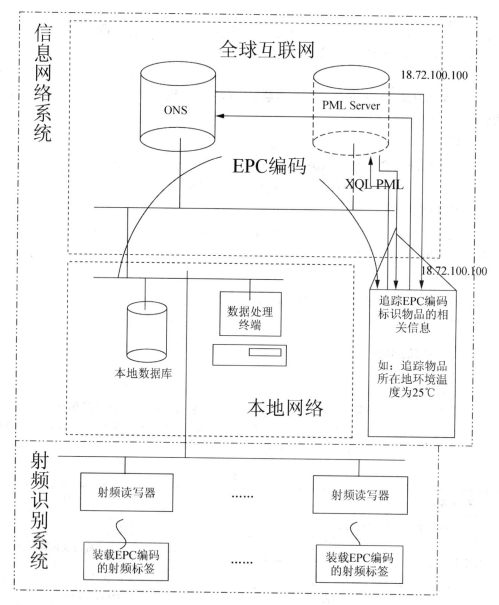

图 3.1　EPC 系统的构成

（1）科学性：结构明确，易于使用、维护。

（2）兼容性：EPC 编码标准与目前广泛应用的 EAN·UCC 编码标准是兼容的，GTIN 是 EPC 编码结构中的重要组成部分，目前广泛使用的 GTIN、SSCC、GLN 等都可以顺利转换到 EPC 中去。

（3）全面性：可在生产、流通、存储、结算、跟踪、召回等供应链的各环节全面应用。

（4）合理性：由 EPCglobal、各国 EPC 管理机构（中国的管理机构称为 EPCglobal China）、被标识物品的管理者，分段管理、共同维护、统一应用，具有合理性。

（5）国际性：不以具体国家、企业为核心，编码标准全球协商一致，具有国际性。

（6）无歧视性：编码采用全数字形式，不受地方色彩、语言、经济水平、政治观点的限制，是无歧视性的编码。

表3-3　EPC编码结构

		版本号	域名管理	对象分类	序列号
EPC-64	类型Ⅰ	2	21	17	24
	类型Ⅱ	2	15	13	34
	类型Ⅲ	2	26	13	23
EPC-96	类型Ⅰ	8	28	24	36
EPC-256	类型Ⅰ	8	32	56	160
	类型Ⅱ	8	64	56	128
	类型Ⅲ	8	128	56	64

3.1.5　信息网络系统

信息网络系统由本地网络和全球互联网组成，是实现信息管理、信息流通的功能模块。EPC系统的信息网络系统是在全球互联网的基础上，通过SAVANT管理软件系统以及对象命名解析服务（ONS）和实体标记语言（PML）实现全球"实物互联"。

1. Savant系统

Savant系统的主要任务是数据校对、识读器协调、数据传送、数据存储和任务管理。

2. 对象名称解析服务

对象名称解析服务是一个自动的网络服务系统，类似于域名解析服务（DNS），ONS给Savant系统指明了存储产品的有关信息的服务器。

3. 实体标记语言

实体标记语言是基于为人们广为接受的可扩展标识语言（XML）发展而来的，用于描述有关产品信息的一种计算机语言。

3.1.6　EPC系统的工作流程

在由EPC标签、识读器、Savant服务器、Internet、ONS服务器、PML服务器以及众多数据库组成的实物互联网中，识读器读出的EPC只是一个信息参考（指针），由这个信息参考从Internet找到IP地址并获取该地址中存放的相关的物品信息，并采用分布式Savant软件系统处理和管理由识读器读取的一连串EPC信息。由于在标签上只有一个EPC代码，计算机需要知道与该EPC匹配的其他信息，这就需要ONS来提供一种自动化的网络数据库服务，Savant将EPC传给ONS，ONS指示Savant到一个保存着产品文件的PML服务器查找，该文件可由Savant复制，因而文件中的产品信息就能传到供应链上，相对应地，EPC系统的工作流程如图3.2所示。

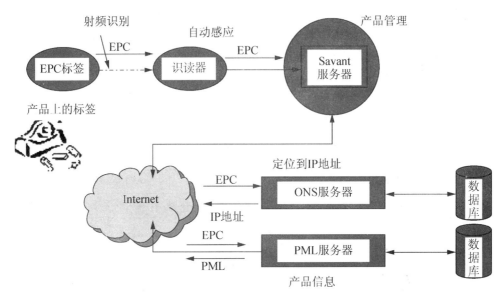

图 3.2　EPC 系统工作流程

3.1.7　EPC 系统的特点

EPC 系统的特点如下。

1．开放的结构体系

EPC 系统采用全球最大的公用的 Internet 网络系统。这就避免了系统的复杂性，同时也大大降低了系统的成本，并且还有利于系统的增值。梅特卡夫（Metcalfe）定律表明，一个网络大的价值在于，用户本系统是应该开放的结构体系远比复杂的多重结构更有效。

2．独立的平台与高度的互动性

EPC 系统识别的对象是一个十分广泛的实体对象，因此，不可能有哪一种技术适用所有的识别对象。同时，不同地区、不同国家的射频识别技术标准也不相同。因此，开放的结构体系必须具有独立的平台和高度的交互操作性。EPC 系统网络建立在 Internet 网络系统上可以与 Internet 网络所有可能的组成部分协同工作。

3．灵活的可持续发展的体系

EPC 系统是一个灵活的、开放的、可持续发展的体系，可在不替换原有体系的情况下就可以做到系统升级。EPC 系统是一个全球的大系统，供应链各个环节、各个节点、各个方面都可受益，但对低价值的识别对象来说，如食品、消费品等，它们对 EPC 系统引起的附加价格十分敏感。EPC 系统正在考虑通过本身技术的进步，进一步降低成本，同时通过系统的整体运作使供应链管理得到更好的运作，提高效益，以便抵消和降低附加价格。

3.2　EPC 编码类型

目前，EPC 代码有 64 位、96 位和 256 位 3 种。为了保证所有物品都有一个 EPC 代码并使其载体——标签成本尽可能降低，建议采用96位，这样其数目可以为2.68亿个公司提供唯一标识，每个生产厂商可以有1600万个对象种类并且每个对象种类可以有680亿个序列号，这对未来世界所有产品已经非常够用了。鉴于当前不用那么多序列号，所以只采用64位EPC，这样会进一步降低标签成本。但是随着EPC-64和EPC-96版本的不断发展使得EPC代码作为一种世界通用的标识方案已经不足以长期使用，所以出现了256位编码。至今已经推出EPC-96Ⅰ型，EPC-64Ⅰ型、Ⅱ型、Ⅲ型，EPC-256Ⅰ型、Ⅱ型、Ⅲ型等编码方案。

3.2.1 EPC-64码

目前研制出了3种类型的64位EPC代码。

1. EPC-64Ⅰ型

如图3.3所示，Ⅰ型EPC-64编码提供2位的版本号编码，21位的管理者编码，17位的库存单元和24位序列号。该64位EPC代码包含最小的标识码。21位的管理者分区就会允许2000000个组使用该EPC-64码。

对象种类分区可以容纳131 072个库存单元——远远超过UPC所能提供的，这样就可以满足绝大多数公司的需求。

24位序列号可以为16000000件单品提供空间。

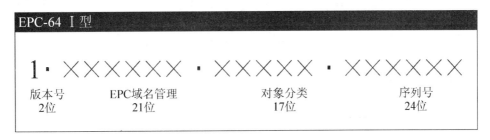

图3.3 EPC-64Ⅰ型

2. EPC-64Ⅱ型

除了Ⅰ型EPC-64，还可采用其他方案来适合更大范围的公司、产品和序列号的要求。建议采用EPC-64Ⅱ(图3.4)来适合众多产品以及价格反应敏感的消费品生产者。

那些产品数量超过两万亿并且想要申请唯一产品标识的企业，可以采用方案EPC-64Ⅱ。采用34位的序列号，最多可以标识17 179 869 184件不同产品。与13位对象分类区结合(允许多达8 192库存单元)，每一个工厂可以为140 737 488 355 328或者超过140万亿个不同的单品编号。这远远超过了世界上最大的消费品生产商的生产能力。

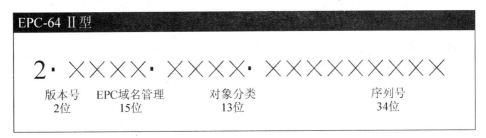

图3.4 EPC-64Ⅱ型

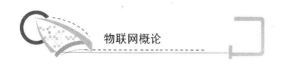

3. EPC-64Ⅲ型

除了一些大公司和正在应用 UCC·EAN 编码标准的公司外，为了推动 EPC 应用过程，打算将 EPC 扩展到更加广泛的组织和行业。希望通过扩展分区模式来满足小公司、服务行业和组织的应用。因此，除了扩展单品编码的数量，就像第二种 EPC-64 那样，也会增加可以应用的公司数量来满足要求。通过把管理者分区增加到 26 位，如图 3.5 所示，可以提供多达 67 108 864 个公司来采用 64 位 EPC 编码。67000000 个号码已经超出世界公司的总数，因此现在已经足够用的了。人们希望更多公司采用 EPC 编码体系。

采用 13 位对象分类分区，这样可以为 8 192 种不同种类的物品提供空间。序列号分区采用 23 位编码，可以为超过 8 百万（$2^{23} = 8\ 388\ 608$）的商品提供空间。因此对于这 67000000 个公司，每个公司允许超过 680 亿（$2^{36} = 68\ 719\ 476\ 736$）的不同产品采用此方案进行编码。

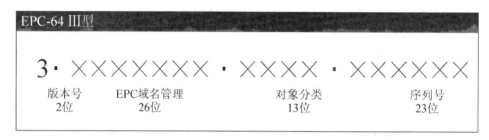

图 3.5　EPC-64Ⅲ型

3.2.2　EPC-96Ⅰ型码

EPC-96Ⅰ型的设计目的是成为一个公开的物品标识代码。它的应用类似于目前的统一产品代码（UPC），或者 UCC·EAN 的运输集装箱代码，如图 3.6 所示。

图 3.6　EPC-96Ⅰ型

如图 3.6 所示，域名管理负责在其范围内维护对象分类代码和序列号。域名管理必须保证对 ONS 可靠的操作，并负责维护和公布相关的产品信息。域名管理的区域占据 28 个数据位，允许大约 2.68 亿家制造商。这超出了 UPC-12 的 10 万个和 EAN-13 的 100 万个的制造商容量。

对象分类字段在 EPC-96Ⅰ型代码中占 24 位。这个字段能容纳当前所有的 UPC 库存单元的编码。

序列号字段则是单一货品识别的编码。EPC-96 序列号对所有的同类对象提供 36 位的唯一辨识号,其容量为 $2^{28}=68719476736$。与产品代码相结合,该字段将为每个制造商提供 1.1×1028 个唯一的项目编号——超出了当前所有已标识产品的总容量。

3.2.3 EPC-256 码

EPC-96 和 EPC-64 是作为物理实体标识符的短期使用而设计的。在原有表示方式的限制下,EPC-64 和 EPC-96 版本的不断发展使得 EPC 代码作为一种世界通用的标识方案已经不足以长期使用。更长的 EPC 代码表示方式一直以来就广受期待并酝酿已久。EPC-256 就是在这种情况下应运而生的。

256 位 EPC 是为满足未来使用 EPC 代码的应用需求而设计的。因为未来应用的具体要求目前还无法准确的知道,所以 256 位 EPC 版本必须可以扩展以便其不限制未来的实际应用。多个版本都提供了这种可扩展性。

EPC-256 Ⅰ型、Ⅱ型和Ⅲ型的位分配情况如图 3.7、图 3.8 和图 3.9 所示。

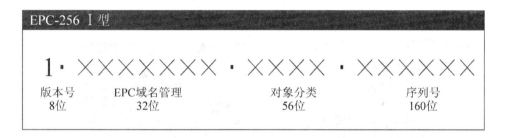

图 3.7 EPC-256 Ⅰ型

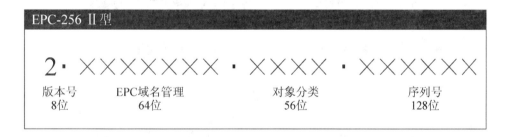

图 3.8 EPC-256 Ⅱ型

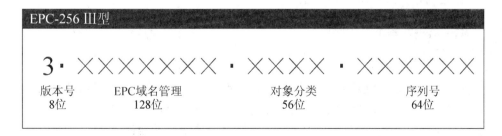

图 3.9 EPC-256 Ⅲ型

3.3 EPC条形码标签

条形码技术集编码、印刷、识别、数据采集和处理于一身。条形码是将宽度不等的多个黑条和空白，按照一定的编码规则排列，用来表达信息的图形标识符。条形码分为一维条形码、二维条形码。

1. 一维条形码

一维条码是由一组宽度不同、反射率不同的平行相邻的线条和空白，按照一定的编码规则和技术标准组合而成，用来表示某种数据信息的符号，如图3.10所示。

2. 二维条形码

在EPC条形码的编码方式中在水平和垂直方向的二维空间存储信息的条码，称为二维条码（2 Dimensional Bar Code），可直接显示英文、中文、数字、符号、图型，如图3.11所示。

图3.10　一维条形码　　　　　　图3.11　二维条形码

3.4 射频识别技术(RFID)

射频识别即RFID(Radio Frequency IDentification)技术，又称电子标签、无线射频识别，是一种通信技术，可通过无线电信号识别特定目标并读写相关数据，而无须识别系统与特定目标之间建立机械或光学接触。

3.4.1 RFID技术的基本工作原理

1. 最基本的RFID系统

标签(Tag)：由耦合元件及芯片组成，每个标签具有唯一的电子编码，附着在物体上标识目标对象，标签含有内置天线，用于和射频天线间进行通信。

阅读器(Reader)：读取(有时还可以写入)标签信息的设备，可设计为手持式或固定式。

天线(Antenna)：在标签和读取器间传递射频信号。电子标签的天线一般是方型标签和长条状标签，如图3.12所示。

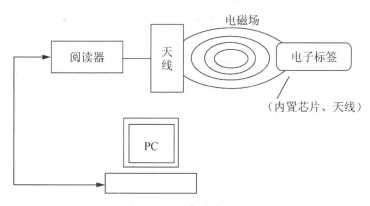

图 3.12 RFID 系统基本模型图

RFID 技术的基本工作原理并不复杂：在被动式 RFID 系统中，阅读器通过发射天线发送一定频率的射频信号，当标签进入磁场后产生感应电流，凭借感应电流所获得的能量将自身编码等信息通过内置发送天线发送载波信号；阅读器通过天线接收到此载波信号，并对其进行解调和解码，然后送到后台主系统进行相关处理；主系统根据逻辑运算做出相应的处理和控制。

RFID 阅读器频率的分类和平时收听的收音机类似，射频应答器和阅读器同样要调制到相同的频率点才能工作。

目前 RFID 产品的工作频率有低频、高频和甚高频的频率。

（1）低频，工作频率为 125kHz～134kHz。

（2）高频，工作频率为 13.56MHz。

（3）甚高频，工作频率为 860MHz～960MHz。

高频 RFID 是已经开发多年的技术，甚高频(超高频)RFID 技术是近几年才开发的，其中，高频 RFID 的核心技术主要掌握在国外公司手中，甚高频(超高频)RFID 技术在我国有自主的知识产权。

2.RFID 系统组成

RFID 系统主要由应答器、阅读器和高层组成。其中应答器是集成电路芯片形式，而集成芯片又根据它的封装不同，表现的形式也不太一样。阅读器用于产生射频载波完成与应答器之间的信息交互的功能。高层功能是信息的管理和决策系统。

RFID 应答器：是由天线、编/解码器、电源、解调器、存储器、控制器以及负载电路组成的。

RFID 阅读器：包含有高频模块(发送器和接收器)、控制单元、振荡电路以及阅读器天线等几部分。

RFID 高层软件：介于前端 RFID 读写器硬件模块和后端数据库与应用软件之间的中介，称为 RFID 中间件(RFID Middleware)。

下面分别对这几个部分加以介绍。

3.4.2 RFID 应答器

应答器是由天线、编/解码器、电源、解调器、存储器、控制器以及负载电路组成的。

应答器的基本组成示意图如图 3.13 所示。

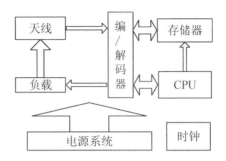

图 3.13　应答器的基本组成

在 RFID 系统中，识别信息存放于电子信息载体中，这个电子信息载体就是应答器，应答器在具体不同应用领域表现为多种不同的形式，如：纽扣式、IC 卡式、腕表式，如图 3.14～图 3.16 所示。

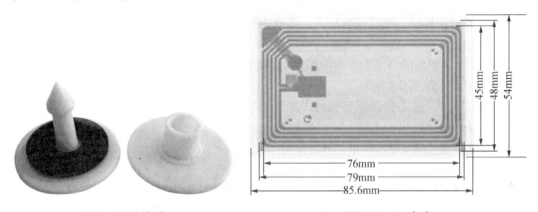

图 3.14　纽扣式　　　　　　　　　　　　　图 3.15　IC 卡式

图 3.16　腕表式

从应答器传送信息到阅读器，状态数据在 CPU 的控制下，从存储器中取出经过编码器和负载调制单元发送到阅读器。

应答器可以分为只读应答器、读/写应答器和具有识别功能的应答器。

根据应答器能源不同可以分为：无源(被动式)应答器、半无源(半被动式)应答器和有源(主动式)应答器。

有源应答器：这种应答器工作所需的能量完全来自于自身的电源模块，它会主动地与阅读器进行信息传输。

因此就需要比较大能量供应，所以有源应答器的体积往往比较大，重量也较重。控制器是应答器系统的核心部分，对于可读可写应答器，需要内部逻辑控制对读写的功能，读写的操作给予支持，对于有密码的应答器，要求控制器能进行数字验证操作。

RFID 的应答器的存储容量一般在几字节到几千字节之间，存储器存储的数据量一般为产品的序列号，如 EPC 编码。

3.4.3　RFID 阅读器

1. RFID 阅读器使用的频段

RFID 阅读器(读写器)通过天线实现对应答器识别码和内存数据的读出或写入操作。

在实际应用中，有 4 种波段的频率，低频(125kHz)，高频(13.54MHz)，超高频(850~910MHz)，微波(2.45GHz)，如图 3.17 所示。

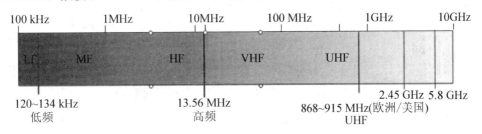

图 3.17　工作频率

1) 频段 9~135kHz

低于 135kHz 的频率被各种无线服务大量使用，因为它们没有保留作 ISM 频段。这个长波频段的传播特性可以使得在低技术成本下达到连续传播超过 1000km 半径的范围。通常这个范围的服务是用作航空和航海的导航服务(LORAN C，OMEGA，DECCA)、授时服务、标准频率服务以及军方的无线电服务。因此，位于中欧 Mainflingen 的授时发射机 DCF 77 使用的就是 77.5kHz 的频率。因此 RFID 系统在此频率运行可能会影响到 Reader 周围数百米范围内的无线接收的时钟失效。

为了防止这种冲突，欧洲对感应式无线电系统的管制法案 220ZV 122，将定义一个从 70~119kHz 的保护区，这个区域将不再分配给 RFID 系统。

2) 频段 6.78MHz

频率 6.765~6.795MHz 属于短波频段。其传播条件可以是能够在白天的传播距离达到 100km。而在夜间，横贯大陆的传播都是可能的。这个范围主要用于关于宽范围的无线电服务，例如广播、天气和航空无线电服务以及新闻社。

这个频段在德国还没有被通过为 ISM 频段，但是已经被 ITU 指定为 ISM 波段，并且

已经在法国用作 RFID 系统。而 CEPT/ERC 和 ETSI 则在 CEPT/ERC 70-03 准则中将被指定为协调波段。

3）频段 13.56MHz

频段 13.553～13.567MHz 位于短波波段的中间。其传输特性使得其可以整天都可以达到横贯大陆的传播。这个范围一般用于范围要求非常广的无线电服务，如新闻社和电信点对点服务（PTP）。

这个范围内的其他 ISM 应用，除 RFID 之外，主要还有远程控制系统、远程控制模型、试验无限设备和寻呼系统。

4）频段 27.125MHz

频段 26.565～27.405MHz 分配给美国、加拿大和欧洲的 CB 广播。是无须注册和可以免费使用的无线电系统，功率小于 4W 的私人无线电爱好者可以使用，传输距离可超过 30km。

除 RFID 之外，还有电疗器械（医用设备）、高频焊接设备（工业应用）、远程控制模型和寻呼系统。

在安装 27MHz RFID 系统时，必须特别注意附近的高频工业焊接设备。HF 焊接设备可产生很高的场强，可以干扰附近的 RFID 系统的运行。在为医院规划 27MHz RFID 系统时，也要考虑电疗设备的因素。

5）频段 40.680MHz

范围 40.660～40.700MHz 位于 VHF 频段的低端。其传输特性仅限于地面波，因为由建筑物和其他障碍所产生的衰减很明显。这个频段邻近的其他 ISM 范围主要有移动商业无线电系统（森林、高速公路管理等）以及电视广播（VHF 频段 I）。

这个频段主要的 ISM 应用包括遥感和远程控制应用。这个范围目前很少用作 RFID 系统。

6）频段 433.920MHz

频段 430.000～440.000MHz 主要分配给全球的业务无线电爱好者。无线电爱好者使用这个频段来进行声音和数据的传输以及通过中继广播站和卫星的通信。

UHF 频段的传输特性近似于光。当遇到建筑物和其他障碍时将会出现衰减和反射。依赖于操作方法和发射功率，无线电爱好者使用的系统可能达到的范围在 30～300km。使用卫星也可以达到全球连接。

ISM 范围 433.050～434.790MHz 主要位于业务爱好者使用频段的中部，并且被各种各样的应用所占据。包括内部通话器、遥感发射器、无绳电话、短距离对讲机、车库自动进入发射器等。所幸的是，这个频段的干扰倒是很少见。

7）频段 869.0MHz

频段 868～870MHz 在欧洲主要用作短距离设备（SRD），因此在 CEPT 的 43 个成员国中都可以用作 RFID 系统。

亚太地区的国家也正在考虑通过这个频率为 SRD 频率。

8）频段 915.0MHz

这个频段在欧洲未作为 ISM 应用。欧洲之外（美国和澳洲）频段 888～889MHz，902～

928MHz是可用作后向散射式RFID系统的。

其邻近频段主要由D-net电话和CT1和CT2标准的无绳电话所占据。

9）频段2.45GHz

ISM频段2.400～2.4835GHz部分和业余无线电爱好者使用的频率和电波探测服务使用的频率相重叠。这一段的UHF频率和更高的SHF频率的传播特性几乎相当于光。建筑物和其他障碍将是很好的反射体，并且产生非常强的衰减。

除了RFID backscatter系统之外，主要的ISM应用包括遥感发射器和PC WLAN系统。

10）频段5.8GHz

ISM频段5.725～5.875GHz部分和无线电爱好者使用频率和电波探测服务的频率相重叠。这一频段的主要服务包括运动传感器（用作防盗等），非接触式卫生间干手器，以及RFID系统。

11）频段24.125GHz

ISM频段24.00～24.25GHz部分和业务爱好者使用频率，电波探测服务和卫星地球资源服务的频率重叠。

目前还没有RFID系统运行于此频段。

我国国内的800～900MHz UHF频段，由于我国的GSM移动通信这个全球最大的网络以及其他一些应用占用了大量的频宽，显得非常拥挤。在2005年11月初召开的RFID全球论坛上，国家无线电委员会透露说，他们已经对此频段进行了大量的测试，并且有了一些调整方案。估计在960MHz以下。这也可能和该次会议上成立的标准工作组的进展相关。

典型的阅读器包含有高频模块（发送器和接收器）、控制单元、振荡电路以及阅读器天线几部分。

不同频率用在不同的领域，图3.18显示了不同应用场合的阅读器。

图3.18 不同应用场合的阅读器

在射频读写器的应用中遇到的一个问题就是阅读器冲突，这是一个阅读器接收到的信息和另外一个阅读器接收到的信息发生冲突，产生重叠。

解决这个问题的一种方法是使用TDMA技术，保证阅读器不会互相干扰。

2. 阅读器的组成与工作原理

基本工作原理：由阅读器通过发射天线发送特定频率的射频信号，当电子标签进入有

效工作区域时产生感应电流，从而获得能量，电子标签被激活，使得电子标签将自身编码信息通过内置射频天线发送出去；阅读器的接收天线接收到从标签发送来的调制信号，经天线调节器传送到阅读器信号处理模块，经解调和解码后将有效信息送至后台主机系统进行相关的处理；主机系统根据逻辑运算识别该标签的身份，针对不同的设定作出相应的处理和控制，最终发出指令信号控制阅读器完成相应的读写操作。

RFID 阅读器是以一定的频率、特定的通信协议完成对应答器中信息的读取，阅读器基本组成模块如图 3.19 所示。

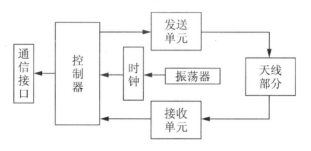

图 3.19　阅读器的组成部分

阅读器和应答器耦合的方式有多种，应用较为典型的是电感耦合，阅读器和应答器天线部分的电感线圈通过电磁场进行信息传输，如图 3.20 所示。

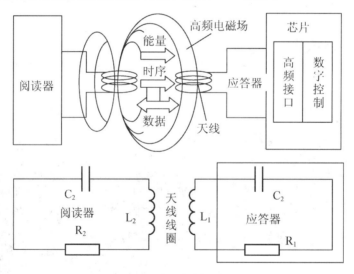

图 3.20　电感耦合

电感耦合通过空间高频交变磁场实现耦合，依据的是电磁感应定律。该方式一般适合于中、低频工作的近距离 RFID 系统，典型工作频率：125kHz，225kHz 和 13.56MHz。识别作用距离一般小于 1m，典型作用距离为 0～20cm。

电容器与阅读器的天线线圈并联，电容器与天线线圈的电感一起，形成谐振频率与阅读器发射频率相符的并联震荡回路，该回路的谐振使得阅读器的天线线圈产生较大的电流。

电子标签的天线线圈和电容器 C_1 构成震荡回路，调谐到阅读器的发射频率。通过该回路的谐振,电子标签线圈上的电压 U 达到最大值。这两个线圈的结构可以被解释为变压器(变压器的耦合)。

数据信息的编码与调制:从模拟信号转换成数字信号分为 3 个阶段。

抽样:每隔一个相等的时间间隙,采集连续信号的一个样值。

量化:将量值连续分布的样值,归并到有限个取值范围内。

编码:用二进制数字代码,表达这有限个值域(量化区)。

抽样定理: 一个频带限制在 $(0,\tau)$ 内的时间连续信号 $X(t)$,如果以不大于 $1/2$ 的间隔对它进行等间隔抽样,则 $X(t)$ 将被所得到的值完全确定。也可以说,若对信号以 $f_s \geqslant 2$ 的抽样速率进行均匀抽样,则 $X(t)$ 可以被所得到的抽样值完全确定如图 3.21 所示。

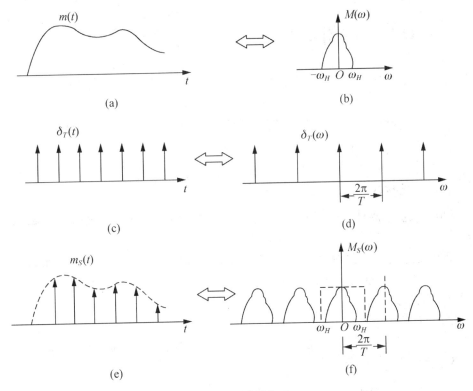

图 3.21 抽样定理

例题: 对于一个 RFID 标签,内部有 50 匝线圈绕制而成的天线线圈,读写器周围磁通变化率为 0.004Wb/s,试计算在电子标签的天线两端能够产生多大的感应电动势?

解: 根据公式 $E = n(\Delta\phi/\Delta t)$ 可知,当读写器周围的磁通变化率为 0.008Wb/s,线圈匝数为 100 匝,代入公式可得感应电动势。

$$E = n(\Delta\phi/\Delta t) = 100 \times 0.008\text{Wb/s} = 0.2\text{V}$$

非均匀量化: 非均匀量化采用压扩技术——按输入信号的概率密度函数来分布量化电平。实现非均匀量化的方法之一是把输入量化器的信号 X 先进行压缩处理,再把压缩后的信号进行均匀量化,如图 3.22 所示。

常用的 RFID 编码方法为曼彻斯特编码,也称为相位编码,是一个同步时钟编码技

术，被物理层使用来编码一个同步位流的时钟和数据，如图3.23所示。

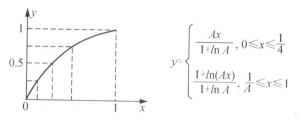

$$y = \begin{cases} \dfrac{Ax}{1+\ln A}, & 0 \leqslant x \leqslant \dfrac{1}{4} \\[2mm] \dfrac{1+\ln(Ax)}{1+\ln A}, & \dfrac{1}{A} \leqslant x \leqslant 1 \end{cases}$$

图 3.22　非均匀量化

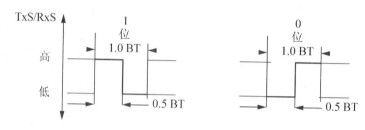

图 3.23　曼彻斯特编码

3.4.4　RFID 的天线

1. RFID 天线部分——电子标签天线

天线是一种以电磁波形式把前端射频信号功率接收或辐射出去的装置，是电路与空间的界面器件，用来实现导行波与自由空间波能量的转化。

在 RFID 系统中，天线分为电子标签天线和读写器天线两大类，分别承担接收能量和发射能量的作用。当前的 RFID 系统主要集中在 LF、HF（13.56MHz）、UHF（860～960MHz）和微波频段。

1）天线方向性

发射天线的基本功能之一是把从馈线取得的能量向周围空间辐射出去，基本功能之二是把大部分能量朝所需的方向辐射，如图 3.24 所示。

立体方向图　　　　　垂直面方向图　　　　水平面方向图

图 3.24　三方向图

2）天线增益

增益是指在输入功率相等的条件下，实际天线与理想的辐射单元在空间同一点处所产生的信号的功率密度之比。

3）波瓣宽度

方向图通常都有两个或多个瓣，其中辐射强度最大的瓣称为主瓣，其余的瓣称为副瓣或旁瓣。

在主瓣最大辐射方向两侧，辐射强度降低 3 dB 的两点间的夹角定义为波瓣宽度（又称波束宽度或主瓣宽度或半功率角）。

4）天线的极化

天线向周围空间辐射电磁波。电磁波由电场和磁场构成。一般规定：电场的方向就是天线极化方向。一般使用的天线为单极化的。

2. RFID 天线部分——读写器天线

1）近场天线

对于 LF 和 HF 频段，系统工作在天线的近场，标签所需的能量都是通过电感耦合方式由读写器的耦合线圈辐射近场获得，工作方式为电感耦合。如型号为 HRRFD-NF09 的近场天线。

2）远场天线

对于超高频和微波频段，读写器天线要为标签提供能量或环形有源标签，工作距离较远，一般位于读写器天线的远场。如型号为 CS-771 的圆极化天线。

3. RFID 电感耦合射频天线

RFID 射频前端是实现数据和能量的交换传输的关键部分，RFID 技术通过电感耦合方式进行通信，电感耦合方式的理论基础是 LC 谐振回路和电感线圈产生的交变磁场，也是 RFID 天线的基本原型。

电感耦合分为两种方式：一种是串联谐振回路的耦合；另一种是并联谐振回路的耦合。图 3.25 是串联谐振回路的基本形式，其中 r 是电感的损耗电阻。

$$Z=\frac{\dot{U}_o}{\dot{I}}=r+\mathrm{j}\omega L+\mathrm{j}\frac{1}{\omega C}$$

$$Z=r+\mathrm{j}\left(\omega L-\frac{1}{\omega C}\right)$$

$$Q_0=\frac{\omega_0 L}{r}$$

图 3.25 串联谐振回路的基本形式

有时为获得更好的选择效果，可把两个或更多个串、并联谐振回路连接起来，构成带通滤波器，如图 3.26 所示。谐振放大器中，LC 并联谐振回路使用最为广泛。

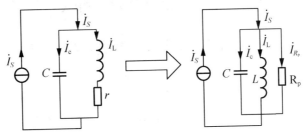

图 3.26 两个或更多个串、并联谐振回路连接起来的图示

$$Z\approx\frac{L/C}{r+\mathrm{j}(\omega L-1/\omega C)}$$

$$Q = \frac{\omega_0 L}{r} = \frac{1/\omega_0 C}{r}$$

$$\omega_0 = \frac{1}{\sqrt{LC}}$$

3.4.5 RFID 的中间件

介于前端 RFID 读写器硬件模块和后端数据库与应用软件之间的中介，称为 RFID 中间件(RFID Middleware)。

RFID 中间件技术将企业级中间件技术延伸到 RFID 领域，是 RFID 产业链的关键共性技术。它是 RFID 读写器和应用系统之间的中介，应用程序只要使用 RFID 中间件的通用应用程序接口，即能连到 RFID 读写器，读取 RFID 标签数据。

RFID 中间件屏蔽了 RFID 阅读器的多样性和复杂性，能够为后台业务系统提供强大的支撑，从而获得更广泛、丰富的 RFID 应用。RFID 中间件技术涉及的技术包括：并发访问技术、目录服务及定位技术、数据及设备监控技术、远程数据访问技术、安全和集成技术、进程及会话管理技术等。RFID 中间件需要具备数据读出和写入、数据的过滤和聚集、数据的分发、数据的安全 4 个主要功能。

数据的读出和写入是 RFID 中间件的基本功能。对于应用程序来讲，通过中间件从 RFID 标签中读写数据，应该就像从硬盘中读写数据一样简单和方便。这样，RFID 中间件应主要解决两方面的问题：必须兼容不同读写器(阅读器)接口；必须识别不同的标签以进行有效的读写操作。这就需要 RFID 中间件定义一组通用的应用程序接口，对应用系统提供统一的操作界面，屏蔽各类阅读器之间的差异。

数据的过滤是指按照规则取得指定数据。RFID 中间件的过滤功能的目的是解决标签数据在应用层网络交换的带宽问题，优化数据传输的效率，并且减少应用层的处理负担。

数据聚集是将读入的原始数据按照规则进行合并，目前主要依靠代理软件来实现，但也有一些功能较强的读写器能够自己设置并完成聚集功能。

RFID 数据的分发是指 RFID 中间件能够将数据整理后发送到相关的多个应用系统。

RFID 阅读器读取的数据，并不一定由某一个应用程序来使用，还可能被多个应用程序使用(包括企业内部各个应用系统甚至是企业商业伙伴的应用系统)。每个应用系统可能需要数据的不同集合，中间件能够将数据整理后发送到相关的多个应用系统。

3.5 EPC、RFID、条形码的区别

1. EPC

EPC 是编码标准，规定了对具体不同商品产品唯一的编码格式，完成 RFID 产品信息编码。

2. RFID

RFID 标签是存储了具体的 EPC 标准的产品编码信息的产品标签，它会因不同应用场合的具体要求而表现出不同的封装形式，如纽扣类、IC 卡类以及条形码形式等。

3. 条形码

条形码是应用了不同宽度的黑白条码反射光来编码，优点是成本低廉、使用方便，缺点是编码容量不足。

1）一维条形码

一维条码只是在一个方向（一般是水平方向）表达信息，而在垂直方向则不表达任何信息，其一定的高度通常是为了便于阅读器的对准。

2）二维条形码

在 EPC 条形码的编码方式中在水平和垂直方向的二维空间存储信息的条码。储存数据量大，可存放 1KB 字符，可用扫描仪直接读取内容，无须另接数据库。

RFID 标签与阅读器的信息交互的媒介是通过射频，即电磁场，同时它也具备微型存储器、微处理器、天线等部件。

4. 条码与 RFID 之功能比较

日常看到的条形码只是利用不同宽度黑白条码来完成信息编码，物理上并不具备以下几部分，见表 3-4。

表 3-4　条码与 RFID 之功能比较

功　能	条　码	RFID
读取数量	条码读取时只能一次一个	可以同时读取多个
远距离读取	读取条码时需要光线	不需要光线就可以读取或者更新
资料容量	存储资料容量少	存储资料容量大
读写能力	条码资料不可更新	电子资料可以反复读写
读取方便性	读取时须清楚可读	标签隐藏于包装内同样可读
数据正确性	人工读取，增加疏失机会	可自动读取数据以达到追踪与保全
高速读取	读取数据将限制移动速度	能高速读取资料，成本低
抗污性	无法读取信息	表面污损不影响数据读取不正当复制方便容易，非常困难

可见，条码与 RFID 的功能对比，在标签信息容量大小、一次读取数量、读取距离远近、读写能力更新（标签信息可反复读写 R/W）、读取方便性（读取速度与可否高速移动读取）、适应性（全方位穿透性读取、在恶劣环境下仍可读取，全天候工作）等方面都大大优于条码。

从表 3-4 中可看出，RFID 技术拥有良好的功能特性，能满足当前社会经济发展对商品处理的高效性需求。射频识别技术作为一种快速、实时、准确采集与处理信息的高新技术和信息标准化的基础，通过对实体对象（包括零售商品、物流单元、集装箱、货运包装、生产零部件等）的唯一有效标识，被广泛应用于生产、零售、物流、交通等各个行业。RFID 技术已逐渐成为企业提高物流供应链管理水平，降低成本，实现企业管理信息化，增强企业核心竞争能力不可缺少的技术工具和手段。

5. RFID 卡与 IC 卡区别

IC 卡又称"集成电路卡"、智能卡，英文名称 Integrated Circuit Card 或 Smart Card，是法国的罗兰·莫雷诺(Roland Moreno)于 1974 年发明的，将具有存储加密及数据处理能力的集成电路芯片模块封装于和信用卡尺寸一样大小的塑料片基中，便构成了 IC 卡。

RFID 卡与 IC 卡其工作原理其实是相同的，只是在用途、识别距离、存储容量、工作时内容是否可更改而有所区别。

RFID 系统分类：被动式 RFID(无源式 Passive RFID)、主动式 RFID(有源式 Active RFID)。目前，RFID 主要是指被动式 RFID(非接触式 ID 卡)。

3.6 EPC、RFID 的关系

早期的 RFID 标签是由集成电路板卡制成的，由于其体积大、成本高，只能应用于托盘、货架和集装箱上，只有极少数的用户使用，人们对其前景并不看好。而 EPC 采用微型芯片存储信息，并用特殊薄膜封装技术，体积大大缩小，随着技术改进和推广应用，成本不断降低，能够给每个单个消费品一个唯一的身份。

EPC 系统(物联网)是在计算机互联网和射频技术 RFID 的基础上，利用全球统一标识系统编码技术给每一个实体对象一个唯一的代码，构造了一个实现全球物品信息实时共享的"Internet of Things"。它将成为继条码技术之后，再次变革商品零售结算、物流配送及产品跟踪管理模式的一项新技术。EPC 与 RFID 科学的逻辑关系(图 3.27)应该是

EPC 代码＋RFID＋Internet＝EPC 系统(物联网)

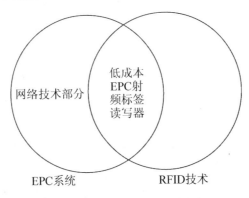

图 3.27 EPC 与 RFID 逻辑关系图

由此可见，EPC 系统是一个复杂、全面、综合的系统，包括 RFID、EPC 编码、网络、通信协议等，RFID 只是其中的一个组成部分。EPC 是 RFID 技术的应用领域之一，只有特定的低成本的 RFID 标签才适合 EPC 系统。

通过前面的讲述可以看出，在强大的市场导向下，RFID 技术、EPC 与物联网在世界范围内必将引起一场重大的变革，它将成为未来一个新的经济增长点。在现今激烈的市场竞争中，快速、准确、实时的信息获取及处理将成为企业获得竞争优势的关键。

本 章 小 结

本章首先介绍了 EPC 的产生、EPC 编码原则、EPC 系统的构成、信息网络系统、EPC 系统的工作流程和 EPC 系统的特点。重点介绍了 EPC 编码类型，包括 EPC-64 码、EPC-96 码和 EPC-256 码；射频识别技术（RFID），包括 RFID 技术的基本工作原理、RFID 应答器的组成和原理、RFID 阅读器、RFID 天线和 RFID 中间件技术；最后介绍了 EPC、RFID 和条形码的区别和 EPC 与 RFID 的关系。通过本章的学习，使学生能够对 EPC 和 RFID 有一个基本的理解，同时也基本了解它们与物联网之间的关系。

习 题 3

一、填空题

3.1 EPC 编码原则是（   ）、（   ）、（   ）和（   ）。

3.2 条形码分为（   ）和（   ）。

3.3 最基本的 RFID 系统由 3 部分组成：（   ）、（   ）和（   ）。

3.4 RFID 产品的工作频率是（   ）、（   ）和（   ）。

3.5 RFID 系统中，天线分为（   ）、（   ）两大类。

二、选择题

3.6 以下哪几种是 EPC 的编码类型？（   ）

A. 64 位　　　　　B. 96 位　　　　　C. 256 位　　　　　D. 32 位

3.7 以下哪个频段分配给美国、加拿大和欧洲的 CB 广播？（   ）

A. 26.565～27.405MHz　　　　　B. 40.660～40.700 MHz

C. 6.765～6.795 MHz　　　　　D. 13.553～13.567 MHz

3.8 射频识别系统（RFID）阅读器（Reader）的主要任务是（   ）。

A. 控制射频模块向标签发射读取信号，并接收标签的应答，对其数据进行处理

B. 存储信息

C. 对数据进行运算

D. 识别相应的信号

三、简答题

3.9 EPC 系统的构成如何？

3.10 RFID 系统由哪些部分组成？

3.11 EPC、RFID、条形码的区别是什么？

3.12 简述阅读器的基本工作原理。

3.13 简述 EPC 系统的特点。

第 **4** 章
无线传感器网络

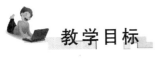

教学目标

- 掌握无线传感器网络的体系结构
- 了解无线传感器网络的特点
- 理解无线传感器网络的通信协议
- 理解无线传感器网络的支撑技术
- 掌握无线传感器网络的通信标准
- 理解物联网与无线传感器网络的关系

教学要求

知 识 要 点	能 力 要 求
无线传感器网络的体系结构	(1) 掌握无线传感器网络协议体系结构 (2) 掌握无线传感器节点结构 (3) 掌握无线传感器网络结构
无线传感器网络的特点	了解无线传感器网络的特点
无线传感器网络的通信协议	(1) 理解无线传感器网络的路由协议 (2) 理解无线传感器网络的 MAC 协议 (3) 理解无线传感器网络的拓扑控制协议
无线传感器网络的支撑技术	(1) 理解节点定位技术 (2) 理解时间同步技术 (3) 理解安全技术 (4) 理解数据融合技术
无线传感器网络的通信标准	(1) 掌握 IEEE 802.15.4 标准 (2) 掌握 ZigBee 标准 (3) 了解 6LoWPAN 标准草案
物联网与无线传感器网络的关系	理解物联网与无线传感器网络的关系

引例

"热带树"

在 20 世纪 60 年代的越南战争期间，由于越南的密林和多雨的天然环境，大大削弱了卫星与航空侦察的效果。无奈之下，美军就使用了当时被称为"热带树"的无人值守传感器网络来对付北越的"胡志明小道"。所谓"热带树"实际上是一个由震动传感器和声音传感器组成的系统，它由飞机投放，落地后插入泥土中，仅露出伪装成树枝的无线电天线。当人员、车辆等目标在其附近行进时，"热带树"便探测到目标产生的震动和声音信息，并立即将信息数据通过无线电通信发送给指挥中心。指挥管理中心对信息数据进行处理后，得到行进人员、车辆等目标的地点位置、规模和行进方向等信息，然后进行指挥决策。"热带树"在越战中的成功应用，促使许多国家战后纷纷研制和装备各种无人值守的地面传感器系统。

 本章导读

无线传感器网络是近几年来国内外研究和应用非常热门的领域，在国民经济建设和国防军事上具有十分重要的应用价值。综观计算机网络技术的发展史，应用需求始终是推动和左右全球网络技术进步的动力与源泉。早在 1999 年，商业周刊就将传感器网络列为 21 世纪最具影响的 21 项技术之一。2002 年，美国橡树岭国家实验室提出"网络就是传感器"的论断。由于无线传感器网络在国际上被认为是继互联网之后的第二大网络，在 2003 年美国《技术评论》杂志评出对人类未来生活产生深远影响的十大新兴技术，传感器网络被列为第一。本章将对无线传感器网络的体系结构、特征、通信协议、通信标准和支撑技术等方面做简要的讲解。

无线传感器网络是当前研究的热点领域之一，特别是物联网的提出更加普及了对无线传感器网络的研究与应用，其涉及多个学科，并且知识高度集成，综合了传感器技术、微机电技术、嵌入式计算技术、现代网络及无线通信技术、分布式信息处理技术等。可以如下定义无线传感器网络：无线传感器网络就是由部署在监测区域内大量的廉价微型传感器的节点组成的，通过无线通信方式形成的一个多跳自组织网络的网络系统，其目的是协作感知、采集和处理网络覆盖区域中感知对象的信息，并发送给观察者。通过大量布置在监测区域内的各种集成化的微型传感器节点，协作地实时监测、感知和采集各种环境或监测对象的信息，并能够在网内实现信息的综合加工和处理，最终将经过处理的信息通过多跳无线通信的方式传送给终端用户。具有网络拓扑动态变化，自组织、自治、自适应等智能属性。从而实现了物与物、人与物的连通，极大地提高了人类认识自然和改造自然的能力。无线传感器网络不需要固定的基础设施支持，具有便于快速部署、容错性好、抗毁性强等特点，可广泛应用于军事侦察、环境监测、医疗监护、工业监测和空间探索等各个领域。

概括地说无线传感器网络是集数据采集、数据综合处理和数据通信功能于一体的分布式自组织网络。

4.1 无线传感器网络的体系结构

无线传感器网络拥有和传统无线网络不同的体系结构，主要包括无线传感器节点结构、无线传感器网络结构以及无线传感器网络协议体系结构。

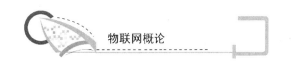

4.1.1 无线传感器节点结构

在不同的应用中，传感器网络节点的组成不尽相同，但一般都由数据采集、数据处理、数据传输和电源这4部分组成，具体对应传感器模块、处理器模块、无线通信模块和电源模块(图4.1)。它们各自负责自己的工作：传感器模块负责采集监测区域内的信息采集，并进行数据格式的转换，将原始的模拟信号转换成数字信号，将交流信号转换成直流信号，以供后续模块使用；处理器模块又分成两部分，分别是处理器和存储器，它们分别负责处理节点的控制和数据存储的工作；无线通信模块专门负责节点之间的相互通信；电源模块就用来为传感器节点提供能量，一般都是采用微型电池供电。

在图4.1中可以看出，传感器模块中的传感器部分将从环境中采集数据，这些信号通过数据转换之后，就会传送给处理器模块进行处理。处理器模块对数据进行适当的处理后就要将数据发送给其他节点，于是数据进入无线通信模块。在无线通信模块中，数据经过网络层传到数据链路层(Data Link Layer)，数据经由数据链路层再传到物理层，即图中的收发器，在这里，数据被转换成二进制物理信号在介质中传送。而对于接收数据的节点，数据则是通过收发器收到物理信号，将其向上发给MAC层再到网络层，最终到达应用层，即处理器模块。

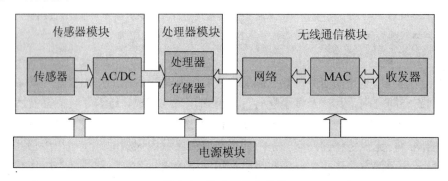

图4.1 传感器节点结构

4.1.2 无线传感器网络结构

无线传感器网络系统通常包括传感器节点(Sensor Node)、汇聚节点(Sink Node)和管理节点(Control node)。无线传感器网络体系结构如图4.2所示，大量传感器节点随机部署在监测区域，通过自组织的方式构成网络。传感器节点采集的数据通过其他传感器节点逐跳地在网络中传输，传输过程中数据可能被多个节点处理，经过多跳后路由到汇聚节点，最后通过互联网或者卫星到达数据处理中心。也可以沿着相反的方向，通过管理节点对传感器网络进行管理，发布监测任务以及收集监测数据。

传感器节点通常是一个电池供电的微型嵌入式系统，它的数据处理、存储以及通信的能力相对较弱。从网络功能上看，每个传感器节点兼顾传统网络节点的终端和路由选择双重功能，除了进行本地信息收集和数据处理外，还要对其他节点转发来的数据进行存储、管理和融合等处理，同时与其他节点协作完成一些特定任务。

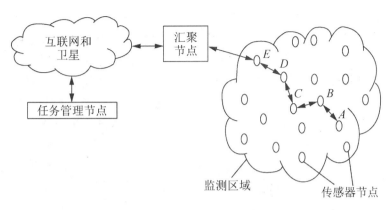

图 4.2　无线传感器网络体系结构

　　汇聚节点的处理能力、存储能力和通信能力相对较强，它连接无线传感器网络和以太网等外部网络，实现两种协议栈之间的通信协议转换，将管理节点的监测任务转发至无线传感器网络，并将无线传感器网络所收集的数据转发到外部网络。

　　管理节点位于整个系统的最高层，通常是运行监控软件的计算机，通过以太网等通信线路与汇聚节点互相通信。负责监测的工作人员通过监控软件向无线传感器网络发送监控命令，接收传感数据信息。监控软件通常具备数据处理、分析和存储的能力，将来自无线传感器网络的大量感知数据，以直观的方式呈现给工作人员。

4.1.3　无线传感器网络协议体系结构

　　网络协议体系结构是无线传感器网络的"软件"部分，包括网络的协议分层以及网络协议的集合，是对网络及其部件应完成功能的定义与描述（如图 4.3 所示）。

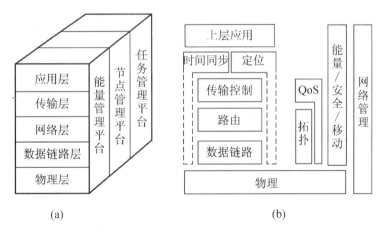

图 4.3　无线传感器网络协议体系结构

（a）分层的网络通信协议结构；（b）无线传感器网络协议栈

　　分层的网络通信协议结构类似于传统的 TCP/IP 协议体系结构，由物理层、数据链路层、网络层、传输层和应用层组成。同时包含了无线传感器网络所特有的能量管理平台、任务管理平台和节点管理平台等子系统。物理层的功能包括信道选择、无线信号的监测、

信号的发送与接收等。传感器网络采用的传输介质可以是无线、红外或者光波等。物理层的设计目标是以尽可能少的能量损耗获得较大的链路容量。数据链路层的主要任务是加权物理层传输原始比特的功能，使之对上层显现一条无差错的链路，该层一般包括媒体访问控制（MAC）子层与逻辑链路控制（LLC）子层，其中 MAC 层规定了不同用户如何共享信道资源，LLC 层负责向网络层提供统一的服务接口。网络层的主要功能包括分组路由、网络互连等。传输层负责数据流的传输控制，提供可靠高效的数据传输服务。

图 4.3（b）所示的协议栈细化并改进了无线传感器网络的原始模型。节点定位和节点时钟同步子层在协议栈中的位置比较特殊，它们既依赖于数据传输通道进行协作定位和时钟同步协商，同时又要为各个网络协议层提供信息支持，例如，基于时分复用的 MAC 协议、基于节点地理位置的路由协议等都需要节点的定位与时钟同步信息。因此，在图 4.3（b）中用倒 L 型描述这两个功能子层。图 4.3（b）右边的诸多机制一部分融入到图 4.3（a）所示的各协议层中，用于优化和管理协议流程；另一部分则独立于各协议层之外，通过各种收集和配置接口实现对相应机制的配置与监控。例如能量管理，在图 4.3（b）中的每个协议层中都要增加能量控制代码，并提供给操作系统进行能量分配的策略；QoS 管理需要在各个协议层设计队列管理、优先级或者带宽预留等机制，并对特定的应用数据进行特别处理。拓扑控制利用物理层、数据链路层或路由层完成拓扑结构生成，反过来又为它们提供基础信息支持，优化 MAC 协议和路由协议，提高协议效率，减少网络的能量消耗。网络管理则要求各层协议嵌入各种信息接口，定时收集协议的运行状态和信息流量，并协调控制网络中各个协议组件的运行。

4.2 无线传感器网络的特点

与现有无线网络相比，无线传感器网络在通信方式、动态组网以及多跳通信等方面有许多相似之处，但同时也存在很大的差别。无线传感器网络具有许多鲜明的特点。

1. 电源能量有限

传感器节点体积微小，通常携带能量十分有限的电池。由于传感器节点数目庞大（上千甚至上万），成本要求低廉，分布区域广，而且部署区域环境复杂，有些区域甚至人员不能到达，所以传感器节点通过更换电池的方式来补充能源是不现实的。如何在网络的使用过程中节省能源，最大化网络的生命周期，是传感器网络面临的首要挑战。

2. 通信能量有限

传感器网络的通信带宽窄而且经常变化，通信覆盖范围只有几十到几百米。传感器节点之间的通信断接频繁，经常容易导致通信失败。由于传感器网络更多地受到高山、建筑物、障碍物等地势地貌以及风雨雷电等自然环境的影响，传感器可能会长时间脱离网络，离线工作。如何在有限通信能力的条件下高质量地完成感知信息的处理与传输，是传感器网络面临的挑战之一。

3. 计算和存储能力有限

传感器节点是一种微型嵌入式设备，要求它价格、低功耗小，这些限制必然导致其携带的处理器能力比较弱，存储器容量比较小。为了完成各种任务，传感器节点需要完成监测数据的采集和转换、数据的管理和处理、应答汇聚节点的任务请求和节点控制等多种工作。如何利用有限的计算和存储资源完成诸多协同任务成为传感器网络设计的挑战。

4. 网络规模大，分布广

传感器网络中的节点分布密集，数量巨大，可能达到几百万、几千万，甚至更多。此外，传感器网络可以分布在很广泛的地理区域。传感器网络的这一特点使得网络的维护十分困难甚至不可维护，因此传感器网络的软、硬件必须具有高强壮性和容错性，以满足传感器网络的功能要求。

5. 自组织、动态性网络

在传感器网络应用中，节点通常被放置在没有基础结构的地方。传感器节点的位置不能预先精确设定，节点之间的相互邻居关系预先也不知道，而是通过随机布撒的方式，如通过飞机播撒大量节点到面积广阔的原始森林中，或随意放置到人不可到达的危险区域。这就要求传感器节点具有自组织能力，能够自动进行配置和管理，通过拓扑控制机制和网络协议自动形成转发监控数据的多跳无线网络系统。同时，由于部分传感器节点能量耗尽或环境因素造成失效，以及经常有新的节点加入，或是网络中的传感器、感知对象和观察者这三要素都可能具有移动性，这就要求传感器网络必须具有很强的动态性，以适应网络拓扑结构的动态变化。

6. 以数据为中心的网络

传感器网络的核心是感知数据，而不是网络硬件。观察者感兴趣的是传感器产生的数据，而不是传感器本身。观察者不会提出这样的查询："从 A 节点到 B 节点的连接是如何实现的？"，他们经常会提出如下的查询："网络覆盖区域中哪些地区出现毒气？"。在传感器网络中，传感器节点不需要地址之类的标识。观察者不会提出查询："地址为 127 的传感器的温度是多少？"，他们感兴趣的查询是"某个地理位置的温度是多少？"。因此，传感器网络是一种以数据为中心的网络。

7. 应用相关的网络

传感器网络用来感知客观物理世界，获取物理世界的信息量。客观世界的物理量多种多样，不可穷尽。不同的传感器网络应用关心不同的物理量，因此对传感器的应用系统也有多种多样的要求。不同的应用背景对传感器网络的要求不同，其硬件平台、软件系统和网络协议必然会有很大差别，在开发传感器网络应用中，更关心传感器网络的差异。只有让系统更贴近应用，才能做出最高效的目标系统。针对每一个具体应用来研究传感器网络技术，这是传感器网络设计不同于传统网络的显著特征。

4.3　无线传感器网络的关键技术简介

无线传感器网络的关键技术主要包括通信协议、网络管理和网络支撑技术等几个方面。

4.3.1 无线传感器网络的通信协议

1. MAC 层协议

在对 0 的 MAC 协议进行设计时，能耗、利用率、可扩展性、实时性、带宽利用率等方面的问题应当是考虑的重点。而对能量损耗最大的设备当属射频模块了。MAC 协议是直接控制射频模块的，所以对降低节点的能耗有着重要的影响。因此，通常传感器网络的 MAC 协议主要采用的是"侦听/休眠"交替的工作方式，当节点处于空闲的状态时，将会自动进入休眠的状态，来减少空闲侦听。一般可以将 MAC 协议分成 3 类：①使用时分复用的 MAC 协议；②利用频分复用或码分复用的 MAC 协议；③利用无线信道的随机竞争机制工作的 MAC 协议。

2. 路由协议

路由协议的主要任务是负责将发送节点的数据分组通过一定的方式寻找到最优的网络路径，正确无误地转发到目的节点上去。由于传感器网络资源紧张、受限，在设计路由协议时要充分考虑到算法的复杂度，也就是说算法不能过于复杂，节点之间的路由信息的交换也不能过于频繁等。目前，已经存在多种路由协议，其中有的路由协议是基于簇的相关理论基础上形成的，有的是围绕数据这个中心展开研究的，还有一些是侧重于考虑位置信息的，还有一些是基于洪泛式理论基础上的。

4.3.2 无线传感器网络的网络管理技术

1. 管理技术中的数据管理与融合

对于所收集数据的管理与处理技术是无线传感器网络的核心任务。通常把无线传感器网络看成是分布式的数据库，所以对于无线传感器网络的数据的管理通常是用数据库的方式进行的，这样，可以有效地实现数据的逻辑存储与网络实际的互相分离，从而便于数据与网络的各自管理。一般来看，可以将其数据管理系统分为：集中式的、半分布式的、分布式的与层次式结构的，而当前，国内外对数据管理技术的研究基本上是围绕半分布式结构展开的。目前最具代表性的数据管理系统当属美国加州大学 Bekeley 分校的 TinyDB 系统了。

考虑到传感器网络的能耗问题，所以在进行这方面设计时需要充分利用数据融合技术，以此来降低传输的数据量，去掉冗余的数据传输，整合多份数据等，只有这样，才能最大限度地降低能耗，节约开销，使无线传感器网络受益。

2. 管理技术中的网络安全

由于无线传感器网络很多情况下是用于军事、商业以及其他敏感、重要的领域，所以其安全性也便成为了科研工作者研究的重要课题。而其网络节点的灵活随机，拓扑结构的动态易变等问题，使得根本不可能用传统的安全机制对其进行安全保障。所以，及时设计出面向无线传感器网络的专属安全机制显得尤为重要。

4.3.3　无线传感器网络的网络支撑技术

1. 网络节点定位技术

传感器网络获取数据是否有效，是否能真实地反应物理世界中事物的本来面貌，取决于传感器网络中节点的具体位置、密度是否分布合理。这就体现出了无线传感器网络中定位技术的关键性与重要性。节点的定位信息不但可以用来报告事件发生的具体地点，而且还可以进行目标跟踪、实时监测等。目前国内外的无线传感器方面的定位技术有很多种，其分类的标准主要是根据是否依据实际测量的距离来进行定位，在定位过程中，节点之间是根据实际距离或者是方位来分布的定位技术称为基于距离的定位算法；而只考虑节点的相对位置，而无须计算出具体距离的定位技术称为与距离无关的定位技术。

2. 时间同步技术

在无线传感器网络中，每个节点都拥有属于自己的本地时钟。但是，这些节点的时钟并不是保持一致的，这主要是由于每个节点其所携带的晶体振荡器的频率存在着或多或少的偏差，而且节点经常会受到别的因素的影响，所以导致节点之间的时间偏差渐渐显现出来。由于无线传感器网络经常应用于诸如军事、医疗、实时监测等对时间精度相当高的场合，所以对无线传感器网络中的节点进行精细的时间同步自然成为了一项重要的课题。

无线传感器网络中的时间同步机制最开始是由 J. Elson 与 K. Rome 于 2002 年 8 月在 HotNets-I 国际会议上提出的，紧接着各个国家的科研机构以及各大高校便竞相开始了这方面的研究。从大家的具体研究的侧重点可以看出当前的研究主要分为两个方面：一是同步算法一定要节能、高效、精确；二是尽量要减少对通信信道的依赖。

本章的后续部分将主要对以上无线传感器网络的关键技术分别进行详细讲解。

4.4　无线传感器网络的通信协议

4.4.1　无线传感器网络路由协议

1. 无线传感器网络路由协议概述

路由协议是无线传感器网络层的核心技术，也是当今国内外研究的热点。从路由的角度看，无线传感器网络有其自身的特点，它既不同于传统网络，又不同于移动自组织网 Ad Hoc 网络。主要表现在以下几点，见表 4 - 1。

表 4 - 1　无线传感器网络的特点

能量优先	传统路由协议在选择最优路径时，很少考虑节点的能量消耗问题。而无线传感器网络中节点的能量有限，延长整个网络的生存期成为传感器网络路由协议设计的重要目标，因此需要考虑节点的能量消耗以及网络能量均衡使用的问题

基于局部拓扑信息	无线传感器网络为了节省通信能量，通常采用多跳的通信模式，而节点有限的存储资源和计算资源，使得节点不能存储大量的路由信息，不能进行太复杂的路由计算。在节点只能获取局部拓扑信息和资源有限的情况下，如何实现简单高效的路由协议是无线传感器网络的一个基本问题
以数据为中心	传统的路由协议通常以地址作为节点的标识和路由的依据，而无线传感器网络中大量节点随机部署，所关注的是检测区域的感知数据，而不是具体哪个节点获取的信息，不依赖全网唯一的标识。传感器网络通常包含多个传感器节点到少数数据汇集节点的数据流，按照对感知数据的需求、数据通信模式和流向等，以数据为中心形成消息的转发路径
应用相关	传感器网络的应用环境千差万别，数据通信模式不同，没有一个路由协议适合所有的应用，这是传感器网络应用相关性的一个体现。设计者需要针对具体应用的需求，设计与之适应的特定路由协议

2. 无线传感器网络路由分类

路由协议分类的方法很多。例如：根据路由组建方式的不同，将 WSN 网络的路由协议分成驱动式路由（在布置完无线传感器网络后直接搭建路由并在生命周期中进行维护）和反应式路由（传输信息时临时搭建路由，不需要时进入睡眠状态）。根据应用角度和应用环境等的不同分为基于位置信息的路由协议、基于服务质量的路由协议、基于数据查询的路由协议、基于节省能耗的路由协议。根据无线传感器网络逻辑结构的不同分为平面式路由和分层式路由。

由于当前主要采用的是按逻辑结构不同划分的分类，下面详细介绍按逻辑结构不同划分的平面式路由和层次式路由的一些典型的无线传感器网络路由协议。

1）平面路由协议分析

所谓平面式路由，是指网络中的所有节点都处于同一层次上，各节点从网络中获得的路由信息基本相同的路由方式。这种路由方式没有引入分层管理机制。它的特点有：网络中没有特殊节点，网络的流量较为均匀，路由算法比较简单；而缺点则是其扩展性不佳，限制了网络的扩张。在平面路由协议中，通常每个节点承担的任务是完全相同的。此类协议采用以数据为中心的思想，由 Sink 节点向监测区域内的节点发出查询命令，监测区域内的节点在接收到查询命令后，返回其监测数据。算法并不关心数据来自哪个节点。典型的平面路由协议有如下几类。

（1）Flooding 协议和 Gossiping 协议。

这是两个最为经典和简单的传统网络路由协议，可应用到无线传感器网络中。在 Flooding 协议中，节点产生或收到数据后向所有邻居节点广播，数据包直到过期或到达目的地才停止传播。该协议具有严重缺陷：内爆（节点几乎同时从邻居节点收到多份相同数据）、交叠（节点先后收到监控同一区域的多个节点发送的几乎相同的数据）、资源利用盲目（节点不考虑自身资源限制，在任何情况下都转发数据）。

Gossiping 协议是对 Flooding 协议的改进，当节点收到数据包时，Gossiping 只将数据包随机转发给与其相邻的不同于发送节点的某一个节点，而不是所有节点。当相邻节点收到数据包时，也采用同样的办法转发给与其相邻某一个节点。这样，就降低了数据转发重叠的可能性，避免了信息内爆现象的产生。但随机转发某一个节点的方向并不一定在距离目的节点更近的方向上，因此容易造成数据到达目的节点时间过长或者跳数已达到最大，而数据还没有到达目的节点，就造成递送失败。该协议增加了点到点的时延。它在刚开始的很短的时间内发送速率很大，但是随着数据的发送，速度会明显降低，而且它并不能很好解决重叠的问题。

这两个协议不需要维护路由信息，也不需要任何算法，简单但扩展性很差。

（2）SPIN(Sensor Protocol for Informatio Nvianegotiation)协议。

这是第一个基于数据的路由协议。该协议以抽象的元数据对数据进行命名，命名方式没有统一标准。节点产生或收到数据后，为避免盲目传播，用包含元数据的 ADV 消息向邻居节点通告，需要数据的邻居节点用 REQ 消息提出请求，数据通过 DATA 消息发送到请求节点。协议的优点是：ADV 消息减轻了内爆问题；通过数据命名解决了交叠问题；节点根据自身资源和应用信息决定是否进行 ADV 通告，避免了资源利用盲目问题。与 Flooding 和 GossiPing 协议相比，有效地节约了能量。但其缺点是：当产生或收到数据的节点的所有邻居节点都不需要该数据时，将导致数据不能继续转发，以致较远节点无法得到数据，当网络中大多节点都是潜在 Sink 点时，问题并不严重，但当 Sink 点较少时，则是一个很严重的问题；且当某 Sink 点对任何数据都需要时，其周围节点的能量容易耗尽；虽然减轻了数据内爆，但在较大规模网络中，ADV 内爆仍然存在。

（3）Rumor 协议。

Rumor 协议可以被认为是 SPIN 和 Directed Diffusion 两种路由算法的折中，并加入了 Gossiping 随机转发给某一个相邻节点的机制。它的基本思想是事件区域中的传感器节点产生代理(Agent)消息，代理消息沿着随机路径向外扩散传播，同时节点发送的查询消息也沿随机路径在网络中传播。当代理消息和查询消息的传输路径交叉在一起时，就会形成一条节点到事件区域的完整路径。如果 Sink 点的一次查询只需一次上报，Directed Diffusion 协议开销就太大了，Rumor 协议正是为解决此问题而设计的。该协议借鉴了欧氏平面图上任意两条曲线交叉概率很大的思想。当节点监测到事件后将其保存，并创建称为 A-gent 的生命周期较长的包括事件和源节点信息的数据包，将其按一条或多条随机路径在网络中转发。收到 Agent 的节点根据事件和源节点信息建立反向路径，并将 Agent 再次随机发送到相邻节点，并可在再次发送前在 Agent 中增加其已知的事件信息。Sink 点的查询请求也沿着一条随机路径转发，当两条路径交叉时则路由建立；如不交叉，Sink 点可 No-ding 查询请求。在多 Sink 点、查询请求数目很大、网络事件很少的情况下，Rumor 协议较为有效。但如果事件非常多，维护事件表和收发 Agent 带来的开销会很大。

（4）SAR(Sequential Assignment Routing)协议。

SAR 采用局部路径恢复和多路径备份策略，通过维护多个树结构，避免节点或链路失败时进行路由重计算带来的开销。这样，大多数传感器节点同时属于多个树，可任选其一将采集数据送回 Sink 点。

数据传播阶段：当传感器节点采集到与兴趣匹配的数据时，把数据发送到梯度上的邻居节点，并按照梯度上的数据传输速率设定传感器模块采集数据的速率。由于可能从多个

邻居节点收到兴趣消息，节点向多个邻接点发送数据，汇聚节点可能收到经过多条路径的相同数据。中间节点收到其他节点转发的数据后，首先查询兴趣列表的表项，如果没有匹配的兴趣表项就丢弃数据；反之则检查与这个兴趣对应的数据缓冲池，如果在数据缓冲池中由于接收到的数据匹配的副本说明已经转发过这个数据，为避免出现数据环路而丢弃这个数据；否则，检查该兴趣表项的邻居节点信息。如果设置的邻居节点数据发送速率大于等于接收的数据速率，则全部转发接收的数据如果记录的邻居节点数据发送速率小于接收数据速率，则按比例转发。

路径加强阶段：路由机制通过正向加强来建立优化路径，并根据网络拓扑的变化修改数据转发的梯度关系。兴趣扩散阶段是为了建立源节点到汇聚节点的数据传输路径，数据源节点以较低的速率采集和发送数据。汇聚节点在收到从源节点发来的数据后，启动建立到原节点的加强路径，后续数据将沿着加强路径以较高的数据速率进行传输。路径加强的标准不是唯一的，可以选择一定时间内发送数据最多的节点作为路径加强的下一跳节点，也可以选择数据传输最稳定的节点作为加强的下一跳节点。假设一数据传输延迟作为路由加强的标准，汇聚节点选择首先发来最新数据的邻居节点作为加签路径的下一跳节点，向该邻居节点发送路径加强信息。路径加强信息中包含新设定的较高发送数据速率值。邻居节点收到消息后，通过分析确定该消息描述的是一个已有的兴趣，只是增加了数据发送速率，则断定这是一条路径加强信息，从而更新相应兴趣表项的到邻居节点的发送数据速率。类似地，可按照同样的规则加强路径的下一跳邻居节点。

（5）GEAR 协议。

GEAR 协议是一个典型的基于位置的路由协议。假设已知事件区域的位置信息，每个节点知道自己的位置信息和剩余能量信息，并通过一个简单的 Hello 消息交换机制知道所有邻居节点的位置信息和剩余信息。

由于 Sink 发出的查询消息中经常包含位置属性，GEAR 路由协议在向目标区域散布查询消息的同时考虑了地理位置信息的使用。其主要思想是通过利用位置信息使得兴趣的传播仅到达目标区域，而不是传播到整个网络，从而避免洪泛方式，减少路由建立的开销。

GEAR 路由中查询消息的传播包括两个阶段：首先，查询消息转发到目标区域：从节点开始的路径建立过程采用贪婪算法，节点在邻居中选择到目标区域代价最小的节点作为下一跳节点，并将自己的路由代价设为该下一跳节点的路由代价加上到该节点一跳通信的代价。如果节点的所有邻居节点到事件区域路由代价都比自己的大，则陷入了路由空洞，若陷入路由空洞，节点则选取邻居中代价最小的节点作为下一跳节点，并修改自己的路由代价；其次，在目标区域内散布查询消息到达目标区域后，通过迭代地理（节点密度较大时）或洪泛方式（节点较少时）将查询消息传播到目标区域内的所有节点。采用区域内的迭代地理过程传播查询消息时，事件区域内首先收到查询命令的节点将事件区域分为若干子区域，并向所有子区域的中心位置转发查询命令。在每个子区域，最靠近区域中心的节点接收到查询命令，并将自己所在的子区域再划分为若干子区域并向各自区域中心转发查询命令。该消息的传播过程是一个迭代过程，当节点发现自己是某个值区域内唯一的节点，或者某个子区域没有节点存在时，停止向这个子区域发送查询命令，迭代过程结束。这两个阶段完成后，监测数据沿查询消息的反向路径向 Sink 节点传送。

GEAR 协议通过定义估计路由代价为节点到事件区域的距离和节点的剩余能量，并利用捎带机制获取实际路由代价，进行数据传输的路径优化，从而形成能量高效的数据传输路径。路由采用的贪婪算法是一个局部最优的算法，适合无线传感器网络中节点只知道局部拓扑信息的情况，其缺点是由于缺乏足够的拓扑信息，路由过程中可能遇到路由空洞，反而降低路由效率。另外，GEAR 假设节点的地理位置固定和变化不频繁，适用于节点移动性不强的应用环境。

2）分簇路由协议分析

层次式路由协议：它的基本思想是将传感节点分簇，簇内通信由簇首节点来完成，簇首节点进行数据融合以减少传输信息量，最后簇首节点把聚集的数据传送给终端节点。这种方式能满足传感器网络的可扩展性，有效地维持传感节点的能量消耗，从而延长网络生命周期。

分簇路由协议包括成簇协议、簇维护协议、簇内路由协议和簇间路由协议 4 个部分。成簇协议解决如何在动态分布式网络环境下使移动节点高效地聚集成簇，它是分簇路由协议的关键。簇维护协议要解决在节点移动过程中的簇结构维护，其中包括移动节点退出和加入簇、簇的产生和消亡等功能。分簇路由协议比较适合于无线传感器网络，但成簇过程会产生一定的能源消耗，如何产生有效的簇类，减少成簇开销也正是各地学者深入研究的问题。下面对几种比较典型的层次路由协议进行介绍。

（1）LEACH(Low Energy Adaptive Clustering Hierarchy)协议。

这是第一个提出数据聚合的层次路由协议。为平衡网络各节点的能耗，簇头是周期性按轮随机选举的，每轮选举方法是：各节点产生一个 $[0，1]$ 之间的随机数，如果该数小于 $T(n)$，则该节点为簇头。$T(n)$ 的计算公式如下。

$$T(n)=\begin{cases} \dfrac{p}{1-p\times\left(r\,mod\,\dfrac{1}{p}\right)} \\ 0，其他 \end{cases}$$

其中，p 是网络中簇首数与总节点数的百分比，r 是当前的选举轮数。成为簇首的节点在无线信道中广播这一消息，其余节点选择加入信号最强的簇头。节点通过一跳通信将数据传送给簇首，簇首也通过一跳通信将聚合后的数据传送给 Sink 点。该协议采用随机选举簇首的方式避免簇首过分消耗能量，提高了网络生存时间；数据聚合能有效减少通信量。但协议层次化的目的在于数据聚合，仍采用一跳通信虽然传输时延小，但要求节点具有较大功率通信能力，扩展性差，不适合大规模网络；即使在小规模网络中，离 Sink 点较远的节点由于采用大功率通信也会导致生存时间较短；而且频繁簇首选举引发的通信量耗费了能量。

（2）PEGASIS 协议。

这是在 LEACH 协议基础上建立的协议。仍然采用动态选举簇首的思想，但为避免频繁选举簇首的通信开销，采用无通信量的簇首选举方法，且网络中所有节点只形成一个簇，称为链。该协议要求每个节点都知道网络中其他节点的位置，通过贪心算法选择最近的邻居节点形成链。动态选举簇首的方法很简单，具体如下。

设网络中 N 个节点都用 $1 \sim N$ 的自然数编号，第 j 轮选取的簇首是第 i 个节点，$i=j \bmod N$（$i=0$ 时，取 N）。簇首与 Sink 点一跳通信，利用令牌控制链两端数据沿链传送到簇首本身，在传送过程中可聚合数据。当链两端数据都传送完成时，开始新一轮选举与传输。该协议通过避免 LEACH 协议频繁选举簇首带来的通信开销以及自身有效的链式数据聚合，极大地减少了数据传输次数和通信量；节点采用小功率与最近距离邻居节点通信，形成多跳通信方式，有效地利用了能量，与 LEACH 协议相比能大幅提高网络生存时间。但单簇方法使得簇首成为关键点，其失效会导致路由失败；且要求节点都具有与 Sink 点通信的能力；如果链过长，数据传输时延将会增大，不适合实时应用；成链算法要求节点知道其他节点位置，开销非常大。

（3）TEEN 协议。

TEEN 协议是一个层次路由协议，利用过滤方式来减少数据传输量。该协议采用与 LEACH 协议相同的聚簇方式，但簇首根据与 Sink 点距离的不同形成层次结构。聚簇完成后，Sink 点通过簇首向全网节点通告两个门限值（分别称为硬门限和软门限）来过滤数据发送。在节点第 1 次监测到数据超过硬门限时，节点向簇首上报数据，并将当前监测数据保存为监测值（Sensed Value，SV）。此后只有在监测到的数据比硬门限大且其与 SV 之差的绝对值不小于软门限时，节点才向簇首上报数据，并将当前监测数据保存为 SV。该协议通过利用软、硬门限减少了数据传输量，且层次型簇首结构不要求节点具有大功率通信能力。但由于门限设置阻止了某些数据上报，不适合需周期性上报数据的应用。

（4）TTDD 协议。

TTDD 协议是一个层次路由协议，主要是解决网络中存在多 Sink 点及 Sink 点移动问题。当多个节点探测到事件发生时，选择一个节点作为发送数据的源节点，源节点以自身作为格状网（Grid）的一个交叉点构造一个格状网。其过程是：源节点先计算出相邻交叉点位置，利用贪心算法请求最接近该位置的节点成为新交叉点，新交叉点继续该过程直至请求过期或到达网络边缘。交叉点保存了事件和源节点信息。进行数据查询时，Sink 点本地 Flooding 查询请求到最近的交叉节点，此后查询请求在交叉点间传播，最终源节点收到查询请求，数据反向传送到 Sink 点。Sink 点在等待数据时，可继续移动，并采用代理（Agent）机制保证数据可靠传递。与 Directed Diffusion 协议相比，该协议采用单路径，能够提高网络生存时间，但计算与维护格状网的开销较大，节点必须知道自身位置，非 Sink 点位置不能移动，要求节点密度较大。

（5）HEED 协议。

HEED 指出：延长生命周期、可扩展性和负载平衡是无线传感器网络中 3 个最重要的需求，并通过将能量消耗平均分布到整个网络来延长网络的生命周期。

簇首的选择主要依据主、次两个参数。主参数依赖于剩余能量，用于随机选取初始簇首集合。具有较多剩余能量的节点将有较大的概率暂时成为簇首，而最终该节点是否一定是簇首取决于剩余能量是否比周围节点多得多，即迭代过程是否比周围节点收敛得快；次参数依赖于簇内通信代价，用于确定落在多个簇范围内的节点最终属于哪个簇，以及平衡簇首之间的负载。

HEED 的簇首选择算法具有以下特点：完全分布式的簇首产生方式；簇首产生在有

限次迭代内完成；最小化控制报文开销；簇首分布均衡。HEED 的主要改进是：在簇首选择中考虑了节点的剩余能量，并以主从关系引入了多个约束条件作用于簇首的选择过程。

HEED 在簇首选择标准以及簇首竞争机制上都与 LEACH 不同。另外，假设节点通信能量阶是可变的，如簇内采用降低的能量水平通信，簇间采用较大的能量水平通信。实验结果表明，HEED 分簇速度更快，能产生更加分布均匀的簇首、更合理的网络拓扑，但要求簇首间能相互通信，以保证各孤立簇的相互连通，这减小了簇的规模，不利于数据的融合，这要求网络具有很大的节点冗余，否则，与平面路由效果相当。

4.4.2　无线传感器网络的 MAC 协议

1. 无线传感器网络的 MAC 协议

在无线传感器网络中，介质访问控制（Medium Access Control，MAC）协议决定无线信道的使用方式，在传感器节点之间分配有限的无线通信资源，用来构建传感器网络系统的底层基础结构。MAC 协议处于传感器网络协议的底层部分，对传感器网络的性能有较大影响，是保证无线传感器网络高效通信的关键网络协议之一。

传感器节点的能量、存储、计算和通信带宽等资源有限，单个节点的功能比较弱，而传感器网络的强大功能是由众多节点协作实现的。多点通信在局部范围需要 MAC 协议协调其间的无线信道分配，在整个网络范围内需要路由协议选择通信协议。无线传感器网络的 MAC 协议主要有以下几个方面的特点，见表 4-2。

表 4-2　MAC 协议主要特点

节省能量	传感器网络的节点一般是以干电池、纽扣电池等提供能量，而且电池能量通常难以进行补充，为了长时间保证传感器网络的有效工作，MAC 协议在满足应用要求的前提下，应尽量节省使用节点的能量
可扩展性	由于传感器节点数目、节点分布密度等在传感器网络生存过程中不断变化，节点位置也可能移动，还有新节点加入网络的问题，所以无线传感器网络的拓扑结构具有动态性。MAC 协议也应具有可扩展性，以适应这种动态变化的拓扑结构
网络效率	网络效率包括网络的公平性、实时性、网络吞吐量以及带宽利用率等

2. 无线传感器网络 MAC 协议的分类

与路由协议的分类方式类似，MAC 协议也有多种分类方法，可以按照下列条件分类 MAC 协议：第一，采用分布式控制还是集中式控制；第二，使用单一共享信道还是多个信道；第三，采用固定分配信道方式还是随机访问信道方式。本书采用第三种分类方法，将传感器网络的 MAC 协议分为 3 类。

第一类：采用无线信道的随机竞争方式，节点在需要发送数据时随机使用无线信道，重点考虑尽量减少节点的干扰。

第二类：采用无线信道的时分复用方式（Time Division Multiple Access，TDMA），给每个传感器节点分配固定的无线信道使用时段，从而避免节点之间的相互干扰。

第三类：其他 MAC 协议，如通过采用频分复用或者码分复用等方式，实现节点无冲突的无线信道的分配。

下面按照上述传感器网络 MAC 协议分类，介绍目前已提出的主要传感器网络 MAC 协议，在说明其基本工作原理的基础上，分析协议在节约能量、可扩展性和网络效率等方面的性能。

1）基于竞争的 MAC 层协议

（1）S-MAC 协议。

通过采用周期性侦听/睡眠工作方式来减少空闲侦听。周期长度是固定不变的，节点的侦听活动时间也是固定的。S-MAC 协议的周期长度受限于延迟要求和缓存大小，活动时间主要依赖于消息速率。这样就存在一个问题：延迟要求和缓存大小通常是固定的，而消息速率通常是变化的。如果要保证可靠及时的消息传输，节点的活动时间必须适应最高通信负载。当负载动态较小时，节点处于空闲侦听的时间相对增加。

（2）T-MAC 协议。

T-MAC 协议是在 S-MAC 协议基础上提出的。传感器网络 MAC 协议最重要的设计目标是减少能量消耗，在空闲侦听、碰撞、协议开销和串音等浪费能量的因素中，空闲侦听能量的消耗占绝对大的比例，特别是在消息传输频率较低的情况下。因此，针对 S-MAC 的缺点，T-MAC 协议在保持周期长度不变的基础上，根据通信流量动态的调整活动时间，用突发方式发送信息，减少空闲侦听时间。图 4.4 为 S-MAC 和 T-MAC 基本机制。

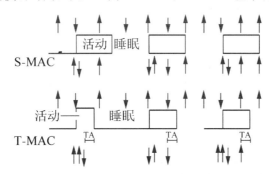

图 4.4　S-MAC 和 T-MAC 基本机制

在 T-MAC 协议中，发送数据时仍采用 RTS/CTS/DATA/ACK 的通信过程，节点周期性唤醒进行侦听，如果在一个给定时间 TA 内没有发生下面任何一个激活事件，则活动结束。

表 4-3　在一个给定时间 TA 内可能发生的激活事件

1	周期时间定时器溢出
2	在无线信道上收到数据
3	通过接收信号强度指示 RSSI
4	通过侦听 RTS/CTS 分组，确认邻居的数据交换已经结束

在每个活动期间的开始，T-MAC 协议按照突发方式发送所有数据。TA 决定每个周期最小的空闲侦听时间，TA 的取值对于 T-MAC 协议性能至关重要，其取值约束为

$$TA>C+R+T$$

其中，C 为竞争信道时间，R 为发送 RTS 分组的时间，T 为 RTS 分组结束到发出 CTS 分组开始的时间。

T-MAC 协议根据当前的网络通信情况，通过提前结束活动周期来减少空闲侦听，但带来了早睡问题。T-MAC 为解决早睡问题提出了未来请求发送和满缓冲区优先两种方案，但都不是很理想。T-MAC 协议的适用场合还需要进一步调研；对网络动态拓扑结构变化的适应性也需要进一步研究。

2）基于时分复用的 MAC 协议

时分复用是实现信道分配的简单成熟的机制，蓝牙网络采用了基于 TDMA 的 MAC 协议。在传感器网络中采用 TDMA 机制，就是为每个节点分配独立的用于数据发送和接收的时槽，而节点在其他空闲时槽内转入睡眠状态。

TDMA 机制的一些特点非常适合传感器网络节省能量的需求：TDMA 机制没有竞争机制的碰撞重传问题；数据传输时不需要过多的控制信息；节点在空闲时槽能够及时进入睡眠状态。TDMA 机制需要节点之间有比较严格的时间同步。时间同步是传感器网络的基本要求：多数传感器网络都使用了侦听/睡眠的能量唤醒机制，利用时间同步来实现节点状态的自动转化；节点之间为了完成任务需要协同工作，这同样不可避免地需要时间的同步。但 TDMA 机制在网络扩展性方面存在不足：很难调整时间帧的长度和时槽的分配；对于传感器网络的节点移动，节点失效等动态拓扑结构适应性较差；对于节点发送数据量的变化也不敏感。研究者利用 TDMA 机制的优点，针对 TDMA 机制的不足，结合具体的传感器网络应用，提出了多个基于 TDMA 的传感器网络 MAC 协议。下面介绍其中的几个典型协议。

（1）基于分簇网络的 MAC 协议。

对于分簇结构的传感器网络，又提出了基于 TDMA 机制的 MAC 协议。所有传感器节点固定划分或自动形成多个簇，每个簇内有一个簇头节点。簇头负责为簇内所有传感器节点分配时槽，收集和处理簇内传感器节点发来的数据，并将数据发送给汇聚节点。

在基于分簇网络的 MAC 协议中，节点状态分为感应、转发、感应并转发和非活动 4 种状态。节点在感应状态时，采集数据并向相邻节点发送；在转发状态时，接收其他节点发送的数据并发送给下一个节点；在感应并转发状态的节点，需要完成上述两项的功能；节点没有数据需要接收和发送时，自动进入非活动状态。

为了适应簇内节点的动态变化，及时发现新的节点，使用能量相对高的节点转发数据等目的，协议将时间帧分为周期性的 4 个阶段，见表 4-4。

表 4-4 协议将时间帧分为周期性的 4 个阶段

第一阶段	数据传输阶段。簇内传感器节点在各自分配的时槽内，发送采集数据给簇头
第二阶段	刷新阶段。簇内传感器节点向簇头报告其当前状态
第三阶段	刷新引起的重组阶段。紧跟在刷新阶段之后，簇头节点根据簇内节点得到当前状态，重新给簇内节点分配时槽
第四阶段	时间触发的重组阶段。节点能量小于特定值、网络拓扑发生变化等事件发生时，簇头就要重新分配时槽。通常在多个数据传输阶段后有这样的事件发生

基于分簇网络的 MAC 协议在刷新和重组阶段重新分配时槽，适应簇内节点拓扑结构的变化及节点状态的变化。簇头节点要求具有比较强的处理和通信能力，能量消耗也比较大，如何合理地选取簇头节点是一个需要深入研究的关键问题。

（2）DEANA 协议。

分布式能量感知节点活动(Distributed Energy-Aware Node Activation，DEANA)协议将时间帧分为周期性的调度访问阶段和随机访问阶段。调度访问阶段由多个连续的数据传输时槽组成，某个时槽分配给特定节点用来发送数据。除相应的接收节点外，其他节点在此时槽处于睡眠状态。随机访问阶段由多个连续的信令交换的时槽组成，用于处理节点的添加、删除以及时间同步等。为了进一步节省能量，在调度访问部分中，每个时槽又细分为控制时槽和数据传输时槽。控制时槽相对数据传输时槽而言长度很短。如果节点在其分配的时槽内有数据需要发送，则在控制时槽时发出控制消息，指出接收数据的节点，然后在数据传输时槽发送数据。在控制时槽内，所有节点都处于接收状态。如果发现自己不是数据的接收者，节点就进入睡眠状态，只有数据的接收者才在整个时槽内保持在接收状态。这样就能有效减少节点接收不必要的数据。

与传统 TDMA 协议相比，DEANA 协议在数据时槽前加入了一个控制时槽，使节点在得知不需要接收数据时进入睡眠状态，从而能够部分解决串音问题。但是该协议对节点的时间同步精度要求较高。

（3）基于周期性调度的 MAC 协议。

针对节点需要周期性发送数据的特定传感器网络应用，研究人员提出了基于周期性消息调度的 MAC 协议。该协议采用周期性的消息发送模型，构建节点周期性消息发送调度机制，保证节点之间无冲突地使用无线信道，是一个确定性的基于消息调度的 TDMA 类型的 MAC 协议。

协议假设所有节点之间都是时间同步的，节点发送的消息由多个固定长度的分组组成，每个消息都有生存时间的限制，消息产生后必须在给定时间内发送出去，否则该消息及时发送出去也没有意义。时间被划分为连续的长度相同的时槽，时槽长度是发送一个固定分组需要的时间。

分布式消息调度算法：节点 i 首先调整自己的周期，进行消息集的调和化；为了减少因获取初始相位时槽而引起的竞争概率，节点等待时间以避免不同周期节点之间的冲突，并在等待时间结束后竞争空闲时槽。节点赢得竞争后按照调和化的周期分配以后发送消息的时槽。由于节点需要等待一个时间，周期较小的节点将优先获取初始相位，并分配相应的时槽。

集中式消息调度算法需要先有一个节点集中计算，然后将每个消息调度分发给相应的节点，这样节点间的信息收集和调度结果的分发都会消耗一定的通信资源，且分发过程引入时间同步问题。如何选取计算的节点是集中算法需要仔细考虑的问题。相对而言，分布式消息调度算法简单，具有较好的可扩展性。

无冲突周期性消息调度机制可以保证任何时间只有一个节点使用无线信道，节点能够独立调度自己的消息，而无须关心其他节点的消息调度。这样，节点的消息调度和任务调度可以结合起来，使得任务调度周期和消息调度周期吻合，减少消息在调度期中的等待和排队时间。这种机制的不足：要求节点之间的严格时间同步；无线信道的利用率低于 1/2；没有考虑接收节点的协作，假设接收节点一直处于活动状态。无冲突周期性消息调度机制适用于层次型传感器网络结构，如分簇结构，簇头负责簇内所有节点的时间同步，也可以集中计算簇内所有节点的消息调度。

（4）TRAMA 协议。

流量自适应介质访问（Traffic Adaptive Medium Access，TRAMA）协议将时间划分为连续时槽，根据局部两跳内的邻居节点信息，采用分布式选举机制确定每个时槽的无冲突发送者。同时，通过避免把时槽分配给无流量的节点，并让非发送和接收节点处于睡眠状态，以达到节省能量的目的。TRAMA 协议包括邻居协议 NP、调度交换协议 SEP 和自适应时槽选择算法 AEA。

在 TRAMA 协议中，为了适应节点失败或节点增加等引起的网络拓扑结构变化，将时间划分为交替的随机访问周期和调度访问周期。随机访问周期和调度访问周期的时槽个数根据具体应用情况而定。随机访问周期主要用于网络维护，如新节点加入、已知节点失效等引起的网络拓扑变化要在随机访问周期内完成。

（5）DMAC 协议。

S-MAC 和 T-MAC 协议采用周期的活动/睡眠策略减少能量消耗，但出现数据在转发中"走走—停停"的数据通信停顿问题。例如通信模块处于睡眠状态的节点，如果监测到事件，就必须等到通信模块转换到活动周期才能发送数据，中间节点要转发数据时，下一跳节点可能处于睡眠状态，此时也必须等待它转换到活动周期。这种节点睡眠带来的延迟会随着路径上跳数的增加成比例而增加。

传感器网络中一种重要的通信模式是多个传感器节点向一个汇聚节点发送数据，所有传感器节点转发收到的数据，形成一个以汇聚节点为根节点的树形网络结构，成为数据采集树。DMAC 协议就是针对这种数据采集树结构提出的，目标是减少网络的能量消耗和减少数据的传输延迟。

DMAC 协议的核心思想是采用交错调度机制。如图 4.5 所示，将节点周期划分为接收时间、发送时间和睡眠时间。其中接收时间和发送时间相等，均为发送一个数据分组的时间。每个节点的调度具有不同的偏移，下层节点的发送时间对应上层节点的接收时间。这样，数据就能够连续地从数据源节点传送到汇聚节点，减少在网络中的传输延迟。

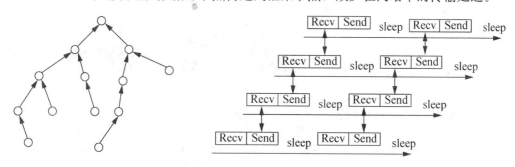

图 4.5　DMAC 协议的交错调度机制

DMAC 协议采用 ACK 应答机制，发送节点如果没有收到 ACK 应答，要在下一个发

送时间重发。节点正确接收到数据后，立刻发送 ACK 消息给发送数据的节点。为了减少发送数据产生的冲突，节点在等待固定的后退时间后，在冲突窗口内随机选择发送等待时间。接收节点在发送 ACK 消息时，采用短时间的固定延迟。

3）其他类型的 MAC 协议

（1）基于 CDMA 方式的信道分配协议。

CDMA 机制为每个用户分配特定的具有正交性的地址码，因而在频率、时间和空间上都可以重叠。在传感器网络中应用 CDMA 技术就是为每个传感器节点分配与其他节点正交的地址码，这样即使多个节点同时传输消息，也不会相互干扰，从而解决了信道冲突问题。

CSMA/CA 和 CDMA 相结合的 MAC 协议。它采用一种 CDMA 的伪随机码分配算法，使每个传感器节点与其两跳范围内所有其他节点的伪随机码都不相同，从而避免了节点间的通信干扰，为了实现这种编码分配，需要在网络中建立一个公用信道，所有节点通过公用信道获取其他节点的伪随机编码，调整和发布自己的随机编码。具体的分配算法类似于图论中的两跳节点的染色问题，每个节点与其两跳范围内所有其他节点的颜色都不相同。

协议开发人员经过对一些传感器网络进行能量分析，发现已有传感器节点大约 90% 的能量用于信道侦听，而事实上大部分时间内信道上没有数据传送。造成这种空闲侦听能量浪费的原因是现有无线收发器中链路侦听和数据接收使用相同的模块。链路侦听操作相对简单，只需使用简单低能耗的硬件，因此协议在传感器节点上采用链路侦听和数据收发两个独立的模块。链路侦听模块用来传送节点之间的握手信息，采用 CSMA/CA 机制进行通信。数据收发模块用来发送和接收数据，也采用 CDMA 机制进行通信。节点不收发数据时就让数据收发模块进入睡眠状态，而使用链路侦听模块侦听信道，如果发现邻居节点需要向本节点发送数据，节点则唤醒数据收发模块，设置与发送节点相同的编码；如果节点需要接收消息，唤醒数据收发模块，设置与发送节点相同的编码；如果节点需要发送消息，唤醒收发模块后，首先通过链路侦听模块发送一个唤醒信号唤醒接收者，然后再通过数据收发模块传输消息。图 4.6 显示了消息传输的通信过程。

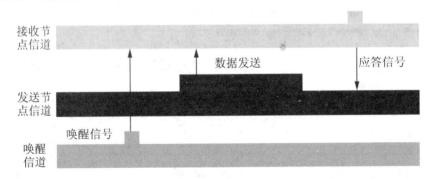

图 4.6　向一个睡眠节点发送数据的信号时序过程

这种结合 CSMA/CA 和 CDMA 的 MAC 协议允许两跳范围内的节点采用不同的 CDMA 编码，允许多个节点对的同时通信，增加了网络吞吐量，减少了消息的传输延迟。与

TDMA 的 MAC 协议相比，该 MAC 协议不需要严格的时间同步，能够适应网络拓扑结构的变化，具有良好的扩展性；与基于竞争机制的 MAC 协议相比，该 MAC 协议不会因为竞争冲突而导致消息重传，也减少了传输控制消息的额外开销。但是，节点需要复杂的 CDMA 的编解码，对传感器节点的计算能力要求较高，还要求两套无线收发器件，增加了节点的体积和价格。

(2) SMACS/EAR 协议。

SMACS/EAR 协议是结合 TDMA 和 FDMA 的基于固定信道分配的 MAC 协议。其基本思想是为每一对邻居节点分配一个特有频率进行数据传输，不同节点对间的频率互不干扰，从而避免同时传输的数据之间产生碰撞。

SMACS 协议假设传感器节点静止。当节点启动时通过共享信道广播一个"邀请"消息，通知邻居节点与其建立连接。接收到"邀请"消息的邻居节点与发出"邀请"消息的节点交换信息，协商两者之间的通信频率和一对时槽。如果节点收到多个邻居节点对其"邀请"消息的应答，则选择最先应答的邻居节点建立无线链路。为了与更多邻居节点建立链路，节点需要定时发送"邀请"消息。

SMACS 协议主要用于静止节点间链路的建立，而 EAR 协议则用于建立少量运动节点与静止节点之间的通信链路。其基本思想是运动节点侦听固定节点发出的"邀请"消息，根据消息的信号强度，节点 ID 号等信息决定是否建立链路。如果运动节点认为需要建立链路，则通过与对方交换信息分配一对通信时槽和通信频率。

SMACS/EAR 协议不要求所有节点之间进行时间同步，只需要两个通信节点间保持相对的帧同步。SMACS/EAR 协议不能完全避免碰撞，因为多个节点在协商过程中可能同时发出"邀请"消息或应答消息。EAR 协议虽然可以为移动节点提供持续服务，但不适用于拓扑结构变化较快的传感器网络。由于协议要求两两节点之间使用不同的频率通信，固定节点还需要为移动节点预留通信频率，所以网络需要重组的带宽以保证每对节点间可能的链路。另外，由于每个节点需要建立的通信链路数无法事先预计，也很难动态调整，这使得整个网络的带宽利用率不高。每个节点要支持多种通信频率，这对节点硬件提出了很高的要求。

4.4.3　无线传感器网络拓扑控制协议

1. 概述

传感器网络拓扑控制目的是在满足网络覆盖度和连通度的前提下，通过功率控制和骨干网节点选择，剔除节点之间不必要的无线通信链路，生成一个高效的数据转发的网络拓扑结构。

对于自组织的无线传感器网络而言，拓扑控制对网络性能影响非常大。良好的逻辑拓扑结构能够提高路由协议和 MAC 协议的效率，为数据融合、时间同步和目标定位等很多方面奠定基础，有利于节省节点的能量来延长整个网络的生存时间。所以，拓扑控制是传感器网络中的一个基本问题，同时也是研究的核心问题之一。

网络的拓扑控制和优化有着十分重要的意义，主要表现在以下几个方面，见表 4-5。

表 4-5　网络拓扑控制和优化的意义

影响整个网络的寿命	传感器网络的节点一般采用电量有限的电池供电，节省能量是网络设计主要考虑的问题之一。拓扑控制的一个重要目标就是在保证网络连通性和覆盖率的情况下，尽量合理高效地使用网络能量，从而延长整个网络的生存时间
减小节点间的无线信道干扰，提高通信效率	传感器网络中节点是随机抛撒的，且分布较为密集。如果节点通信功率过大，节点的度数就会增加，造成很多节点共享一个信道，传输过程中的碰撞和干扰会变得很严重，从而大大降低了通信效率，并造成节点能量的严重浪费。另一方面，如果通信功率过小，则会影响网络的连通性。所以，拓扑控制中的功率控制也是无线传感器网络主要考虑的问题之一
为路由协议提供基础	在传感器网络中，只有活动的节点才能够进行数据转发，而拓扑控制可以确定由哪些节点作为转发节点，同时确定节点之间的邻居关系
影响数据融合	传感器网络中的数据融合是指传感器节点将采集的数据发送给骨干节点，骨干节点对其进行数据融合，并把融合结果发送给观测者。而骨干节点的选择是拓扑控制的一项重要内容
弥补节点失效的影响	传感器节点可能部署在恶劣环境中，如敌方战场、森林火灾监测等，因此很容易受到破坏而失效。这就要求网络拓扑结构具有一定的容错性，能够及时响应网络拓扑的动态变化

2. 拓扑控制算法简介

目前，无线传感器网络(WSN)中的拓扑控制按研究方向主要分为两类：节点的功率控制和层次型拓扑结构组织。

1) 功率控制

在 WSN 中对节点功率的控制，也可以把它称为功率分配问题。在保证 WSN 网络拓扑结构连通、双向连通或多连通的基础上，通过设置节点或动态的调整节点的发射功率，使节点的能量消耗最小，进而延长整个网络的生存时间。

(1) 基于节点度的算法。

一个节点的度数是指所有距离该节点一跳的邻居节点的数目。基于节点度算法的核心思想是：根据给定节点度数的上限和下限需求，动态调整节点的发射功率，使得节点的度数能够落在上限和下限之间。基于节点度的算法利用局部信息来调整相邻节点间的连通性，从而保证整个网络的连通性，同时保证节点间的链路具有一定的冗余性和可扩展性。

此类算法对传感器节点的要求不高，不需要严格的时钟同步。通过计算机仿真可以确定，此类算法的收敛性和网络的连通性是可以保证的，它们通过少量的局部信息达到了一定程度的优化效果。但是此类算法还存在一些明显不完善的地方，例如，需要进一步研究合理的邻居节点判断条件，对于节点度的上限和下限数值都缺少严格的理论推导等。典型的基于节点度的算法有本地平均算法 LMA 和本地邻居平均算法 LMN。它们都是周期性的动态调整节点的发射功率，不同点是节点度策略的计算。

(2) 基于邻近图的算法。

无线传感器网络拓扑信息用图 G(V，E) 表示，其中 V 是传感器节点集合，E 是一组边集合，每条边 $e=(u, v) \in E$（其中 $u, v \in V$）表示节点 u 与节点 v 都在彼此的无线通信范围内。

图 $G(V, E)$ 的邻近图 $G'(V, E')$ 是指：对于任意一个节点 $v \in V$，给定其邻居的判别条件 q，E 中满足 q 的边(u, v)属于 E'。基于邻近图的功率可知算法是指：所有节点都使用最大功率发射时形成的拓扑图为图 G，按照一定的规则 q 求出该图的邻近图 G'，最后 G' 中每个节点以自己所邻接的最远通信节点来确定发射功率。这是一种解决功率分配问题的近似解法。考虑到传感器网络中两个节点形成的边是有向的，为了避免形成单向边，一般在运用基于邻近图的算法形成网络拓扑以后，还需要对现有网络中的边进行删减或者增加新边，以使最后得到的网络拓扑是双向连通的。

目前基于邻近图的算法主要有 DRNG 和 DLSS 算法，它们以原始网络拓扑双向连通为前提，保证优化后的拓扑也是双向连通的。

2）层次型拓扑结构控制算法

层次型拓扑控制是利用分簇机制，将网络中的节点分为不同的层次。让其中一些节点担任簇头，簇头节点组成一个处理并转发数据的骨干网，其他非骨干节点可以暂时关闭通信模块，进入休眠状态以节省能量。

分簇是指特定范围内的无线节点，通过共享相同的无线介质组成子网的过程。每个子网成为一个簇。分簇是控制网络拓扑的一个重要途径。当网络中节点密度较大时，节点的冗余会给网络的能量消耗带来非常不利的影响。让冗余的节点进步休眠状态，将显著提高网络生存期。图 4.7 即为一个简单的分簇网络应用示意图。

分簇算法的目的就是按照某种规则，通过初始化，获得相互连通，覆盖所有节点的簇结构，并且在网络结构发生变化时生成新的簇结构，确保网络的正常通信。分簇算法是在拓扑监听的基础上完成分簇形成、分簇链接，此后在拓扑结构变化和网络受损时，还要不断进行重组。

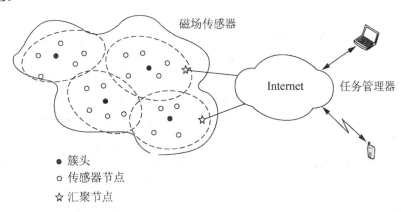

图 4.7　无线传感器网络层次型拓扑结构图

下面对现有的典型层次型拓扑控制算法进行介绍。

（1）LEACH(Low Energy Adaptive Clustering Hierarchy)算法。

LEACH 算法是一种自适应分簇拓扑算法。主要通过随机选择簇头，平均分担中继通信业务来实现。它的执行过程是周期性的，LEACH 定义了"轮"(Round)的概念，每轮循环分为簇的建立阶段和稳定的数据通信阶段。为了避免额外的处理开销，稳定态一般持续相对较长的时间。在初始化阶段，传感器节点生成随机数，如果大于某个阈值，则选该节点为簇头。一旦簇头被选定，它们便主动向所有节点广播这一消息。依据接收信号的强度，节点选择它所要加入的组，并告知相应的簇头。基于时分复用的方式，簇头为其中的每个成员分配通信时隙。在稳定工作阶段，传感器节点持续采集监测数据，传输给簇头，进行必要的数据融合处理之后，发送到 Sink 节点。持续一段时间以后，整个网络进入下一轮工作周期，重新选择簇头。

（2）TEEN(Threshold Sensitive Energy Efficient Sensor Network Protocol)。

TEEN 和 LEACH 的实现机制非常相似，使用 LEACH 的簇形成策略，但是在数据发送方面作了修改。在 TEEN 中定义了硬、软两个门限值，以确定是否需要发送监测数据。当监测数据第一次超过设定的硬门限时，节点用它作为新的硬门限，并在接着到来的时隙内发送它。在接下来的过程中，如果监测数据的变化幅度大于软门限界定的范围，则节点传送最新采集的数据，并将它设定为新的硬门限。通过调节软门限值的大小，可以在监测精度和系统能耗之间取得合理的平衡。

（3）PEGASIS(Power-Efficient Gathering in Sensor Information System)。

PEGASIS 由 LEACH 发展而来。它假定组成网络的传感器节点是同构且静止的节点发送能量递减的测试信号，通过检测应答来确定离自己最近的相邻节点。通过这种方式，网络中的所有节点能够了解彼此的位置关系，进而每个节点依据自己的位置选择所属的簇，簇头参照位置关系优化出到 Sink 节点的最佳链路。因为 PEGASIS 中每个节点都以最小功率发送数据分组，并有条件完成必要的数据融合，减小业务流量。因此，整个网络的功耗较小。研究结果表明，PEGASIS 支持的传感器网络的生命周期是 LEACH 的近两倍。PEGASIS 协议的不足之处在于节点维护位置信息（相当于传统网络中的拓扑信息）需要额外的资源。

（4）TopDisc 算法(Topology Discovery Algorithm)。

TopDisc 算法是基于最小支配集问题的算法。它使整个网络组成一棵簇树，根位于控制点，由根节点发起拓扑发现的过程。这种网络组织形式可以用来进行有效的数据分发或数据融合。这种机制是分布式的，仅仅利用局部信息，并且具有高扩展性。簇树体现了节点的逻辑组成，提供了管理传感器网络的框架。从一个簇的节点到簇树中不同级的另一个簇的节点，仅有局部信息在相邻的簇之间流动。这种分簇方法只需要使簇头节点保持活跃以维护网络的连通。簇头节点建立簇树结构和维护周围邻居节点的局部信息仅需要很小的额外开销。但是如果网络规模较大，簇树结构的级数较多，网络延迟就会较为明显。

（5）GAF 算法(Geographical Adaptive Fidelity)。

GAF 算法是以节点地理位置为依据的分簇算法，该算法把监测区域划分为虚拟单元格，将节点按照位置信息划入相应的单元格；在每个单元格中定期选举产生一个簇头节点，只有簇头节点保持活动，其他节点进入睡眠状态。GAF 是 Ad Hoc 网络中提出的一种路由算法，将其引入传感器网络，是因为它的虚拟单元格思想为分簇机制提供了新思路。

GAF 算法的执行过程包括两个阶段。第一阶段是虚拟单元格的划分。根据节点的位置信息和通信半径，将网络区域划分成若干虚拟单元格，保证相邻单元格中的任意两个节点都能够直接通信。这样，同属于一个单元格内的节点可以看成是等价的；第二阶段是虚拟单元格中簇头节点的选择。簇头节点在此阶段通过竞争方式产生，每个节点设置一个随机数作为自己的定时时间，定时最短者成为簇头。

由于传感器节点自身体积和资源受限，这种基于地理位置进行分簇的算法对传感器节点提出了更高的要求。另外，GAF算法基于平面模型，没有考虑到在实际网络中节点之间距离的邻近并不能代表节点之间可以直接通信的问题。因此，GAF算法并不适用于实际的无线传感器网络。

4.5　无线传感器网络的主要支撑技术

无线传感器网络的支撑技术主要包括节点定位技术、时间同步技术、安全技术和数据融合技术等，下面分别加以介绍。

4.5.1　节点定位技术

1. 定位技术简介

无线传感器网络中，节点的位置对于网络的数据采集、地域监测起着至关重要的作用。节点所监测到的事件一旦发生，快速知道事件所发生的地点就是定位技术所要完成的任务。没有节点的位置信息，无线传感器网络节点所探知的事件在大多数情况下是没有意义的。定位信息除了用来报告事件发生的地点之外，还具有很多其他的用途。例如：目标跟踪，实时监测目标的行动路线，预测目标的前进方向；协助路由，如直接利用节点位置信息进行数据传递的地理路由协议，避免信息在整个网络中的扩散，并可以实现定向的信息查询；进行网络管理，利用传感器节点传回的位置信息构建网络拓扑图，并实时统计网络覆盖情况，对节点密度低的区域及时采取必要的措施等。

在无线传感器网络定位中，根据节点是否已知自身的位置，把传感器网络节点分为信标节点(Beacon Node)和未知节点(Unknown Node)，信标节点在网络中所占的比例非常小，可通过携带GPS定位装置或者人工测量获得信标节点的精确位置。信标节点是未知节点的参考节点。除信标节点外，其余传感器节点都是未知节点，它们的定位需要信标节点提供必要的位置信息。无线传感器网络中，定位算法有不同的分类方法，通常分为以下几类：

如物理定位与符号定位、绝对定位与相对定位、紧密耦合与松散耦合、集中式计算与分布式计算、基于距离定位和距离无关的定位、粗粒度与细粒度、基于信标节点的定位算法和无信标节点的定位算法等。本书采用最常用的在定位过程中是否实际测量节点间距离的分类方法，分别从基于距离定位和距离无关的定位算法展开介绍。

2. 计算节点位置的基本方法

传感器节点定位过程中，未知节点在获得对于邻近信标节点的距离，或获得邻近信标节点与未知信标节点之间的相对角度后，通常使用下列方法计算自己的位置。

1) 三边测量法

三边测量法需要测量距离，有了距离后根据3边确定节点位置，如图4.8所示，A、

B、C 为已知信标节点，3 个节点的坐标分别为 (x_a, y_a)、(x_b, y_b)、(x_c, y_c)，D 为待测节点，上述节点到未知节点 D 的距离分别为 d_a、d_b、d_c，假设节点 D 的坐标为 (x, y)。

那么存在下列公式

$$\begin{cases} \sqrt{(x-x_a)^2+(y-y_a)^2}=d_a \\ \sqrt{(x-x_b)^2+(y-y_b)^2}=d_b \\ \sqrt{(x-x_c)^2+(y-y_c)^2}=d_c \end{cases}$$

由上式可得节点 D 的坐标为

$$\begin{bmatrix} x \\ y \end{bmatrix} = \begin{bmatrix} 2(x_a-x_c) & 2(y_a-y_c) \\ 2(x_b-x_c) & 2(y_b-y_c) \end{bmatrix}^2 \begin{bmatrix} x_a^2-x_c^2+y_a^2-y_c^2+d_c^2-d_a^2 \\ x_a^2-x_c^2+y_b^2-y_c^2+d_c^2-d_b^2 \end{bmatrix}$$

2）三角测量法

三角测量法原理如图 4.9 所示，已知 A、B、C 三节点坐标分别为 (x_a, y_a)、(x_b, y_b)、(x_c, y_c)，节点 D 相对于节点 A、B、C 的角度分别为：$\angle ADB$、$\angle ADC$、$\angle BDC$，假设节点 D 的坐标为 (x, y)。对于节点 A、C 和角 $\angle ADC$，如果弧段 AC 在 $\triangle ABC$ 内，那么能够唯一确定一个圆，设圆心为 $O_1(x_{o1}, y_{o1})$，半径为 r_1，那么，$\alpha = \angle AO_1C = (2\pi - 2\angle ADC)$ 并存在下列公式

$$\begin{cases} \sqrt{(x_{o1}-x_a)^2+(y_{o1}-y_a)^2}=r_1 \\ \sqrt{(x_{o1}-x_c)^2+(y_{o1}-y_c)^2}=r_1 \\ (x_a-x_c)^2+(y_a-y_c)^2=2r_1^2-2r_1^2\cos\alpha \end{cases}$$

由上式能够确定圆心 O_1 点的坐标和半径 r_1。同理，对 A、B、$\angle ADB$ 和 B、C、$\angle BDC$ 分别确定相应的圆心 $O_2(x_{o2}, y_{o2})$、半径 r_2，圆心 $O_3(x_{o3}, y_{o3})$ 和半径 r_3。

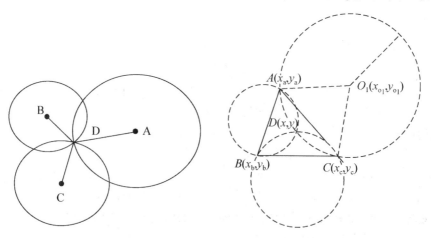

图 4.8　三边测量图示　　　　图 4.9　三角测量法图示

最后利用 3 边测量法，由点 D(x, y)，$O_1(x_{o1}, y_{o1})$，$O_2(x_{o2}, y_{o2})$ 和 $O_3(x_{o3}, y_{o3})$ 确定 D 点坐标。

3）极大似然估计法

极大似然估计法是求估计的另一种方法。它最早由高斯提出。后来为费歇在 1912 年的文章中重新提出，并且证明了这个方法的一些性质。极大似然估计这一名称也是费歇给

的。这是一种目前仍然得到广泛应用的方法。它是建立在极大似然原理的基础上的一个统计方法，极大似然原理的直观想法是：一个随机试验如有若干个可能的结果 A、B、C…若在一次试验中，结果 A 出现，则一般认为试验条件对 A 出现有利，也即 A 出现的概率很大。

如图 4.10 所示，已知 1，2，3，…，n，n 个节点的坐标分别为 (x_1, y_1)，(x_2, y_2)，(x_3, y_3)…(x_n, y_n)，它们到节点 D 的距离分别为 d_1，d_2，d_3，…，d_n，假设点 D 的坐标为 (x, y)。

那么，存在下列公式

$$\begin{cases} (x_1-x)^2+(y_1-y)^2=d_1^2 \\ \quad\cdots \\ (x_n-x)^2+(y_n-y)^2=d_n^2 \end{cases}$$

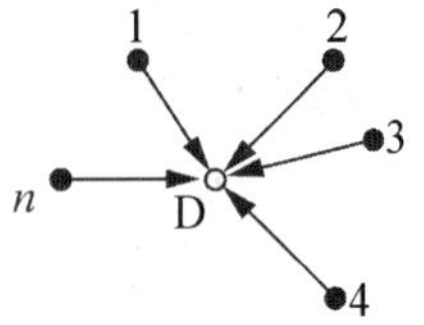

从第一个方程开始分别减去最后一个方程，得

$$\begin{cases} x_1^2-x_n^2-2(x_1-x_n)x-y_1^2-y_n^2-2(y_1-y_n)y=d_1^2-d_n^2 \\ \quad\cdots \\ x_{n-1}^2-x_n^2-2(x_{n-1}-x_n)x-y_{n-1}^2-y_n^2-2(y_{n-1}-y_n)y=d_{n-1}^2-d_n^2 \end{cases}$$

上式的线性方程表示为

$$AX=b$$

其中

$$A=\begin{bmatrix} 2(x_1-x_n) & 2(y_1-y_n) \\ 2(x_{n-1}-x_n) & \cdots \end{bmatrix}, \quad b=\begin{bmatrix} x_1^2-x_n^2+y_1^2-y_n^2+d_n^2-d_1^2 \\ \cdots \\ x_{n-1}^2-x_n^2+y_{n-1}^2-y_n^2+d_n^2-d_{n-1}^2 \end{bmatrix}, \quad X=\begin{bmatrix} x \\ y \end{bmatrix}$$

使用标准的最小均方差估计方法可得到节点 D 的坐标为

$$X=(A^{\mathrm{T}}A)^{-1}A^{\mathrm{T}}b$$

图 4.10 极大似然估计法图示

3. 基于距离的定位

基于距离的定位方法通常包括 3 个步骤，未知节点首先测量到直接邻居或多跳邻居参考节点的距离或方位信息；其次利用参考节点的位置及到相应参考节点的距离或角度信息，运用基本的三边测量、三角测量或极大似然估计法等算法计算未知节点的坐标；最后采取一定的措施对求得的节点的坐标进行求精，提高精度，减少误差。

在基于距离的定位中，常用的技术有 RSSI(Received Signal Strength Indieator)、TOA(Time of Arrival)、TDOA(Time Difference on Arrival)和 AOA(Angle of Arrival)。下面分别加以介绍。

1) 基于 RSSI 的测距技术

一般来说，利用 RSSI 来估计节点之间的距离需要使用以下方法，已知发射节点的发射信号的强度，在接收节点处测量接收信号强度，计算无线电波的传播损耗，再使用理论或经验的无线电波传播模型将传播损耗转化为距离。在利用已知的算法计算出节点的位置。

RSSI 测距技术因能量消耗低，成本低廉且易于实现而著称，并得以广泛的应用。但

RSSI 测距技术带来的低精度是一个亟待解决的关键性问题，如何提高测距精度是使用 RSSI 测距技术的关键。

2）基于 TOA 的测距技术

基于到达时间 TOA 的测距技术中，已知信号的传播速度，根据信号的传播时间来计算节点间的距离，然后利用已有算法计算出节点位置。最典型的使用 TOA 技术的定位系统是 GPS，但是 GPS 系统需要昂贵的设备和较大的能量消耗来达到与卫星的精确同步。基于 TOA 的定位精度较高，但是要求节点间保持精确的时间同步，对节点硬件和功耗都提出较高的要求，不适合直接应用于无线传感器网络。

3）基于 TDOA 的测距技术

基于到达时间差 TDOA 的定位机制中，发射节点同时发射两种不同传播速度的无线信号，接收节点根据两种信号到达的时间差以及已知两种信号的传播速度，计算两个节点之间的距离，再通过已有的基本定位算法计算出节点的位置。

例如，发射节点同时发射无线射频信号和超声波信号，接收节点记录两种信号到达的时间 T_1，T_2，已知无线射频信号和超声波的传播速度为 C_1，C_2，那么两点之间的距离为 $(T_2 - T_1) \times S$，其中 $S = \dfrac{C_1 C_2}{C_1 - C_2}$。

TDOA 技术对硬件的要求高，成本和能耗使得该技术对低能耗的传感器网络提出了挑战。但 TDOA 测距误差小，有较高的精度。

4）基于 AOA 的测距技术

基于到达角度 AOA 的定位机制中，接收节点通过天线阵列或多个超声波接收机感知发射节点信号的到达方向，计算接收节点和发射节点之间的相对方位或角度，再通过三角测量法计算出节点的位置，除定位外，还能提供节点的方向信息。

AOA 定位不仅能确定节点的坐标，还能提供节点的方位信息。但 AOA 测距技术易受外界环境影响，且 AOA 需要额外硬件，在硬件尺寸和功耗上不适于大规模的传感器网络。

4. 距离无关的定位

虽然基于距离的定位能够实现比较精确的定位，但往往对无线传感器节点的硬件要求高。出于成本、能耗等考虑，人们提出了距离无关的定位技术，距离无关的定位技术虽然降低了对节点硬件的要求，但定位的误差也相对有所增加。目前提出了两类主要的与测距无关的定位算法：一类方法是先对未知节点和信标节点之间的距离进行估计，然后利用三边测量法或者极大似然估计法进行定位；另一类方法是通过邻居节点和信标节点确定包含未知节点的区域，然后把这个区域的质心作为未知节点的坐标。虽然精度较低，但能满足大多数应用的要求。下面对当前比较典型的算法加以介绍。

1）质心算法

该算法由南加州大学 Nirupama Bulusu 等人提出，是一种基于网络连通性的室外定位算法：以待定位节点通信范围内的所有信标节点作为其几何质心来估算位置。定位过程如下：信标节点每隔一段时间向邻居节点广播一个信标信号，该信号中包含有信标节点自身的 ID 和位置信息。当位置节点在一段时间侦听接收来自信标节点的信标信号数量超过某一预设的门限值时，该节点就把自己的位置确定为这些与之连通的信标节点组成的多边形质心(图 4.11)。多边形 ABCDE 的质心指的是多边形的几何中心，通过计算几何图形几个顶点坐标的平均值即可得到其质心的坐标。这里假定存在多边形 ABCDE，其顶点坐标分别为 $A(x_1，y_1)$，$B(x_2，y_2)$，$C(x_3，y_3)$，$D(x_4，y_4)$ 以及 $E(x_5，y_5)$ 则其质心的坐标$(x,$

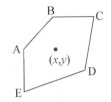

$$y)=\left(\frac{x_1+x_2+x_3+x_4+x_5}{5}，\frac{y_1+y_2+y_3+y_4+y_5}{5}\right)$$

图 4.11　质心算法图示

采用质心算法时，信标节点采取周期性广播信标分组的方式向其周围的未知节点发送信息，其信息的内容包括了该信标节点的位置信息和标识号。根据多边形的质心原理，一旦某未知节点所接受的来自于不同信标节点的信息分组数量超过一定数目或接受一段时间后，就基本可以将该未知节点看做是由这些信标节点构成多边形的质心。

$$(X_{est}，Y_{est})=\left(\frac{X_{il}+\cdots+X_{ik}}{K}，\frac{Y_{il}+\cdots+Y_{ik}}{K}\right)，其中(X_{il}，X_{ik})\cdots(Y_{il}，Y_{ik})为未知节$$
点能够接收到其分组的信标节点坐标。

质心定位算法的最大优点是完全基于网络的连通性，实现较为简单，且计算量较小，但需要较多的信标节点。在一个信标节点分布较为密集的大型 WSN 网络中，这种算法具有的优势是：密集分布的信标节点可增大信标节点与未知节点形成多边形的概率，使定位粒度变小，从而提高定位估算的精度；此外，小的计算量可以节省功耗增加网络节点的有效期。

2) DV-Hop 定位算法

DV-Hop 定位算法是一种基于距离矢量计算跳数的算法，其基本思想是将待定位节点到信标节点之间的距离用网络平均每跳距离和两者之间跳数之积表示，再利用三边测量法或极大似然估计法计算未知节点的坐标。

DV-Hop 算法由 3 个阶段组成。第 1 阶段使用典型的距离矢量交换协议，使网络中所有节点获得距信标节点的跳数。第 2 阶段，在获得其他信标节点位置和相隔跳距之后，信标节点计算网络平均每跳距离，然后将其作为一个校正值广播至网络中。校正值采用可控洪泛法在网络中传播，这意味着一个节点仅接受获得的第 1 个校正值，而丢弃所有后来者，这个策略确保了绝大多数节点可从最近的信标节点接收校正值。在大型网络中，可通过为数据包设置一个 TTL 域来减少通信量。当接收到校正值之后，节点根据跳数计算与信标节点之间的距离。当未知节点获得与 3 个或更多信标节点的距离时，则在第 3 阶段执行三边测量定位。如图 4.12 所示，已知信标节点 L_1 与 L_2、L_3 之间的距离和跳数。L_2 计算得到校正值(即平均每跳距离)$(40+75)/(2+5)=16.43$。在上例中，假设 A 从 L_2 获得校正值，则它与 3 个信标节点之间的距离分别为 L_1：3×16.43、L_2：2×16.43、L_3：3×16.43，然后使用三边测量法确定节点 A 的位置。

距离向量算法使用评价每跳距离计算实际距离，对节点的硬件要求低，实现简单。其缺点是利用跳段距离代替直线距离，存在一定的误差。

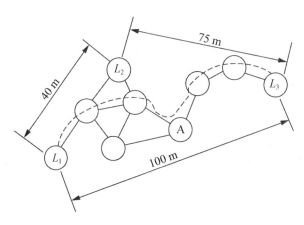

图 4.12 DV-Hop 算法举例

3）Amorphous 定位算法

Amorphous 定位算法也分为 3 个阶段。第一阶段，与 DV-Hop 算法相同，未知节点计算与每个信标节点之间的最小跳数；第二阶段，假设网络中节点的通信半径相同，评价每跳距离为节点的通信半径，未知节点计算到每个信标节点的跳段距离；第三阶段，利用三边测量法或极大似然算法，计算未知节点的位置。

Amorphous 定位算法将节点的通信半径作为平均每跳段距离，定位误差大。

4）APIT 定位算法

APIT 定位算法是近似于三角形内点测试方法，该方法需要首先确定包含未知节点的三角形区域，上述三角形区域的交集是一个多边形，通过它能够确定更小的包含未知节点的区域；计算该多边形区域的质心，可以得到近似的未知节点坐标。

APIT 定位方法包括以下几个具体步骤：①信息收集，未知节点通过对其邻近信标节点的位置信息、标识号以及接受信号强度信息进行收集，与其邻近的未知节点交换所得到的信标节点信息；②APIT 测试，对未知节点的位置信息进行测试，看其是否在相应的信标节点所组成的三角形内部；③计算重叠区域，对所包括位置节点的三角形进行统计，并计算其重叠区域；④计算未知节点的位置，通过计算上述重叠区域的质心的位置，确认未知节点的最终位置。

在无限信号传播模式不规则和传感器节点随机部署的情况下，采取 APIT 算法进行定位的方式精度高、性能稳定，但由于该方法需要进行网络测试，因而对网络连通性的要求较高。

4.5.2 时间同步技术

时钟同步是网络协同工作、系统协同休眠、节省能耗以及目标定位技术的基础。目前已有多种针对无线传感器网络的时钟同步算法。对于 WSN 中时间同步的研究主要集中在两个方面：第一，因为 WSN 中时钟同步的重要性，所以研究安全的时钟同步算法就显得尤为重要；第二，从能耗的角度，研究节能、高效的时钟同步算法。因此如何获得安全高效的时钟同步算法，是目前研究的一个热点。

1. 无线传感器网络时间同步技术概述

分布式系统中的节点都有各自的本地时钟。由于一些内在因素(晶体振荡器频率存在偏差)和一些外在因素(温度变化和电磁波干扰)的影响,节点之间很难达到长期的时间同步,即使在某个时刻所有节点都达到时间同步,它们的时间也会逐渐出现偏差。而分布式系统的协同工作性质需要所有节点的时间同步,因此时间同步机制是分布式系统基础框架的一个关键机制。

在分布式的无线传感器网络系统的应用中,传感器节点采集的数据如果没有空间和时间信息是没有任何意义的。准确的时间同步是实现传感器网络自身协议的运行、定位、多传感器数据融合、移动目标的跟踪、基于 TDMA 的 MAC 协议以及基于睡眠/侦听模式的节能机制等技术的基础。只有无线传感器网络节点间保持统一的物理时间,才能通过分析传感器的测量数据,推断出现实世界中发生的事情。无线传感器网络时间同步的目标是全网节点的时钟保持一致,消除网络中各节点的时钟偏差,达到全网时间一致的目的。

2. 节点间的同步技术

节点之间的时间同步技术是实现网络时间同步的基础。目前主要有以下 4 种。

1) 单向同步

假设参考节点 i 和 j,节点 i 在本地时间 h_{ia} 发送捎带 h_{ia} 的报文给节点 j,节点 j 在 h_{jb} 时间收到此报文,如图 4.13 所示,设在此过程中的传输延迟为 d。当 d 可以估计出时,节点 j 的时间是

$$h_{jb}=h_{ia}+d$$

或者当传输延迟 d 可忽略时

$$h_{jb}=h_{ia}$$

节点 j 与节点 i 就实现了以节点 i 为时间同步基准时间偏差同步。也可以这样描述,节点 j 和节点 i 的本地时间相减得到两者本地时间的时偏。

$$\Delta=h_{jb}-h_{ia}-d$$

或者当传输延迟 d 可忽略时

$$\Delta=h_{jb}-h_{ia}$$

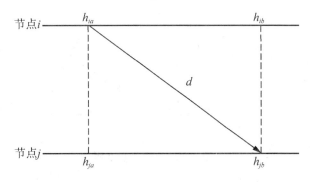

图 4.13　单向同步

2）双向成对同步

双向同步如图 4.14 所示，节点 j 在 h_{ja} 发送时间同步报文，节点 i 在 h_{ib} 时刻收到此报文后立刻回发给节点 j，并附带回发时间 h_{ib}。当节点 j 收到此报文后就可以算出其发送报文到收到回复报文的时间。

$$D = h_{jc} - h_{ja}$$

通常假定 $D = d' + d$ 且 $d' = d$，所以节点 j 的时间

$$h_{jc} = h_{ib} + D/2$$

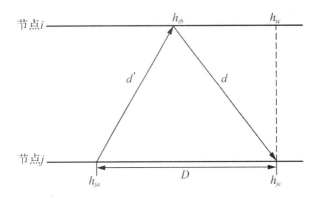

图 4.14　双向同步

双向同步的另一种情况如图 4.15 所示，节点 j 在 h_{ja} 时刻发送同步请求；节点 i 在 h_{ib} 时刻收到同步请求，并在 h_{ic} 时刻发出回复其中包含 h_{ib} 和 h_{ic} 的时间；节点 j 在 h_{jd} 时刻收到回复。这样节点 j 就能计算出节点 j 时间相对于节点 i 时间的偏差为

$$\Delta = \frac{(h_{ib} - h_{ja}) - (h_{jd} - h_{ic})}{2}$$

单向平均传播延迟

$$D/2 = \frac{(h_{ib} - h_{ja}) + (h_{jd} - h_{ic})}{2}$$

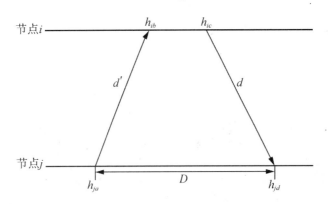

图 4.15　双向同步变例

双向同步的缺点在于同步所需的消息开销随着与节点 i 通信的节点数的增多而线性增加。如果同步信号从一个节点传到另一个节点的总时延小于所需要的时间同步精度，那么采

用单程同步方法是足够的。当传播时延和节点处理延迟不能忽略的时候，通常采用双向同步。这两种同步只是实现时间偏差瞬时同步，因此需要周期性的启动时钟偏差同步算法。

3）参照广播同步

如图 4.16 所示，广播参考报文的核心思想是通过选定一个节点作为参考节点，假定这个节点为 k，由节点 k 发送参考广播报文分别给相邻的两个节点 i、j。并且，假设此参考广播报文到达两个节点的时间延迟是相等的，即 $T_{ia}=T_{ja}$。当节点 j 一旦收到参考广播报文后，就立即向节点 i 发出包含着 T_{ja} 信息的报文，那么节点 i 就可以通过计算得到收到两条报文的先后时间间隔 D 的具体数值即为 $T_{ib}-T_{ia}$。由于两个节点的位置相邻，所以基本上可以视为两个节点间的报文传递过程是瞬间到达的，所以可知两节点的时间差异就是 D，即可认为两个节点间达到了时间同步。

利用广播参考报文的方法进行时间同步，存在着它的不足。首先，它的前提是假设两节点间的报文延迟时间比所要求的时间同步精度小。其次，两节点的位置要相邻，且暂不考虑报文在节点上的处理时间。此外，这种方法只能保证节点间的时钟实现相对同步。

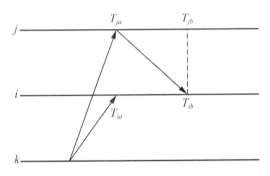

图 4.16　参照广播同步模型

4）参数拟和同步

参数拟合技术是通过使用以上几种方式来测量节点间的时间偏差，在多次测量后，取得多组数据样本，然后运用一定的参数拟合技术，计算出相应的节点时钟间存在的频率偏移与相位偏移。设 λ 与 τ 分别表示两个时钟时间之间的相对频率偏移与相位偏移，且两时钟时间间满足公式

$$T_j=\lambda T_i+\tau$$

参数拟合技术可通过下面的方法来实现。

（1）线性回归。最常用的参数拟合技术是线性回归技术，该技术通过设置一个参数来计算系数的样本数。样本数越大越能提高线性回归的精确度，但前提是必须具有大的存储空间。

（2）锁相环方法。锁相环方法是另一种处理样本的方法。它的工作原理是利用比例积分控制器来进行插值斜度的控制，比例积分控制器实际上是一种线性控制输入器，其所输入是实际参数与插值之间的差。

3. 典型的无线传感器网络时间同步算法

1）RBS 算法

RBS(Reference Broadcast Synchronization)算法，是 J. Elson 等人提出的无线传感器

网络时间同步机制中第一个具有代表性的经典时间同步算法。RBS 是基于接收者—接收者模型的时间同步算法，接收端通过记录接收到发送端广播的消息的时间进行交换来进行彼此同步。它是第一个比较系统的无线传感器网时间同步方法，为今后的研究开辟了思路。

RBS 时间同步机制的基本原理如图 4.17 所示，由 3 个节点组成单跳网络，发送端发出时间同步参考报文，在广播域中的两个接收节点接收到该报文后，分别根据自己的本地时间记录下报文到达的时间。然后相互交换它们记录的时间并计算差值，相当于两个接受节点之间的时间差值。根据这个差值修改其中一个接受节点的本地时间，以实现两个接受节点时间同步。

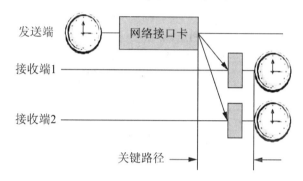

图 4.17　RBS 时间同步机制的基本原理

RBS 算法利用不同广播域相交区域内的节点起时间转换作用，以实现多跳时间同步。实验表明，在 Mica 系列节点之上，用 30 个参照广播同步的平均误差为 $11\mu s$。

RBS 算法开创性地提出了接收者—接收者模型，其关键路径大为缩短，完全排除了 Sendtime 和 Accesstime 的影响。误差的来源主要是传输时间和接收时间所带来的不确定性，所以可以获得较好的时间同步精度。而且根据实际情况，可以假设忽略传播时间，这样在分析同步精度时只需考虑接收时间误差即可。

2) TPSN 算法

TPSN(Timing-Sync Protocol for Sensor Networks)算法是 UCLA 的 NESL 实验室的 Ganeriwal 等人提出的无线传感器网络时间同步算法。他们认为传统的发送者—接收者同步协议精度因为单向报文交换的传播延迟不够精确，因此采用双向成对同步方法。该算法采用层次型网络结构，设定一个根节点作为整个网络的时钟源。首先所有节点按照层次结构进行分级，然后各节点逐次与上层节点进行同步，最终达到整网时间同步。下面简单介绍下 TPSN 算法的时间同步过程。

(1) 层次发现阶段。根节点广播分组层次发现报文，报文中包含发送节点的 ID 和 level 值。根节点的邻居节点收到根节点发送的报文后，将自己的 level 值加 1。节点收到第 i 级节点的广播报文后，记录下报文中的 level 值，并将自己的级别设置为 $(i+1)$，以此进行此操作后，所有节点都将分配一个 level 值。

(2) 同步阶段。层次建立后，根节点就会发出时间同步开始报文。其邻居节点在收到时间同步报文后开始双向同步报文交换，开始与根节点进行时间同步。各节点根据自身记录的 level 值，与上层节点进行时间同步。依次进行，直到网内所有节点与根节点同步。

TPSN 为了提高同步精度，基于报文传输的对称性，采用双向报文交换。如图 4.18 所示，T_1 和 T_4 表示 C 节点的本地时钟在不同时刻的记录时间，T_2 和 T_3 表示 S 节点的本地时钟在不同时刻的记录时间，d 表示消息传播的时延，Δ 表示两个节点之间的时间偏差。假设报文的传输延迟相同。

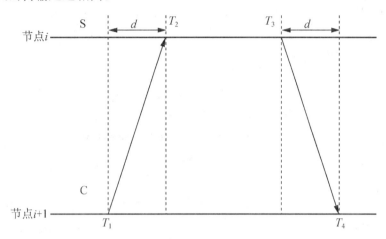

图 4.18　TPSN 机制中节点的时间同步原理

$$\Delta = \frac{(T_2 - T_1) - (T_4 - T_3)}{2}$$

$$d = \frac{(T_2 - T_1) - (T_4 - T_3)}{2}$$

这样当在 T_4 时刻，节点 C 在本地时间上加上计算得到的 Δ，就可将它的本地时间调整同步到 S。

3）LTS 算法

LTS 算法的核心任务是降低同步算法的复杂度，它是 2003 年由加州大学伯克利分校 Jana van Greunen 等人提出的，目前来看，LTS 算法分为集中式与分布式两种网络多跳的同步算法，并且两种算法都是建立在节点和某些参考点同步的前提上。

首先来看集中式算法，生成树的构造是集中式算法的核心内容。当生成树构造起来之后，节点就会顺着 $n-1$ 条生成树的边下去，从而进行时间同步。这个过程和 TPSN 的同步过程相类似。对于集中式的同步方式来说，生成树的深度是影响整个传感器网络的同步时间和相应的叶子节点的精度误差的关键因素，因此，有时候根节点需要进行再同步。

接下来分析一下分布式算法，它是通过各个节点自行决定它的同步时间的，因此不需要设计生成树。其大致过程如下：首先，每个节点与其参照节点交换信息，当节点 i 经过对比，决定它需要进行重同步时，就会发送相应的同步请求到最近的一个参照节点。与此同时，在参照节点到 i 的路径上的所有的节点必须在 i 节点进行同步之前先完成自身的同步过程。由于这种方法使得节点可以有机会决定它本身是否需要进行同步，从而大大节约了同步开销。

4）Tiny-Sync/Mini-Sync 同步算法

Tiny-Sync 算法和 Mini-Sync 算法是由 Sichitiu 和 Veerarittiphan 提出的两种用于无线传感器网络的时间同步算法。它们的主要区别是对采集到的数据的处理方法不同。算法假

设时钟的频率在一段时间近似不变。这两个时钟在 $C_1(t)$，$C_2(t)$ 假设下线性相关。

$$C_1(t) = a_{12} \cdot C_2(t) + b_{12}$$

其中，a_{12} 是两节点的相对漂移，b_{12} 是两个节点的相对偏移。

Tiny-Sync 算法和 Mini-Sync 算法采用经典的双向成对同步机制来估计节点时钟间的相对漂移和相对偏移。节点 1 在 t_0 时刻给节点 2 发送报文，节点 2 在 t_b 时刻接收到消息，并立刻发送应答消息，节点 1 在 t_r 时刻收到应答消息。利用这些时间戳的绝对顺序和上面的等式可以得到下面的不等式。

$$t_0 < a_{12} \cdot t_b + b_{12}$$
$$t_r < a_{12} \cdot t_b + b_{12}$$

将采集到 (t_0, t_b, t_r) 作为一个数据点，经过多次同步过程后，Tiny-Sync 和 Mini-Sync 采集到多个这样的数据点。每个数据点要满足下面两个约束条件。

$$\underline{a_{12}} \leqslant a_{12} \leqslant \overline{a_{12}}$$

$$\underline{b_{12}} \leqslant b_{12} \leqslant \overline{b_{12}}$$

可以利用这个方法很好地估计时偏和时漂。随着数据点数目的增多，限制条件也越多，算法的精确度也就更好。但是估计算法需要较大的开销。为了解决开销问题，提出了 Tiny-Sync 同步算法对数据点进行选择以减小算法的开销，其基本原理是：在获得新的数据点时与已存在的数据点比较，若新数据点计算得到的误差大于已存在的数据点计算得到的误差则抛弃新数据点。反之抛弃旧的数据点以减少数据的计算和存储。如图 4.19 所示，当采集到数据点 3 时，数据点 1 和数据点 3 计算得到的估计值的精确度高于数据点 1 和数据点 2 产生的估计值，因此抛弃数据点 2，这样时间同步一共只要存储 3 个数据点，这在保证一定时间同步精度估计的同时，减少了数据的存储量和计算开销。

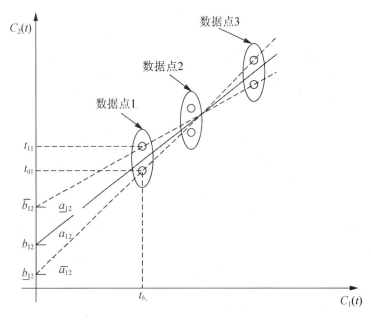

图 4.19　探测消息的数据点关系

Tiny-Sync 同步算法减少了数据的存储量，但是该算法也可能抛弃当时没用但可能在后来提供最佳估计的数据点，如图 4.20 所示。针对这个弊端提出了 Mini-Sync 算法。该算法通过建立约束条件式 $m(A_i, B_j) \leqslant m(A_j, B_k)$ 来确保减少丢掉可能在将来带来最佳估计的数据点，约束的条件随着新数据点的获得而更新。

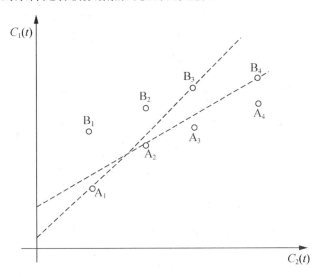

图 4.20　Tiny-Sync 方法丢失某些数据点的情况

5) DMTS 算法

DMTS(Delay Measurement Time Synchronization)是英特尔在 2003 年提出的单向同步算法。它的研究思路是根据无线传感器网络的自身特点为了较低的计算复杂度和能耗，牺牲一部分同步精度。

DMTS 协议同步的基本原理如图 4.21 所示，发送方在侦测到信道空闲之时，给时间同步报文加上时间戳 t_0，这样可以排除发送时间和访问时间的影响。报文发送前必须先发送一定数量的前导码和同步字，设总长度为 n 比特，根据发送率可知道单个比特位需要的发送时间 t，估计前导码和起始字符的发送时间为 nt。接收节点在前导码和同步字接收完毕后记录本地时间 t_1，并在调整自己的时钟前再记录时间 t_2，接收端的接收处理延迟为 $(t_2 - t_1)$。接收者将自己的时间调整为 $t_0 + nt + (t_2 - t_1)$，这样即可达到两节点的时间同步。

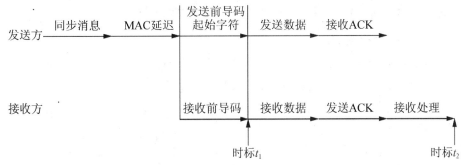

图 4.21　DMTS 同步的基本原理

DMTS 同步算法没有考虑传播延迟和编解码延迟，而且没有对时漂进行补偿，但正因为计算简单有效，在保证一定的同步精度的情况下获得了较低的计算复杂度和能耗，因此也是一种非常著名的同步协议。

6) FTSP 算法

FTSP 算法是 2004 年由 Vanderbilt 大学 Branislav Kusy 等提出的，这种算法在发送节点与接收节点之间同样使用的是单向广播消息的方式来实现时间同步，但是与 DMTS 相比仍有区别。广播消息形式如图 4.22 所示。

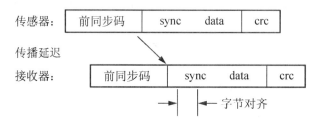

图 4.22　FTSP 中数据包经过无线信道

FTSP 的同步过程是这样进行的：首先，传感器网络中的发送节点先向接收节点发送 Sync 字节，接下来就开始对此后所发送的每个字节都相应的标记出其发送时的时间戳，这个过程是在 MAC 层完成的，然后，对于接收节点来说，当其接收完 Sync 字节后，对以后接收到的每个字节也同样根据接收时的时间信息进行标记。这样就形成了大量的时间戳，这些时间戳在传输过程完成后将被双方节点做同样的处理，并在接收节点方得到一个（全局时间，本地时间）时间对，从而得出相对偏移，最后通过调整本地时钟完成时间同步。

4.5.3　无线传感器网络安全技术

网络安全技术历来都是网络技术的重要部分。网络技术的发展史已经充分证明了这样的一个事实：没有足够安全保证的网络是没有前途的。安全管理本来应该是网络管理的一个方面，但是因为在日常使用的公用信息网络中存在各种各样的安全漏洞和威胁，所以安全管理始终是网络管理最困难、最薄弱的环节之一。随着网络的重要性与日俱增，用户对网络安全的要求也越来越高，由此形成了现在的局面：网络管理系统主要进行故障管理、性能管理和配置管理等，而安全管理软件一般是独立开发的。

1. 网络安全要解决的问题

传感器网络的安全和一般网络安全的出发点是相同的，都要解决如下问题。

（1）保密性：信息不泄露给非授权用户、实体或过程，或供其利用的特性。

（2）完整性：数据未经授权不能进行改变的特性。即信息在存储或传输过程中保持不被修改、不被破坏和丢失的特性。

（3）可用性：可被授权实体访问并按需求使用的特性。即当需要时能否存取所需的信息。例如，网络环境下拒绝服务、破坏网络和有关系统的正常运行等都属于对可用性的攻击。

（4）可控性：对信息的传播及内容具有控制能力。

（5）可审查性：出现安全问题时提供依据与手段。

（6）安全管理问题：安全管理包括安全引导和安全维护两个部分。安全引导是指一个网络系统从分散的、独立的、没有安全通道保护的个体集合，按照预定的协议机制，逐步形成统一完整的、具有安全信道保护的、联通的安全网络的过程。在因特网中安全引导过程对于传感器网络来说是最重要、最复杂的，而且也是最富挑战性的内容，因为传统解决安全引导问题的各种方法由于其计算的复杂性在传感器网络中基本不能使用。安全维护主要研究通信中的密钥更新，以及网络变更引起的安全变更，方法往往是安全引导过程的一个延伸。

由此可见，网络安全问题涉及面非常广，已不单是技术和管理问题，这些安全问题在网络协议的各个层次又应该充分考虑，只是研究的侧重点不尽相同。物理层考虑机密性时主要侧重在安全编码方面；链路层和网络层的机密性考虑的是数据帧和路由信息的加解密技术；而应用层在机密性方面的研究则是在密钥的管理和交换过程，为下层的加密技术提供安全支撑。

2. 传感器网络安全要解决的问题

传感器网络安全问题的解决思路和方法与传统网络安全问题不同，这主要是由网络自身的特点决定的。

1）有限存储空间和计算能力

传感器节点的资源有限特性导致很多复杂、有效、成熟的安全协议和算法不能直接使用。公私钥安全体系是目前商用安全系统最理想的认证和签名体系，但从储存空间上看，一对公私钥的长度就达到几百个字节，还不包括各种中间计算需要的空间；从时间复杂的上看，用工强大的台式计算机一秒钟也只能完成几次到几十次的公私钥签名/解签运算，这对内存和计算能力都非常有限的传感器网络节点来说是无法完成的。即使是对称密钥算法，密钥过长、空间和时间复杂度大的算法也不适用。RC4/5/6算法是一系列可以定制的流加密和块加密算法，对于传感器网络来说比较实用。

2）缺乏后期节点布置的先验知识

在使用传感器网络节点进行实际组网的时候，节点往往是被随机散布在一个目标区域中，任何两个节点之间是否存在直接连接在布置之前是未知的。无法使用公私钥安全体系的网络要实现点到点的动态安全连接是一个比较大的挑战。

3）布置区域的物理安全无法保证

传感器网络往往要散布在敌占区域，故其工作空间本身就存在不安全因素。节点很有可能遭到物理上或逻辑上的俘获，所以传感器网络的安全设计中必须要考虑如何及时撤除网络中被俘节点的问题，以及因为被俘节点导致的安全隐患扩散问题，即因为该节点的被俘导致更多节点的被俘，最终导致整个网络被俘或者失效。

4）有限的宽带和通信能量

目前传感器网络采用的都是低速、低功耗的通信技术，因为一个没有持续能量供给的系统，要想长时间工作在无人值守的环境中，必须要在各个设计环节上考虑节能问题。这种低功耗要求安全协议和安全算法所带来的通信开销不能太大。这是在常规有线网络中较

少考虑的因素。

5）不仅是点到点的安全，更是整个网络的安全

因特网上的网络安全，一般是端到端、网到网的访问安全和传输安全。而传感器网络往往是作为一个整体来完成某项特殊的任务，每个节点既完成监测和判断功能，同时又要担负路由转发功能。每个节点在与其他节点通信时存在信任度和信息保密的问题。除了点到点的安全通信之外，传感器网络还存在信任广播的问题。当基站向全网发布查询命令的时候，每个节点都能够有效判定消息确实来自于有广播权限的基站，这对资源有限的传感器网络来说是非常难于解决的问题。

6）应用相关性

传感器网络的应用领域非常广泛，不同的应用对安全的需求也不相同。在商用和民用系统中，对于信息的窃取和修改比较敏感；对于军事领域，除了信息可靠性以外，还必须对被俘节点、异构节点入侵的抵抗力进行充分的考虑。所以，传感器网络必须采用多样化的、精巧的、灵活的方式解决安全问题。

传感器网络的安全问题是一个开放的、活跃的研究领域。传感器网络安全协议，(SPINS)安全体系是目前所提出的安全机制中比较流行、实用的传感器网络安全方案。它在数据机密性、完整性、新鲜性可认证等方面都做了充分的考虑。但 SPINS 还有一些问题没有考虑充分：第一，没有考虑隐秘信道的信息泄漏问题(如果通信过程设计不好的话，攻击者可以窃听到所有的信息)；第二，对被俘节点情况处理不周全；第三，没有考虑拒绝服务(Denial of Service，DoS)攻击问题。在随机密钥预分布方案里有一些补充机制可以在一定程度上缓解这些问题。

传感器网络中的安全隐患在于网络部署区域的开放特性以及无线电网络的广播特性。网络部署区域的开放特性是指传感器网络一般部署在应用者无法监控的区域内，所以存在收到无关人员或者敌方人员破坏的可能性。无线电网络的广播特性是指通信信号在物理空间上是暴露的，任何设备，只要调制方式、频率、振幅、相位都和发送信号匹配，那么就能够获得完整的通信信号。这种广播特性实用传感器网络的部署非常有效，只要保证一定部署的密度，就能够很容易实现网络的联通特性，但同时也带来了安全隐患。

(1) 信息泄露。无线信号在物理空间中以球面波传送，所以只要是在通信范围之内，任何通信设备都可以很轻易地监听到通信信号。通过监听网络传输的信号，敌方可以了解传感器网络的任务，窃取采样数据，甚至直接将网络资源占为己用。采用光通信方式可以解决空间泄露问题，但是光通信的单向性又带来网络布置和多向通信困难等实现问题。

(2) 空间攻击。无线通信的空间共享特性使得其传输信道完全暴露。攻击者可以通过发送同频段无线电波的方式直接对无线网络实施攻击。空间攻击通过复制、伪造信息和信号干扰等手段，使传感器网络处于瘫痪状态，从而不能提供正确的数据信息。针对进攻者的攻击行为，传感器网络节点可以采用各种主动和被动的防御措施。主动防御指在网络遭受攻击以前，节点为防范攻击采取的措施，如对发送的数据采取加密认证处理，对接收到的数据包进行数据解密、签名认证、完整性鉴别等一系列的检查。被动防御指在网络遭受攻击以后，节点为减小攻击影响而采取的措施，如在遭到拥塞干扰的时候关闭系统，然后通过定期检查判断攻击实施情况，在攻击停止或间歇时迅速恢复通信。

下面详细分析了传感器网络在网络协议栈的各个层次中可能受到的攻击方法和主要防御手段，见表4-6。

表4-6　传感器网络功放手段一览表

网络层次	攻击方法	防御手段
物理层	拥塞攻击(Jamming)	宽频(跳频)、优先级消息、低占空比、区域映射、模式转换
	物理破坏(Tampering)	破坏证明、节点伪装和隐藏
链路层	碰撞攻击(Collision)	纠错码
	耗尽攻击(Exhaustion)	设置竞争门限
	非公平竞争(Unfairness)	使用短帧策略和非优先级策略
网络层	丢弃和贪婪破坏(Neglect and Greed)	使用冗余路径、探测机制
	汇聚节点攻击(Homing)	使用加密和逐跳认证机制
	方向误导攻击(Misdirection)	出口过滤；认证、监视机制
	黑洞攻击(Black Holes)	认证、监视、冗余机制
传输层	洪泛攻击(Flooding)	客户端谜题
	失步攻击(Desynchronization)	认证

面临网络安全挑战的同时，与传统网络相比，无线传感器网络在安全方面也具有自己独有的优势，总结为以下几个方面。

（1）无线传感器网络是典型的分布式网络，具备自组网能力，能适应网络拓扑的动态变化，再加上网络中节点数目众多，网络本身具有较强的可靠性，所以无线传感器网络对抗网络攻击的能力较强，遇到攻击时一般不容易出现整个网络完全失效的情况。

（2）随着MEMS技术的发展，完全可能实现传感器节点的微型化。在那些对安全要求高的应用中，可以采用体积更小的传感器节点和隐藏性更好的通信技术，使网络难以被潜在的网络入侵者发现。

（3）无线传感器网络是一种智能系统，有能力直接发现入侵者。有时网络入侵者本身就是网络要捕捉的目标，在发起攻击前就已经被网络发现，或者网络攻击行为也可能暴露攻击者的存在，从而招致网络的反击。

4.5.4　无线传感器网络数据融合技术

1. 数据融合的概念

数据融合是关于协同利用多传感器信息，进行多级别、多方面、多层次信息检测、相关、估计和综合以获得目标的状态和特征估计以及态势和威胁评估的一种多级自动信息处理过程，它将不同来源、不同模式、不同时间、不同地点、不同表现形式的信息进行融合，最后得出被感知对象的更精确描述。从根本上说，数据融合的功能来源于信息的冗余性及互补性。数据融合基于各传感器分离观测信息，通过对信息的优化组合导出更多有效

信息，其最终目的是利用多个传感器共同或联合操作的优势，提高整个传感器系统的有效性。

由于数据融合研究领域的广泛性和多样性，多传感器数据融合迄今为止尚未有一个普适的和明确的定义。许多研究者从不同角度提出了数据融合系统的一般功能模型，试图从功能和结构上来刻画多传感器融合技术，其中最有权威的是美国国防部实验室理事联谊会数据融合专家组在其1991年出版的数据融合字典中对数据融合给出的定义：数据融合是把来自许多传感器和信息源的数据和信息加以联合、相关和组合以获得精确的位置估计和身份估计，以完成对战场态势和威胁及其重要程度进行实时、完整的评价处理过程。这一定义基本上是对数据融合技术所期望的功能描述，包括低层次上的位置、身份估计和高层次上的态势评估和威胁估计。

Edward Waltz 和 James Linas 对上述定义进行了补充和修改，用状态估计代替位置估计，并加上了检测功能，从而给出了如下定义：数据融合是一种多层次、多方面的处理过程，这个过程处理多源数据的检测、关联、相关、估计和组合，以获得精确的状态估计和身份估计以及完整、及时的态势评估和威胁估计。该定义强调了信息融合的3个主要方面。

（1）信息融合是在几个层次上对多源信息的处理，每个层次表示不同的信息提取级别。

（2）信息融合过程包括检测、相关、估计及信息组合。

（3）信息融合过程的结果包括低层次的状态和属性估计及较高层次的战场态势评估。

为了促进数据融合的研究，美国国防部 JDL 数据融合研究小组和其他专家给出了数据融合的处理模型，为数据融合的研究提供了一个框架和共同的参考。该模型说明了数据融合包括哪些主要功能以及数据融合过程中各个组成部分的相互作用关系，该模型将数据融合主要分为6级：源数据预处理、对象提炼、场景提取、威胁预警、过程精炼/资源管理、感知确认。

对于具体的融合系统而言，它所接收到的数据和信息可以是单层次上的，也可以是多种抽象层次上的。融合的基本策略是先对同一层次上的信息进行融合，然后将融合结果汇入更高的数据融合层次。总之，数据融合本质上是一种由低（层）到高（层）的多源信息进行整合、逐层抽象的信息处理过程。

2. 数据融合的作用

在传感器网络中，数据融合起着十分重要的作用，主要表现在节省整个网络的能量、增强所收集数据的准确性以及提高数据收集效率3个方面。

1）节省能量

无线传感器网络节点的冗余配置是建立在保证整个网络的可靠性和监测信息准确性的基础上。在监测区域周围的节点采集和报告的数据信息会非常相似，甚至接近，这会造成较高的数据冗余情况，在这种情况下的数据发送至汇聚节点在满足数据精度的前提下，汇聚节点并不能获得更多的数据，相反会使网络的能量得到更多不必要的消耗。采用数据融合技术，可以处理掉大量冗余的数据信息，使网内节点的能量得到有效的节省。

理想的数据融合情况下，中间节点可以把 N 个等长度的输入数据分组进行合并，使之成为一个等长的输出分组。这样的情况下完成数据融合，就只需要消耗不进行融合所消耗能量的 $1/N$。即使数据融合效果不好，没有达到减少数据量的效果，但进行的融合操作可以减少分组的个数，从而达到减少信道协商或竞争过程中能量消耗的作用。

2）获取更准确的信息

部署在监测环境中的低廉、微型的传感器节点获取的信息存在着较高的不可靠性，主要表现在以下方面。

(1) 受到成本和体积的限制，节点的传感器精度一般较低。

(2) 无线通信机制使得传送的数据更容易因为受到外界的干扰而遭到破坏。

(3) 恶劣的工作环境除了影响数据传送外，还会破坏节点的功能部件，令其工作异常，传送错误的数据。

因此，为了获取较高精度和可信度的数据，需要对监测同一对象的多个传感器所采集的数据进行综合。同时，由于邻近的传感器节点监测区域大致相同，其获得的信息也有很大的相似性，融合节点通过本地简单的对比处理可以很方便地剔除错误或误差较大的信息。

3）提高数据收集效率

在网内进行数据融合，可以在一定程度上提高数据收集的整体效率。数据融合减少了网络中需要传输的数据量，从而减轻了网络的传输拥塞，降低了数据的传输延迟；即使有效数据量并未减少，但通过对多个数据分组进行合并减少了数据分组个数，可以减少传输中的冲突碰撞现象，提高无线信道的利用率。

3. 数据融合的分类

数据融合技术可以从不同角度进行分类，主要的依据是 3 种：融合前后数据信息含量、数据融合与应用层数据语义的关系以及融合操作的级别。

(1) 根据融合前后数据信息含量划分为无损融合和有损融合，前者在数据融合过程中，所有细节信息均被保留，只去除冗余的部分信息。后者通常会省略一些细节信息或降低数据的质量。

(2) 根据数据融合与应用层数据语义的关系划分为依赖于应用的数据融合、独立于应用的数据融合以及两种结合的融合技术。

依赖于应用的数据融合可以获得较大的数据压缩，但跨层语义理解给协议栈的实现带来了较大的难度。独立于应用的数据融合可以保持协议栈的独立性，但数据融合效率较低。以上两种技术的融合可以得到更加符合实际应用需求的融合效果。

(3) 根据融合操作的级别划分为数据级融合、特征级融合以及决策级融合。

数据级融合是指通过传感器采集的数据融合，是最底层的融合，通常仅依赖于传感器的类型。特征级融合是指通过一些特征提取手段，将数据表示为一系列的特征向量，从而反映事物的属性，是面向监测对象的融合。决策级融合是根据应用需求进行较高级的决策，是最高级的融合。

4. 数据融合技术

无线传感器网络的数据融合技术可以结合网络的各个协议层来进行。例如，在应用层，可通过分布式数据库技术，对采集的数据进行初步筛选，达到融合效果；在网络层，可以结合路由协议，减少数据的传输量；在数据链路层，可以结合 MAC，减少 MAC 层的发送冲突和头部开销，达到节省能量目的的同时，还不失去信息的完整性。无线传感器网络的数据融合技术只有面向应用需求的设计，才会真正得到广泛的应用。

1）应用层和网络层的数据融合

无线传感器网络通常具有以数据为中心的特点，因此应用层的数据融合需要考虑以下因素。

（1）无线传感器网络能够实现多任务请求，应用层应当提供方便和灵活的查询提交手段。

（2）应用层应当为用户提供一个屏蔽底层操作的用户接口，如类似 SQL 的应用层接口，用户使用时无须改变原来操作习惯，也不必关心数据是如何采集上来的。

（3）由于节点通信代价高于节点本地计算的代价，应用层的数据形式应当有利于网内的计算处理，减少通信的数据量和减小能耗。

从网络层来看，数据融合通常和路由的方式有关，例如，以地址为中心的路由方式（最短路径转发路由），路由并不需要考虑数据的融合。然而，以数据为中心的路由方式，源节点并不是各自寻找最短路径路由数据，而是需要在中间节点进行数据融合，然后再继续转发数据。如图 4.23 所示，这里给出了两种不同的路由方式的对比。网络层的数据融合的关键就是数据融合树的构造。在无线传感器网络中，基站或汇聚节点收集数据时是通过反向组播树的形式从分散的传感器节点将数据逐步汇聚起来的。当各个传感器节点监测到突发事件时，传输数据的路径形成一棵反向组播树，这个树就成为数据融合树。如图 4.24 所示，无线传感器网络就是通过融合树来报告监测到的事件的。

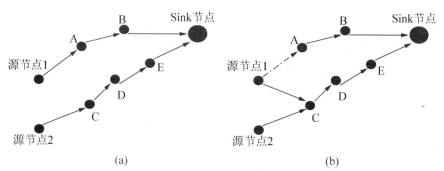

图 4.23　以地址为中心的路由与以数据为中心的路由的区别

(a)以地址为中心的路由；(b)以数据为中心的路由

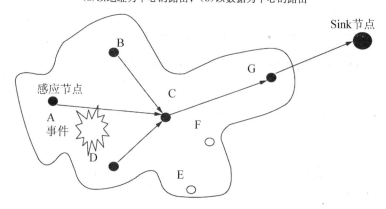

图 4.24　利用数据融合报告监测的事件

关于数据融合树的构造，已经证明了对于一个随机部署的无线传感器网络，为实现对每个数据传输次数都最少的最优路由，可以转化为最小 Steiner 树来求解，但是个 NP-Complete 完备难题。不过文中给出了 3 种不同的非最优的融合算法。

（1）以最近源节点为中心 CNS(Center at Nearest Souree)。以离基站或汇聚节点最近的源节点充当融合中心节点，所有其他的数据源将数据发送到该节点，然后由该节点将融合后的数据发送给基站或汇聚节点。一旦确定了融合中心节点，融合树就基本确定下来了。

（2）最短路径树 SPT(Shortest PathsTree)。每个源节点都各自沿着到达基站或汇聚节点最短的路径传输数据，这些来自不同源节点的最短路径可能交叉，汇集在一起就形成了融合树。交叉处的中间节点都进行数据融合。当所有源节点各自的最短路径确立时，融合树就基本形成了。

（3）贪婪增长树 GIT(Greedy Ineremental Tree)。这种算法中的融合树是依次建立的。先确定树的主干，再逐步添加枝叶。最初，贪婪增长树只有基站或汇聚节点与距离它最近的节点存在一条最短路径。然后每次都从前面剩下的源节点中选出距离贪婪增长树最近的节点连接到树上，直到所有节点都连接到树上。

上面 3 种算法都比较适合基于事件驱动的无线传感器网络的应用，可以在远程数据传输前进行数据融合处理，从而减少冗余数据的传输量。在数据的可融合程度一定的情况下，上面 3 种算法的节能效率通常为 GIT＞SPT＞CNS。当基站或汇聚节点与传感器覆盖监测区域距离的远近不同时，可能会造成上面算法节能的一些差异。

2）独立的数据融合协议层

无论是与应用层还是网络层相结合的数据融合技术都存在一些不足之处。

（1）为了实现跨协议层理解和交互数据，必须对数据进行命名。采用命名机制会导致来自同一源节点不同数据类型的数据之间不能融合。

（2）打破传统各网络协议层的独立完整性，上下层协议不能完全透明。

（3）采用网内融合处理，可能具有较高的数据融合程度，但会导致信息丢失过多。

T. He 等人提出了独立于应用的数据融合机制 AIDA(Application Independent Data Aggregration)，其核心思想就是根据下一跳地址进行多个数据单元的合并融合，通过减少数据封装头部的开销，以及减少 MAC 层的发送冲突来达到节省能量的效果。AIDA 并不关心数据内容是什么，提出的背景主要是为了避免依赖于应用的数据融合 ADDA(Application Dependent Data Aggregation)的弊端，另外还可以增强数据融合对网络负载的适应性。当负载较轻时，不进行融合或进行低程度的融合；负载较高或 MAC 层冲突较重时，进行较高程度的数据融合。如图 4.25 所示，AIDA 的基本功能构件主要分为两大部分：一个是网络分组的汇聚融合及取消汇聚融合功能单元；另一个是汇聚融合控制单元。前者主要是负责对数据包的融合和解融合操作；后者是负责根据链路的忙闲状态控制融合操作的进行，调整融合的程度(合并的最大分组数)。

在介绍 AIDA 的工作流程之前，比较一下数据融合不同方法的几种结构设计。传统的 ADDA 存在网络层和应用层间的跨层设计，而 AIDA 是增加了独立的界于 MAC 层和网络层之间数据融合协议层。前面提到过分层和跨层数据融合各有自己的利弊。当然，也可以

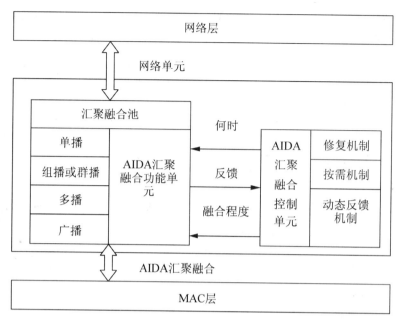

图 4.25　AIDA 的基本构件

将 AIDA 和 ADDA 综合起来应用,如图 4.26 所示。AIDA 的提出就是为了适应网络负载的变化,可以独立于其他协议层进行数据融合,能够保证不降低信息的完整性和不降低网络端到端延迟的前提下,减轻 MAC 层的拥塞冲突,降低能量的消耗。

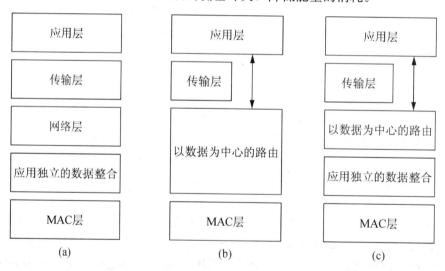

图 4.26　数据融合不同方法的几种结构设计

(a)AIDA;(b)ADDA;(c)AIDA 和 ADDA 综合

AIDA 的工作流程主要包括以下两个方向的操作:发送和接收。

(1) 发送主要是指从网络层到 MAC 层的操作,网络层发来的数据分组进入融合池,AIDA 功能单元根据要求的融合程度,将下一跳地址相同的网络单元(数据)合并成一个 A-IDA 单元,并送到 MAC 层进行传输。何时调用融合功能单元以及融合程度的确定都有融合控制单元来决定。

（2）接收操作主要是从 MAC 层到网络层，将 MAC 层送上来的 AIDA 单元拆散为原来的网络层分组单元并送交给网络层。这样可以保证协议的模块性，并允许网络层对每个数据分组可以重新路由。

以上给出的一些数据融合协议栈的设计都是根据以前开发总结出来的设计方法，在无线传感器网络数据融合系统中也可应用，但是需要在设计时根据特点和需要进行选择。

4.6 无线传感器网络的通信标准

4.6.1 IEEE 802.15.4 标准简介

IEEE 802.15.4 是针对低速无线个人区域网络（LR-WPAN）制定的标准。该标准把低能量消耗、低速率传输、低成本作为重点目标旨在为个人或者家庭范围内不同设备之间的低速互连提供统一标准。LR-WPAN 网络是一种结构简单、成本低廉的无线通信网络，它使得在低电量和低吞吐量的应用环境中使用无线连接成为可能。与 WLAN 相比，LR-WPAN 网络只需很少的基础设施，甚至不需要基础设施。IEEE 802.15.4 标准为 LR-WPAN 网络制定了物理层和 MAC 子层协议。

1. 特点

IEEE 802.15.4 标准定义的 LR-WPAN 网络具有的特点如下。

（1）不同的载波频率下实现了 20kbps、40kbps 和 250kbps 这 3 种不同的传输速率。

（2）支持星型和点对点两种网络拓扑结构。

（3）有 16 和 64 位两种地址格式，其中 64 位地址是全球唯一的扩展地址。

（4）支持冲突避免的载波多路侦听技术（CSMA-CA）。

（5）支持确认（ACK）机制，保证传输可靠性。

2. 节点类型

IEEE 802.15.4 网络是指在一个 POS（Personal Operating Space）范围内使用相同的无线信道并通过 IEEE 802.15.4 标准相互通信的设备的集合。

设备（Device）是 IEEE 802.15.4 网络中最基本的组成部分。在 LR-WPAN 网络中支持两种设备，一种是全功能设备（FFD），另一种是简化功能设备（RFD）。全功能设备可以在 3 种模式下工作，即 PAN 协调者、协调者或者普通的网络设备，它可以在运行期间动态地在这 3 种模式之间进行切换。全功能设备不仅可以同简化功能设备或其他全功能设备通信，而且可以控制网络的拓扑结构。简化功能设备只能同全功能设备通信而不能控制网络拓扑结构。它通常用于特别简单的应用场合，如电灯开关或是被动的红外线传感器，一般不需要传输大量的数据。因此，实现简化功能设备协议只需要很少的内存资源。在同一个物理信道上，个人通信空间范围内的两个或多个设备就可以组成一个 LR-WPAN。一个网络至少需要一个 FFD，它作为网络协调者运行，PAN 网络协调者除了直接参与应用外，还要完成成员身份管理、链路状态信息管理以及分组转发等任务。

3. 网络拓扑类型

从功能上主要分为星状网络拓扑结构和对等网络拓扑结构两种类型。其中树状网络和网状网络同属于对等网络拓扑结构。下面分别对这两种网络拓扑结构进行介绍。

星状网络拓扑结构如图 4.27 所示。星状拓扑网络结构由一个域网主协调器的中央控制器和多个从设备组成，其中主协调器必须为 FFD 设备，从设备既可为 FFD 设备也可为 RFD 设备。

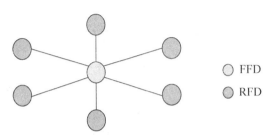

图 4.27　星状网络拓扑结构

星状网络拓扑结构的形成：首先选择一个具有全功能的设备(FFD)作为网络的 PAN 主协调器，然后由它来建立一个新的网络，并确定该网络的唯一的一个 PAN 标识符，即 PANID 号。每个星状网络中只有唯一的一个 PAN 主协调器，所以每个星型网络的通信都是独立于当前其他星型网络的，因此应该选择一个新的 PANID 号以确保网络的唯一性。当协调器建立了新的网络以后，其他从设备就可以加入到这个网络之中，作为这个星状网络的子节点。其中，从设备可以是 FFD 设备，也可以是 RFD 设备。

对等网络拓扑包括树状网络拓扑和网状网络拓扑两种结构，其中树状网络拓扑结构如图 4.28 所示，其中协调器和路由器都是 FFD 设备，终端设备为 RFD。终端设备节点只能与自己的父节点进行通信，从属于不同父节点的子节点之间不能进行通信。

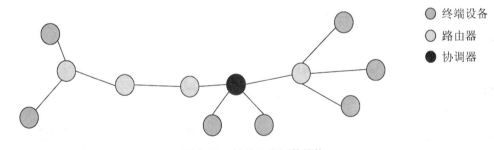

图 4.28　树状网络拓扑结构

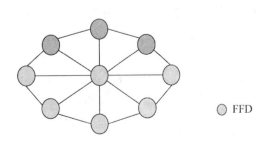

图 4.29　网状网络拓扑结构

网状网络拓扑结构如图 4.29 所示，网状拓扑网络中的所有节点都是 FFD 设备。节点间是完全对等的通信，每个节点都可以与它的无线通信范围内的其他节点通信，但也需要有一个节点作为网络协调器，通常把第一个在信道中通信的节点作为协调器节点。

其中树状网络中任何一个节点的故障都会

使与其相连的子节点部分脱离网络。如果在稳定的无线电射频环境中，需要有一定的网络覆盖范围，而且网络有一定的稳定性和扩展性，那么树状网络拓扑将是一个很好的选择。

4. IEEE 802.15.4 协议栈

IEEE 802.15.4 标准定义了两个物理层标准，分别是 2.4GHz 物理层和 868/915MHz 物理层。2.4GHz 频段为全球统一的无须申请的 ISM(industrial Scientific Medieal) 频段，而 868/915MHz 频段分别是欧洲和北美所使用的 ISM 频段。IEEE 802.15.4 中总共分配了 27 个信道，分别工作在 3 种不同的传输速率上：2.4GHz 频段有 16 个信道，能够提供 250kB/s 的传输速率；868MHz 频段只有一个信道，传输速率为 20kB/s；916MHZ 频段有 10 个信道，传输速率为 40kB/s。

1）物理层

物理层定义了物理无线通信和 MAC 子层之间的接口，通过两个服务访问点(SAP)以原语调用的方式向上层提供物理层数据服务和物理层管理服务。物理层数据服务在物理信道上通过射频服务访问点(RF-SAP)实现物理层协议数据单元(PSDU)的发送和接收，而物理层管理服务是由物理层管理实体(PLME)提供的，该实体维护一个由物理层相关数据组成的数据库(PIB)。

物理层的主要功能包括 5 个方面：打开和关闭收发器、信道能量检测（Energy Detect）、链路质量指示、信道选择和空闲信道评估以及通过物理介质上发送和接收数据包。信道能量检测为网络层提供信道选择依据。它主要测量目标信道中接收信号的功率强度，因为这个检测本身不进行解码操作，所以检测结果是有效信号功率和噪声信号功率之和。

链路质量指示为网络层或者应用层提供接收数据时无线信号的强度和质量的信息。与信道能量检测不同的是，它要对信号进行解码，生成的是一个信噪比指标。这个信噪比指标和物理层数据单元一起提交上层处理。

空闲信道评估判断信道是否空闲。IEEE 802.15.4 定义了 3 种空闲信道评估模式：第一种模式简单判断信道的信号能量，当信号能量低于某一门限值就认为信道空闲；第二种模式是通过判断无线信号的特征，这个特征主要包括两个方面即扩频信号特征和载波频率；第三种模式是前两种模式的结合，同时检测信号强度和信号特征，给出信道空闲判断。

2）MAC 子层

IEEE 802 系列标准把数据链路层分成逻辑链路控制子层 LLC(Logical Link Control) 和介质接入控制子层 MAC(Media Aeeess Control) 两个子层。LLC 子层在 IEEE 802.2 标准中定义，为 IEEE 802 标准所公用的；而 MAC 子层协议则依赖于各自的物理层。

LLC 子层的主要功能是进行数据包的分段和重组，以及确保数据包按顺序传输。

MAC 子层通过两个服务访问点提供两种服务，即通过 MAC 子层公共部分服务访问点(MCPS-SAP)提供的 MAC 数据服务和通过 MAC 子层管理实体服务访问点(MLME-SAP)提供的 MAC 管理服务。MAC 数据服务通过使用物理层数据服务来实现 MAC 协议数据单元(MPDU)的收发。同样，MAC 子层的管理服务功能维护一个存储 MAC 子层协议状态相关信息的数据库(PIB)。

MAC 子层的主要功能包括以下几个方面。

（1）信道访问机制。IEEE 802.15.4 网络可以使用两种信道访问机制：基于竞争的和非竞争的。基于竞争的方式允许设备以分布的方式，使用载波监听多重访问/冲突避免（CSMA/CA）协议访问信道。非竞争访问完全由 PAN 协调者以保证时隙（GTS）方式管理。

（2）启动和维护 PAN。设备通过信道扫描获得当前信道的状态，在其射频范围内定位所有的 Beacon 帧或者因失去同步而定位某一个特定的 Beacon 帧。信道扫描的结果可以用来在启动 PAN 之前选定一个合适的逻辑信道和一个在同一范围内没有被占用的 PAN 标识符。在同一射频范围内可能存在两个标识符相同的 PAN，需要一种策略检测和解决这种情况，在完成了信道扫描和 PAN 标识符选择以后，FFD 可以就作为 PAN 协调者运行了。

（3）设备加入和离开 PAN。关联（Association）过程描述了设备如何加入一个 PAN 以及协调者如何允许设备加入 PAN 的过程。已关联的设备或 PAN 协调者也可以启动去关联（Disassociation）的过程。

（4）数据发送、接收和确认机制。描述非直接（Indirect）方式发送帧、重传数据和解决重复帧问题的机制。

（5）安全性。讨论发送和接收帧的安全机制。

4.6.2 ZigBee 标准简介

1. ZigBee 技术

ZigBee，这个名字来源于蜜蜂通过跳 Z（ZigZag）形状的舞蹈来分享新发现食物源的位置、距离和方向等信息，是蜂群使用的生存和发展的通信方式。

ZigBee 是 IEEE 802.15.4 协议的代名词，IEEE 802.15.4 与 ZigBee 的关系可以看成是以下两种情况：ZigBee 可以看成是一个商标，也可以看成是一种技术，当把它看成一种技术的时候，它表示一种高层的技术，而其物理层和 MAC 层直接引用 IEEE 802.15.4。事物是不断发展变化的，尤其是通信技术，可以想象将来的 ZigBee 可能不会使用 IEEE 802.15.4 定义的底层，就像 Bhietooth 宣布下一代底层采用 UWB 技术一样，但是"ZigBee"这个商标以及高层的技术还会继续保留。另外，ZigBee 的拓扑结构采用的也是 IEEE 802.15.4 的拓扑结构，分为星型和对等拓扑结构。

它是一种短距离、低功耗的无线通信技术。该技术主要是为低速率传感器和控制网络设计的标准无线网络协议栈，是最适合无线传感器网络的标准。无线传感器网络是集信息采集、信息传输、信息处理于一体的综合智能信息系统，具有低成本、低功耗、低数据速率、自组织网络等突出特点。简而言之，ZigBee 就是一种功耗低、价格低廉的、近距离无线组网通信技术。

2. ZigBee 技术特点

ZigBee 协议的主要技术特点如下。

（1）速率低：10～250kbps，适用于低传输速率的网络。

（2）低功耗：一般终端节点只需两节普通 5 号干电池，可使用 6 个月到 2 年。

（3）成本低：ZigBee 协议开源，免收专利费。

（4）容量大：每个 ZigBee 网络最多可支持 255 个设备。

（5）低时延：通常的时延在 15～30ms。

（6）安全性高：ZigBee 安全协议采用 AES-128 加密算法，可确保其安全属性。

（7）有效范围：一般可视距离 100m，增加发射功率可提高传输距离。

（8）工作频段灵活：免费使用 3 个通信频段分别是 2.4GHz、868MHz（欧洲）及 915MHz（美国）。

3. ZigBee 网络体系结构

ZigBee 技术具有统一的技术标准，主要由 IEEE 802.15.4 工作组与 ZigBee 联盟分别制定。其中，IEEE 802.15.4 工作组负责制定物理（Physical，PHY）层和媒体访问控制（Medium Access Control，MAC）层的标准，而 ZigBee 联盟则制定高层的网络（Network，NWK）层、应用（Application，APL）层和安全服务提供者（Security Services Provider，SSP）等标准。ZigBee 技术的整体协议架构如图 4.30 所示。

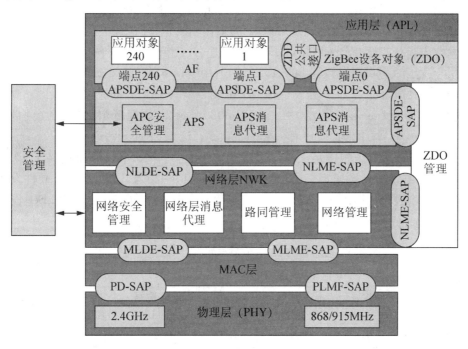

图 4.30 ZigBee 网络体系结构

PD-SPA：物理层数据服务访问点。PLME-SAP：物理层管理实体服务访问点。MLDE-SAP：MAC 层数据实体服务访问点。MLME-SAP：MAC 层管理实体服务访问点。NLDE-SAP：网络层数据实体服务访问点。NLME-SAP：网络层管理实体服务访问点。APSDE-SAP：APS 数据实体服务访问点。APSME-SAP：APS 管理实体服务访问点。

PHY 层主要负责数据的调制与解调、发送和接收，向下直接操作物理传输介质（无线射频），向上为 MAC 层提供服务。

MAC 层负责为一个节点和它的直接邻居之间提供可靠的通信链路，提供冲突避免以提高通信效率，负责组装和分解 MAC 层帧。

NWK 层决定设备连接和断开网络时所采用的机制；执行设备间的路由发现和路由维

护;完成一跳(one-hop)范围内的邻居设备的发现和相关信息的存储;创建新网络;为新入网设备分配网络地址等。

APL 层由应用支持子层(Application Support Sub-layer,APS)、应用框架(Applieation Framework,AF)、ZigBee 设备对象(ZigBee Device Object,ZDO)组成。APS 用来维护绑定表以及在绑定设备间传送消息(所谓绑定就是基于两台设备的服务和需求将它们匹配地连接起来)。AF 提供了如何建立一个规范的描述,以确保规范的前后一致性,它也规定了规范的一系列标准数据类型。ZDO 定义了一个设备在网络中的角色(协调者、路由器或终端设备),可以发起和响应绑定请求,并可以在网络设备之间建立安全机制。

SSP 为使用加密的层(如 NWK 和 APS 等)提供安全机制。

1) ZigBee 物理层

ZigBee 物理层是由 IEEE 802.15.4 标准定义的两个物理层,分别是基于 2.4GHz 频段的"短距离(short-distance)"实现和基于 868/915MHz 频段的"长距离(long-distance)"实现,二者都使用 DSSS 扩频技术。ZigBee 的工作频段和数据传输速率见表 4-7。对于固定设备区域市场,如户外测量网络,IEEE 802.15.4 工作组发布了两个新特色的可用物理层:适用于我国的 780MHz 频段 802.15.4c 和适用于日本的 950MHz 频段 802.15.4d。这两个新的"长距离"的 ZigBee 频段将有利于扩展 ZigBee 在户外的应用。

ZigBee 使用的无线信道见表 4-8。IEEE 802.15.4-2003 规范定义了 27 个物理信道,信道编号从 0~26,每个信道对应着一个中心频率,这 27 个物理信道覆盖了表 4-7 中的 3 个频段。其中,868MHz 频段定义了 1 个信道(信道 0);915MHz 频段定义了 10 个信道(信道 1~10);2.4GHz 频段定义了 16 个信道(信道 11~26)。通常 ZigBee 硬件设备不能同时兼容这 3 个频段,因此应根据当地无线电管理委员会的规定来选择 ZigBee 设备。我国目前的 ZigBee 工作频段为 2.4GHz。

表 4-7　工作频段和传输速率

工作频段 /MHz	使用地区	扩展参数		数据参数		
		码片速率 /(kchip/s)	调制方式	比特率 /kbps	符号速率 /(ksymbol/s)	符号
868~868.6	欧洲	300	BPSK	20	20	二进制
902~928	北美	600	BPSK	40	40	二进制
2400~2483.5	全球	2000	O-QPSK	250	62.5	16 相正交

表 4-8　ZigBee 无线信道的组成

信道编号	中心频率/MHz	信道间隔/MHz	频率上限/MHz	频率下限/MHz
$K=0$	868.3		868.6	868.0
$K=1, 2, 3, \cdots, 10$	$906+2(k-1)$	2	928.0	902.0
$K=11, 12, 13, \cdots, 26$	$2401+5(k-11)$	5	2483.5	2400.0

ZigBee 物理层通过射频固件和射频硬件为 MAC 层和物理无线信道之间提供了称作服

务接入点的接口。IEEE 802.15.4 定义的物理层参考模型如图 4.31 所示。其中 PD-SAP 是物理层提供给 MAC 层的数据服务接口；PLME-SAP 是物理层提供给 MAC 层的管理服务接口；RF-SAP 是由底层无线射频驱动程序提供给物理层的接口。

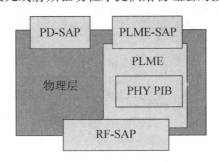

图 4.31　物理层参考模型

物理层数据服务接入点通过服务原语支持在对等连接的 MAC 层实体之间传输 MAC 协议数据单元，使用的原语有请求原语、确认原语和指示原语等。当 MAC 层向其他 Zig-Bee 设备发送数据时，它会生成一个数据请求原语，并通过 PD-SAP 发送给物理层，物理层收到原语后即生成一个物理层服务数据单元，物理层构造一个物理层协议数据单元，并通过收发器发送出去。物理层发送完成之后向 MAC 层返回一个 SUCCESS 状态的确认原语。当物理层收到远方发送来的数据之后，即主动向本设备的 MAC 层发送一个数据指示原语，将接收到的数据、链路质量等传送给 MAC 层。

PLME-SAP 完成的功能包括：空闲信道评估、能量检测、属性操作、收发设备状态转换。

图 4.32 给出了物理层数据包的格式。同步包头用于获取符号同步、扩频码同步和帧同步，也有助于粗略的频率调整。物理层包头指示净荷部分的长度，净荷部分含有 MAC 层数据包，最大长度为 127 字节。

4 字节	1 字节	1 字节		变量
前同步码	帧定界符	帧长度(7 位)	预留位(1 位)	PSDU
同步包头		物理层包头		物理层净荷

图 4.32　物理层数据包的格式

2）ZigBee MAC 层

ZigBee MAC 层也是由 IEEE 802.15.4 定义的，主要负责以下几项任务：协调器产生网络信标；信标同步；支持 PAN 关联和解关联；CSMA-CA 信道访问机制；处理和维护保证时隙(GTS)机制；在两个对等 MAC 实体之间提供可靠链路。

MAC 层提供了特定服务汇聚子层(SSCS)和物理层之间的接口。从概念上说，MAC 层还包括 MAC 层管理实体(MLME)，以提供调用者 MAC 层管理功能的管理服务接口；同时，MLME 还负责维护 MAC PAN 信息库(MACPIB)。MAC 层的参考模型如图 4.32 所示。MAC 层通过 MAC 公共部分子层的 SAP 提供 MAC 数据服务；通过 MLME-SAP 提供 MAC 管理服务。除了这两个外部接口外，MACPS 和 MLME 之间还隐含了一个内部

接口，用于 MLME 调用 MAC 数据服务。

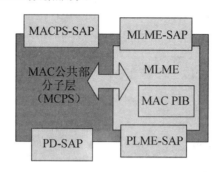

图 4.33　MAC 层的参考模型

MAC 层协议数据单元以 MAC 帧的形式进行组织。MAC 层定义了 4 种类型的帧：①信标帧：协调者用来发送信标的帧；②数据帧：用于所有数据传输的帧；③确认帧：用于确认接收成功的帧；④MAC 命令帧：用于处理所有 MAC 层对等实体间的控制传输。帧中各字段的定义及具体含义参考 IEEE 802.15.4 标准。

MAC 帧的通用格式定义，如图 4.33 所示。对于不同类型的 MAC 帧，其帧头和帧尾都是一样的，只是帧的载荷部分有差异。每个 MAC 帧都具有 3 个基本部分：MAC 帧头、MAC 帧载荷和 MAC 帧尾。

字节数：2	1	0/2	0/2/8	0/2	0/2/8	可变长度	2
帧控制	帧序号	目的 PAN 标识码	目的地址	原 PAN 标识码	原地址	帧有效载荷	PCS
		地址信息					
MAC 头（MHR）						MAC 有效载荷	MAC 尾

图 4.34　MAC 帧的通用格式

3）ZigBee 网络层

在 ZigBee 网络中，由于受能量限制，节点之间无法直接通信，通常需要借助中间节点以多跳路由的方式将源数据传送至目的节点。ZigBee 网络层主要负责路由的发现和维护，主要包括两个方面的功能：一个是路径选择，即寻找源节点到目的节点的优化路径；另一个是数据转发，即将数据沿优化路径正确转发。

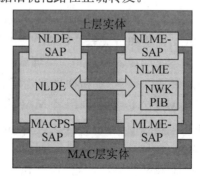

图 4.35　网络层的结构图

为了向应用层提供其接口，网络层提供了两个必需的功能服务实体。它们分别为数据服务实体(NLDE)和管理服务实体(NLME)。NLDE 通过网络层数据服务实体接入点(NL-DE-SAP)提供数据传输服务；NLME 通过网络层管理实体服务接入点(NLME-SAP)提供网络管理服务。图 4.35 是网络层的结构图。NLME 利用 NLDE 完成一些网络的管理工作，并且，NLME 完成对网络信息库(NIB)的管理和维护。下面分别对它们的功能进行简单介绍。

　　网络层数据实体在两个或更多的设备之间传送数据时，将按照应用协议数据单元的格式进行传送，并且这些设备必须在同一个网络中，即在同一个内部个域网中。NLDE 提供如下服务。

　　(1) 生成网络层协议数据单元(NPDU)。

　　(2) 指定拓扑传输路由。

　　(3) 安全：确保通信的真实性和机密性。

　　网络层管理实体允许应用与堆栈相互作用，其所提供的服务如下。

　　(1) 配置一个新的设备。

　　(2) 初始化一个网络。

　　(3) 连接、复位和断开网络。

　　(4) 路由发现。

　　(5) 邻居设备发现。

　　(6) 接收控制。

　　通过前面的介绍了解到网络层的概况。下面来看网络层协议数据单元(NPDU)即网络层帧的结构，如图 4.36 所示。图 4.36 为网络层通用结构，不是所有的帧都包含有地址和序列域，但网络层帧的报头域还是按照固定的顺序出现。然而只有在多播标识值是 1 时才存在多播控制域。ZigBee 网络协议中定义了两种类型的网络层帧，它们分别是数据帧和网络层命令帧，具体格式及内容参见 ZigBee 协议栈。

字节：2	2	2	1	1	0/8	0/8	0/1	变长	变长
帧控制	目的地址	源地址	广播半径	广播序号	IEEE 目的地址	IEEE 源地址	多点传送控制	源路由帧	帧的有效载荷
网络层帧报头									网络层的有效载荷

图 4.36　网络层帧的结构

　　网络层为所有的 ZigBee 设备提供以下功能：①连接网络；②断开网络。

　　ZigBee 协调器和路由器都具有以下附加功能。

　　(1) 允许设备用以下方式连接网络：①MAC 层的连接命令；②应用层的连接请求命令。

　　(2) 允许设备用以下方式断开网络：①MAC 层的断开命令；②应用层的断开命令；③对逻辑网络地址进行分配；④维护邻居设备表。

4）ZigBee 应用层

从图 4.37 可以看出，ZigBee 应用层包括应用支持层（APS）、ZigBee 设备对象和制造商所定义的应用对象。

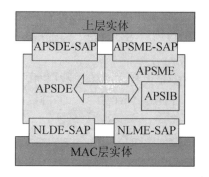

图 4.37　APS 子层的构成和接口

应用支持层的功能包括：维持绑定表、在绑定的设备之间传送消息。所谓绑定就是基于两台设备间的服务与需求将它们匹配地连接起来。在图 4.37 中，APS 提供了这样的接口：在 NWK 层和 APL 层之间，从 ZDO 到供应商的应用对象的通用服务集。这个服务集由两个实体实现：APS 数据实体（APSDE）和 APS 管理实体（APSME）。APSDE 提供在同一个网络中的两个或更多的应用实体之间的数据通信；APSME 提供多种服务给应用对象，这些服务包含安全服务和绑定设备，并维护管理对象的数据库，也就是常说的 AIB。

通用的 APS 帧格式如图 4.38 所示。各个字段的含义参考 ZigBee 协议规范。

字节：2	0/1	0/2	0/2	0/2	0/1	1	可变长	可变长
帧控制	目的地址	集团地址	串标志	模式标志	源地址	APS 计数	扩展报头	帧有效载荷
			地址域					
应用层帧报头							应用层有效载荷	

图 4.38　APS 帧格式

ZigBee 应用框架是为驻扎在 ZigBee 设备中的应用对象提供活动的环境。最多可以定义 240 个相对独立的应用对象，断点编号 1～240。还有两个附加的终端节点为了 APSDE-SAP 的使用：端点号 0 固定用于 ZDO 数据接口；另外一个端点 255 固定用于所有应用对象广播数据的数据接口功能，端点 241～254 保留。

应用模式（也称剖面，Profile）是一组统一的消息。消息格式和处理方法允许开发者建立一个可以共同使用的、分布式的应用程序，这些应用程序使用驻扎在独立设备中的应用实体。这些应用模式允许应用程序发送命令、请求数据和处理命令与请求。Profile 标识符允许 Profile 设计者有如下定义：设备描述、串（簇）标识符。

串标识符可用来区分不同的串，串标识符联系着数据从设备流出和向设备流入。在特殊的应用模式范围内，串标识符是唯一的。

ZigBee 设备对象的功能包括：定义设备在网络中的角色（如协调器和终端设备），发起和响应绑定请求，在网络设备间建立安全机制。ZigBee 设备对象还负责发现网络中的设备，并且决定向它们提供各种应用服务。ZigBee 设备对象描述了一个基本的功能函数。这个功能在应用对象、设备模式和 APS 之间提供了一个接口。ZDO 位于应用框架和应用支持子层之间。它满足所有在 ZigBee 协议栈中应用操作的一般需要。

ZDO 描述了应用框架层的应用对象的公用接口，以控制设备和应用对象的网络功能。在终端节点 0，ZDO 提供了与协议栈中低一层相接的接口。如果是数据，则通过 APSDE-SAP；如果是控制信息，则通过 APSME-SAP。在 ZigBee 协议栈的应用框架中，ZDO 公用接口提供设备发现、绑定以及安全等功能的地址管理。

设备发现时 ZigBee 设备发现其他设备的过程。有两种形式的设备发现请求：IEEE 地址请求和网络请求。IEEE 地址请求是单播到一个特殊的设备且假定网络地址已经知道。网络地址请求是广播且携带一个已知的 IEEE 地址作为负载。

服务发现是发现另一个终端设备提供服务的过程。服务发现可以通过对某一个给定设备的所有端点发送服务查询来实现，也可以通过服务特性匹配来实现。服务发现过程是 ZigBee 中设备实现接口的关键。通过对特定端点的描述符的查询请求和对某种要求的广播查询请求等，可以使应用程序获得可用的服务。

ZigBee 应用层除了提供一些必要函数以及为网络层提供合适的服务接口外，一个重要的功能是应用者可以在这一层定义自己的应用对象。

4.6.3　6LoWPAN 草案简介

Ipv6 协议作为流行的网络层协议大多部署在路由器、PC 等平台上，其更多考虑的是这些计算资源较为丰富的设备；而作为无线传感器节点，它们采用 IEEE 802.15.4MAC 协议，更多考虑的是计算资源稀缺的无线设备。由于两者在设计出发点上的不同，导致了 IPv6 协议不能像构架到以太网那样直接地构架到 802.15.4MAC 层上，需要一定的机制来协调这两层协议之间的差异。为了解决这个问题，从 2004 年起 IETF 设立了 6LoWPAN 协议工作组专门对 IPv6 协议在 IEEE 802.15.4 上的实现进行研究。

1. 6LoWPAN 需要解决的主要问题

通过前面的描述可知道，IPv6 不能直接构建于 IEEE 802.15.4 网络上，在实现 IPv6 over IEEE 802.15.4 时将会面对一系列的问题，这也是 IPv6 over IEEE 802.15.4 协议工作组所需要解决的问题。

（1）可用的 IP 连接：IPv6 巨大的地址空间和无状态地址自动配置技术使数量巨大的传感器节点可以方便地接入包括 Internet 在内的各种网络。但是，由于有报文长度和节点能量等方面的限制，标准的 IPv6 报文传输和地址前缀通告无法直接用于 IEEE 802.15.4 网络。

（2）网络拓扑：IPv6 over IEEE 802.15.4 网络需要支持星型和 Mesh 拓扑。当使用 Mesh 拓扑时，报文可能需要在多跳网络中进行路由，这与 Ad-hoc 网络在功能上是相同的。但是，同样是由于报文长度和节点能量的限制，IEEE 802.15.4 网络的路由协议应该更简单，管理的消耗也应该更少。此外，还需要考虑到节点计算能力和存储

的限制。

（3）报文长度限制：IPv6 要求支持最小 1280 的 MTU，而 IEEE 802.15.4 最大 102 字节 MAC 帧长度显然不能满足这个要求。这样，一方面需要 IEEE 802.15.4 网络的应用尽量发送小的报文以避免分片；另一方面也需要节点在链路层提供对超过 102 字节的 IPv6 报文的分片和重组。

（4）组播限制：IPv6 特别是其邻居发现协议的许多功能均依赖于 IP 组播。然而 IEEE 802.15.4 仅提供有限的广播支持，不论在星型还是 Mesh 拓扑中，这种广播均不能保证所有的节点都能收到封装在其中的 IPv6 组播报文。

（5）有限的配置和管理：在 IEEE 802.15.4 网络中，大量设备被期望能布置于各种环境中，节点功能相当有限，一般没有输入和显示功能的，且部署的地点有些是人类无法到达的地方，因此需要节点有一定的自配置功能。另外 MAC 层以上运行的协议的配置也要尽量简单，并且需要网络拓扑有一定的自愈能力。

（6）安全性：IEEE 802.15.4 提供基于 AES 的链路层安全支持，然而，该标准并没有定义诸如初始化、密钥管理以及上层安全性之类的任何细节。此外，一个完整的安全方案还需要考虑到不同应用的需求，这都是 6LoWPAN 所需要解决的。

2. 6LoWPAN 工作组提出的解决方案

为了解决 IPv6 over IEEE 802.15.4 所面临的问题，6LoWPAN 协议工作组针对上述问题提出了相应要实现的目标。这些目标侧重点各不相同，但归结起来都是为了降低 4 个方面的指标，即报文消耗、带宽消耗、处理需求以及能量消耗，这 4 方面也是影响 6LoWPAN 网络性能的主要因素。

（1）分片与重组：为了解决 IPv6 最小 MTU 为 1280 字节与 IEEE 802.15.4Payload 长度仅有 81 字节冲突的问题，6LoWPAN 需要对 IPv6 报文进行链路层的分片和重组，这也是 RFC2460 第五节中所规定的。

（2）报头压缩：在使用 IEEE 802.15.4 安全机制时，IP 报文只有 81 字节的空间，而 IPv6 头部需要 40 字节，传输层的 UDP 和 TCP 头部分别为 8 和 20 字节，这就只留给了上层数据 33 或 21 字节。如果不对这些报头进行压缩的话，6LoWPAN 数据传输的效率将是非常低的。

（3）地址自动配置：RFC2462 中定义的无状态地址自动配置机制对 6LoWPAN 将是非常有吸引力的。但实现该机制需要 6LoWPAN 提供从 IEEE 802.15.4 的 EUI-64 地址获得的接口标识（Interface Identifier）方法。

（4）组播支持：IEEE 802.15.4 并不支持组播也不提供可靠的广播，6LoWPAN 需要提供额外的机制以支持 IPv6 在这方面的需要。

（5）Mesh 路由：一个支持多跳的 Mesh 路由协议是必要的，但现有的一些无线网络路由协议如 AODV 等并不能很好地适应 6LoWPAN 的特殊情况。此外，减小路由协议开销以及避免报文超过 IEEE 802.15.4 最大帧长也是必须考虑的问题。

（6）安全：不同层次的安全威胁都将被考虑到，6LoWPAN 需要提供将设备加入安全网络的解决方案。

4.7　无线传感器网络与物联网

WSN 不可能做得太大，只能在局部的地方使用，如战场、地震监测、建筑工程、保安、智能家居等。但是物联网就大得不得了，物联网可以把世界上任何物品通过电子标签和网络联系起来，是一种"无处不在"的概念。

WSN 与物联网的关系，如果把物联网比作人体，则 WSN 可以视为"皮肤"和"眼睛"，可以对客观世界进行识别和感知，所以说 WSN 可以作为互联网的"神经末梢"，是物联网实现数据信息采集的一种末端网络。除了各类传感器外，物联网的感知单元还包括如 RFID、二维码、内置移动通信模块的各种终端等，因此传感器网络已被视为物联网的重要组成部分或者说是不可或缺的部分。

本 章 小 结

本章首先介绍了无线传感器网络的概念、特点和体系结构。而后重点介绍了无线传感器网络的通信协议、支撑技术和通信标准。通信协议主要介绍了路由协议、MAC 协议和拓扑控制协议；支撑技术主要介绍了时间同步技术、定位技术、数据融合技术和安全技术；通信标准主要介绍了 IEEE 802.15.4、ZigBee 和 6LoWPAN；最后介绍了无线传感器网络和物联网的关系。总之，通过本章的学习，学生能够对无线传感器的概念、体系结构、特点、关键技术和通信标准等有一个基本了解，为无线传感器网络在物联网中的应用打下了基础。

习 题 4

一、填空题

4.1　在不同应用中，传感器网络节点的组成不尽相同，但一般都由数据采集、数据处理、数据传输和电源这 4 部分组成，具体对应（　　　　）、（　　　　）、（　　　　）和（　　　　）。

4.2　无线传感器网络的关键技术主要包括（　　　　）、（　　　　）和（　　　　）技术等几个方面。

4.3　计算节点位置的基本方法主要包括（　　　　）、（　　　　）和（　　　　）。

4.4　节点之间的时间同步技术，它们是实现网络时间同步的基础。目前主要要有以下 4 种：（　　　　）、（　　　　）、（　　　　）和（　　　　）。

二、选择题

4.5　下面哪一项不是距离无关的定位？（　　　）

A. APIT 定位算法　　　　　　　　B. DV-Hop 定位算法

C. 质心算法　　　　　　　　　　D. AOP 算法

4.6 下面哪一项不是平面路由协议？（   ）

A. LTS B. Rumor Routing

C. SAR D. GEAR

4.7 以下哪些是 IEEE 802.15.4 标准定义的 LR-WPAN 网络具有的特点？（   ）

A. 不同的载波频率下实现了 20kbps、40kbps 和 250kbps 这 3 种不同的传输速率

B. 支持星型和点对点两种网络拓扑结构

C. 有 16 位和 64 位两种地址格式，其中 64 位地址是全球唯一的扩展地址

D. 支持冲突避免的载波多路侦听技术(CSMA-CA)

E. 支持确认(ACK)机制，保证传输可靠性

三、简答题

4.8 简述无线传感器网络的概念。

4.9 数据融合的概念是什么？

4.10 简述 ZigBee 的技术特点。

4.11 简述 ZigBee 网络体系结构的组成。

4.12 简述 6LoWPAN 需要解决的主要问题。

第 5 章
M2M 技术

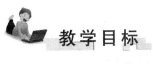

教学目标

- 了解 M2M 的概念
- 了解 M2M 的发展现状
- 了解 M2M 的标准化进程
- 掌握 M2M 的技术构成
- 了解 M2M 的应用现状
- 掌握 M2M 的典型应用
- 理解 M2M 应用的关键技术

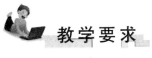

教学要求

知 识 要 点	能 力 要 求
M2M 的概念	(1) 掌握 M2M 的概念 (2) 掌握 M2M 的发展现状 (3) 了解 M2M 的特点
M2M 的标准化	(1) 掌握 M2M 的主要标准 (2) 掌握 M2M 主要标准的进展
M2M 的技术构成	(1) 了解 M2M 的系统框架 (2) 掌握 M2M 的技术构成
M2M 的典型应用	(1) 掌握 M2M 的典型应用环境 (2) 了解 M2M 应用的主流领域
M2M 应用的关键技术	了解 M2M 应用的关键技术

引例

M2M——移动通信的新增长点

在大部分发达国家，移动通信渗透率已经超过 100%，这就导致了移动用户增速越来越慢。为此，国外运营商开始寻找移动通信领域新的增长点，基于移动通信的 M2M 越来越受到全球领先移动运营商的重视和青睐。从国内来看，目前我国的移动用户市场也已趋于饱和，那么当市场饱和之后，如何有效地保有大部分的移动用户，并让他们继续成为移动技术的受益者及忠实用户成为了一大难题，但当人们将其与 M2M 联系起来时，问题的解决方案似乎一下子就产生了。

如今，机器的数量至少是人的数量的 4 倍。据有关的机构预计，未来用于人与人通信的终端可能只占整个终端市场的 1/3，而更大数量的通信是与机器相关的通信业务。目前，机器的数量已经是人类数量的 4 倍以上，这为 M2M 技术的发展提供了良好的机遇。

本章导读

M2M 近年来成为了通信产业界的热门词汇，人们普遍看好 M2M 技术的发展前景，认为数量众多的机器联网将为通信产业带来极大的发展机遇，并预测未来 M2M 市场将会高速增长。M2M 技术已经在多个领域得到应用，人们对于 M2M 技术的认识和应用也正在向多极化方向发展。随着移动通信技术向 3G 的演进，积极探索物联网与 TD 网络的深度融合，将会为 M2M 应用带来新的创新应用领域。同时物联网也为 3G 应用带来了新的发展机遇，将会为 3G 拓展新的市场增长空间。

本章将在 M2M 的概念、标准、技术构成、典型应用、关键技术和发展前景几个方面进行讲解。

5.1 概　　述

5.1.1　M2M 概念

M2M 这一概念来自英文 Machine to Machine，即"机器对机器"的缩写。在某些情况下，M2M 也被用来指代"Machine to Man"，即"机器对人"的数据交换。另外，由于 M2M 技术起源于现有的遥感勘测技术，并使用与之相似，且较之更为先进的核心技术。目前的无线蜂窝 M2M 技术，是运用根据领域配置的"无线装置无线网络"传递装置和后端的服务器网络来实现实时数据交换，即 M2M 也被理解为 Mobile to Mobile。

从广义上说，M2M 代表机器对机器（Machine to Machine）、人对机器（Man to Machine）、机器对人（Machine to Man）、移动网络对机器（Mobile to Machine）之间的连接与通信，它涵盖了所有可以实现在人、机、系统之间建立通信连接的技术和手段。

从狭义上说，M2M 代表机器对机器通信，目前更多的时候是指非 IT 机器设备通过移动通信网络与其他设备或 IT 系统的通信。

M2M 提供了设备实时数据在系统之间、远程设备之间以及与个人之间建立无线连接的简单手段，并综合了数据采集、远程监控、电信、信息等技术，能够实现业务流程自动化。这一平台可为安全监测、自动读取停车表、机械服务和维修业务、自动售货机、公共交通系统、车队管理、工业流程自动化、电动机械、城市信息化等领域提供广泛的应用和解决方案。

M2M是一种理念，也是所有增强机器设备通信和网络能力的技术的总称。人与人之间的沟通很多也是通过机器实现的，例如，通过手机、电话、计算机、传真机等机器设备之间的通信来实现人与人之间的沟通。另外一类技术是专为机器和机器建立通信而设计的，如许多智能化仪器仪表都带有RS-232接口和GPIB通信接口，增强了仪器与仪器之间，仪器与电脑之间的通信能力。随着科学技术的发展，越来越多的设备具有了通信和联网能力，网络一切(Network Everything)逐步变为现实。人与人之间的通信需要更加直观、精美的界面和更丰富的多媒体内容，而M2M的通信更需要建立一个统一规范的通信接口和标准化的传输内容。

通信网络技术的出现和发展，给社会生活面貌带来了极大的变化。人与人之间可以更加快捷地沟通，信息的交流更顺畅。但是目前仅仅是计算机和其他一些IT类设备具备这种通信和网络能力。众多的普通机器设备几乎不具备联网和通信能力，例如，家电、车辆、自动售货机、工厂设备等。M2M技术的目标就是使所有机器设备都具备联网和通信能力，其核心理念就是网络一切(Network Everything)。M2M技术具有非常重要的意义，有着广阔的市场和应用，推动着社会生产和生活方式新一轮的变革。

如图5.1所示，M2M可以连接无处不在的设备。

图 5.1　M2M通信环境

5.1.2　M2M的发展现状

1. M2M业务将成为电信运营商收入的潜在增长点

奥巴马就任美国总统后与美国工商业领袖举行了一次"圆桌会议"，对IBM首席执行官彭明盛提出的"智慧地球"概念给予了积极的响应，并将其上升至美国的国家信息化战略，从此迈出了全球M2M网络和业务发展的步伐。欧盟委员会也在2009年出台了《欧盟物联网行动计划》(Internet of Things——An action plan for Europe)，希望欧洲通过构建新型M2M网络管理框架来引领世界M2M网络发展。由此，M2M网络技术研发、产品应用等正式走上了快车道。

M2M可以看成是物联网(The Internet of Things)的具体表现形式，迄今已有10多年的发展历史。M2M的概念最早在1999年就被提出，它的定义很简单：把所有物品通过射

频识别等信息传感设备与互联网连接起来，实现智能化识别和管理。国际电信联盟在2005 年的物联网报告中进一步明确了 M2M 的概念，认为 M2M 是在日常用品中嵌入短距离移动收发器，从而将人与人之间的沟通连接扩展到人与物和物与物之间的沟通连接。由此可见，依托网络资源优势的电信运营商在 M2M 市场中承担着重要的作用。

据欧洲著名行业咨询机构 IDATE 的报告显示，2006 年，全球范围内的 M2M（包括移动和固定）市场容量为 200 亿欧元；而到 2010 年，相应的数字已达到 2200 亿欧元，年复合增长率达到 49％。国外专业研究机构 Berg Insight 在 2010 年 12 月发布的报告显示，由于加强了 M2M 在移动通信行业的应用，以及无线功能产品的兴起，全球电信运营商服务的 M2M 用户数量为 8140 万户，与 2009 年同期数字相比上涨了 46％。

随着各个行业对 M2M 的重视及业务应用的深入，2012 年电信运营商 M2M 市场快速增长为 2010 年的两倍左右，M2M 业务给电信运营企业带来的市场收入潜力巨大（表5-1）。

表 5-1　国内外 M2M 产业市场现状

开展地区	开展运营商	开展时间/年	应用领域	合作开发商
欧洲	Orange	2004	零售机数据采集、车辆系统控制等	eDevice、Wavecom、索爱等
	Vodafone	2002	物流等	Wavecom、Nokia 等
日本	Docomo	2004	网络家电、远程控制机器人等	NEC、松下等
美国	Sprint、Verizon	2004	电子市场网络交易等	OPTO 22、Moto 等
中国	中国电信	2007	电力抄表、智能家居、远程无人值守彩票销售等	聚晖、宏电、广州高科、中兴等
	中国移动	2006	杭州电力应用系统、交通系统、电表抄送等	华为、深圳宏电、北京标旗
	中国联通	2006	自来水公司的无线抄表、重庆地震局的地震波监控、基站监控等	Moto、SK、深圳宏电

2. 构建 M2M 业务管理平台

为了将 M2M 业务与企业原有的简单转售业务或 SaaS 这样的业务进行区分，大部分参与 M2M 业务市场的电信企业都通过自建或是外包等形式，部署了集中管理、专用的 M2M 业务管理平台。通过 M2M 业务管理平台，电信企业可以将车队管理、电力抄表等各行业业务统一在一个整体的 M2M 管理平台上运营，有效地促进网络业务的融合、资源共享和 M2M 产业整合，还可以大幅度降低企业 M2M 业务运营费用（图 5.2）。

运营商	M2M 业务管理平台	类型	Dev 合作伙伴	上线日期
AT&T	AT&T Control Centre	外包	Jasper Wireless	2009 年 5 月
	Enterprise On-Demand	专有	未知	未知
Bouygues	Airvantage Management Services	外包	Sierra Wireless	2010 年 2 月
KPN	KPN M2M Corporate	外包	Jasper Wireless	2009 年 9 月
Rogers	M2M QuickLink	外包	Jasper Wireless	2009 年 11 月
Sprint	Sprint Wholesale M2M	未知	未知	未知
Telcel	Jasper Service Manager	外包	Jasper Wireless	2009 年 11 月
Telefonica 02	Global M2M	外包	Jasper Wireless	2011 年 1 月
Telenor Connexion	Telenor Connexion Service Portal	专有	Logica	2010 年 3 月
Telnor Objects	Shepherd	专有	无	2009 年 6 月
Telstra	Telstra Wireless M2M Control Centre	外包	Jasper Wireless	2010 年 9 月
Verizon	M2M Management Center	外包	nPhase	2010 年 10 月
Vimpelcom	Jasper Service Manager	外包	Jasper Wireless	2010 年 6 月
Vodafone	Vodafone M2M Global Service Platform	专有	Logica	2009 年 7 月

图 5.2　移动运营商 M2M 业务管理平台

5.2　M2M 的标准化

5.2.1　概述

M2M 作为物联网在现阶段的最普遍的应用形式，在欧洲、美国、韩国、日本等国家实现了商业化应用。主要应用在安全监测、机械服务和维修业务、公共交通系统、车队管理、工业、城市信息化等领域。提供 M2M 业务的主流运营商包括英国的 BT 和 Vodafone、德国的 T-Mobile、日本的 NTT-DoCoMo、韩国 SK 等。

我国的 M2M 应用起步较早，目前正处于快速发展阶段，各大运营商都在积极研究 M2M 技术，尽力拓展 M2M 的应用市场。

国际上各大标准化组织中 M2M 相关研究和标准制定工作也在不断推进。几大主要标准化组织按照各自的工作职能范围，从不同角度开展了针对性研究，如图 5.3 所示。

ETSI 从典型物联网业务用例，例如，智能医疗、电子商务、自动化城市、智能抄表和智能电网的相关研究入手，完成对物联网业务需求的分析、支持物联网业务的概要层体系结构设计以及相关数据模型、接口和过程的定义。3GPP/3GPP2 以移动通信技术为工作核心，重点研究 3G，LTE/CDMA 网络针对物联网业务提供而需要实施的网络优化相关技术，研究涉及业务需求、核心网和无线网优化、安全等领域。CCSA 早在 2009 年完成了 M2M 的业务研究报告，与 M2M 相关的其他研究工作已经展开。

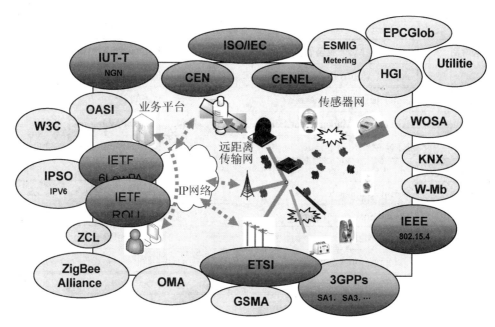

图 5.3　参与 M2M 标准制定的组织

5.2.2　M2M 在 ETSI 的进展概况

ETSI 是国际上较早系统展开 M2M 相关研究的标准化组织，2009 年年初成立了专门的 TC 来负责统筹 M2M 的研究，旨在制定一个水平化的、不针对特定 M2M 应用的端到端解决方案的标准。其研究范围可以分为两个层面：第一个层面是针对 M2M 应用用例的收集和分析；第二个层面是在用例研究的基础上，开展应用无关的统一 M2M 解决方案的业务需求分析，网络体系架构定义和数据模型、接口和过程设计等工作。按照 TC 的计划，研究工作分为 3 个阶段进行，具体如图 5.4 所示。

研究阶段	研究主题	截止时间(2010 年)
第一阶段	需求分析	1 月
第二阶段	体系结构	7 月
第三阶段	协议设计	12 月

图 5.4　ETSI TC M2M 研究阶段

ETSI 研究的 M2M 相关标准有 10 多个，具体内容包括以下方面。

（1）M2M 业务需求。该研究课题描述了支持 M2M 通信服务的、端到端系统能力的需求。报告已于 2010 年 8 月发布。

（2）M2M 功能体系架构。重点研究为 M2M 应用提供 M2M 服务的网络功能体系结构，包括定义新的功能实体，与 ETSI 其他 TB 或其他标准化组织标准间的标准访问点和概要级的呼叫流程。本研究课题输出将是第三阶段工作的出发点，也是与其他标准组织物联网相关研究之间进行协调的参照点。图 5.5 是该报告中提出了 M2M 的体系架构，从图中可以看出，M2M 技术涉及通信网络中从终端到网络再到应用的各个层面，M2M 的承载网络包括了 3GPP、TISPAN 以及 IETF 定义的多种类型的通信网络。

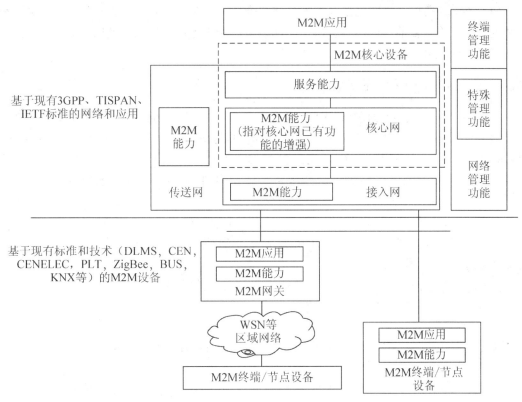

图 5.5 ETSI M2M 通信功能体系架构

（3）M2M 术语和定义。对 M2M 的术语进行定义，从而保证各个工作组术语的一致性。

（4）SmartMetering 的 M2M 应用实例研究。该课题对 SmartMetering 的用例进行描述。包括角色和信息流的定义，将作为智能抄表业务需求定义的基础。

（5）eHealth 的 M2M 应用实例研究。该课题通过对智能医疗这一重点物联网应用用例的研究，来展示通信网络为支持 M2M 服务在功能和能力方面的增强。该课题与 ETSITCeHEALTH 中的相关研究保持协调。

（6）用户互联的 M2M 应用实例研究。该研究报告定义了用户互联这一 M2M 应用的用例。

（7）城市自动化的 M2M 应用实例研究。本课题通过收集自动化城市用例和相关特点，来描述未来具备 M2M 能力网络支持该应用的需求和网络功能与能力方面的增强。

（8）基于汽车应用的 M2M 应用实例研究。课题通过收集自动化应用用例和相关特点，来描述未来具备 M2M 能力网络支持该应用的需求和网络功能与能力方面的增强。

（9）ETSI 关于 M/441 的工作计划和输出总结。这一研究属于欧盟 Smart Meter 项目

EU MandateM/441 的组成部分，本课题将向 EU MandateM/441 提交研究报告，报告包括支撑 SmartMeter 应用的规划和其他技术委员会输出成果。

（10）智能电网对 M2M 平台的影响。该课题基于 ETSI 定义的 M2M 概要级的体系结构框架，研究 M2M 平台针对智能电网的适用性并分析现有标准与实际应用间的差异。

（11）M2M 接口。该课题在网络体系结构研究的基础上，主要完成协议/API、数据模型和编码等工作。目前上述内容合在一个标准中，未来等标准进入稳定阶段，可能会按不同的接口拆分成多个标准文稿发布。

5.2.3　M2M 在 3GPP 标准的进展概况

3GPP 早在 2005 年 9 月就开展了移动通信系统支持物联网应用的可行性研究，正式研究于 R10 阶段启动。M2M 在 3GPP 内对应的名称为机器类型通信（Machine-Type Communication，MTC）。3GPP 并行设立了多个工作项目（WorkItem）或研究项目（Study Item），由不同工作组按照其领域，并行展开针对 MTC 的研究，下面按照项目的分类简述 3GPP 在 MTC 领域相关研究工作的进展情况。

（1）FS_M2M：这个项目是 3GPP 针对 M2M 通信进行的可行性研究报告，由 SA1 负责相关研究工作。研究报告《3GPP 系统中支持 M2M 通信的可行性研究》于 2005 年 9 月立项，2007 年 3 月完成。

（2）NIMTC 相关课题：重点研究支持机器类型通信对移动通信网络的增强要求，包括对 GSM、UTRAN、EUTRAN 的增强要求，以及对 GPRS、EPC 等核心网络的增强要求，主要的项目包括以下方面。

① FS_NIMTC_GERAN：该项目于 2010 年 5 月启动，重点研究 GERAN 系统针对机器类型通信的增强。

② FS_NIMTC_RAN：该项目于 2009 年 8 月启动，重点研究支持机器类型通信对 3G 的无线网络和 LTE 无线网络的增强要求。

③ NIMTC：这一研究项目是机器类型通信的重点研究课题，负责研究支持机器类型终端与位于运营商网络内、专网内或互联网上的物联网应用服务器之间通信的网络增强技术。由 SA1、SA2、SA3 和 CT1、CT3、CT4 工作组负责其所属部分的工作。

3GPPSA1 工作组负责机器类型通信业务需求方面的研究。于 2009 年年初启动技术规范，将 MTC 对通信网络的功能需求划分为共性和特性两类可优化的方向。

SA2 工作组负责支持机器类型通信的移动核心网络体系结构和优化技术的研究。于 2009 年年底正式启动研究报告《支持机器类型通信的系统增强》。报告针对第一阶段需求中给出共性技术点和特性技术点的解决方案。

SA3 工作组负责安全性相关研究。于 2007 年启动了《远程控制及修改 M2M 终端签约信息的可行性研究》报告，研究 M2M 应用在 UICC 中存储时，M2M 设备的远程签约管理，包括远程签约的可信任模式、安全要求及其对应的解决方案等。2009 年启动的《M2M 通信的安全特征》研究报告，计划在 SA2 工作的基础上，研究支持 MTC 通信对移动网络的安全特征和要求。

（3）FS_MTCe：支持机器类型通信的增强研究是计划在 R11 阶段立项的新研究项

目。主要负责研究支持位于不同 PLMN 域的 MTC 设备之间的通信的网络优化技术。此项目的研究需要与 ETSITCM2M 中的相关研究保持协同。

（4）FS_AMTC：本研究项目旨在寻找 E.164 的替代，用于标识机器类型终端以及终端之间的路由消息，是 R11 阶段新立项的研究课题，已于 2010 年 2 月启动。

（5）SIMTC：支持机器类型通信的系统增强研究，此为 R11 阶段的新研究课题。在 FS_MTCe 项目的基础上，研究 R10 阶段 NIMTC 的解决方案的增强型版本。

3GPP 支持机器类型通信的网络增强研究课题在 R10 阶段的核心工作为 SA2 工作组正在进行的 MTC 体系结构增强的研究，其中重点述及的支持 MTC 通信的网络优化技术包括以下 6 个方面。

① 体系架构。研究报告提出了对 NIMTC 体系结构的修改，其中包括增加 MTCIWF 功能实体以实现运营商网络与位于专网或公网上的物联网服务器进行数据和控制信令的交互，同时要求修改后的体系结构需要提供 MTC 终端漫游场景的支持。

② 拥塞和过载控制。由于 MTC 终端数量可能达到现有手机终端数量的几个数量级以上，所以由于大量 MTC 终端同时附着或发起业务请求造成的网络拥塞和过载是移动网络运营商面对的最急迫的问题。研究报告在这一方面进行了重点研究，讨论了多种拥塞和过载场景，要求网络能够精确定位拥塞发生的位置和造成拥塞的物联网应用，针对不同的拥塞场景和类型，给出了接入层阻止广播、低接入优先级指示、重置周期性位置更新时间等多种解决方案。

③ 签约控制。研究报告分析了 MTC 签约控制的相关问题，提出 SGSN/MME 具备根据 MTC 设备能力、网络能力、运营商策略和 MTC 签约信息来决定启用或禁用某些 MTC 特性的能力。同时也指出了需要进一步研究的问题，例如，网络获取 MTC 设备能力的方法，MTC 设备的漫游场景下等。

④ 标识和寻址。MTC 通信的标识问题已经另外立项进行详细研究。本报告主要研究了 MT 过程中 MTC 终端的寻址方法，按照 MTC 服务器部署位置的不同，报告详细分析了寻址功能的需求，给出了 NATTT 和微端口转发技术寻址两种解决方案。

⑤ 时间受控特性。时间受控特性适用于那些可以在预设时间段内完成数据收发的物联网应用。报告指出，归属网络运营商应分别预设 MTC 终端的许可时间段和服务禁止时间段。服务网络运营商可以根据本地策略修改许可时间段，设置 MTC 终端的通信窗口等。

⑥ MTC 监控特性。MTC 监控是运营商网络为物联网签约用户提供的针对 MTC 终端行为的监控服务。包括监控事件签约、监控事件侦测、事件报告和后续行动触发等完整的解决方案。

5.2.4 M2M 在 3GPP2 的标准进展概况

为推动 CDAM 系统 M2M 支撑技术的研究，3GPP2 在 2010 年 1 月曼谷会议上通过了 M2M 的立项。建议从以下方面加快 M2M 的研究进程。

（1）当运营商部署 M2M 应用时，应给运营商带来较低的运营复杂度。

（2）降低处理大量 M2M 设备群组对网络的影响和处理工作量。

（3）优化网络工作模式，以降低对 M2M 终端功耗的影响等研究领域。

（4）通过运营商提供满足 M2M 需要的业务，鼓励部署更多的 M2M 应用。

3GPP2 中 M2M 的研究参考了 3GPP 中定义的业务需求，研究的重点在于 CDMA2000 网络如何支持 M2M 通信，具体内容包括 3GPP2 体系结构增强、无线网络增强和分组数据核心网络增强。

5.2.5 M2M 在 CCSA 的进展概况

M2M 相关的标准化工作主要在中国通信标准化协会的移动通信工作委员会(TC5)和泛在网技术工作委员会(TC10)中进行。主要工作内容如下。

(1) TC5WG7 完成了移动 M2M 业务研究报告，描述了 M2M 的典型应用，分析了 M2M 的商业模式、业务特征以及流量模型，给出了 M2M 业务标准化的建议。

(2) TC5WG9 于 2010 年立项的支持 M2M 通信的移动网络技术研究，任务是跟踪 3GPP 的研究进展，结合国内需求，研究 M2M 通信对 RAN 和核心网络的影响及其优化方案等。

(3) TC10WG2M2M 业务总体技术要求，包括定义 M2M 业务概念、描述 M2M 场景和业务需求、系统架构、接口以及计费认证等要求。

(4) TC10WG2M2M 通信应用协议技术要求，规定 M2M 通信系统中端到端的协议技术要求。

M2M 研究是 ETSI 和 3GPP 以及 3GPP2 标准化组织的研究重点之一，研究相对更加系统，进展也比较快，在完成需求阶段工作基础上，第二阶段网络系统架构也已获得初步成果。3GPP 的研究重点在于移动网络优化技术，目前已经有了阶段性的研究成果；ETSI 研究了多种行业应用需求，成果向应用的移植过程比较平稳，同时这两个标准化组织注意保持两个研究体系间的协同和兼容，国内的标准化工作正在如火如荼地进行。标准化是物联网发展过程中的重要一环，研究和制定 M2M 的标准化工作对物联网的发展有着重要的意义，对我国物联网技术发展，乃至对通信业与物联网应用行业间的融合有着重要的借鉴价值和指导意义。

5.3　M2M 的技术构成

M2M 由以下几部分组成：机器、M2M 硬件、通信网络、中间件、应用，如图 5.6 所示。

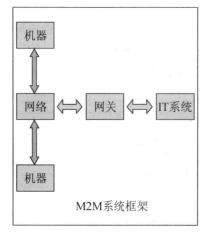

图 5.6　M2M 的技术构成

（1）机器——使机器"开口说话"，让机器具备信息感知、信息加工（计算能力）、无线通信能力。

（2）M2M硬件——进行信息的提取，从各种机器/设备那里获取数据，并传送到通信网络。

（3）通信网络——将信息传送到目的地。

（4）中间件——在通信网络和IT系统间起桥接作用。

（5）应用——对获得数据进行加工分析，为决策和控制提供依据。

1. 机器

实现M2M的第一步就是从机器/设备中获得数据，然后把它们通过网络发送出去。使机器具备"说话"（Talk）能力的基本方法有两种：生产设备的时候嵌入M2M硬件；对已有机器进行改装，使其具备通信/联网能力。

2. M2M硬件

M2M硬件是使机器获得远程通信和联网能力的部件。现在的M2M硬件产品可分为以下5种。

1）嵌入式硬件

嵌入到机器里面，使其具备网络通信能力。常见的产品是支持GSM/GPRS或CDMA无线移动通信网络的无线嵌入数据模块。典型产品有：Nokia 12 GSM嵌入式无线数据模块；Sony Ericsson的GR 48和GT 48；Motorola的G18/G20 for GSM、C18 for CDMA；Siemens的用于GSM网络的TC45、TC35i、MC35i嵌入模块。

2）可组装硬件

在M2M的工业应用中，厂商拥有大量不具备M2M通信和联网能力的设备仪器，可改装硬件就是为满足这些机器的网络通信能力而设计的。实现形式也各不相同，包括从传感器收集数据的I/O设备（I/O Devices）；完成协议转换功能，将数据发送到通信网络的连接终端（Connectivity Terminals）；有些M2M硬件还具备回控功能。

3）调制解调器（Modem）

上面提到嵌入式模块将数据传送到移动通信网络上时，起的就是调制解调器的作用。如果要将数据通过公用电话网络或者以太网送出，分别需要相应的Modem。

4）传感器

传感器可分成普通传感器和智能传感器两种。智能传感器（Smart Sensor）是指具有感知能力、计算能力和通信能力的微型传感器。由智能传感器组成的传感器网络（Sensor Network）是M2M技术的重要组成部分。一组具备通信能力的智能传感器以Ad Hoc方式构成无线网络，协作感知、采集和处理网络覆盖的地理区域中感知对象的信息，并发布给观察者。

也可以通过GSM网络或卫星通信网络将信息传给远方的IT系统。典型产品如Intel的基于微型传感器网络的新型计算的发展规划——智能微尘（Smart Dust）等。

目前智能微尘面临的最具挑战性的技术难题之一是如何在低功耗下实现远距离传输。另一个技术难题在于如何将大量智能微尘自动组织成网络。

5）识别标识（Location Tags）

识别标识如同每台机器、每个商品的"身份证"，使机器之间可以相互识别和区分。常用的技术如条形码技术、射频识别卡技术（Radio-Frequency Identification，RFID）等。标识技术已经被广泛用于商业库存和供应链管理。

3. 通信网络

网络技术彻底改变了人们的生活方式和生存面貌，人们生活在一个网络社会。今天，M2M 技术的出现，使得网络社会的内涵有了新的内容。网络社会的成员除了原有的人、计算机、IT 设备之外，数以亿计的非 IT 机器/设备正要加入进来。随着 M2M 技术的发展，这些新成员的数量和其数据交换的网络流量将会迅速地增加。

通信网络在整个 M2M 技术框架中处于核心地位，包括：广域网（无线移动通信网络、卫星通信网络、Internet、公众电话网）、局域网（以太网、无线局域网（WLAN）、Bluetooth）、个域网（ZigBee、传感器网络）。

在 M2M 技术框架中的通信网络中，有两个主要参与者，它们是网络运营商和网络集成商。尤其是移动通信网络运营商，在推动 M2M 技术应用方面起着至关重要的作用，它们是 M2M 技术应用的主要推动者。第三代移动通信技术除了提供语音服务之外，数据服务业务的开拓是其发展的重点。随着移动通信技术向 3G 的演进，必定将 M2M 应用带到一个新的境界。国外提供 M2M 服务的网络有 AT&T Wireless 的 M2M 数据网络计划，Aeris 的 MicroBurst 无线数据网络等。

4. 中间件

中间件包括两部分：M2M 网关、数据收集/集成部件。网关是 M2M 系统中的"翻译员"，它获取来自通信网络的数据，将数据传送给信息处理系统。主要的功能是完成不同通信协议之间的转换。

数据收集/集成部件是为了将数据变成有价值的信息。对原始数据进行不同加工和处理，并将结果呈现给需要这些信息的观察者和决策者。这些中间件包括：数据分析和商业智能部件，异常情况报告和工作流程部件，数据仓库和存储部件等。

5. M2M 与物联网的联系与区别

就如互联网之初也是由一个个局域网构成的，现有的 M2M 应用已经是物联网的构成基础。

从核心构成来说，物联网由云计算的分布式中央处理单元、传输网络和感应识别末梢组成。就像互联网是由无数个局域网构成的一样，未来的物联网势必也是由无数个 M2M 系统构成，就如人的身体具有不同机能一样，不同的 M2M 系统会负责不同的功能处理，通过中央处理单元协同运作，最终组成智能化的社会系统。

M2M 最开始是机器与机器的通信，后演变为人和人之间的通信，物联网范围更广，包含了 M2M。M 可以是人（Man）、机器（Machine）和移动网络（Mobile）的简称，M2M 可以解释为机器到机器、人到机器、机器到人、人到人、移动网络到人之间的通信。狭义来讲是机器到机器的通信，广义来讲 M2M 涵盖了在人、机器之间建立的所有连接技术和手段。物联网强调的是任何时间、任何地点、任何物品，即"泛在的网络，万物相连"，范围比 M2M 更大，普遍认为 M2M 是物联网在现阶段最普遍的应用。

5.4　M2M 应用现状与典型应用

从技术角度分析，M2M 是以机器终端智能交互为核心的、网络化的应用与服务。它通过在机器内部嵌入通信模块，以无线通信等为接入手段，为行业、家庭和个人客户提供综合的信息化应用和解决方案，以满足客户对监控、指挥调度、数据采集和测量、娱乐等方面的信息化需求。M2M 应用行业及应用领域如图 5.7 和图 5.8 所示。

```
                        ┌─────────────┐
                        │  M2M应用    │
                        └─────────────┘
   ┌──────────┬──────────┬──────────┬──────────┬──────────┬──────────┐
┌─────────┐┌─────────┐┌─────────┐┌─────────┐┌─────────┐┌─────────┐
│ 公共事业 ││建筑和家居││ 交通运输 ││工业制造业││ 医疗卫生 ││ 金融服务 │
└─────────┘└─────────┘└─────────┘└─────────┘└─────────┘└─────────┘
┌─────────┐┌─────────┐┌─────────┐┌─────────┐┌─────────┐┌─────────┐
│自动抄表 ││智能建筑 ││车辆信息通信││设备跟踪管理││医疗物资管理││移动POS机 │
│标志照明 ││智能家居 ││车队管理  ││工业自动化││远程医疗监护││移动售货机 │
│环境监测 ││         ││商品货物监测││         ││         ││         │
│安全防护 ││         ││         ││         ││         ││         │
└─────────┘└─────────┘└─────────┘└─────────┘└─────────┘└─────────┘
```

图 5.7　M2M 应用

图 5.8　M2M 应用领域

1. M2M 已成为新的业务增长点

无线通信技术的发展是 M2M 市场发展的重要因素，它突破了传统通信方式的时空限制和地域障碍，使客户摆脱了线缆束缚，从而更有效地控制成本、降低安装费用并且使用简单方便；另外，日益增长的需求推动着 M2M 不断向前发展，从目前信息化发展的总体情况来看，信息处理能力及网络带宽均呈不断增长的态势，而与此相矛盾的是，信息获取的手段远远落后，而 M2M 很好地满足了人们的这一需求，人们可以借助 M2M 技术实时监测外部环境，实现大范围、自动化的信息采集，并进一步带动对 M2M 更大容量和更高可靠性的需求。

对应快速发展的业务需求，IPv6 与 3G 技术为打造一个 M2M 时代提供了强有力的支持，而 M2M 类数据通信服务及其所带来的附加服务，则成为移动通信网络新的业务增长点。M2M 所具备的信息采集和控制的双向通信的特点，使其在各行业中有着广泛的应用前景，如交通管理、环境保护、水文、气象、物流管理、金融设备监控、城市供热、通信设施监控、电力配网自动化等领域。

M2M 具备其自身无法避免的特点，即小数据量的即时通信、传感网络与通信网络的紧密结合、应用的地理性较强（如车队管理的定位服务、抄表及监控的远距离服务）等。这些业务特点在 M2M 市场发展过程中不会淡化，反而会随着客户对 M2M 业务需求的增长和明确，日益显著。因此，在 M2M 业务未来的发展中，必然要求运营企业提供的业务能够具有高度的客户参与性、更灵活的部署方式以及更加定制化的服务。

从全球发展情况来看，电信运营企业现有的 M2M 业务发展的重点仍然集中在车队管理和追踪等传统的 M2M 行业，占据全球 M2M 业务部署的 41% 左右（图 5.9）。下一阶段，M2M 的发展重点将是智能抄表领域。

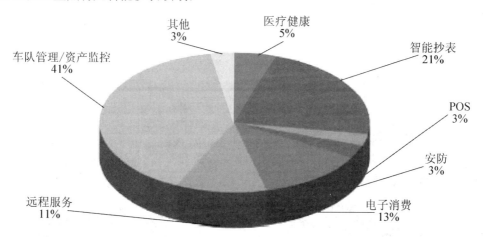

图 5.9　全球 M2M 部署情况

另外，M2M 业务的发展与政府政策、社会经济文化发展情况有着密切的关系，也将在未来的发展中，体现出更为鲜明的区域特色。例如，欧盟对电子医疗提高医疗保健效率、振兴经济的作用日益关注，其电子医疗市场估值在 150 亿欧元，并以每年 2.9 个百分点的速度增长。可以预见，欧洲地区的电信运营商必将在电子医疗领域承担起更多的责任，这也是 Orange 将电子医疗作为企业下一步 M2M 业务推广重点的原因之一。

2. 典型的 M2M 应用

下面以目前 M2M 应用最多的电力、家庭和物流领域为例，介绍典型的 M2M 应用。

1) 电力行业 M2M 应用

电力网络和系统是国家重要的基础设施，是国家经济和社会发展的重要保证，建设更加安全、可靠、环保、经济的电力系统已经成为全球电力行业的共同目标。在此背景下提出的智能电网，是以包括发、输、变、配、用、调度和信息等各环节的电力系统为对象，将电网控制技术、信息技术和管理技术有机结合，实现从发电到用电所有环节信息的智能交流，系统地优化电力生产、输送和使用。智能电网的实现，首先依赖于电网各个环节重要运行参数的在线监测和实时信息掌控，M2M 技术的发展为此提供了有效、便捷、可靠的技术手段。

M2M 可以在从电力生产到消费的各个环节得到应用，如发电设备监控，输电、变电、配电智能巡检，用电信息采集等。其中，用电环节因为其服务范围广、面向公众的特性，是 M2M 技术应用规模最大的环节。目前在用电环节的 M2M 应用包括智能抄表、能耗监控、电费支付(近程/远程)、欠费提醒等，这些应用均基于对用户用电信息的采集。

用电信息采集的实现方式如图 5.10 所示。

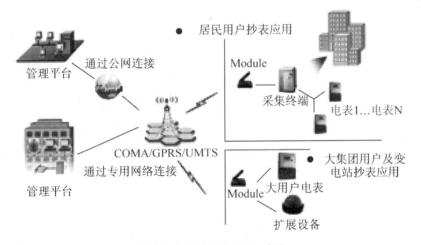

图 5.10　电力行业 M2M 应用

在居民用户和行业用户侧布放具备数据采集和传输功能的电表，其功能是响应系统侧发出的信息采集需求，或根据预先设置的采集周期，读取用户用电信息，并通过统一的接口发送给后台系统。在居民用户环境中，为节约成本，可通过一个采集终端与多个电表连接，将多个用户的用电信息进行汇总。采集终端(或电表)所采集到的用电信息经过通信模块，使用公共通信网络发送到电力企业的用电信息管理平台，或面向用户的信息服务平台。

运营商无线系统可提供广域的无线 IP 连接。在运营商的无线业务平台上构建电力远程抄表系统，实现电表数据的无线数据传输，具有可充分利用现有网络、缩短建设周期、降低建设成本的优点，而且设备安装方便、维护简单。

2) 家居领域 M2M 应用

所谓智能家居，是指以住宅为平台，兼备建筑、网络通信、信息家电、设备自动化，集系统、架构、服务、管理为一体的高效、舒适、安全、便利、环保的居住环境。智能家居的概念进入我国已有近 10 年的发展，但作为产业的智能家居在国内尚处于蓄势待发的

状态，产品普及度低，相关产业链也没有被带动起来，远没有渗透进入人们的日常生活。智能家居作为 M2M 的一种应用，M2M 的规范化和产业化发展将为智能家居行业提供强劲的动力。

随着 M2M 技术及应用的进一步发展和普及，在智能家居领域将逐渐呈现出泛在、融合、开放的特点。

（1）智能家电设备将通过蓝牙、WLAN、WiMAX、家庭网关等家庭局域网的无线宽带接入手段融入 3G 网络，构成智能家居服务泛在化的网络基础。

（2）未来的智能家居不再是信息孤岛，而是由智能家电构成的家庭传感器网络与各服务提供商的应用系统建立连接，通过标准化的接口协议请求提供服务。

（3）为了满足用户个性化和定制化的需求，客观上需要一个开放的业务开发环境，使应用开发商或运营商可以方便地为用户生成个性化的业务逻辑并迅速部署。

典型的智能家居系统包含家庭网络系统、智能家居(中央)控制管理系统、家居照明控制系统、家庭安防系统、家庭影院与多媒体系统、家庭环境控制系统等子系统。M2M 技术的引入使得对家居信息的获取和家居环境的控制从家庭范围近距离扩展到户外远程，因此也产生了众多的新应用，如安全防范、家电智能控制和远程控制、环境自动控制、家庭信息服务等。

3）物流领域 M2M 应用

物流业是融合运输业、仓储业、货代业和信息业等的复合型服务产业，是国民经济的重要组成部分，在促进产业结构调整、转变经济发展方式和增强国民经济竞争力等方面发挥着重要作用。物流信息化是提升物流企业运行效率，降低成本，促进物流行业发展的重要途径。

物流生产过程具备天然的移动性特征，随着 M2M 技术的发展，可以为包括运输、仓储、配送、包装、流通加工等物流全流程中的各个环节提供更丰富高效的管理和服务手段。而 RFID、定位、移动通信技术等的不断成熟和规模应用，也使物流成为使用 M2M 技术最为普及的一个领域。物流配送几乎包括了所有的物流功能要素，是物流的一个缩影或在某小范围中物流全部活动的体现，因此以物流配送中 M2M 的应用为例进行介绍。

物流配送的主要操作包括备货、储存、分拣及配货、配装和配送运输，通过这一系列活动完成将货物送达的目的。物流配送系统由配送中心、企业货物中心和用户组成，企业货物中心提供货源，用户根据需求选择货源，由配送中心整合用户需求及企业货物资源情况进行货物的配送。M2M 在物流配送中的应用主要包括物流车辆管理调度和物流仓库管理。

将 M2M 技术应用于物流车辆管理调度，可以使物流企业能在任何地方管理和控制物流车辆，快速、准确地掌握流动过程中所发生的信息流、资金流，高效可靠完成物流配送。

使用 M2M 技术的物流车辆管理系统如图 5.11 所示，系统由车辆管理平台、无线网络接入、车载终端组成。将具备移动通信、定位和环境参数感知能力的 M2M 车载终端嵌入到车辆中，在车辆通过车载终端接入到物流车辆管理系统后，相关的信息，如速度、行驶方向、经纬度、车辆状态和闲置时间等，将会定时传送到系统中。利用这些信息，将可更好地管理车队，提高效率，增加使用率，增强车辆及货物的安全性。

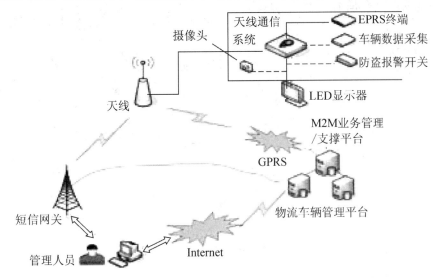

图 5.11　物流领域 M2M 应用

在物流仓库管理中，可通过条码扫描或 RFID 标签结合掌上计算机或移动终端形式，自动化识别配送物品，并通过运营商提供的移动通信系统，将物品信息、管理信息等传送到物流管理平台，从而实现自动化的物品入库、验收、发货、出库的全过程管理。

3．M2M 的应用场景举例

1）智能抄表

系统由位于电力局的配电中心和位于居民小区的电表数据采集点组成，利用运营商的无线网络，电表数据通过运营商的无线网络进行传输。

电表直接通过 RS232 口与无线模块连接，或者首先连接到电表数据采集终端，数据采集终端通过 RS232 口与无线模块连接，电表数据经过协议封装后发送到运营商的无线数据网络，通过无线数据网络将数据传送至配电数据中心，实现电表数据和数据中心系统的实时在线连接，如图 5.12 所示。

运营商无线系统可提供广域的无线 IP 连接。在运营商的无线业务平台上构建电力远程抄表系统，实现电表数据的无线数据传输，具有可充分利用现有网络，缩短建设周期，降低建设成本的优点，而且设备安装方便、维护简单。

2）车载

系统由 GPS 卫星定位系统、移动车载终端、无线网络和管理系统、GPS 地图、Web 服务器、用户终端组成，如图 5.13 所示。

车载终端由控制器模块、GPS、无线模块、视频图像处理设备及信息采集设备等组成。车载 GPS 导航终端通过 GPS 模块接收导航信息，并可以通过无线模块实时更新地图。

车载终端通过车辆信息采集设备收集车辆状况信息，通过无线模块上传给管理系统。通过无线模块，车辆防盗系统可以实现与用户终端进行交互。

应用场景（智能抄表）

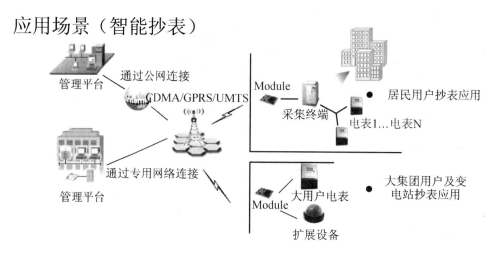

图 5.12　智能抄表

应用场景（车载）

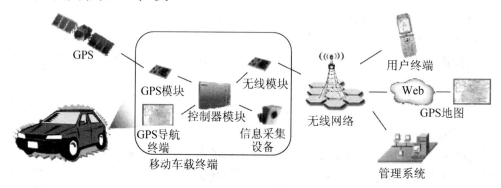

图 5.13　车载

3）智能交通

系统由 GPS/GLONASS 卫星定位系统、移动车载终端、无线网络和 ITS 管理系统组成，如图 5.14 所示。

车载终端由控制器模块、GPS 模块、无线模块及视频图像处理设备等组成，控制器模块通过 RS232 接口与块 GPS 模块、无线模块、视频图像处理设备相连。

车载终端通过 GPS 模块接收导航卫星网络的测距信息，将车辆的经度、纬度、速度、时间等信息传给微控制器；通过视频图像设备采集车辆状态信息。微控制器通过 GPRS 模块与监控中心进行双向的信息交互，完成相应的功能。

车载终端通过无线模块还可以支持车载语音功能。

应用场景（智能交通）

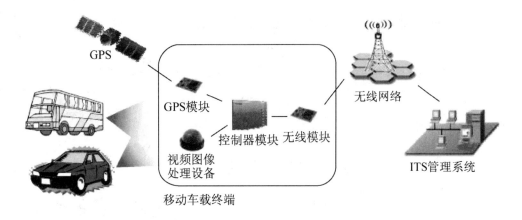

图 5.14 智能交通

4）安防视频监控

系统由图片、视频采集终端，无线网络和管理系统，Web 服务器，用户终端组成，如图 5.15 所示。

（1）图片、视频采集终端由无线模块、图片、视频采集设备等组成。

（2）图片、视频采集终端可以通过 MMS、可视电话直接将信息上传到用户终端。

（3）图片、视频采集终端可以实时将信息上传到 Web 服务器，用户可以通过 Web 浏览器远程浏览信息。

应用场景（安防视频监控）

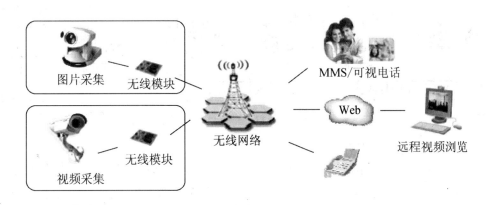

图 5.15 安防视频监控

5）自动售贩机（图 5.16）

（1）发展趋势：自动售卖机、报亭、酒店、物流和销售。

（2）应用：实现货物自动出售；数据的收集和发送；存货的管理；货物的调配及售货终端的监控。

6）无线 POS 机（图 5.17）

（1）发展趋势：酒店、餐厅、酒吧银行、物流配送。

（2）应用：消费结算；条码扫描；流水账单。

应用场景（自动售贩机）

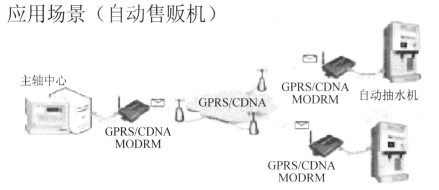

图 5.16 自动售贩机

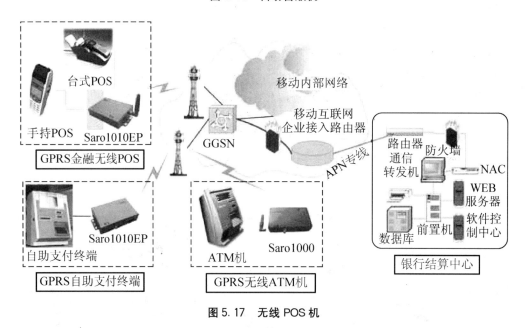

图 5.17 无线 POS 机

7）E-Health（图 5.18）

（1）发展趋势：医疗设备在家里、医院的使用；Microsoft 和 Google 开发了电子医院平台。

（2）应用：便于患者的行动；远程医疗设备的管理；实时对患者结果分析；远程诊断；降低医疗保健的成本。

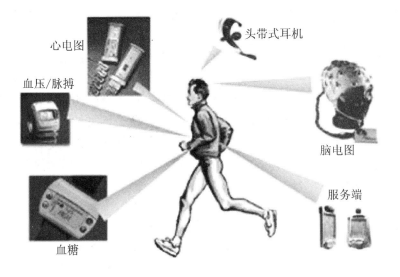

心电图

头带式耳机

血压/脉搏

脑电图

服务端

血糖

图5.18 E-Health

5.5 M2M应用关键技术

完整的 M2M 系统包括终端、网络和应用 3 个部分，以下从这 3 个方面对 M2M 所涉及的主要关键技术进行分析。

1. M2M 终端技术

M2M 终端可以分为两个部分：实现远距离无线通信能力的通信模块，以及完成信息采集和本地简单业务逻辑处理的功能单元。当 M2M 终端作为网关设备时，还通常包括近距离通信网络(如无线传感器网络)功能模块，实现近距离通信和控制协议。

1) 丰富的、标准化的外部接口

为了有效地采集外部信息，根据不同的应用场景需求，M2M 终端要与传感器、RFID

识读器、音视频监控前端等信息采集设备连接，需支持串口、语音接口（模拟/数字）、USB、I2C 总线、ADC、RS-232/485、CAN 等标准接口。为了最大限度地实现终端标准化，应在分析 M2M 应用的基础上，尽早定义 M2M 终端的统一接口标准。

2）一体化终端模组

根据终端模组的实现方式，可以分为 AT 模组和一体化模组两种。目前 M2M 应用所采用的模组大多为 AT 模组，在模组内部使用 AT 指令集，通过 UART 或者 USB 接口与外部 CPU 通信，模组主要实现无线发送和接收、基带处理、音频处理等功能，键盘、LCD 等外部设备则由外部 CPU 进行控制。为了降低成本和提升稳定性，在 M2M 应用中也逐渐采用一体化模组，它利用模组自身的 CPU、存储器和外围接口，将应用开发商或用户自行开发的应用程序代码集成到模组代码本身，完成相应的功能。这种实现模式完全省去外围单片机、SRAM 以及 Flash 等硬件资源，降低了外围电路复杂度，但同时因模组本身提供的存储空间和硬件处理资源比较有限，在复杂应用场景中也受到一定限制。

3）终端低功耗技术

M2M 有两类应用场景：一是设备位置不固定、移动性强的情况；二是设备位置固定，但地理分布广泛，有线接入方式部署困难或成本高昂的情况。在这些场景中，M2M 终端一般处于无人值守状态，受到环境的限制无法获取稳定可靠的电源。为了延长终端的工作时间，降低系统维护成本，一方面需要研究电池技术和替代能源技术，提高能源供给；另一方面要根据 M2M 通信特点研究终端低功耗技术，如系统级封装（SiP）和系统级芯片（SoC）解决方案。

2. 网络技术

M2M 应用依托通信网络实现应用系统与终端之间的信息交互，通信网络需针对 M2M 的业务特点进行调整和优化，以满足业务发展需求。

（1）码号。随着 M2M 应用的逐步普及，网络需接入大量的 M2M 终端，这对码号资源提出了新的需求，而码号的具体方案又对接入网和核心网提出改造要求。为此，需尽早启动 M2M 码号格式和分配策略的研究，统筹规划确保 M2M 应用的规模化发展。

（2）服务质量保证机制。M2M 的应用领域和种类众多，涵盖行业、家庭等多方面，不同类的 M2M 业务对服务质量的要求多种多样。为了充分地利用网络资源，同时为 M2M 应用提供满足需求的通信服务，需要研究 M2M 应用的服务质量体系，以及终端、接入网、核心网、应用系统之间的统一的服务质量保证机制。

（3）符合 M2M 业务流量模型的空中接口优化业务流量模型（Service Traffic Model）是无线通信系统设计的基础，现有无线通信系统的空口设计和优化是针对 H2H 通信业务进行的，如 VoIP 业务模型、FTP 业务模型、流媒体业务模型等，但 M2M 业务模型与这些业务模型有明显的差异。因此，必须首先构造针对 M2M 典型业务的业务模型，基于这些业务模型实现无线通信系统的控制接口优化。

3. 应用技术

现有 M2M 应用之间呈现出相对孤立的局面，为了实现规模发展，前提是构建统一的 M2M 系统架构，并充分采用 SaaS（Software as a Service）等理念构建应用系统，面向各种类型的用户提供安全、可靠的服务。

1）M2M 系统架构

在构建 M2M 应用的过程中，可以采用两种系统架构。一种是以独立的应用为中心的分立式系统，利用运营商所提供的单纯的通道服务，实现业务数据在终端与应用之间的交互。这种架构无法充分利用运营商在网络运营和业务运营方面的规模价值和优势，容易造成信息孤岛，而且独立部署的成本高；另一种是构建统一的 M2M 服务平台，实现各种应用的接入和运营，以及对 M2M 终端状态的监控、远程维护和升级。通过统一的服务平台，客户可以利用运营商的各种网络和业务服务能力，扩展应用的功能，同时降低业务部署成本。

2）采用 SaaS 模式构建公共服务平台

SaaS 作为一种系统应用及服务模式，在 M2M 系统的建设中具备广阔的应用前景，尤其是面向大量中小型行业用户的统一服务，以及面向大众用户的公共服务领域。用户可以在获取所需的业务功能的同时，节省大量的采购和维护投入，大幅降低信息化的门槛与风险。对于仍处在发展初期的 M2M 应用来说，SaaS 模式无疑是实现业务快速规模发展的有效手段。

3）可扩展的 M2M 业务环境

为了满足海量的客户化的 M2M 业务需求，应该充分借鉴互联网的业务开发模式，通过建设开放的业务开发环境，使用户和开发者可编辑自定义业务流程，并管理业务所需的自有数据。在业务开发环境中，统一对运营商的自有能力、第三方能力进行管理，并封装成标准接口供用户和应用开发者调用。

4. 系统安全

随着 M2M 应用领域的逐步扩大，M2M 应用的安全问题也引起客户和运营商的重视。M2M 安全包含终端接入安全、端到端通信安全、数据安全等多方面，具体所采用的安全手段包括 M2M 终端与 M2M 应用服务器之间的相互认证、端到端的数据加密保护、M2M 实体之间的数据完整性保护、M2M 实体与网络之间的应用信令的完整性和保密性保护、异常情况检测、对 M2M 服务器和终端的远程安全管理、应用层的密钥管理等。

通过以上分析可见，由于 M2M 应用固有的特征和应用环境，需要在终端、网络和应用系统方面解决诸多关键技术问题。解决这些技术问题的出发点和目标是在满足各类业务功能需求的前提下，降低应用的部署和使用成本，同时实现终端、网络和应用的可持续发展。

5.6 应用前景

5.6.1 前景预测

试想有一个"智能电网"能够使大量设备如仪表、家电、汽车、照明设备、医疗监视器、零售库存等实现连接和通信，它所带来的好处会非常多，如提高生产力、节约能源、远程访问、降低成本、改善医疗等。

根据 Wireless Intelligence 的统计，截至 2008 年年底，全球无线连接数量已超过 40 亿户（包括拥有多个 SIM 卡的用户在内），这是值得移动行业自豪的一个数据。然而，据权威机构分析，M2M 市场还蕴藏着超过 500 亿户的潜在连接数量。根据 Harbor Research 公司的统计数据，全球无线 M2M 连接数量将从 2008 年的 7300 万户增至 2013 年的 4.3 亿户。可以说，凭借这一巨大的市场机遇，M2M 有望成为移动连接领域的又一个重要前沿。

值得指出的是，CDMA 技术在支持 M2M 通信方面扮演着重要角色。而且，CDMA20001x 的升级技术 EV-DO 更是将拥有极高的数据传输速率，与 M2M 技术相得益彰，为运营商和最终用户创造无限价值。

1. M2M 备受运营商青睐

语音服务市场的激烈竞争导致了服务同质化，并降低了 ARPU 值。M2M 通过让机器使用运营商网络，为运营商带来了额外的收入，并最终提高他们的赢利能力。试想一下，假使全国的运输卡车车队都配备了无线传感器，而数以万计的家庭也用上了无线电表，其无线数据的使用量将会非常的庞大。许多有远见的 CDMA2000 运营商已经瞄准了这一机会，并正积极发掘 M2M 所蕴涵的无限商机。凭借合理的定价方案和规模经济效益，无论是运营商还是其客户都能从 M2M 中获得巨大收益。

M2M 相关的服务还有另一项核心优势，那就是低用户流失率。长期关注日益增长的 M2M 市场的分析师们指出，该领域的用户流失周期一般在 7 年左右。分析师们认为，针对蜂窝 M2M 应用，汽车运输和车队物流、公共设施智能计量、零售网点、用于物业管理和医疗保健的安全报警等领域将在中短期内带来最佳的投资回报。对于运营商而言，要在这一前景光明的领域寻求新的商机，其关键是对有望在最短时间内吸引最多用户的市场予以优先考虑。

2. M2M 与 CDMA 技术相得益彰

运输市场是最先将 M2M 付诸商用的领域之一。在过去 20 多年里，基于卫星的移动通信系统一直凭借其位置追踪和对移动资产状态（出租车、拖车和集装箱等）的监控能力，为长途运输和物流行业提供服务。此后，M2M 开始通过 CDMA20001x 网络提供遥测服务。凭借安装于卡车、公交和重型设备等移动资产中的 1x 蜂窝收发器，公司得以与司机交换双向数据信息，并随时随地地监控车辆位置、行驶时间、油耗和维护状况等多方面。

首批在医疗保健领域成功商用的 M2M 解决方案之一是由 CardioNet 所提供的。CardioNet 突破性的解决方案是在一个可配带的无线终端中集成心脏监测装置，这款终端通过与 CDMA20001x 无线网络连接，最终与医疗监测网络相连。监测器在病人的心电图中发现异常心律时，就会自动通过无线终端将数据发送到 CardioNet 监控中心，并由有医疗执照的监测技术人员及时分析诊断审阅。

展望未来，Proteus Biomedical 公司已成功研制了一种内置微型传感器的药丸，病人服下药丸后，传感器可以及时通过无线连接向医生或家里的计算机发送报告，使护理人员能够更有效地监测患者是否遵照医嘱服药。

无线智能网可以使煤气表、水表和电表等仪表之间彼此连接，实现如告知用户为草坪浇水以及运行洗衣机和烘干机等高能耗家电的最佳时间等功能。有些专家将这一概念进一步延伸，正在开发工作原理相同的无线连接的温控器。温控器可通过无线网络安全地传递指令，从而发现潜在的断电隐患，并自动调整受影响地区的家庭和办公室的 HVAC（混成自动电压控制）系统。

尽管这些解决方案听起来像是出自科幻小说之中，但智能网确实正逐步成为现实，这得益于成熟和高度可靠的 3G 网络所提供的广泛覆盖，如可以将绝大多数机器与互联网连接的 CDMA20001x 技术。

3. M2M 前景无限

M2M 通信技术最令人兴奋的发展成果之一就是它代表了利用无线连接转变传统观念的全新商业模式。Kindle 电子书阅读器终端就是一个极好的例子，目前该终端已引起公众的广泛关注，并成为新闻报道的焦点。Kindle 终端配有内置无线调制解调器，使用户能够通过 Sprint 的 CDMA2000 网络下载图书。

AnyData、华为、摩托罗拉、高通和中兴等公司纷纷推出 M2M 模块，通过可靠、安全和无所不在的 CDMA20001x 无线链路与机器进行连接。

市场调研公司 Strategy Analytics 预计，移动 M2M 市场规模在 2014 年将超过 570 亿美元，2008 年年底，这一市场的规模还只有不到 160 亿美元。巨大的市场潜力使许多无线运营商和终端制造商纷纷看好 M2M 的前景，他们也在寻求为越来越多独立的机器添加无线连接功能。

5.6.2　M2M 应用发展所面临的问题

从目前国内外 M2M 应用的发展情况看，无论是应用种类和规模，均与市场和用户需求有较大的距离。造成这种现象的原因有以下几方面。

（1）M2M 通信的业务模型、工作环境均有别于传统的 H2H 通信，对网络及终端均提出了新的要求。机器类通信的特点是终端数量大，单终端通信流量小，但总流量峰值大，通信可靠性要求高，工作环境温湿度变化大，多为无人值守，能源受限等。这就要求网络接入规模和工作机制需满足 M2M 应用的服务质量需求，M2M 终端则需适应复杂的环境要求。

（2）为了适应不同行业的需求，目前的 M2M 终端多采用定制化终端，造成部署成本偏高，而小型化、低成本的终端是 M2M 大规模应用的关键。

（3）尽管在 ETSI、3GPP、CCSA 等国内外标准化组织中，已经启动关于 M2M 的标准化工作，但总体而言仍处于起步阶段。标准化的滞后使 M2M 应用面临着成本和可持续发展的双重风险。

（4）更为重要的是，目前在 M2M 应用领域缺乏成熟的、共赢的商业模式。在大部分 M2M 应用中，运营商均仅提供基础的通道型服务，对于最终用户而言，M2M 的部署大多以集成项目的方式完成，从而既增加了用户的部署成本，又造成整个市场的无序和碎片化。

随着物联网、泛在网等新的网络和应用概念的提出，M2M 作为一种基础服务，面临着新的飞速增长机遇。在此阶段，从技术研究和商业模式两个维度解决 M2M 发展过程中的问题变得尤为重要。

本 章 小 结

本章首先介绍了 M2M 的概念，然后介绍了 M2M 的标准、技术构成、典型应用和关键技术。

分别从广义和狭义两个方面对 M2M 的概念进行了阐述；简述了 ETSI 和 3GPP 以及 3GPP2 标准化组织对 M2M 所进行的标准化工作；对 M2M 组成部分——机器、M2M 硬件、通信网络、中间件、应用等分别进行阐述；并从电力、交通、安防、智能家居和物流等方面介绍了 M2M 的典型应用；从 M2M 系统的终端、网络和应用 3 个部分，以及这 3 个方面分对 M2M 所涉及的主要关键技术进行了分析；最后应用前景进行了预测并提出了可能面临的问题。

习 题 5

一、填空题

5.1 M2M 的硬件包括（　　　　　）、（　　　　　）、（　　　　　）、（　　　　　）、（　　　　　）和（　　　　　）。

5.2 ETSI TC 的 3 个研究阶段分别为（　　　　　）、（　　　　　）和（　　　　　）。

二、选择题

5.3 完整的 M2M 系统包括以下哪几个部分？（　　　）

A. 终端　　　　　　B. 网络　　　　　　C. 应用　　　　　　D. 传输

5.4 从广义上说，M2M 代表（　　　）。

A. 机器对机器（Machine to Machine）

B. 人对机器（Man to Machine）

C. 机器对人（Machine to Man）

D. 移动网络对机器（Mobile to Machine）

5.5 以下哪些是 M2M 的应用领域？（　　　）

A. 公共事业　　　　　　　　　　B. 交通运输

C. 医疗事业　　　　　　　　　　D. 金融领域

三、简答题

5.6 简述 M2M 的主要标准。

5.7 简述 M2M 应用的关键网络技术。

5.8 简述 M2M 在家居领域的特点。

5.9 简述 M2M 在 ETSI 的研究。

第 **6** 章
物联网的通信技术

教学目标

- 理解物联网通信的接入层和传输层的功能
- 掌握物联网传输层的技术
- 掌握物联网接入层的技术
- 了解移动通信的新技术

教学要求

知 识 要 点	能 力 要 求
物联网的传输层技术	(1) 掌握 IPv4 技术 (2) 掌握 IPv6 技术 (3) 掌握核心网的过渡技术
物联网接入层的有线接入技术	(1) 掌握 ADSL 技术 (2) 掌握以太网接入技术 (3) 掌握 HFC 技术 (4) 掌握 FTTX 技术
物联网接入层的无线接入技术	(1) 掌握 WPAN 技术 (2) 掌握 WLAN 技术 (3) 掌握 WMAN 技术
移动通信技术	(1) 了解第三代移动通信技术 (2) 了解第四代移动通信技术

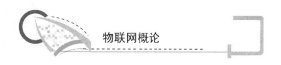

引例 1

Internet 的起源

1969 年，也就是美苏冷战时期，美国担心苏联的核武器可以摧毁美国的核心军事基地。它们一旦被摧毁，美国的军事防御能力就可能彻底瘫痪。因此，美国下决心要建立一个分布式网络系统。即使部分节点被摧毁，整个系统仍然可以运行。于是美国国防部高级研究计划管理局（ARPA-Advanced Research Projects Agency）建立了 ARPANET。当时的 ARPANET 只有 4 个节点（IMP）。它们都位于美国的中西部。1970 年，ARPANET 向美国东部发展，到年底发展到 13 个节点。到了 1971 年 9 月，节点数增加到了 18 个，1973 年，ARPANET 从美国大陆开始向外延伸。到 9 月，节点数增加到 40 个。1983 年，出于军事安全的考虑，ARPANET 将其中的部分节点分离出去，专门形成了一个军事网络，叫 MILNET。同年，TCP/IP 协议在 ARPANET 网络中被采用。到 1995 年，互联网以爆炸的形式增长，于是它把主干网的工作交给了网络运营商们，也就是今天 Internet 的开始。

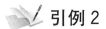

引例 2

无线网络的起源

1887 年德国物理学家赫兹用实验证实了电磁波的存在，而有了电磁波，无线电通信才有了可能。无线电通信还和许多发明家的名字联系在一起：马可尼、波波夫、弗莱铭……在今天的信息社会中，他们发明的意义随着时间的流逝而愈显珍贵。

1912 年 4 月，发生了震惊世界的"泰坦尼克"号沉没事件。英国新建的当时世界上最豪华的邮轮"泰坦尼克"号，在其开往美国的处女航行中因冲撞冰山而沉没，死难者达 1500 多人。"泰坦尼克"号配备了较完善的无线电报装置，在它发出"SOS"国际无线电呼救信号时，在距它 40 千米的洋面上恰好有一艘货轮经过，但是这艘货轮却未曾安装无线电报设备。等到距离"泰坦尼克"号 100 千米的卡尔巴夏号轮船接到信号赶赴出事地点时，只抢救出 700 多人，在死难的 1000 多人中，有不少是因为久久没有得到救助而经受不住饥寒袭击，惨死于漂浮在冰海的救生艇上。全世界从这一惨剧中吸取了教训，此后各国法律强行规定：凡是具有一定规模的船只必须配备无线电装置。

无线通信的广泛应用始于第二次世界大战期间，当时美国陆军采用无线电信号做资料的传输。他们研发出了一套无线电传输科技，并且采用相当高强度的加密技术。当初美军和盟军都广泛使用这项技术。这项技术让许多学者得到了灵感，在 1971 年时，夏威夷大学（University of Hawaii）的研究员创造了第一个基于封包式技术的无线电通信网络，这被称作 ALOHNET 的网络，可以算是相当早期的无线局域网络（WLAN）。这最早的 WLAN 包括了 7 台计算机，它们采用双向星型拓扑（Bi-Directional Star Topology），横跨 4 座夏威夷的岛屿，中心计算机放置在瓦胡岛（Oahu Island）上。从这时开始，无线网络可说是正式诞生了。

本章导读

通信和网络让海量的感知信息网络化，并为全面智能化提供了可能。借助于通信和网络技术，物联网可以将海量的感知信息完整地呈现给用户，真正做到无处不在的感知。本章主要介绍物联网的传输技术和接入技术。传输技术包括 IPv4、IPv6 和核心网的过渡技术；接入技术包括有线接入、无线接入和移动通信技术。通过本章的学习能够比较全面地了解物联网的通信技术。

在第一章讲过物联网分 3 个层次，分别是应用层、网络层和感知层。本章要讲述的就是网络层，它的主要功能就是通过网络对数据进行传输。网络层将来自感知层的各类信息通过基础承载网络传输到应用层，包括移动通信网、互联网、卫星网、广电网、行业专网，及形成的融合网络等。该层还可以细分为两个层次，分别是传输层和接入层，如图 6.1 所示。传输层为原有的互联网，主要完成信息的远距离传输等功能。接入层主要完成各类感知设备的互联网接入，该层重点强调各类接入方式，如 3G/4G、无线个域网、WiFi、有线或者卫星等方式。下面分别对传输层和接入层加以讲述。

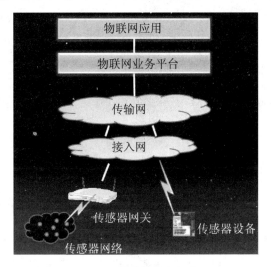

图 6.1　物联网业务平台

6.1　传　输　层

该层可以说是物联网通信技术的核心网，它主要指的是互联网，互联网是指将两台计算机或者是两台以上的计算机终端、客户端、服务端通过计算机信息技术的手段互相联系起来的结果，人们可以与远在千里之外的朋友相互发送邮件、共同完成一项工作、共同娱乐。如果从技术的角度来定义互联网。至少包括 3 个方面的内容：首先，互联网是全球性的；其次，互联网上的每一台主机都需要有"地址"；最后，这些主机必须按照共同的规则(协议)连接在一起。

6.1.1　IPv4 简介

互连在一起的网络要进行通信，会遇到许多问题需要解决，图 6.2 就是一个把不同的网络连接在一起的互联网络，由于互联的网络各不相同，所以在各个方面都存在着差别。如：不同的寻址方案；不同的最大分组长度；不同的网络接入机制；不同的超时控制；不同的差错恢复方法；不同的状态报告方法；不同的路由选择技术；不同的用户接入控制；不同的服务(面向连接服务和无连接服务)；不同的管理与控制方式。只有把这些问题都解决了，才能实现真正的网络互联互通。

为了解决上述问题，提出了虚拟互联网络的含义，所谓虚拟互联网络也就是逻辑互联网络，它的意思就是互联起来的各种物理网络的异构性本来是客观存在的，但是利用 IP协议就可以使这些性能各异的网络从用户看起来好像是一个统一的网络。使用 IP 协议的虚拟互联网络可简称为 IP 网。使用虚拟互联网络的好处是：当互联网上的主机进行通信

时，就好像在一个网络上通信一样，而看不见互联的各具体的网络异构细节，如图 6.3 所示。

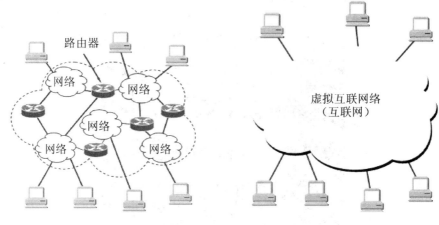

图 6.2　互联网络　　　　　　　　　图 6.3　虚拟互联网络

1. IPV4 协议配套使用协议

网际协议 IP 是 TCP/IP 体系中两个最主要的协议之一。与 IP 协议配套使用的还有 4 个协议（图 6.4）。

图 6.4　网际层的 IP 协议及配套协议

应用层	各种应用层协议 （HTTP，FTP，SMTP等）
运输层	TCP，UDP
网络层 （网际层）	ICMP　IGMP IP RARP　ARP
网络接口层	与各种网络接口

1) 地址解析协议（Address Resolution Protocol，ARP）

不管网络层使用的是什么协议，在实际网络的链路上传送数据帧时，最终还是必须使用硬件地址。每一个主机都设有一个 ARP 高速缓存（ARPcache），里面有所在的局域网上的各主机和路由器的 IP 地址到硬件地址的映射表。当主机 A 欲向本局域网上的某个主机 B 发送 IP 数据报时，就先在其 ARP 高速缓存中查看有无主机 B 的 IP 地址。若有，就可查出其对应的硬件地址，再将此硬件地址写入 MAC 帧，然后通过局域网将该 MAC 帧发往此硬件地址，如图 6.5 所示。

2) 逆地址解析协议

逆地址解析协议（Reverse Address Resolution Protocol，RARP）使只知道自己硬件地址的主机能够知道其 IP 地址。这种主机往往是无盘工作站。因此 RARP 协议目前已很少使用，如图 6.5 所示。

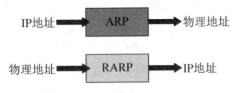

图 6.5 ARP 和 RARP 协议

3）网际控制报文协议

为了提高 IP 数据报交付成功的机会，在网际层使用了网际控制报文协议（Internet Control Message Protocol，ICMP）。ICMP 允许主机或路由器报告差错情况和提供有关异常情况的报告。ICMP 不是高层协议，而是 IP 层的协议。

4）网际组管理协议

网际组管理协议（Internet Group Management Protocol，IGMP）是因特网协议家族中的一个组播协议，用于 IP 主机向任一个直接相邻的路由器报告他们的组成员情况。IGMP 信息封装在 IP 报文中。

2. IP 层的特点

IP 层向上只提供简单灵活的、无连接的、尽最大努力交付的数据报服务。

网络在发送分组时不需要先建立连接。每一个分组（即 IP 数据报）独立发送，与其前后的分组无关（不进行编号）。

IP 层不提供服务质量的承诺。即所传送的分组可能丢失、重复和失序（不按序到达终点），当然也不保证分组传送的时限。

对高层来说，IP 层隔离了各种物理网络的差异。

3. IP 层的功能

1）分组的传输

使用 IP 分组格式，按照 IP 地址进行传输。一个 IP 数据报由首部和数据两部分组成。首部的前一部分是固定长度，共 20 字节，是所有 IP 数据报必须具有的。在首部的固定部分的后面是一些可选字段，其长度是可变的，如图 6.6 所示。

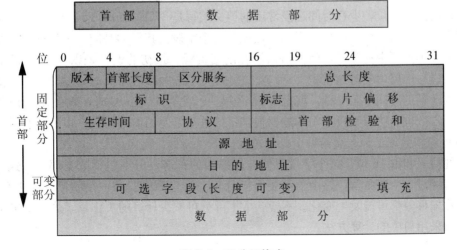

图 6.6 IP 分组格式

版本占 4 位，指 IP 协议的版本目前的 IP 协议版本号为 4（即 IPv4）。

首部长度占 4 位，可表示的最大十进制数值是 15。请注意，这个字段所表示数的单位是 32 位字长（1 个 32 位字长是 4 字节），因此，当 IP 的首部长度为 1111 时（即十进制的 15），首部长度就达到 60 字节。当 IP 分组的首部长度不是 4 字节的整数倍时，必须利用最后的填充字段加以填充。因此数据部分永远在 4 字节的整数倍开始，这样在实现 IP 协议时较为方便。首部长度限制为 60 字节的缺点是有时可能不够用。但这样做是希望用户尽量减少开销。最常用的首部长度就是 20 字节（即首部长度为 0101），这时不使用任何选项。

区分服务占 8 位，用来获得更好的服务在旧标准中称为服务类型，但实际上一直未被使用过。1998 年这个字段改名为区分服务。只有在使用区分服务（DiffServ）时，这个字段才起作用。在一般的情况下都不使用这个字段。

总长度占 16 位，指首部和数据之和的长度，单位为字节，因此数据报的最大长度为 65535 字节。总长度必须不超过最大传送单元 MTU。在 IP 层下面的每一种数据链路层都有自己的帧格式，其中包括帧格式中的数据字段的最大长度，这称为最大传送单元 MTU（Maximum Transfer Unit）。当一个数据报封装成链路层的帧时，此数据报的总长度（即首部加上数据部分）一定不能超过下面的数据链路层的 MTU 值。

标识（Identification）占 16 位，IP 软件在存储器中维持一个计数器，每产生一个数据报，计数器就加 1，并将此值赋给标识字段。但这个"标识"并不是序号，因为 IP 是无连接服务，数据报不存在按序接收的问题。当数据报由于长度超过网络的 MTU 而必须分片时，这个标识字段的值就被复制到所有的数据报的标识字段中。相同的标识字段的值使分片后的各数据报片最后能正确地重装成为原来的数据报。

标志（Flag）占 3 位，目前只有前两位有意义标志字段的最低位是 MF（More Fragment）。MF＝1 表示后面"还有分片"。MF＝0 表示最后一个分片。标志字段中间的一位是 DF（Don't Fragment）。只有当 DF＝0 时才允许分片。

片偏移占 13 位，片偏移指出：较长的分组在分片后，某片在原分组中的相对位置。也就是说，相对用户数据字段的起点，该片从何处开始。片偏移以 8 个字节为偏移单位。这就是说，每个分片的长度一定是 8 字节（64 位）的整数倍。

生存时间占 8 位，生存时间字段常用的英文缩写是 TTL（Time To Live），表明是数据报在网络中的寿命。由发出数据报的源点设置这个字段。其目的是防止无法交付的数据报无限制地在因特网中兜圈子，因而白白消耗网络资源。最初的设计是以秒作为 TTL 的单位。每经过一个路由器时，就把 TTL 减去数据报在路由器消耗掉的一段时间。若数据报在路由器消耗的时间小于 1 秒，就把 TTL 值减 1。当 TTL 值为 0 时，就丢弃这个数据报。

协议占 8 位，协议字段指出此数据报携带的数据是使用何种协议，以便使目的主机的 IP 层知道应将数据部分上交给哪个处理过程。

首部检验和占 16 位，这个字段只检验数据报的首部，但不包括数据部分。这是因为数据报每经过一个路由器，路由器都要重新计算一下首部检验和一些字段，如生存时间、标志、片偏移等都可能发生变化。不检验数据部分可减少计算的工作量。这里不采用 CRC 检验码而采用简单的计算方法。

源地址和目的地址都各占 4 字节。互联网上的每台主机都有一个唯一的 IP 地址。IP 协议就是使用这个地址在主机之间传递信息，这是互联网能够运行的基础。IP 地址的长度为 32 位，分为 4 段，每段 8 位，用十进制数字表示，每段数字范围为 0～255，段与段之间用句点隔开。例如 159.226.1.1。IP 地址有两部分组成，一部分为网络地址；另一部分为主机地址。IP 地址分为 A、B、C、D、E 共 5 类。其中 A、B、C 这 3 类(表 6-1)由 InternetNIC 在全球范围内统一分配，D、E 类为特殊地址。

表 6-1　地址的使用范围

网络类别	最大网络数	第一个可用的网络号	最后一个用的网络号	每个网络中最大的主机数
A	$126(2^7-2)$	1	126	16 777 214
B	$16\ 383(2^{14}-1)$	128.1	191.255	65 534
C	$2\ 097\ 151(2^{21}-1)$	192.0.1	223.255.255	254

除了上面 3 种类型的 IP 地址外，还有几种特殊类型的 IP 地址，TCP/IP 协议规定，凡 IP 地址中的第一个字节以 "1110" 开始的地址都叫多点广播地址即 D 类地址。因此，任何第一个字节大于 223 小于 240 的 IP 地址是多点广播地址；IP 地址中的每一个字节都为 0 的地址("0.0.0.0")对应于当前主机；IP 地址中的每一个字节都为 1 的 IP 地址("255.255.255.255")是当前子网的广播地址；IP 地址中凡是以 "11110" 的地址都留着将来作为特殊用途使用即 E 类地址；IP 地址中不能以十进制 "127" 作为开头，27.1.1.1 用于回路测试，同时网络 ID 的第一个 6 位组也不能全置为 "0"，全 "0" 表示本地网络。

为了区分 IP 地址的哪部分是网络部分，哪部分是主机部分，就要使用子网掩码。子网掩码和 IP 地址是一一对应的，将子网掩码和 IP 地址都化成二进制，则子网掩码中的每一个二进制位都唯一地对应着 IP 地址的一个二进制位。子网掩码中值为 1 的二进制位对应的 IP 地址部分即为网络位，子网掩码中值为 0 的二进制位对应的 IP 地址部分即为主机部分，如图 6.7 所示。

192.168.0.119/24

11000000　10101000　00000000　01110111

11111111　11111111　11111111　00000000

图 6.7　子网掩码

除了区分 IP 地址的网络部分和主机部分外，子网掩码在数据传输中也有重要的作用。当主机 A 要把数据传送给主机 B 时，主机 A 先通过自己主机的子网掩码计算出主机 A 的网络位；然后，在利用主机 B 的 IP 地址和自己的子网掩码，计算出主机 B 的网络位。如果自己和主机 B 的网络 ID 相同，说明在一个网段，则直接传送，否则说明在不同网段，要通过路由器传送。

IP 首部的可变部分就是一个可选字段。选项字段用来支持排错、测量以及安全等措施，内容很丰富。此字段的长度可变，从 1～40 个字节不等，取决于所选择的项目。某些选项项目只需要 1 个字节，它只包括 1 个字节的选项代码。但还有些选项需要多个字节，

这些选项一个个拼接起来,中间不需要有分隔符,最后用全 0 的填充字段补齐成为 4 字节的整数倍。

增加首部的可变部分是为了增加 IP 数据报的功能,但这同时也使得 IP 数据报的首部长度成为可变的。这就增加了每一个路由器处理数据报的开销。实际上这些选项很少被使用。新的 IP 版本 IPv6 就将 IP 数据报的首部长度做成固定的。

目前,这些任选项定义如下。

① 安全和处理限制(用于军事领域)。

② 记录路径(让每个路由器都记下它的 IP 地址)。

③ 时间戳(让每个路由器都记下它的 IP 地址和时间)。

④ 宽松的源站路由(为数据报指定一系列必须经过的 IP 地址)。

⑤ 严格的源站路由(与宽松的源站路由类似,但是要求只能经过指定的这些地址,不能经过其他的地址)。

这些选项很少被使用,并非所有主机和路由器都支持这些选项。

2)路由的选择和维护

根据 IP 地址,使用路由协议进行路由的选择和维护。根据 IP 地址通过路由器进行分组转发的情况见表 6-2。

表 6-2　分组转发的情况

转发步骤	转发描述
(1)	从收到的分组的首部提取目的 IP 地址 D
(2)	先用各网络的子网掩码和 D 逐位相"与",看是否和相应的网络地址匹配。若匹配,则将分组直接交付。否则就间接交付,执行(3)
(3)	若路由表中有目的地址为 D 的特定主机路由,则将分组传送给指明的下一跳路由器;否则,执行(4)
(4)	对路由表中的每一行的子网掩码和 D 逐位相"与",若其结果与该行的目的网络地址匹配,则将分组传送给该行指明的下一跳路由器;否则,执行(5)
(5)	若路由表中有一个默认路由,则将分组传送给路由表中所指明的默认路由器;否则,执行(6)
(6)	报告转发分组出错

要想通过路由器进行分组的转发,就必须有路由协议,同时要求实现路由协议的算法。比较理想的路由算法应该具备以下几点。

算法必须是正确的和完整的;算法在计算上应简单;算法应能适应通信量和网络拓扑的变化,这就是说,要有自适应性;算法应具有稳定性;算法应是公平的;算法应是最佳的。但实际上不存在一种绝对的最佳路由算法。所谓"最佳"只能是相对于某一种特定要求下得出的较为合理的选择而已。实际的路由选择算法,应尽可能接近于最佳的算法。路由选择是个非常复杂的问题,它是网络中的所有结点共同协调工作的结果。路由选择的环境往往是不断变化的,而这种变化有时无法事先知道。

从路由算法的自适应性考虑,可以分为以下两种路由选择策略。

静态路由选择策略——即非自适应路由选择,其特点是简单和开销较小,但不能及时适应网络状态的变化。

动态路由选择策略——即自适应路由选择，其特点是能较好地适应网络状态的变化，但实现起来较为复杂，开销也比较大。

因特网采用的路由选择协议主要是自适应的即动态路由选择，由于以下两个原因因特网采用分层次的路由选择协议：一是因特网的规模非常大，如果让所有的路由器知道所有的网络应怎样到达，则这种路由表将非常大，处理起来也太花时间，而所有这些路由器之间交换路由信息所需的带宽就会使因特网的通信链路饱和。二是许多单位不愿意外界了解自己单位网络的布局细节和本部门所采用的路由选择协议（这属于本部门内部的事情），但同时还希望连接到因特网上。为此，因特网将互联网划分为许多较小的自治系统（AS），AS 的定义：在单一的技术管理下的一组路由器，而这些路由器使用一种 AS 内部的路由选择协议和共同的度量以确定分组在该 AS 内的路由，同时还使用一种 AS 之间的路由选择协议用以确定分组在 AS 之间的路由。现在对自治系统（AS）的定义是强调下面的事实：尽管一个 AS 使用了多种内部路由选择协议和度量，但重要的是一个 AS 对其他 AS 表现出的是一个单一的和一致的路由选择策略。

因特网自适应的动态路由选择有两大类路由选择协议，一个是内部网关协议（Interior Gateway Protocol，IGP），即在一个自治系统内部使用的路由选择协议。目前这类路由选择协议使用得最多，如 RIP 和 OSPF 协议。另一个是外部网关协议（External Gateway Protocol，EGP），若源站和目的站处在不同的自治系统中，当数据报传到一个自治系统的边界时，就需要使用一种协议将路由选择信息传递到另一个自治系统中。这样的协议就是外部网关协议（EGP）。在外部网关协议中目前使用最多的是 BGP-4。自治系统之间的路由选择也称为域间路由选择（Interdomain Routing），在自治系统内部的路由选择称为域内路由选择（Intradomainr Outing），如图 6.8 所示。

图 6.8　自治系统和内部网关协议、外部网关协议

（1）内部网关协议（RIP）。RIP 是内部网关协议（IGP）中最先得到广泛使用的协议。是一种分布式的基于距离向量的路由选择协议。RIP 协议要求网络中的每一个路由器都要维护从它自己到其他每一个目的网络的距离记录。距离的定义是从一个路由器到直接连接的网络的距离定义为 1。从一个路由器到非直接连接的网络的距离定义为所经过的路由器数加 1。RIP 协议中的距离也称为"跳数"（Hop Count），因为每经过一个路由器，跳数就加 1。这里的距离实际上指的是最短距离，RIP 认为一个好的路由就是它通过的路由器的数目少，即距离短。RIP 允许一条路径最多只能包含 15 个路由器。距离的最大值为 16 时即相当于不可达。可见 RIP 只适用于小型互联网。RIP 不能在两个网络之间同时使用多条路由。RIP 选择一个具有最少路由器的路由（即最短路由），哪怕还存在另一条高速（低时

延)但路由器较多的路由。

RIP 特点是仅和相邻路由器交换信息。交换的信息是当前本路由器所知道的全部信息，即自己的路由表。按固定的时间间隔交换路由信息，例如，每隔 30 秒。

路由器在刚刚开始工作时，只知道到直接连接的网络的距离(此距离定义为 1)。以后，每一个路由器也只和数目非常有限的相邻路由器交换并更新路由信息。经过若干次更新后，所有的路由器最终都会知道到达本自治系统中任何一个网络的最短距离和下一跳路由器的地址。这样就完成了路由表的建立。

(2)内部网关协议(OSPF)。这个协议的名字是开放最短路径优先(Open Shortest Path First，OSPF)。"开放"表明 OSPF 协议不是受某一家厂商控制，而是公开发表的。"最短路径优先"是因为使用了 Dijkstra 提出的最短路径算法 SPF。OSPF 只是一个协议的名字，它并不表示其他的路由选择协议不是"最短路径优先"，是分布式的链路状态协议。

OSPF 的主要特征是使用分布式的链路状态协议，而不是 RIP 的距离向量协议。和 RIP 的不同主要表现在以下几个方面：①向本自治系统中所有路由器发送信息，这里使用的方法是洪泛法。②发送的信息就是与本路由器相邻的所有路由器的链路状态，但这只是路由器所知道的部分信息。"链路状态"就是说明本路由器都和哪些路由器相邻，以及该链路的"度量"(Metric)。③只有当链路状态发生变化时，路由器才用洪泛法向所有路由器发送此信息。

由于各路由器之间频繁地交换链路状态信息，因此所有的路由器最终都能建立一个链路状态数据库。这个数据库实际上就是全网的拓扑结构图，它在全网范围内是一致的(这称为链路状态数据库的同步)。OSPF 的链路状态数据库能较快地进行更新，使各个路由器能及时更新其路由表。OSPF 的更新过程收敛得快是其重要优点。

为了使 OSPF 能够用于规模很大的网络，OSPF 将一个自治系统再划分为若干个更小的范围，称为区域。图 6.9 就表示一个自治系统划分为 4 个区域，每一个区域都有一个 32 位的区域标识符(用点分十进制表示)。区域也不能太大，在一个区域内的路由器最好不超过 200 个。

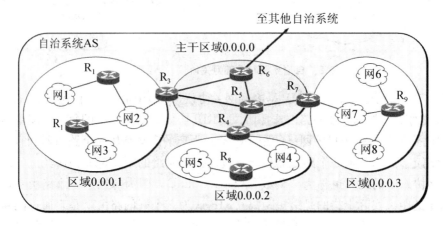

图 6.9 自治系统区域的划分

划分区域的好处就是将利用洪泛法交换链路状态信息的范围局限于每一个区域而不是

整个的自治系统，这就减少了整个网络上的通信量。在一个区域内部的路由器只知道本区域的完整网络拓扑，而不知道其他区域的网络拓扑的情况。OSPF 使用层次结构的区域划分。在上层的区域称为主干区域(Backbone Area)。主干区域的标识符规定为 0.0.0.0。主干区域的作用是用来连通其他在下层的区域。

（3）外部网关协议(BGP)。BGP 是不同自治系统的路由器之间交换路由信息的协议。BGP 较新版本是 2006 年 1 月发表的 BGP-4(BGP 第 4 个版本)，可以将 BGP-4 简写为 BGP。

内部网关协议主要是设法使数据报在一个 AS 中尽可能有效地从源站传送到目的站，不考虑其他的策略。然而 BGP 使用的环境却不同，主要是以下两个原因。一是因特网的规模太大，使得自治系统之间路由选择非常困难。对于自治系统之间的路由选择，要寻找最佳路由是很不现实的。当一条路径通过几个不同 AS 时，要想对这样的路径计算出有意义的代价是不太可能的。比较合理的做法是在 AS 之间交换"可达性"信息。二是自治系统之间的路由选择必须考虑有关策略。因此，边界网关协议 BGP 只能是力求寻找一条能够到达目的网络且比较好的路由(不能兜圈子)，而并非要寻找一条最佳路由。

在配置 BGP 时，每一个自治系统的管理员要选择至少一个路由器作为该自治系统的"BGP 发言人"。一般来说，两个 BGP 发言人都是通过一个共享网络连接在一起的，而BGP 发言人往往就是 BGP 边界路由器，但也可以不是 BGP 边界路由器。一个 BGP 发言人与其他自治系统中的 BGP 发言人要交换路由信息，就要先建立 TCP 连接，然后在此连接上交换 BGP 报文以建立 BGP 会话(Session)，利用 BGP 会话交换路由信息。使用 TCP 连接能提供可靠的服务，也简化了路由选择协议。使用 TCP 连接交换路由信息的两个BGP 发言人，彼此成为对方的邻站或对等站。图 6.10 描述了 BGP 发言人和自治系统(AS)的关系。

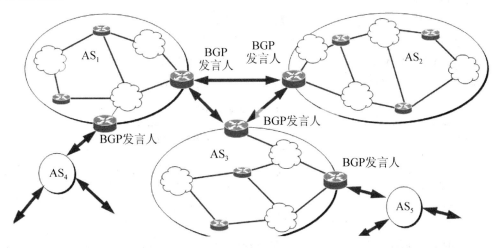

图 6.10　BGP 发言人和 AS 的关系

BGP 所交换的网络可达性的信息就是要到达某个网络所要经过的一系列 AS。当 BGP 发言人互相交换了网络可达性的信息后，各 BGP 发言人就根据所采用的策略从收到的路由信息中找出到达各 AS 的较好路由。图 6.11 表示从图 6.10 BGP 的 AS₁ 上的一个 BGP

发言人构造出的 AS 连通图，它是树形结构，不存在回路。

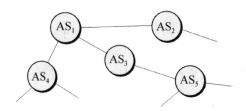

图 6.11　AS 的连通图举例

4. IPv4 潜伏的三大危机与解决办法

1）地址枯竭

IPv4 的地址域为 32 比特，可提供 2^{32}（约 40 亿）个 IP 地址。但因将 IP 地址按网络规模划分成 A、B、C 三类后，用户可用地址总数显著减少。整个 IPv4 的地址空间在不久的将来最终将全部耗尽。

2）网络号码匮乏

在 IPv4 中，A 类网络只有 126 个，每个能容纳 1 亿多个主机；B 类网络也仅有 16 382 个，每个能容纳 6 万多个主机；C 类网络虽多达 209 万余个，但每个只能容纳 254 个主机。

3）路由表急剧膨胀

IPv4 的地址体系结构是非层次化的，每增加一个子网路由器就增加一个表项，导致因特网主干网上的路由表中的项目数急剧增长，使路由器不堪重负。

4）解决措施

利用内部地址弥补 IP 地址的不足，内部地址也称私有地址（Private Address）属于非注册地址，专门为组织机构内部使用。如果组织内部有大量的主机需要互相通信，就可以使用内部地址，由于内部通信不需要连接互联网，所以不同的组织可以同时使用相同的内部地址，这样就大大减少了对公有地址的占用。如果内部组织要和外网通信，需要通过NAT（网络地址转换）代理才能实现。内部地址的分类见表 6-3。

表 6-3　私有地址分类

地址分类	私有地址范围
A 类	10. 0. 0. 0～10. 255. 255. 255
B 类	172. 16. 0. 0～172. 31. 255. 255
C 类	192. 168. 0. 0～192. 168. 255. 255

用 CIDR 扩大网络号码。CIDR 消除了传统的 A 类、B 类和 C 类地址以及划分子网的概念，没有了分类地址的限制，因而可以更加有效地分配 IPv4 的地址空间。CIDR 把 32 位的 IP 地址划分为两个部分，前面的部分是"网络前缀"（Network-prefix），用来指明网络，后面的部分用来指明主机。使用各种长度的"网络前缀"来代替分类地址中的网络号和子网号。

CIDR 把网络前缀都相同的连续的 IP 地址组成"CIDR 地址块"。如 128.14.32.0/20 表示的地址块共有 2^{12} 个地址(因为斜线后面的 20 是网络前缀的位数,所以这个地址的主机号是 12 位)。这个地址块的起始地址是 128.14.32.0。在不需要指出地址块的起始地址时,也可将这样的地址块简称为"/20 地址块"。128.14.32.0/20 地址块的最小地址:128.14.32.0,128.14.32.0/20 地址块的最大地址:128.14.47.255,全 0 和全 1 的主机号地址一般不使用。

使用 CIDR 时,路由表中的每个项目由"网络前缀"和"下一跳地址"组成。在查找路由表时可能会得到不止一个匹配结果。应当从匹配结果中选择具有最长网络前缀的路由:最长前缀匹配(Longest-prefixmatching)。网络前缀越长,其地址块就越小,因而路由就越具体(More Specific),最长前缀匹配又称为最长匹配或最佳匹配。

一个 CIDR 地址块可以表示很多地址,这种地址的聚合常称为路由聚合,它使得路由表中的一个项目可以表示很多个(如上千个)原来传统分类地址的路由。如果没有 CIDR 则在 1995 年,因特网的一个路由表就会超过 7 万个项目,由于使用了 CIDR,1996 年一个路由表的项目数才只有 3 万多个。

6.1.2 IPv6 简介

虽然采取了一些措施暂时缓解了 IPv4 的危机,但都不是长久之计,特别对物联网来说。由于实现的是人与人、人与物和物与物的连接,所以终端数量要远远大于计算机的数量,如果采用 IPv4 的地址,可以说是不可能的。所以物联网建议不采用 IPv4,直接使用 IPv6。因为只有使用 IPv6 才能彻底消除 IPv4 的危机。

IPv6 是 Internet Protocol Version6 的缩写,也被称作下一代互联网协议,它是由 IETF 设计的用来替代现行的 IPv4 协议的一种新的 IP 协议。1990 年,IETF 开始开发新的 IP 版本。1995 年 12 月以 RFC1883 文件公布了建议标准(Proposal Standard),1996 年 7 月和 1997 年 11 月先后发布了版本 2 和版本 2.1 的草案标准(Draft Standard)。

IPv6 采用 128 位地址长度,几乎可以不受限制地提供地址。在 IPv6 的设计过程中除了一劳永逸地解决了地址短缺问题以外,还考虑了在 IPv4 中解决不了的其他问题,主要有端到端 IP 连接、QoS、安全性、多播、移动性、即插即用等。

1. IPv6 的首部

IPv6 对数据报头作了简化,以减少处理器开销并节省网络带宽。IPv6 的报头由一个基本首部(Base Header)和多个扩展首部(Extension Header)构成,最后才是数据部分,如图 6.12 所示。

基本首部具有固定的长度(40 字节),放置所有路由器都需要处理的信息。将不必要的功能取消了,首部的字段数减少到只有 8 个。比如取消了首部的检验和字段,加快了路由器处理数据报的速度。删除各路由器的分拆成报片的处理功能。增加了业务量等级和流标记。IPv6 基本首部的格式如图 6.13 所示。

版本(Version)——4 位。它指明了协议的版本,对 IPv6 该字段总是 6。

通信量类(Traffic Class)——8 位。这是为了区分不同的 IPv6 数据报的类别或优先级。目前正在进行不同的通信量类性能的实验。

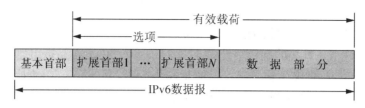

图 6.12　IPv6 的首部

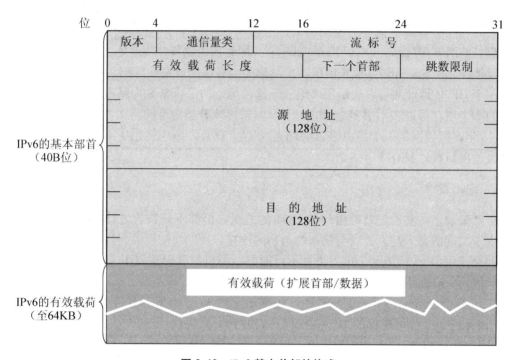

图 6.13　IPv6 基本首部的格式

流标号(Flow Label)——20 位。IPv6 的一个新机制是支持资源预分配，并且允许路由器把每一个数据报与一个给定的资源分配相联系。"流"是互联网络上从特定源点到特定终点的一系列数据报，"流"所经过的路径上的路由器都保证指明的服务质量。所有属于同一个流的数据报都具有同样的流标号。因此对于实时性要求较高的数据传输特别有用。

有效载荷长度(Payload Length)——16 位。它指明 IPv6 数据报除基本首部以外的字节数(所有扩展首部都算在有效载荷之内)，其最大值是 64KB。

下一个首部(Next Header)——8 位。它相当于 IPv4 的协议字段或可选字段。它的值指出了基本首部后面的数据应交付给 IP 上面的哪一个高层协议。

跳数限制(Hop Limit)——8 位。源站在数据报发出时即设定跳数限制。路由器在转发数据报时将跳数限制字段中的值减 1。当跳数限制的值为零时，就要将此数据报丢弃。

源地址——128 位。是数据报的发送站的 IP 地址。

目的地址——128 位。是数据报的接收站的 IP 地址。

从图 6.13 可知在基本首部的后面允许有零个或多个扩展首部，所有的扩展首部和数据合起来叫做数据报的有效载荷(Payload)或净负荷。IPv6 把原来 IPv4 首部中选项的功能都放在扩展首部中，并将扩展首部留给路径两端的源站和目的站的主机来处理。数据报途中经过的路由器都不处理这些扩展首部(只有一个首部例外，即逐跳选项扩展首部)。这样就大大提高了路由器的处理效率。

这使得 IPv6 变得极其灵活，能提供对多种应用的强力支持，同时又为以后支持新的应用提供了可能。这些扩展首部被放置在 IPv6 首部和上层报头之间，整个处理过程如图 6.14 所示，每一个可以通过独特的"下一个首部"的值来确认。除了逐个路程段选项报头(它携带了在传输路径上每一个节点都必须进行处理的信息)外，扩展报头只有在它到达了在 IPv6 的报头中所指定的目标节点时才会得到处理(当多点播送时，则是所规定的每一个目标节点)。在 IPv6 的下一报头域中，使用标准的解码方法调用相应的模块去处理第一个扩展报头(如果没有扩展报头，则处理上层报头)。每一个扩展报头的内容和语义决定了是否去处理下一个报头。因此，扩展报头必须按照它们在包中出现的次序依次处理。一个完整的 IPv6 的实现包括下面这些扩展报头的实现：逐跳选项报头，目的选项报头，路由报头，分段报头，身份认证报头，有效载荷安全封装报头。

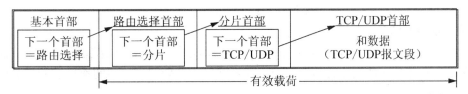

图 6.14　有扩展首部的 IPv6 报头

从 IPv6 的首部可以总结出 IPv6 具有如下优点，见表 6-4。

表 6-4　IPv6 具有的优点

1	地址长度增加(128 位)，IPv6 具有与网络适配的层次地址；IPv6 的目标是通过 10^{12} 个网络连接 10^{15} 台计算机
2	简化包头：仅包含 8 个字段，提高路由器处理效率
3	更好地支持选项
4	提供安全性：IPv6 规定了"认证头标(Authentication Header)"和"封装安全净荷(ESP：Encapsulation Security Payload)"来保证信息在传输中的安全
5	QoS：利用 IPv6 头标中的 8 比特业务量等级域和 20 比特的流标记域可以确保带宽，实现可靠的实时通信

2. IPv6 地址空间

1) 地址的类型

IPv6 数据报的目的地址可以是以下 3 种基本类型地址之一。

单播(Unicast)，就是传统的点对点通信；多播(Multicast)，是一点对多点的通信；任播(Anycast)，这是 IPv6 增加的一种类型。任播的目的站是一组计算机，但数据报在交付时只交付其中的一个，通常是距离最近的一个。

IPv6 将实现 IPv6 的主机和路由器均称为节点。IPv6 地址是分配给节点上面的接口，

一个接口可以有多个单播地址，一个节点接口的单播地址可用来唯一地标识该节点。

2）地址表达方式

IPv6 地址通常使用冒号和十六进制形式表示，每个 16 位的值用十六进制值表示，各值之间用冒号分隔。

68E6：8C64：FFFF：FFFF：0：1180：960A：FFFF

在分配某种形式的 IPv6 地址时，会发生包含长串 0 位的地址。为了简化包含 0 位地址的书写，可以使用 "::" 符号简化多个 0 位的 16 位组，也就是零压缩(Zero Compression)，即一连串连续的零可以为一对冒号所取代。例如 FF05：0：0：0：0：0：0：B3 可以写成：FF05::B3。同时 CIDR 的斜线表示法仍然可用。如 60 位的前缀 12AB00000000CD3 可记为

12AB：0000：0000：CD30：0000：0000：0000：0000/60

或

12AB：：CD30：0：0：0：0/60

或

12AB：0：0：CD30：：/60

3）地址空间的分配

IPv6 将 128 位地址空间分为两大部分：第一部分是可变长度的类型前缀，它定义了地址的目的；第二部分是地址的其余部分，其长度也是可变的。具体的地址空间的分配情况如图 6.15 所示。

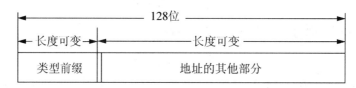

图 6.15　地址空间的分配

4）特殊地址

这里介绍一下 IPv6 的几种特殊地址。

（1）未指明地址，这是 16 字节的全 0 地址，可缩写为两个冒号 "::"。这个地址只能为还没有配置到一个标准的 IP 地址的主机当作源地址使用。

（2）环回地址，即 0：0：0：0：0：0：0：1(记为::1)。可以使一个节点给自己发送数据包。相当于 IPv4 的回环地址 127.0.0.1。

基于 IPv4 的地址，前缀为 00000000 保留一小部分地址作为与 IPv4 兼容的。这是因为必须要考虑到在比较长的时期，IPv4 和 IPv6 将会同时存在，而有的节点不支持 IPv6。因此数据报在这两类节点之间转发时，就必须进行地址的转换，如图 6.16 所示。

	80位	16位	32位
IPv4映射的 IPv6地址	0000··············0000	FFFF	IPv4地址

图 6.16　IPv4 映射的 IPv6 地址

（3）本地链路单播地址，这种地址的使用情况是这样的，有些组织的网络使用 TCP/IP 协议，但并没有连接到因特网上。这可能是由于担心因特网不很安全，也可能是由于还有一些工作需要完成。连接在这样的网络上的主机都可以使用这种本地地址进行通信，但不能和因特网上的其他主机通信。

5）全球单播地址的等级结构

IPv6 把 1/8 的地址空间划分为全球单播地址，因此单播地址使用得最多。IPv4 的地址结构是两级结构，IPv6 扩展了地址的分级概念，使用以下 3 个等级。

第一级全球路由选择前缀，占 48 位。有 4 个字段：P 字段——3b，即格式前缀；顶级聚合标识符（TLAID）——13b，指派给 ISP 或拥有这些地址的汇接点（Exchange）；保留字段——8b；下一级聚合标识符（NLAID）——24b。指派给一个特定的用户。相当于 IPv4 的网络位，用于因特网中路由器的路由选择。

第二级子网标识符，占 16 位。IPv6 地址中间的第二级对应于在一个地点的一组计算机和网络，它们通常是相距较近的且都归一个单位来管理。

第三级接口标识符，占 64 位。IPv6 地址的最低的第三级对应于计算机和网络的单个接口。实际上相当于 IPv4 的主机位。

如图 6.17 所示，前 48 位地址组合在一起一般称为公共拓扑，用来表示提供介入服务的大大小小的 ISP 的集合。后面的 16 位和 64 位就是具体到了某个机构或者站点的某个具体的接口和主机。

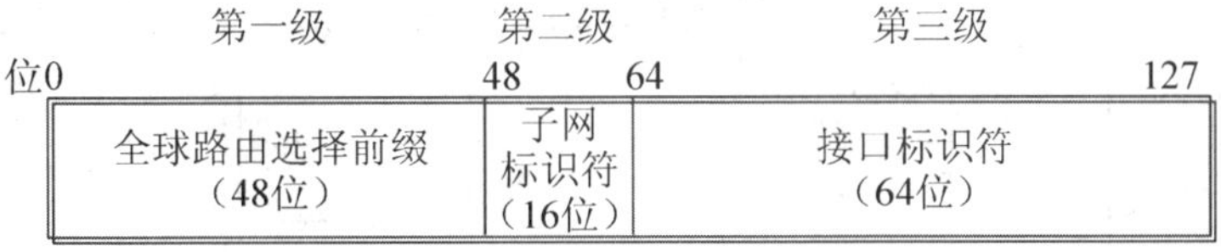

	第一级	第二级	第三级	
位0		48 64		127
	全球路由选择前缀（48位）	子网标识符（16位）	接口标识符（64位）	

图 6.17 全球单播地址的等级结构

6.1.3 核心网过渡

在 IPv4 向 IPv6 过渡时，要解决两种场合下的通信问题。一是被现有 IPv4 路由体系相隔的局部 IPv6 网络之间该如何通信，称为在 IPv4 海洋中的 IPv6 孤岛间的通信问题；二是如何使新配置的局部 IPv6 网络能够无缝地访问现有 IPv4 资源，反之亦然。针对以上两类问题，有 3 种技术可以分别予以解决：隧道技术和双栈技术作为第一个问题的解决方案，采用地址翻译与报头转换技术解决第二个问题。

隧道技术将 IPv6 的分组封装到 IPv4 的分组中，封装后的 IPv4 分组将通过 IPv4 的路由体系传输，分组报头的"协议域"设置为 41，表示这个分组的负载是一个 IPv6 的分组，以便在适当的地方恢复出被封装的 IPv6 分组并传送给目的站点。这样就可以实现两个 IPv6 "孤岛"之间的连接。同时在 IPv6 变为主导后，可以反过来作为 IPv4 "孤岛"的连接方式，如图 6.18 所示。

双协议栈（Dualstack）是指在完全过渡到 IPv6 之前，使一部分主机（或路由器）装有两个协议栈，一个 IPv4 和一个 IPv6。双栈技术是在路由器和交换机的内部让 IPv4 和 IPv6 协议栈同时存在，在机器内部实现两种地址的转化，具有双栈的设备可以和任何单一 IP 协议的设备通信，如图 6.19 所示。

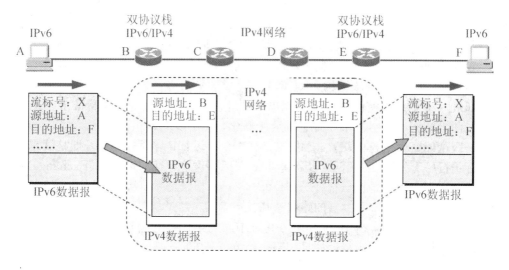

图 6.18　隧道技术

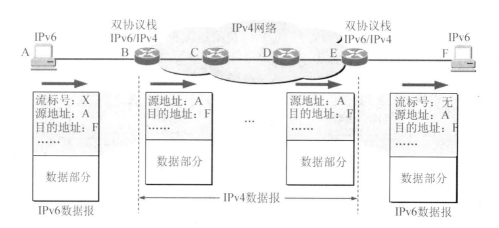

图 6.19　双协议栈

地址翻译与报头转换(NAT)技术用于 IPv6 的演进时，只要将 IPv4 地址和 IPv6 地址分别当作 NAT 技术中内部地址和全局地址，并在网关做协议转换(PT)即可。对于 IPv4 和 IPv6 节点间的通信，采用直接对 IPv4 和 IPv6 报文进行语法和语义翻译的 NAT/PT 技术，如图 6.20 所示。

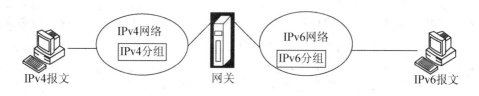

图 6.20　地址翻译与报头转换

6.2 接 入 层

接入层的功能主要完成各类感知设备的互联网接入，接入技术可分为有线和无线接入两类，有线主要有：数字用户线技术、光纤同轴混合网技术、光纤接入技术与以太网接入技术等。有线应用比较主流的是 ADSL、以太网、HFC 和 FTTx 等。无线主要有：WLAN、WPAN、WiMAX 等。

除了这些之外，典型的还有移动通信和卫星通信等，它们除了作为接入技术之外，主要的还是实现广域网的传输。就是说既可以作为接入网也可以作为传输网。由此得出，传输层除了使用互联网外，还可以用移动通信和卫星通信。

下面就分别对有线和无线中的主要技术加以介绍。

6.2.1 有线接入技术

1. ADSL 接入技术

在介绍 ADSL 之前，先要了解一下 xDSL。xDSL 技术就是用数字技术对现有的模拟电话用户线进行改造，使它能够承载宽带业务。虽然标准模拟电话信号的频带被限制在 300~3400Hz 的范围内，但用户线本身实际可通过的信号频率仍然超过 1MHz。xDSL 技术就把 0~4kHz 低端频谱留给传统电话使用，而把原来没有被利用的高端频谱留给用户上网使用。DSL 就是数字用户线(Digital Subscriber Line)的缩写。而 DSL 的前缀 x 则表示在数字用户线上实现的不同宽带方案。

表 6-5 是 xDSL 的几种类型。

表 6-5 xDSL 的几种类型

ADSL	Asymmetric Digital Subscriber Line：非对称数字用户线
HDSL	High Speed DSL：高速数字用户线
SDSL	Single-line DSL：1 对线的数字用户线
VDSL	Very High Speed DSL：甚高速数字用户线
DSL	ISDN 用户线
RADSL	(Rate-Adaptive DSL)：速率自适应 DSL，是 ADSL 的一个子集，可自动调节线路速率

ADSL 即非对称数字用户线，它的特点是上行和下行带宽做成不对称的。上行指从用户到 ISP，而下行指从 ISP 到用户。ADSL 在用户线(铜线)的两端各安装一个 ADSL 调制解调器。这种调制解调器的实现方案有多种，我国目前采用的方案是离散多音调(Discrete Multi-Tone，DMT)调制技术。这里的"多音调"就是"多载波"或"多子信道"的意思。DMT 调制技术采用频分复用的方法，把 40kHz 以上一直到 1.1MHz 的高端频谱划分为许多的子信道，其中 25 个子信道用于上行信道，而 249 个子信道用于下行信道。每个子信道占据 4kHz 带宽(严格讲是 4.3125kHz)，并使用不同的载波(即不同的音调)进行数

字调制。这种做法相当于在一对用户线上使用许多小的调制解调器并行地传送数据。由于用户线的具体条件往往相差很大(距离、线径、受到相邻用户线的干扰程度等都不同),因此 ADSL 采用自适应调制技术使用户线能够传送尽可能高的数据率。当 ADSL 启动时,用户线两端的 ADSL 调制解调器就测试可用的频率、各子信道受到的干扰情况,以及在每一个频率上测试信号的传输质量。ADSL 不能保证固定的数据率。对于质量很差的用户线甚至无法开通 ADSL。通常下行数据率为 $32 \sim 6.4 \text{Mb/s}$,而上行数据率为 $32 \sim 640 \text{kb/s}$。第二代 ADSL 通过提高调制效率得到了更高的数据率。例如,ADSL2 要求至少应支持下行 8Mb/s、上行 800kb/s 的速率。而 ADSL2+则将频谱范围从 1.1MHz 扩展至 2.2MHz,下行速率可达 16Mb/s(最大传输速率可达 25Mb/s),而上行速率可达 800kb/s。

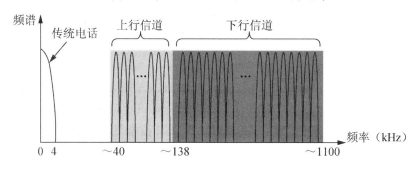

图 6.21　DMT 技术的频谱分布

ADSL 接入网由以下三大部分组成,数字用户线接入复用器(DSL Access Multiplexer,DSLAM),用户线和用户家中的一些设施,如图 6.22 所示。数字用户线接入复用器包括许多 ADSL 调制解调器。ADSL 调制解调器又称接入端接单元(Access Termination Unit,ATU)。由于 ADSL 调制解调器必须成对使用,因此在电话端局和用户家中所用的 ADSL 调制解调器分别称为 ATU-C(C 代表端局 Central Office)和 ATU-R(R 代表远端 Remote)。用户电话通过电话分离器(Pots Splitter,PS)和 ATU-R 连在一起,经用户端局,并再次通过一个电话分离器把电话连到本地电话交换机。电话分离器是无源的,它利用低通滤波器将电话信号与数字信号分开。ADSL 的最大好处就是可以利用现有电话网中的用户线,不需重新布线。

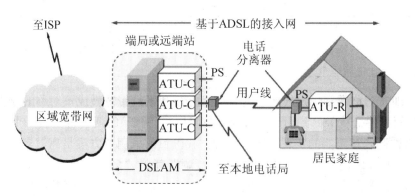

图 6.22　ADSL 接入网的组成

2. 以太网接入技术

以太网正在成为主流的宽带接入技术，主要是它组网灵活、简单、易于实现、技术成熟，已是园区网接入的主流。同时针对电信运营商开发的以太接入网标准也已经出台，即IEEE 802.3ah，也叫第一公里以太网EFM(Ethernet in the First Mile)。

以太接入主要基于以下两种情况：一是基于工作组以太网的接入；二是基于现有其他基础技术的以太接入(如IEEE 802.3ah)。但要把以太网作为一种接入技术，还有许多问题有待解决，主要反映在用户管理、安全管理、业务管理和计费管理上。下面就分别对这两种以太接入技术加以介绍。

1) 工作组以太网接入

工作组以太网的根本目的是将本地各站互联起来，实现互联互通。长期以来，以太网都是作为一种专用网络和内部网络使用，它的前提是用户之间是彼此信任的，所以一般不考虑身份认证问题，不会对站点进行刻意的管理，更不会对每个站点进行记账和收费。

那么工作组以太网技术可以直接用作可以运营的以太接入网吗？答案是可以的，但需要解决接入面临的问题。以太网作为接入与工作组方式有很大不同，首先是使用对象的差别，工作组以太网的用户通常是办公室或部门，而以太接入网用户通常是独立个人用户；其次是网络所属和管理的不同，工作组以太网属于单位所有，是私有网络，不需特别刻意控制用户接入，而以太接入网是运营商网络，是公有网络，必须控制用户接入。

从接入网的功能模型(图6.23)上分析，接入网应具有三大功能，分别是承载与传送功能、系统管理功能和用户接入控制与管理功能。工作组以太网本身具有很好的承载与传送功能和简单的系统管理功能，但工作组以太网没有用户接入与控制功能，直接作为接入网，很难运营管理。

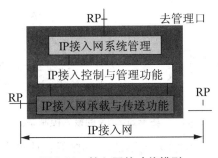

图6.23　接入网的功能模型

所以，以太网作为接入网需要解决如下问题，一是用户的接入控制与管理问题，即AAA问题，分别是用户的身份认证(Authentication)，即判定用户身份是否合法；提供服务授权(Authorization)，也就是根据身份认证结果，决定是否授权；记账(Accounting)，是记录用户对网络资源的使用情况，为计费、审计等服务。二是安全与隔离问题。三是接入设备的供电问题。还有其他一些问题，如流量控制等。

首先介绍以太网用户接入控制与管理，它包括基于802.1X协议的接入控制与管理和基于PPPOE协议的接入控制与管理。

基于端口控制协议802.1X的接入控制，即在接入端口上进行接入控制，802.1X系统

的客户端一般安装在用户 PC 中，典型为 Windows XP 的 802.1X 客户端；也可以实现在交换网桥中实现，完成上联交换机对此网桥的验证，从而接入相应的网络中。接入层设备需要实现 802.1X 的认证系统部分。主要根据客户的认证状态控制其物理接入，是客户与认证服务器之间的认证代理。802.1X 的认证服务器系统（Authentication Server）一般可实现多种认证机制，例如，MD5、TLS 等，维护在 AAA 中心，典型的是传统的 Radius 服务器。

接入层设备依据用户接入的端口状态决定该用户是否能接入网络。802.1X 系统将接入层设备端口分为非控制端口和控制端口。非控制端口对于 EAPOL 协议帧始终处于双向连通状态，用来保证 802.1X 协议体系能正常工作，保证 Supplicant 始终可以发送或接收认证。受控端口只有在认证通过的状态下才打开，用于传递网络资源和服务。受控端口可配置为双向受控和仅输入受控两种方式，以适应不同的应用环境。输入受控方式应用在需要桌面管理的场合，如管理员远程唤醒一台计算机。一个完整的接入控制系统如图 6.24 所示。

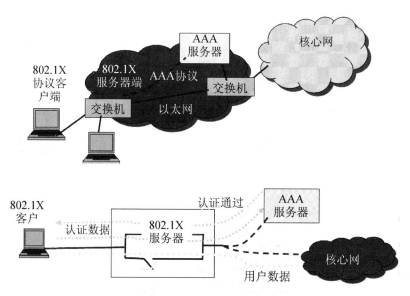

图 6.24　基于 802.1X 的接入控制系统

基于端口控制协议 802.1X 的接入控制的特点如下：认证期用专用帧认证；认证通过后，数据通路开通，数据可线速处理，开销小；集中分布控制，分布程度大，需要接入交换机多；认证通过后，难以通过管理控制断开（如中途没钱了等）。

基于 PPPOE 协议的接入控制，即在以太网上运行 PPP 协议，就是把 PPP 协议帧封装在 PPPOE 帧中，进而在把 PPPOE 帧封装在以太网帧中，从而实现以太网单个用户到运营商之间的端端通信，每个以太网站点与 PPPOE 服务器之间似建立一条虚拟通道，每个虚拟通道具有唯一标识以区分不同的虚拟连接，通过 PPPOE 可以实现对以太接入的单个用户进行接入控制（包括认证、授权、计费和服务类型等都可以针对每个用户来进行，而不是每个站点），如图 6.25 所示。

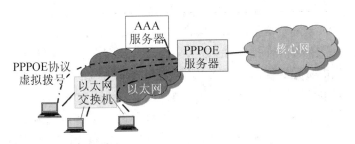

图 6.25　基于 PPPOE 的接入控制系统

基于 PPPOE 协议的接入控制特点如下：认证数据和用户数据都必须逐帧通过 PPPOE 封装，并通过 PPPOE 服务器，开销大，易形成通信瓶颈；采用的是集中分布控制，分布程度小，需要服务器少，但要求高；对不出网的用户很难控制，可以不使用 PPPOE 就实现内部用户互通，必须配合单个用户的 VLAN 划分才能阻止内部用户的互通。

其次介绍一下安全与隔离问题，用户隔离的目的是要保障用户数据（单播地址的帧）的安全性，隔离携带有用户个人信息的广播消息，如 ARP（地址解析协议）、DHCP（动态主机配置协议）消息等，防止关键设备受到攻击，对每个用户而言，当然不希望他的信息被别人接收到，因此要从物理上隔离用户数据（单播地址的帧），保证用户的单播地址的帧只有该用户可以接收到，不像在局域网中因为是共享总线方式单播地址的帧总线上的所有用户都可以接收到。另外，由于用户终端是以普通的以太网卡与接入网连接，在通信中会发送一些广播地址的帧（ARP、DHCP 消息等），而这些消息会携带用户的个人信息（如用户 MAC（媒质访问控制）地址等），如果不隔离这些广播消息而让其他用户接收到，容易发生 MAC/IP 地址仿冒，影响设备的正常运行，中断合法用户的通信过程。在接入网这样一个公用网络的环境，保证其中设备的安全性是十分重要的，需要采取一定的措施防止非法进入其管理系统造成设备无法正常工作，以及某些恶意的消息影响用户的正常通信。

用普通以太网交换机无法隔离广播帧，当前实现用户隔离的措施主要有两个，一是通过 VLAN 隔离技术，可以把一个网络系统中众多的网络设备分成若干个虚拟的工作组，组和组之间的网络设备在二层上相互隔离，形成不同的广播域，将广播流量限制在不同的广播域。由于 VLAN 技术是基于二层和三层之间的隔离，可以将不同的网络用户与网络资源进行分组并通过支持 VLAN 技术的交换机隔离不同组内网络设备间的数据交换来达到网络安全的目的。该方式允许同一 VLAN 上的用户互相通信，而处于不同 VLAN 的用户之间在数据链路层上是断开的，只能通过三层路由器才能访问。

使用 VLAN 隔离技术也有一个明显的缺点，那就是要求网络管理员必须明确交换机的每一个物理端口上所连接的设备的 MAC 地址或者 IP 地址，根据需求划分不同的工作组并对交换机进行配置。当某一网络终端的网卡、IP 地址或是物理位置发生变化时，需要对整个网络系统中多个相关的网络设备进行重新配置，这加重了网络管理员的维护工作量，所以也只适用于小型网络。

再有就是使用接入专用交换机通过硬件实现隔离，此种设备市面上已有，但还较少。

最后是供电问题，对于接入设备的环境，通常不具备正规机房的条件，可以由机房的设备通过以太网线远端馈电，将这种技术称为以太网馈电，也称 POE 供电，其标准是

IEEE 802.3af。

一个完整的 POE 系统包括供电端设备（Power Sourcing Equipment，PSE）和受电端设备（Powered Device，PD）两部分。PSE 设备是为以太网客户端设备供电的设备，同时也是整个 POE 以太网供电过程的管理者。而 PD 设备是接受供电的 PSE 负载，即 POE 系统的客户端设备，如 IP 电话、网络安全摄像机、AP 及掌上计算机（PDA）或移动电话充电器等许多其他以太网设备（实际上，任何功率不超过 13W 的设备都可以从 RJ45 插座获取相应的电力）。两者基于 IEEE 802.3af 标准建立有关受电端设备 PD 的连接情况、设备类型、功耗级别等方面的信息联系，并以此为根据 PSE 通过以太网向 PD 供电。

POE 通过电缆供电的原理是通过双绞线实现的，标准的 5 类网线有 4 对双绞线，但是在 10MBASE-T 和 100MBASE-T 中只用到其中的两对。IEEE 802.3af 允许两种用法，应用空闲脚供电时，4、5 脚连接为正极，7、8 脚连接为负极。应用数据脚供电时，将 DC 电源加在传输变压器的中点，不影响数据的传输。在这种方式下，线对 1、2 和线对 3、6 可以为任意极性。标准不允许同时应用以上两种情况。电源提供设备 PSE 只能提供一种用法，但是电源应用设备 PD 必须能够同时适应两种情况。

POE 技术能在确保现有结构化布线安全的同时，保证现有网络的正常运作，最大限度地降低成本。

2）IEEE 802.3ah 以太接入网

以太接入网又被业界称为"第一公里以太网"（Ethernet in the First Mile，EFM），EFM 可以用于较长距离的用户接入，能适应光纤和语音级铜缆等多种传输介质。它使用了两种介质、3 种传输模式：光纤上的点到点传输、光纤上的点到多点传输、语音级铜缆上的点到点传输。在 MAC 层增加了可选的 OAM 子层。以太接入网只支持全双工链路。

EFM 根据介质相关接口 MDI 分为 3 个系列。

光纤上的点到点传输（P2P@fiber）这种模式使用单模光纤的基础设施，传输距离均大于 10km。需要注意的是，这种模式针对室外环境特别将工作温度范围扩展到了－40～＋85℃。

目前定义的物理层接口有下列 4 种（SMF 表示在单模光纤上传输）。

100BASE-LX10，1310nm@2 * SMF/10km。

100BASE-BX10，1310/1550nm@1 * SMF/10km。

1000BASE-LX10，1310nm@2 * SMF/10km。

1000BASE-BX10，1310/1490nm@1 * SMF/10km。

具体如图 6.26 所示。

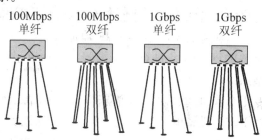

图 6.26　点到点的 4 种物理接口标准

光纤上的点到多点传输（P2MP@fiber）这种模式从无源光网络（PON）技术发展而来，使用单芯单模光纤的基础设施，提供速率为1Gbps的全双工通信。

目前定义的物理层接口有以下两种。

1000BASE-PX10，1310/1490nm@2∗SMF/10km。

1000BASE-PX20，1310/1490nm@2∗SMF/20km。

具体如图6.27所示。

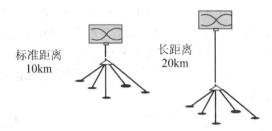

标准距离 10km　　长距离 20km

图6.27　点到多点的物理层接口标准

铜缆接入（P2P@copper），这种模式使用了多种xDSL技术，工作在使用语音级铜缆上。采用了更为有效的MCM技术，如OFDM技术。

目前定义的物理层接口有两种。

驻地铜缆传输模式：距离短，对称速率为10Mbps，距离可达750m。基于ITU-TG.993、ANSIT1.424（VDSL）标准，采用频分双工FDD，下行频率为138kHz～12MHz，上行频率为25～138kHz，能够同时传输数据和语音业务。

市话铜缆传输模式：距离长，速率为2Mbps，距离可达2700m。基于ITU-TG.991（G.SHDSL）标准，可多线对捆绑，不能同时传输数据和语音业务。

需要说明的是，两者都是在一对市话铜线上传输的。

众所周知，以太网长期以来只是一种计算机网络，它的运行可靠性达不到电信级网络的要求。其原因之一在于传统的以太网缺少一种高可靠性的网络运行、管理和维护机制。而在EFM中，为了保证提供高质量的网络运行，为提供电信级管理，EFM在MAC层增加了可选的OAM（运行、管理和维护）子层，OAM为网络运行者提供了监控网络健壮性以及迅速确定故障链路和故障位置的能力。

以太接入网定义的OAM功能的主要是：监视和支持相关的网段运行和操作；进行故障检测、通告、定位和修复；消除故障，保持网段处于运行状态；向用户提供用户接入网络的服务。OAM的定义使以太接入网开始走向电信网络的可靠运行级别。

3. 光纤同轴混合网HFC

HFC（Hybrid Fiber Coax）网是在目前覆盖面很广的有线电视网CATV的基础上开发的一种居民宽带接入网。HFC网除可传送CATV外，还提供电话、数据和其他宽带交互型业务。

现有的CATV网是树形拓扑结构的同轴电缆网络，它采用模拟技术的频分复用对电视节目进行单向传输。而HFC网则对CATV网进行了改造，HFC网将原CATV网中的同轴电缆主干部分改换为光纤，并使用模拟光纤技术。在模拟光纤中采用光的振幅调制

AM，这比使用数字光纤更为经济。模拟光纤从头端连接到光纤节点（Fiber Node），即光分配节点（Optical Distribution Node，ODN）。在光纤节点光信号被转换为电信号。在光纤节点以下就是同轴电缆。一个光纤节点可连接 1～6 根同轴电缆。采用这种网络结构后，从头端到用户家庭所需要的放大器数目，也就只有 4～5 个。这种体系结构称为节点体系结构，它的特点是从头端到各个光纤节点用模拟光纤连接，构成星形网（图 6.28）。光纤节点以下是同轴电缆组成的树形网。连接到一个光迁节点的典型用户数是 500 左右，不能超过 2000。这样，一个光纤节点下的所有用户组成了一个用户群，光纤节点与头端的典型距离为 25km，而光纤节点到其用户群中的用户则不超过 2～3km。从而大大提高了网络的可靠性和电视信号的质量。另一个优点是简化了上行信道的设计。HFC 网的上行信道是用户共享的。划分成若干个独立的用户群可以使用价格较低的上行信道设备，同时每一个用户群可以采用同样的频谱划分而不致相互影响。

HFC 还在头端增加一些智能，以便实现计费管理和安全管理，以及用选择性的寻址方法进行点对点的路由选择。此外，还要能适应两个方向的接入和分配协议。

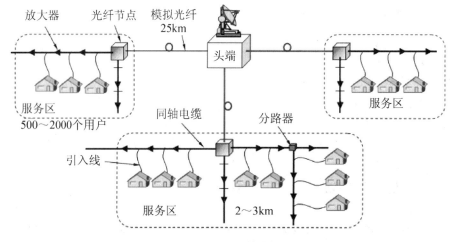

图 6.28　HFC 网的结构图

HFC 网具有比 CATV 网更宽的频谱，且具有双向传输功能。HFC 网络能够传输的带宽为 750～860MHz，少数达到 1GHz。根据原邮电部 1996 年意见，5～42/65MHz 频段为上行信号占用，下行传输 50～550MHz 频段，用来传输传统的模拟电视节目和立体声广播，650～750MHz 频段传送数字电视节目、VOD 等，750MHz 以后的频段留着以后技术发展用，如图 6.29 所示。

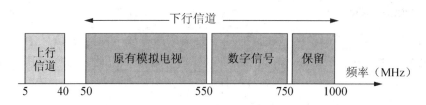

图 6.29　HFC 网的频谱划分

使用 HFC 网每个家庭要安装一个用户接口盒，用户接口盒 UIB（User Interface Box）

要提供 3 种连接如下。

使用同轴电缆连接到机顶盒(Set-top Box),然后再连接到用户的电视机。

使用双绞线连接到用户的电话机。

使用电缆调制解调器连接到用户的计算机。

电缆调制解调器是为 HFC 网而使用的调制解调器。电缆调制解调器最大的特点就是传输速率高。其下行速率一般在 3~10Mbps 之间,最高可达 30Mbps,而上行速率一般为 0.2~2Mbps,最高可达 10Mbps。电缆调制解调器比在普通电话线上使用的调制解调器要复杂得多,并且不是成对使用,而是只安装在用户端。

4. FTTx 技术

FTTx 技术是一种宽带接入技术,FTTx 技术主要用于接入网络光纤化,范围从区域电信机房的局端设备到用户终端设备,局端设备为光线路终端(Optical Line Terminal,OLT)、用户端设备为光网络单元(Optical Network Unit,ONU)或光网络终端(Optical Network Terminal,ONT)。

1) FTTx 的分类

根据光纤到用户的距离来分类,可分成光纤到交换箱(Fiber To The Cabinet,FTTCab)、光纤到路边(Fiber To The Curb,FTTC)、光纤到大楼(Fiber To The Building,FTTB)及光纤到户(Fiber To The Home,FTTH)4 种服务形态。美国运营商 Verizon 将 FTTB 及 FTTH 合称光纤到驻地(Fiber To The Premise,FTTP)。上述服务可统称为 FTTx。

FTTC 为目前最主要的服务形式,主要是为住宅区的用户作服务,将 ONU 设备放置于路边机箱,利用 ONU 出来的同轴电缆传送 CATV 信号或双绞线传送电话及上网服务。

FTTB 依服务对象区分有两种,一种是公寓大厦的用户服务;另一种是商业大楼的公司行号服务,两种皆将 ONU 设置在大楼的地下室配线箱处,只是公寓大厦的 ONU 是 FTTC 的延伸,而商业大楼是为了中大型企业单位,必须提高传输的速率,以提供高速的数据、电子商务、视频会议等宽带服务。

至于 FTTH,ITU 认为从光纤端头的光电转换器(或称为媒体转换器 MC)到用户桌面不超过 100 米的情况才是 FTTH。FTTH 将光纤的距离延伸到终端用户家里,使得家庭内能提供各种不同的宽带服务,如 VOD、在家购物、在家上课等,提供更多的商机。若搭配 WLAN 技术,将使得宽带与移动结合,则可以达到未来宽带数字家庭的远景。

FTTx 还有许多其他种类,如光纤到办公室(FTTO),光纤到门户(FTTD)、光纤到楼层(FTTF)、光纤到小区(FTTZ)等,这里就不再一一介绍了。

2) 光接入技术

光纤连接主要有两种方式,一种是点对点形式拓扑(Point to Point,P2P),从中心局到每个用户都用一根光纤;另一种是使用点对多点形式拓扑方式(Point to Multi-Point,P2MP)的无源光网络(Passive Optical Network,PON)。下面分别对这两种技术加以介绍。

(1) 点到点有源以太网系统。FTTH 网络中的点到点接入技术是将电信号转换成光信号进行长距离的传输,上下行带宽都可以达到 100Mb/s 甚至 1000Mb/s。采用点到点方式

实现 FTTH 具有产品成熟、结构/技术简单、安全性较好的特点，在日本和美国已广泛应用。其主要优点如下。

① 带宽有保证，每用户可以在配线段和引入线段独享 100Mbps 乃至 1Gbps 带宽。

② 集中在小区机房配线，易于放号、维护和管理。

③ 设备端口利用率高，可以根据接入用户数的增加而逐步扩容，因而在低密度用户分布地区成本较低。

④ 由于用户可独立享有一根光纤，因此信息安全性较好。

⑤ 传输距离长，服务区域大。

但这种技术最大的缺点是需要铺设大量的光纤和光收发器，在大规模应用情况下网络铺设困难，设备成本也很难再下降，甚至会上升。另外，有源以太网并没有一个统一的标准，从而产生多种不兼容的解决方案。还有一个可能影响选择以太网技术的因素是传统视频业务的提供方式，因此被认为是实现 FTTH 的过渡技术。

(2) 点到多点无源光网络系统。

① APON 和 BPON。

APON 是 20 世纪 90 年代中期由 FSAN 开发完成，并提交给 ITU-T 形成了 G.983.x 标准系列。其下行速率为 622Mbps，上行速率为 155Mbps，由于采用了 ATM 技术，因此可承载 64kbps 语音业务、ATM 业务和 IP 业务等各种类型业务，并可提供强有力的 QoS 保证。BPON 是在 APON 上发展起来的，最早在日本兴起的标准。1998 年 NTT 就和南方贝尔共同制定了第一个 BPON 标准，并开始了 BPON 的商业运营。美国的运营商也因为历史的原因，倾向于使用 BPON 标准来构建 FTTH 网络。但 APON/BPON 的业务适配提供很复杂，业务提供能力有限，数据传送速率和效率不高，成本较高，其市场前景由于 ATM 的衰落而黯淡。

② EPON。

EPON 由 EFM 工作组提出并在 IEEE 802.3ah 标准中进行规范，它在 PON 层上以 Ethernet 为载体，上行以突发的 Ethernet 包方式发送数据流。EPON 可提供上下行对称 1.25Gbps 传输速率，下行 10Gbps 的传输速率正在研究中。

在多种基于 PON 的技术中，EPON 由于其技术和价格方面的优势已逐渐成为最受欢迎的 FTTH 技术。由于采用 Ethernet 封装方式，因此非常适于承载 IP 业务，符合 IP 网络迅猛发展的趋势，这也是 EPON 技术能够获得业界青睐的重要原因。但 Ethernet 封装方式也给 EPON 技术带来了一个致命的缺点——难以承载语音或电路方式数据等 TDM 业务，虽然目前国内外均对 TDM over Ethernet 技术进行了积极的研究并取得了一定的成果，但并不十分成熟，要完全达到 TDM 业务要求的严格 QoS 更是面临相当大的困难，这给 EPON 的应用带来了很多限制。

从结构上看，EPON 的最大优点是极大地简化了传统的多层重叠网结构，主要优点如下：消除了 ATM 和 SDH 层，从而降低了初始成本和运行成本；下行业务速率可达 1Gbps，允许支持更多用户和更高带宽；硬件简单，无须室外电子设备，使安装部署工作得以简化；可以大量采用以太网技术成熟的芯片，实现较简单，成本低；改进了电路的灵活指配、业务的提供和重配置能力；提供了多层安全机制，诸如 VLAN、闭合用户群和支持 VPN 等。

EPON 的主要缺点如下：由于 IEEE 802.3ah 只规定了 MAC 层和物理层，MAC 层以上的标准只能靠制造商自行开发，因而带来灵活性的同时也造成了设备互操作性差；EPON 的总效率较低；没有基于标准的运营维护信道进行监测、诊断和配置 OLT；EPON 的设计没有考虑直接支持以太网以外的业务，多业务支持能力较差。

③ GPON。

2003 年 ITU-T 通过两个有关 GPON 的新标准——G. 984.1 和 G. 984.2。GPON 是 BPON 的继承和发展。按照这一最新标准的规定，GPON 可以提供 1.244Gbps、2.488Gbps 的下行速率和 ITU 规定的 155Mbps、622Mbps 以及 1.255Gbps 等多种标准上行速率，即可以灵活地提供对称和非对称速率。

GPON 的主要优点如下：相对其他 PON 技术，GPON 在速率、速率灵活性、传输距离和分路比方面有优势。传输距离至少达 20km，分路比最大为 1∶64；适应任何用户信号格式和任何传输网络制式，无须附加 ATM 或 IP 封装层，封装效率高、提供业务灵活；可以直接高质量、灵活地支持实时的 TDM 语音业务，延时和抖动性能很好；在运营维护和网管方面，比 EPON 有更大改进。

GPON 的主要缺点是技术成熟度不如 EPON，难度较高，使设备成本较高。

总的来看，GPON 和 EPON 面临的共同挑战有以下几点：怎样才能在 Ethernet/GFP 上有效承载 TDM 业务并能提供电信级的服务质量；由于 GPON 和 EPON 是点对多点的星形或树形网络，需要通过一个 1+1 并经过不同路由的光网络来实现电信级的保护恢复，网络成本将非常高；目前 GPON 和 EPON 设备成本主要受限于突发光发送/接收模块以及核心的控制模块/芯片，这些模块要么尚未成熟，要么是价格昂贵还难以适应市场需要；GPON 和 EPON 的一次性投入成本较高，不太适合逐步投资扩容的传统电信建设模式，最适合完全新建或改建的密集用户区域。

6.2.2　无线接入技术

1. 无线个人区域网

无线个人区域网(Wireless Personal Area Network，WPAN)是在个人工作地方把属于个人使用的电子设备用无线技术连接起来自组网络，不需要使用接入点 AP。WPAN 是以个人为中心来使用的无线个人区域网，它实际上就是一个低功率、小范围、低速率和低价格的电缆替代技术。WPAN 的标准都由 IEEE 802.15 工作组制定，包括 MAC 层和物理层这两层的标准。WPAN 都工作在 2.4GHz 的 ISM 频段。

1) 蓝牙系统(Bluetooth)

最早使用的 WPAN 是 1994 年爱立信公司推出的蓝牙系统，其标准是 IEEE 802.15.1。蓝牙是一种低功耗的无线技术，目的是取代现有的 PC、打印机、传真机和移动电话等设备上的有线接口。主要优点有：可以随时随地用无线接口来代替有线电缆连接；具有很强的移植性，可应用于多种通信场合，如 WAP、GSM、DECT 等引入身份识别后可以灵活实现漫游；功耗低、对人体无危害；蓝牙集成电路应用简单、成本低廉、实现容易、易于推广。

蓝牙工作在 2.4GHz 的 ISM 频段（工业、科学和医疗频段）。采用蓝牙技术的设备将能够提供高达 720Kbps 的数据交换速率，其发射范围半径一般可达 10m。蓝牙技术还采用了跳频技术来消除干扰和降低衰落。当检测到距离小于 10m 时，接收设备可动态调节功率。当业务量减小或停止时，蓝牙设备可以进入低功率工作模式。

蓝牙使用 TDM 方式和扩频跳频 FHSS 技术组成不用基站的皮可网（Piconet）。Piconet 直译就是"微微网"，表示这种无线网络的覆盖面积非常小。组网时最多可以有 256 个蓝牙单元设备连接起来组成微微网，其中一个主设备单元和 7 个从设备单元处于工作状态，而其他设备单元则处于待机模式。微微网络可以重叠交叉使用。从设备单元可以共享。由多个相互重叠的微微网可以组成分布网络，如图 6.30 所示。

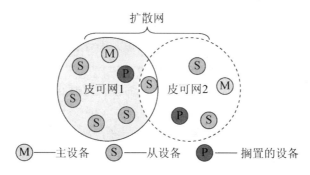

图 6.30　蓝牙系统中的皮可网和扩散网

蓝牙可以提供电路交换和分组交换两种技术，以提供不同场合的应用。在同步工作状态下，一个分组数据包可以占用一个或多个时隙，最多可达 5 个。蓝牙可以同时在异步条件下支持语音和数据传输。蓝牙目前主要是以满足美国 FCC 的要求为目标，对于在其他国家的应用需要做一些变动，如发射功率和频带可以做一些适应性调整。蓝牙规范已公布的主要技术指标和系统参数见表 6-6。

表 6-6　BLUETOOTH 技术指标和系统参数

工作频段	ISM 频段，2.402~2.480GHz
双工方式	全双工，TDD 时分双工
业务类型	支持电路交换和分组交换业务
数据速率	1Mbps
非同步信道速率	非对称连接 721kbps/57.6kbps，对称连接 432.6kbps
同步信道速率	64kbps
功率	美国 FCC 要求<0dbm(1MW)，其他国家可扩展为 100MW
跳频频率数	79 个频点/1Mz
跳频速率	1600 次/秒
工作模式	PARK/HOLD/SNIFF

续表

数据连接方式	面向连接业务 SCO，无连接业务 ACL
纠错方式	1/3FEC，2/3FEC，ARQ
鉴权	采用可变斜率调制 CVSD
信道加密	采用 0 位、40 位、60 位密钥
发射距离	一般可达 10cm～10m，增加功率情况下可达 100m

2）低速 WPAN

低速 WPAN 主要用于工业监控组网、办公自动化与控制等领域，其速率是 2～250kbps。低速 WPAN 的标准是 IEEE 802.15.4。最近新修订的标准是 IEEE 802.15.4—2006。低速 WPAN 中最重要的就是 ZigBee。关于 ZigBee 的内容已在第四章中做了详细的讲解，详情见第四章。

3）高速 WPAN

高速 WPAN 用于在便携式多媒体装置之间传送数据，支持 11～55Mbps 的数据率，标准是 802.15.3，IEEE 802.15.3a 工作组还提出了更高数据率的物理层标准的超高速 WPAN，它使用超宽带 UWB 技术，UWB(Ultra Wide Band)是一种短距离的无线通信方式。其传输距离通常在 10m 以内，可支持 100～400Mbps 的数据率。FCC 的最初报告和工业界对 UWB 信号的定义是：一种相对带宽大于 0.2 或者绝对带宽大于 500MHz 的发射信号就是 UWB 信号。相对带宽定义为 $2(f_H-f_L)/(f_H+f_L)$，绝对带宽定义为 f_H-f_L，其中 f_H 和 f_L 分别是 -10dB 下的信号最高频率和最低频率。符合上述两种方法的定义，是名副其实的超宽带。图 6.31 为 FCC 对不同系统的频率分配。从中可以看出，FCC 将 3.1～10.6GHz 的超大带宽都分配给了 UWB，所以受 UWB 技术工作在 3.1～10.6GHz 微波频段，有非常高的信道带宽。并和其他系统有部分重叠。

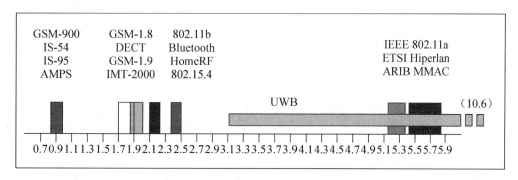

图 6.31 FCC 对不同系统的频率分配情况

UWB 和其他的"窄带"或者是"宽带"主要有两方面的区别：一是 UWB 的超大带宽；二是 UWB 的无载波调制方式。传统的"窄带"和"宽带"都是采用射频(RF)载波来传送信号，载波的频率和功率在一定范围内变化，从而利用载波的状态变化来传输信息。相反的，UWB 采用基带传输，实现方式是发送脉冲无线电(IR)信号传送声音和图像数据，每秒可发送多至 10 亿个代表 0 和 1 的脉冲信号。这些脉冲信号的时域极窄(通常为 0.1～

1.5ns），频域极宽（数 MHz 到数 GHz，可超过 10GHz），其中的低频部分可以实现穿墙通信。

现有的 UWB 体制可以划分为 3 类：第一类是基于直接序列扩频方式的 DS-UWB (Direct Sequence UWB)；第二类是基于 OFDM 技术的 MB-OFDM-UWB；第三类是基于脉冲无线电方式的 IR-UWB (Impulse Radio UWB)。由于这 3 类体制的信号发送、接收处理技术有较大的不同，实现方式各有特点，因此各自的优缺点也有所不同。

与传统的无线通信技术相比，UWB 技术具有以下优势，见表 6-7。

表 6-7　UWB 技术具有的优势

抗干扰性能强	UWB 采用跳时扩频信号，系统具有较大的处理增益，在发射时将微弱的无线电脉冲信号分散在宽阔的频带中，输出功率甚至低于普通设备产生的噪声。接收时将信号能量还原出来，在解扩过程中产生扩频增益。因此，与 IEEE 802.lla、IEEE 802.llb 和蓝牙相比，在同等码率条件下，UWB 具有更强的抗干扰性
传输速率高	UWB 的数据速率可以达到几十 Mbps 到几百 Mbps，有望高于蓝牙 100 倍，也可以高于 IEEE 802.lla 和 IEEE 802.llb
带宽极宽	UWB 使用的带宽都在 1GHz 以上，高达几个 GHz。UWB 系统容量大，并且可以和目前的窄带通信系统同时工作而互不干扰。这在频率资源日益紧张的今天，开辟了一种新的时域无线电资源。 　　现有的无线通信为了划分频带而使用"载波"，利用载波的状态变化来传输信息。而 UWB 使用脉冲信号进行信息传输。脉冲长度越小，单位时间内传送的信号就越多。反过来说，带宽越宽就能够传送越多的脉冲。不仅速度可以提高，而且还能有效地降低耗电量
频谱效率高	UWB 无线技术能使设备工作在其他无线电系统占据的频谱上而不产生干扰，因此紧张、昂贵的频谱资源被更加有效地使用
消耗电能小	通常情况下，无线通信系统在通信时需要连续发射载波，因此，要消耗一定电能。而 UWB 不使用载波，只是发出瞬间脉冲电波，也就是直接按 0 和 1 发送出去，并且在需要时才发送脉冲电波，所以消耗电能很小。UWB 技术在实现同样传输速率时，功率消耗仅有传统技术的 1/10～1/100
保密性好	UWB 保密性表现在两方面：一方面是采用跳时扩频，接收机只有已知发送端扩频码时才能解出发射数据；另一方面是系统的发射功率谱密度极低，用传统的接收机无法接收，并且，由于功率谱密度非常低，几乎被湮没在各种电磁干扰和噪声中，具有隐蔽性好、低截获率、保密性好等非常突出的优点，能很好地满足现代通信系统对安全性的要求
发射功率低	UWB 系统发射功率非常小，通信设备可以用小于 1MW 的发射功率实现通信。低发射功率大大延长了系统电源工作时间，而且，发射功率小，其电磁波辐射对人体的影响也会很小。在这个提倡环保与健康的时代，UWB 的应用范围就更加广阔

UWB 的使用范围非常广泛，主要包括高速无线个人网络、无线以太网接口链路、智能天线区域网、室外点对点网络、传感器、定位和识别网络和军事通信网络等。其中，前三种情况中，UWB 设备网络主要位于住宅区或者办公区，主要传送用于娱乐的无线视频、

音频和控制信号；第四种情况提供室外点对点连接；第五种情况则考虑了其在工商业环境的应用。

2. 无线局域网(WLAN)

无线局域网是指以无线信道作传输媒介的计算机局域网络，是在有线网的基础上发展起来的。无线局域网具有可移动性，能快速、方便地解决有线方式不易实现的网络信道的连通问题。同时无线局域网具有安装方便、移动性高、保密性强、抗干扰性好和维护容易等优点，作为有线网络的延伸和补充，可以在传统有线网络难以实施的场所进行网络覆盖。无线局域网具有多种配置方式，能够根据需要灵活选择。这样，无线局域网能胜任从只有几个用户的小型局域网到成百上千用户的大型网络。由于无线局域网具有众多优点，所以发展迅速并得到广泛的应用。

1) 无线局域网的组成

无线局域网可分为两大类，第一类是有固定基础设施的，第二类是无固定基础设施的。

在有固定基础设施的无线局域网中，802.11 标准规定无线局域网的最小构件是基本服务集 BSS(Basic Service Set)。一个基本服务集 BSS 包括一个基站和若干个移动站，所有的站在本 BSS 以内都可以直接通信，但在和本 BSS 以外的站通信时，都要通过本 BSS 的基站。基本服务集内的基站称为接入点(Access Point，AP)，其作用和网桥相似。当网络管理员安装 AP 时，必须为该 AP 分配一个不超过 32 的服务集标识符(SSID)和一个信道。一个基本服务集 BSS 所覆盖的地理范围称为基本服务区 (Basic Service Area，BSA)。基本服务区的范围直径一般不超过 100。

一个基本服务集可以是孤立的，也可通过接入点(AP)连接到一个主干分配系统(Distribution System，DS)，然后再接入到另一个基本服务集，构成扩展的服务集(Extended Service Set，ESS)。ESS 还可通过门户(Portal)为无线用户提供非 802.11 无线局域网(例如，到有线连接的因特网)的接入。门户的作用就相当于一个网桥。移动站 A 从某一个基本服务集漫游到另一个基本服务集(到 A′的位置)，仍可保持与另一个移动站 B 进行通信，就是我们所说的漫游，如图 6.32 所示。

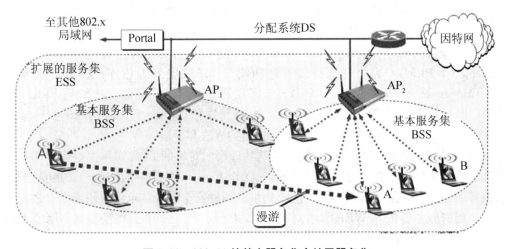

图 6.32　802.11 的基本服务集合扩展服务集

无固定基础设施(即没有 AP)的无线局域网又称自组网络(Ad Hoc Network)或无中心的对等网络。这种网络由一些处于平等状态的移动站之间相互通信组成的临时网络。对等网络用于一台无线工作站和另一台或多台其他无线工作站的直接通信,该网络无法接入有线网络中,只能独立使用。分布对等式网络是一种独立 BSS,它至少有两个站。它是一种典型的、以自发方式构成的单区间。这种不包括 AP 的配置称为独立 BSS(IBSS),在可以直接通信的范围内,IBSS 中任意站之间可直接通信而无须 AP 转接,这种拓扑结构可以用于 SOHO,将笔记本和主计算机相连,或者几个计算机相互连接起来以共享文件,如图6.33 所示。由于没有 AP,所以站之间的关系是对等的、分布式的或无中心的,且具有报文转发能力。独立的基本服务集可以作为一个 Ad Hoc 网络。

这种网络的显著特点是受时间与空间的限制,每台设备必须能够侦听到任意一台其他设备,而这些限制同时也使得 IBSS 的构造与解除非常方便简单,以至于网络设备中的非专业用户也能很好地操作。

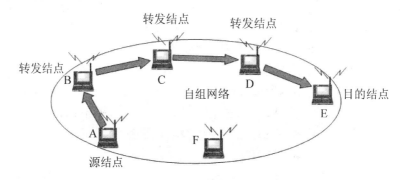

图 6.33　自组网络

自组网络的应用是非常广泛的,在军事领域中,携带了移动站的战士可利用临时建立的移动自组网络进行通信。这种组网方式也能够应用到作战的地面车辆群和坦克群,以及海上的舰艇群、空中的机群。当出现自然灾害时,在抢险救灾时利用移动自组网络进行及时的通信往往很有效。

2) 802.11 标准

无线局域网技术是基于 IEEE 802.11 标准(用于无线网络的国际标准)的,该标准的主要构成可以分为两大部分,数据链路层的 MAC 子层和物理层(PHY),如图 6.34 所示。

其中物理层又由 3 个部分组成,如图 6.35 所示,包括物理层管理(Physical Layer Management,PLM),为物理层提供管理功能与 MAC 层管理相连;物理层汇聚子层(PHY Convergence Procedure,PLCP),该子层通过将 MAC 层信息映射到 PMD 子层,使 MAC 层对物理介质的依赖减到最低;物理介质依赖(Physical Medium Dependent,PMD)子层,该子层提供了对无线介质进行控制的方法和手段。

MAC 的提供的服务有 3 个,一是担负从物理层向对等的 LLC 实体提供用于相互交换的媒介访问控制服务数据单元(MAC Service Data Unit,MSDU)的任务;二是安全服务,鉴权服务和加密服务是 IEEE 802.11 能够提供的两种安全服务,范围仅限于站点之间的数据交换。加密服务要依靠 WEP 算法对 MSDU 进行加密,这项工作需要在 MAC 子层完成;三是 MSDU 的排序。

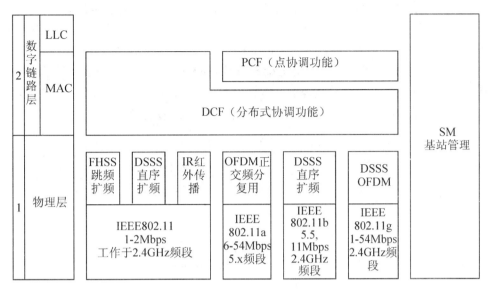

图 6.34　802.11 标准的协议参考模型

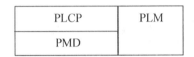

图 6.35　物理层的结构

　　下面就对 802.11 标准中的物理层和 MAC 层分别加以介绍。

　　(1) 802.11 标准中的物理层。802.11 标准中物理层相当复杂,限于篇幅,本书只做简单介绍。根据物理层的不同(如工作频段、数据率、调制方法等),还可再细分为不同的类型。IEEE 802.11 规定了无线局域网在 2.4GHz 波段进行操作,这一波段被全球无线电法规实体定义为扩频使用波段。1999 年 8 月,802.11 标准得到了进一步的完善和修订,增加了两项内容,一是 802.11a,它扩充了标准的物理层,频带为 5GHz,采用 QFSK 调制方式,传输速率为 6~54Mbps。它采用正交频分复用(OFDM)的独特扩频技术,可提供 25Mbps 的无线 ATM 接口和 10Mbps 的以太网无线帧结构接口,并支持语音、数据、图像业务。另一种是 802.11b 标准,在 2.4GHz 频带,采用直接序列扩频 (DSSS)技术和补偿编码键控 (CCK)调制方式。该标准可提供 11Mbps 的数据速率,还能够根据情况的变化,在 11Mbps、5.5Mbps、2Mbps、1Mbps 的不同速率之间自动切换。它从根本上改变无线局域网设计和应用现状,扩大了无线局域网的应用领域,现在,大多数厂商生产的无线局域网产品都基于 802.11b 标准。此后开发的 802.11g 在 2.4GHz 频段使用 OFDM 调制技术,使数据传输速率提高到 20Mbps 以上;IEEE 802.11g 标准能够与 802.11b 的 WiFi 系统互相连通,共存在同一 AP 的网络里,保障了后向兼容性。这样原有的 WLAN 系统可以平滑地向高速无线局域网过渡,延长了 IEEE 802.11b 产品的使用寿命,降低用户的投资。

　　现在的 IEEE 802.11n 将 WLAN 的传输速率从 802.11a 和 802.11b 的 54Mbps 增加至 l08Mbps 以上,最高速率可达 320Mbps,成为 IEEE 802.11b、802.11a、802.11g 之后的另一

场重头戏。和以往的 802.11 标准不同，802.11n 协议为双频工作模式(包含 2.4GHz 和 5GHz 两个工作频段)。这样 802.11n 保障了与以往的 802.11a、b、g 标准兼容。IEEE 802.11n 采用 MIMO 与 OFDM 相结合，使传输速率成倍提高。另外，天线技术及传输技术，使得无线局域网的传输距离大大增加，可以达到几公里(并且能够保障 100Mbps 的传输速率)。IEEE 802.11n 标准全面改进了 802.11 标准，不仅涉及物理层标准，同时也采用新的高性能无线传输技术提升 MAC 层的性能，优化数据帧结构，提高网络的吞吐量性能。

表 6-8　IEEE 802.11x 标准一览表

802.11x 规范	规范内容说明
802.11	初始规范，确立 2.4GHz 频段、2Mbps 传送，及 FHSS(调频)、DSSS(扩频)等干扰方式
802.11a	5GHz 频段，最高速率 54Mbps
802.11b	2.4GHz 频段，最高速率 11Mbps
802.11c	成立工作小组，意在制定无线桥接运作标准，但最后将标准追加到既有的 802.11 中，成为 802.11d
802.11d	追加跨国自适应机制，透过自动扫描机制，调整至该国度、地域所允许的频段、功率
802.11e	追加频宽、流量管理机制，即 QoS，让影像传输功能即时、定量，让多媒体应用具有顺畅度，WiFi 联盟将此称为 WMM
802.11f	追加 IAPP 协定(Inter-Aceess Point Protoeol)，顾名思义是无线存取点间的沟通协议以实现跨 AP 覆盖区的漫游效果，让用户端能平顺、无形地切换存取区域
802.11g	2.4GHz 频段，最高速率 54Mbps
802.11h	与欧洲的 HiperLAN2 进行协调的修订标准，在 802.11a 的基础上可以动态调整频率和 RF 发射来减少与其他系统的干扰。类似的还有 802.16(WiMAX)，其 802.16b 是为了与 WirelessHUMAN 协调而制定的
802.11i	存取与传输安全机制，由于此标准未定案前，WiFi 联盟已先行暂代提出比 WEP 更高防护力的 WPA，因此 802.11i 也被称为 WPA2
802.11j	欧洲与美国在 5GHz 以上的频段运用不同，日本也同样不同，日本从 4.9GHz 开始运用，功率也不同，例如，同为 5.15～5.25GHz 频段，欧洲允许 200MW 功率，日本仅允许 160MW。为适应日本区域的运用差异而制定的 802.11j
802.11k	无线资源管理，让频段、信道、载频等更灵活地调整、调度，使有限的频段在整体应用效益上获得提升
802.11m	对过去的标准进行维护
802.11n	提升速率。目标突破 100Mbps
802.11o	针对 VoWLAN 制定，更快速的无线跨区切换，以及让语音比数据有更高的传输优先权
802.11p	针对短距离传输及工具(如火车等)内使用的制定，最初的设定是在 300m 传输距离内能有 6Mbps 速率
802.11q	制定支援 VLAN 的机制
802.11r	漫游表现提升，允许更快的区间切换，用户可更快的漫游
802.11s	制定与实现目前最先进的 Mesh 网络，提供自主性配置、自主性修复等能力

(2) 802.11 标准中的 MAC 层。802.11MAC 层通过协调功能来确定在基本服务集 BSS 中的移动站在什么时间能发送数据或接收数据。MAC 层定义了两种访问控制方法：分布协调功能(Distributed Coordination Function，DCF)和中心(点)协调功能(Point Coordination Function，PCF)，如图 6.36 所示。

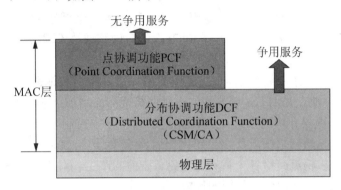

图 6.36　802.11MAC 层

　　DCF 子层不采用任何中心控制，而是在每一个结点使用 CSMA 机制的分布式接入算法，让各个站通过争用信道来获取发送权。因此 DCF 向上提供争用服务。DCF 有两种工作方式，即 CSMA/CA 方式和 RTS/CTS 机制。

　　CSMA/CA 协议的原理如下。欲发送数据的站先检测信道。在 802.11 标准中规定了在物理层的接口进行物理层的载波监听。通过收到的相对信号强度是否超过一定的门限数值就可判定是否有其他的移动站在信道上发送数据。当源站发送它的第一个 MAC 帧时，若检测到信道空闲，则在等待一段时间后(即分布协调功能帧间间隔)就可发送。这是考虑到可能有其他的站有高优先级的帧要发送。如有，就要让高优先级帧先发送。如果没有高优先级帧要发送，源站发送了自己的数据帧。目的站若正确收到此帧，则经过帧间间隔(是最短的帧间间隔，用来分隔开属于一次对话的各帧)后，向源站发送确认帧 ACK。若源站在规定时间内没有收到确认帧 ACK(由重传计时器控制这段时间)，就必须重传此帧，直到收到确认为止，或者经过若干次的重传失败后放弃发送。

　　为了进一步减少了碰撞的机会，采用了虚拟载波监听机制，虚拟载波监听(Virtual Carrier Sense)的机制是让源站将它要占用信道的时间(包括目的站发回确认帧所需的时间)写入到所发送的数据帧中(即在首部中的"持续时间"中填入本帧占用信道的时间)，通知给所有其他站，以便使其他所有站在这一段时间都停止发送数据。当一个站检测到正在信道中传送的 MAC 帧首部的"持续时间"字段时，就调整自己的网络分配向量 (Network Allocation Vector，NAV)。NAV 指出了必须经过多少时间才能完成数据帧的这次传输，才能使信道转入到空闲状态。当信道从忙态变为空闲时，任何一个站要发送数据帧时，这时不仅都必须等待一个分布协调功能帧间间隔，而且还要进入争用窗口，并计算随机退避的时间以便重新试图接入到信道。在信道从忙态转为空闲时，各站就要执行退避算法。这样做就进一步减少了发生碰撞的概率。802.11 使用二进制指数退避算法。

　　802.11 允许要发送数据的站对信道进行预约。对信道进行预约(RTS/CTS)的原理如下。源站在发送数据帧之前先发送一个短的控制帧，称为请求发送 (Request To Send，

RTS)，它包括源地址、目的地址和这次通信(包括相应的确认帧)所需的持续时间。若媒体空闲，则目的站就发送一个响应控制帧，称为允许发送（Clear To Send，CTS)，它包括这次通信所需的持续时间(从 RTS 帧中将此持续时间复制到 CTS 帧中)。A 收到 CTS 帧后就可发送其数据帧。

由 RTS 帧和 CTS 帧的格式可以知道，两者都包含一个持续时间/识别码域。RTS/CTS 访问机制就是通过 RTS 帧和 CTS 帧交互发送时向该域填入预留信息，从而使接、收的双方为占用媒介预留用于发送数据帧和 ACK 帧的实际时间。

RTS/CTS 访问机制的优点是具有快速预测碰撞以及检测传输路径的功能，能够及时更新站点的 NAV，缺点是 RTS/CTS 需要占用网络资源而增加了额外的网络负担。

PCF 子层是可选媒介访问方式，是用接入点(AP)集中控制整个 BBS 内的活动，只能用于有固定基础设施的网络中。所以自组网络就没有 PCF 子层。PCF 使用集中控制的接入算法把发送数据权轮流交给各个站从而避免了碰撞的产生。对于时间敏感的业务，如分组语音、视频等就应使用提供无征用的集中协调功能(PCF)。

MAC 层的帧格式。在 MAC 层，一个 MSDU 加上添加的头部(由帧控制帧、持续时间域/关联识别码、地址和顺序控制信息构成)和尾部(帧校验序列(Frame Check Sequence，FCS))信息就构成一个 MAC 层的帧。加上了头部和尾部信息的 MSDU 被称为媒介访问控制协议数据单元(MPDU)，转发给物理层后，经过无线媒介就能被发送给其他的站点。每一个 MPDU 都是由一系列固定顺序的域组成的(图 6.36)，在 802.H 协议中主要包含 3 种类型的 MAC 帧：控制帧、管理帧和数据帧。数据帧就是用来传输数据的，控制帧的功能主要是在数据帧交换过程中完成握手处理和定时处理，而管理帧则主要完成通信实体之间的登记管理过程。总而言之，MAC 层的控制帧和管理帧联合起来一起协助完成数据帧的有效和可靠传递。

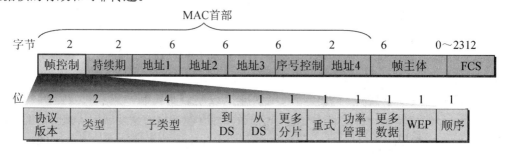

图 6.37　MAC 层的帧格式

① 帧控制域。帧控制域的长度为 16 个比特位，用于在工作站之间发送控制信息，它包含的内容如下。

协议版本字段：MAC 帧的协议版本字段用来表示当前构成 IEEE 802.11MAC 协议的版本号。

帧类型字段：表明当前的帧是管理帧、控制帧还是数据帧。

子类型字段：用来表明 3 种类型帧中的完成特定功能的帧。

DS 目的地址字段和 DS 源地址字段：这两个字段不同取值的具体含义，这里只讨论前三个地址，见表 6-9。

表6-9 两个字段不同取值的具体含义

到 DS	从 DS	地址 1	地址 2	地址 3	地址 4
0	1	目的地址	AP 地址	源地址	——
1	0	AP 地址	源地址	目的地址	——

更多片段字段：用来表示 MAC 服务数据单元(MSDU)是否还有其他分片在后续的帧中。

重试字段：具体表示一个数据帧或者管理帧是第一次发送还是重复发送。MAC 帧的接收方利用这个字段标识位来确定接收到的帧是否为重复发送的 MAC 帧。

电源功率管理字段：移动站用电源功率管理字段表示其自身的电源管理状态。

更多数据字段：AP 使用此字段向移动站告知在 AP 中是否有缓存数据。

WEP 字段：用来表明帧体是否采用加密算法。当 WEP 字段设为 1 时，表示这个 MAC 帧的帧体已经过 WEP 算法加密。

顺序字段：用来表明传输帧是否使用严格顺序服务类。

② 持续期。该域的具体值包含了为更新网络分配向量或者关联 ID(AID)的短 ID 的信息。在节能轮询控制帧中，该域内的数值为发送端工作站的 AID，AID 的范围为 0～2007。在其他类型的帧中，持续时间/ID 域内的数值表示发送下一个帧的持续时间的值，这个数据可以用来减少虚拟通道的碰撞概率。

③ 地址域。IEEE 802.11 无线局域网中一共包括 4 个地址域，他们被用来实现系统所需具备的透明移动性和对组播帧进行过滤的机制。地址域内有不同类型的地址，这些类型主要包括 BSS 标识符(BSSID)、源地址（Source Address，SA）、目的地址（Destination Address，DA）、发送站地址（Transmitter Address，TA）和接收站地址（Receiver Address，RA)等地址类型。

④ 序号控制域。顺序控制包括下面两个具体字段：序列号字段为每个被传送的 MSDU 顺序分配一个 12 比特的序列号，而分片号字段则为一个分片组中的每一个 MSDU 片段分配一个 4 比特的分片号。

⑤ 帧体。MAC 帧的主体部分都包含特定数据帧和管理帧相关的信息。在无线局域网中传输的 MAC 帧中，有一些帧的帧体是空的。通常这些 MAC 帧都是控制帧和管理帧。一般而言，数据帧的帧体用以承载具体的 MSDU 或 MSDU 的一个片段。还有一种帧体为空的零数据帧，这种特殊的数据帧来测试信道，这样就可以用比较小的开销来达到测试信道的目的。

⑥ 帧尾。MAC 帧的尾部，通常被称为帧校验序列(FCS)字段，它的长度是 32 个比特位。它包含了对前面帧头和帧体应用 CCITTCRC-32 生成多项式运算后得到的结果。

3. 无线城域网

2002 年 4 月通过了 802.16 无线城域网（Wireless Metropolitan Area Network，WMAN)的标准。欧洲的 ETSI 也制定类似的无线城域网标准 HiperMAN。

WMAN 可提供"最后一英里"的宽带无线接入（固定的、移动的和便携的）。在许多情况下，无线城域网可用来代替现有的有线宽带接入，因此它有时又称为无线本地环路。

WiMAX 常用来表示无线城域网 WMAN，这与 WiFi 常用来表示无线局域网 WLAN 相似。IEEE 的 802.16 工作组是无线城域网标准的制定者，而 WiMAX 论坛则是 802.16 技术的推动者。

1) WMAN 的标准简介

WMAN 有两个正式标准，一是 802.16d(它的正式名字是 802.16－2004)，是固定宽带无线接入空中接口标准(2～66GHz 频段)。定义了支持多种业务类型的固定宽带无线接入系统的 MAC 层和相对应的多个物理层，是相对比较成熟并且最具实用性的一个标准版本。二是 802.16 的增强版本，即 802.16e，是支持移动性的宽带无线接入空中接口标准(2～6GHz 频段)，基于该标准的 WiMAX 解决方案支持游牧和移动宽带应用，被称为移动 WiMAX(或称 WiMAX16e)技术。它向下兼容 802.16—2004，因此 IEEE 802.16e 的标准化工作基本上是在 IEEE 802.16d 的基础上进行的。

IEEE 802.16 协议规定了媒体接入控制层(MAC)和物理层(PHY)的规范。

下面以 IEEE 802.16e 协议栈参考模型为例进行讲解。从图 6.38 可以看出，IEEE 802.16e 系统包括两个平面，数据控制平面与管理平面。数据控制平面主要实现的功能是保证数据的正确传输，该平面定义了必要的传输功能和控制机制来保障传输的顺利进行。管理平面定义了管理实体，通过与数据控制平面中的实体相互交互，管理实体可以协助外部网络管理系统完成有关的管理功能。

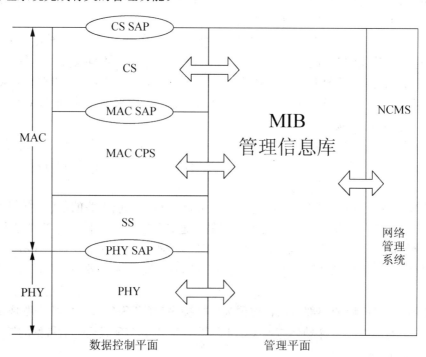

图 6.38 IEEE 802.16e 协议栈参考模型

MAC 层规范采用分层结构，包括特定业务汇聚子层(Service Specific Convergence Sublayer，CS)、公共部分子层(Common Part Sublayer，CPS)和安全子层(Security Sublayer，SS)。CS 子层主要负责完成外部网络数据与 CPS 子层数据之间的映射。从 CS 层服务接入点(SAP)接收到的外部网络数据在 CS 子层被转化并且映射成 MAC SDU。CS 子层完成对接收到的外部网络 SDU 进行分类，并与相应的服务流建立对应关系，对净荷的报头部分进行压缩等，最后通过 MAC 服务接入点将数据发送给 CPS 子层。

CPS 子层负责执行包括系统接入、带宽分配、连接建立以及维护等 MAC 层核心功能，它为用户提供可靠的、面向连接的、有 QoS 保障的分组数据业务传输。CPS 子层通过 MAC 服务接入点，从面向业务的 CS 子层接收数据，并将所有接收的数据与某一个确定的连接绑定。该子层同时实现所有连接的服务质量控制以及数据单元的调度机制。

SS 子层用来提供认证、安全的密钥交换以及加密等相关功能，保证通信安全。

在 IEEE 802.16 中，物理层由传输汇聚子层(TC)和物理媒质依赖子层(PMD)组成。TC 层负责把收到的 MAC-PDU 封装成 TC-PDU，并执行接入竞争方案和控制同步逻辑；PMD 主要执行信道编码、调制等处理。

2) WMAN 的主要技术

(1) 复用技术。

WiMAX 系统可以支持 TDD(时分双工)和 FDD(频分双工)两种复用技术。TDD 上行和下行的传输使用同一频带的双工方式，需要根据时间进行切换，物理层的时隙被分为发送和接收两部分。其技术特点有：①不需要成对的频率，能使用各种频率资源；②上下行链路业务可以不平均分配；③上下行工作于同一频率，电波传播的对称特性使之便于使用智能天线等新技术，达到提高性能，降低成本的目的；④传输不连续，切换传输方向需要时间和控制，为避免传输发生冲突，上下行链路需要一个协商传输与时序的过程，为避免发生传输错误，需要设置一个保护时间来保护传输信号符合传输时延的要求。

FDD 上行和下行的传输使用分离的两个对称的频带的双工方式，系统需根据对称性频带进行划分。其技术特点有：①需要成对的频率，在分离的两个对称的频带上进行发送和接收，上下行频带之间需要有 190MHz 的频率间隔；②支持对称业务时，能充分利用上下行的频谱，但在非对称的分组交换(互联网)工作时，频谱利用率则大大降低(由于低上行负载，造成频谱利用率降低约 40%)。

(2) OFDM 和 OFDMA 技术。

OFDM 是将带宽分为多个子载波的一种多路复用技术。在一个 OFDM 系统中，系统频带被划分为多个子信道，输入的数据流被分为多个并行的低速率的数据流，这些并行的数据流分别被调制到每个子信道的子载波上进行传输。由于 OFDM 技术将具有频率选择性的无线信道转化成多个相互正交的平坦衰落子信道，从而可以消除信道波形之间的干扰，达到对抗多径衰落的目的。由于 OFDM 系统的不同子载波相互正交，因此子载波之间的频谱可以相互重叠。与传统的 FDM 技术相比，采用 OFDM 技术可以提高系统的频谱利用率。另外，OFDM 技术在实际应用中引入了循环前缀(CP)和保护间隔。循环前缀是指将 OFDM 符号中的一部分副本作为符号前缀，一般 CP 的持续时间长于信道时延扩展的时间。保护间隔是指在 OFDM 符号间插入保护带。循环前缀和保护间隔的引入能够有效地克服多径信道的延时扩展，消除码间干扰，因此可以避免采用复杂均衡器。

OFDMA 是以 OFDM 调制为基础的无线接入技术，它将用户多址接入和调制有效地结合在了一起。OFDMA 用多载波调制将子载波划分为不同的子信道并且将这些子信道分

配给用户使用。OFDMA 不需要 FDMA 中必不可少的保护频带，从而避免了频带的浪费。OFDMA 的分配机制非常灵活，可以根据用户业务量的大小动态分配子信道。由于 OFDM 调制中子载波之间的正交性及相对独立性，每一个子信道可以根据信道质量情况自动调整调制编码方式和发射功率，因而可以有效地提高频谱利用率。

（3）MIMO 技术及 AAS 技术。

MIMO 技术是指系统发送和接收两端利用多幅发射天线和多幅接收天线进行无线通信的一种技术。IEEE 802.16e 标准中 MIMO 技术属于系统可选技术，与空时编码技术相结合。MIMO 技术的关键是能够将传统通信系统中存在的多径衰落等不利因素变成对用户通信性能有利的增强因素。在多径信道丰富的环境中，MIMO 技术将每条传输路径都看成是一个不同的无线传播信道，通过有效利用多径信道来提高传输速率或传输信号的可靠性。在 IEEE 802.16 标准中，按照空时信号处理的基本原理可以将 MIMO 技术分为空时分集（Space Time Transmit Diversity，STTD）和空间复用（Spatial Multiplexing，SM）两类。空时分集是指数据经过空时编码并通过多根发射天线发送出去，多根天线发送相同码字的不同副本。由于不同天线发送的数据信息相同，故可以在不增加总发射功率和总传输带宽的前提下，获得空间分集增益和编码增益。空时分集可以对抗信道衰落，提高链路的可靠性。空间复用是指在不同发射天线上发送相互独立的数据信息，接收端利用多根接收天线接收信号，充分利用发射天线与接收天线之间的多径，从而获得空间复用增益。空间复用可以在不增加系统带宽的情况下成倍地提高系统容量和频谱利用率。

自适应天线阵列（Adaptive Antenna Sequence，AAS）又称智能天线技术，指基站的天线阵列通过波束赋形技术产生空间定向波束，将天线能量集中在主波束并将主波束指向用户所在方向，同时对干扰形成零陷，抑制干扰。智能天线技术能够扩大小区覆盖面积，提高系统抗干扰能力和系统容量。

（4）HARQ 技术。

混合自动重传请求（HybridAutomatic Repeat Request，HARQ）技术是将自动重传请求（Automatic Repeat Request，ARQ）和前向纠错编码技术相结合的一种差错控制方技术。ARQ 具有高可靠性、低复杂度的特点，但存在传输时延大，频谱利用率低的缺点；FEC 技术传输效率比 ARQ 技术高，但可靠性却较低，并且若想获得高可靠性，复杂度也随之上升。HARQ 技术对 FEC 解码失败的码块并不丢弃而是暂时缓存在接收端，通过要求发端重传并将多次传输的数据块进行合并而获得合并增益，从而提高系统性能。HARQ 技术目前支持卷积码（CC）和卷积 Turbo 码（CTC）两种编码方式。

（5）自适应调制编码技术。

自适应调制编码（Adaptive Modulation and Coding，AMC）技术是一种链路自适应技术。在 WiMAX 通信系统中，利用 AMC 技术可以对调制编码方式以及数据速率进行自适应地选择。AMC 的基本原理是根据链路信道质量，实时地改变调制与编码方式，灵活地调整数据传输速率。其基本思想是通过调整用户调制编码方式使传输信号质量好的信道能够获得高速传输的效果，同时使传输信号质量差的信道获得较低的吞吐量，以此保证系统带宽的充分利用。在保证信号质量的同时，尽可能有效地利用带宽，提高频谱利用率。

采用 AMC 的好处主要有：处于有利位置的用户可以具有更高的数据速率，利用现有的信道条件，最大化下行链路的数据吞吐量；在链路自适应过程中，通过调整调制编码方案而不是调整发射功率的方法可以降低干扰水平。

（6）QoS机制。

QoS机制是应用在MAC层的技术。QoS核心原理就是将MAC层传输的协议数据单元(Protocol Data Unit，PDU)与连接标识(Connection Identifier)标识的特定业务类型的业务流相关联。MAC层首先创建初始业务流并对业务流的QoS参数进行配置；然后对业务流进行动态管理，包括业务流的创建，修改和删除。通过对MAC层PDU进行分类并根据业务流优先级完成对用户业务的分级调度服务。

调度服务是MAC层调度器对一个连接上传输的数据的处理机制。MAC层调度器针对不同类型的业务连接提供不同优先级和带宽分配方式的分级调度服务。IEEE 802.16标准根据速率、延时、吞吐量等QoS参数要求将调度业务分为以下5种类型见表6-10。

表6-10 5种类型

主动授权业务(UGS)	用于传输固定速率的实时数据业务
实时轮询业务(rtPS)	用于支持实时的可变速率业务
非实时轮询业务(nrtPS)	支持非周期变长分组的非实时数据流
尽力而为业务(Best Effort，BE)	支持非实时无任何速率和抖动时延要求的分组数据业务
扩展实时轮询业务(Extended rtPS，ertPS)	可变长度按周期发送的分组数据业务

3）无线城域网的应用

802.16标准是一种无线城域网技术，它能向固定、携带和游牧的设备提供宽带无线连接，还可用来连接802.11热点与因特网，提供校园连接，以及在"最后一英里"宽带接入领域作为Cable Modem和DSL的无线替代品。它的服务区范围高达50 km，用户与基站之间不要求视距传播，每基站提供的总数据速率最高为280 Mbps，这一带宽足以支持数百个采用T1/E1型连接的企业和数千个采用DSL型连接的家庭。802.16标准得到了领先设备制造商的广泛支持。许多WiMAX的成员公司同时参与IEEE 802.16和IEEE 802.11标准的制定，可以预料802.16和802.11的结合将形成一个完整的无线解决方案，为企业、住宅和WiFi热点提供高速因特网接入(图6.39)。

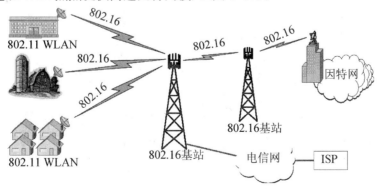

图6.39 802.16无线城域网应用的示意图

6.2.3 移动通信(3G 和 4G)

1. 第三代移动通信系统

第三代移动通信系统是国际电信联盟(ITU)为 2000 年国际移动通信而提出的具有全球移动、综合业务、数据传输、蜂窝、无绳、寻呼、集群等多种功能，并能满足频谱利用率、运行环境、业务能力和质量、网络灵活及无缝覆盖、兼容等多项要求的全球移动通信系统，简称 IMT-2000 系统。它能够在全球范围内更好地实现无线漫游，并处理图像、音乐、视频流等多种媒体形式，提供包括网页浏览、电话会议、电子商务等多种信息服务(图 6.40)，同时也考虑了与已有第二代系统的良好兼容性。

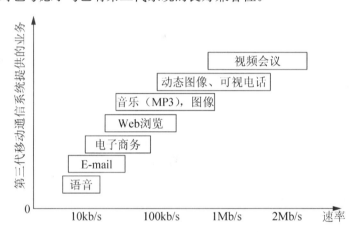

图 6.40　3G 系统提供的业务及其所需速率

1) IMT-2000 的由来

该系统最早是在 1985 年提出的 FPLMTS，即 Future Public Land Mobile Telecommunications System，1996 年正式更名为 IMT-2000。IMT-2000 即 International Mobile Telecommunications，工作在 2000MHz 频段，它支持速率高达 2Mbps 业务，在 2000 年左右实现商用，可同时提供电路交换和分组交换业务。

IMT-2000 目标与基本要求是全球同一频段、统一标准、无缝隙覆盖、全球漫游。提供多媒体业务(车速环境，144kbps；步行环境，384kbps；室内环境，2Mbps)；高服务质量；高频谱利用效率；易于从第二代过渡、演变；全球范围内使用小的终端，价格低；高保密性能。

2) 第三代移动通信的系统组成

典型 3G 网络结构(UMTS)即通用移动通信系统，是欧洲电信标准协会 ETSI 所定义的欧洲第三代移动通信系统。UMTS 网络的实体包括：用户设备(UE)、UMTS 地面无线接入网络(UTRAN)、核心网(CN)。

3G 系统的网络结构如图 6.41 所示，它分为终端侧和网络侧。终端侧包括用户识别模块(UIM)和移动终端(MT)，网络侧设备分为两部分：无线接入网(RAN)和核心网(CN)。不同通信实体间有如下接口。

IMT-2000 家族成员之间互通的网络—网络接口(NNI)，是保证网络互通和移动台漫游的关键接口。

无线接入网(RAN)与核心网(CN)之间的接口是RAN-CN。

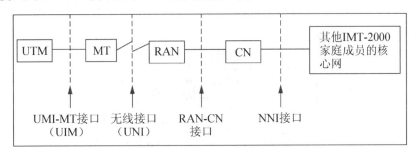

图6.41 IMT-2000功能模型及接口

用户与网络之间的接口UNI(无线接口),是3G系统最重要的接口,体现了3G系统最显著的特征。无线接口使用无线传输技术将用户设备接入到系统的固定网络部分。不同的3G系统标准,主要区别就在无线接口中的无线传输技术上。

用户识别模块(UIM)和移动台(MT)之间的接口是UIM-MT。

3) 第三代移动通信的三大主流国际标准

3G系统的标准化工作主要是对无线传输技术(RTT)方案的标准化。ITU自1997年7月开始征集3G无线传输技术方案,到1998年6月30日,提交到ITU的RTT技术共有16种,其中10种是地面RTT。在这10种提案中,有8种为WCDMA技术,这表明CDMA技术是3G系统的主要技术。码分多址(Code Division Multiple Aeeess,CDMA)是在军事通信的扩频通信技术基础上发展起来的一种无线通信技术。CDMA技术的原理是基于扩频技术,将需要传送的具有一定信号带宽的信息数据,用一个带宽远大于信号带宽的伪随机序列进行调制,使原始数据信号的带宽被扩展,再经载波调制后发送出去。接收端使用完全相同的伪随机序列,与接收的宽带信号做相关处理,把宽带信号换成原信息数据的窄带信号即解扩,以实现信息通信。具有频谱利用率高、抗干扰性强、语音质量好、保密性强、断线率低、电磁辐射小、容量大、覆盖面广等特点,可以大量减少投资和降低运营成本。

在经过详细的技术评估、研究分析和大量的协调及融合工作之后,2000年5月,ITU批准并通过了3G的无线接口技术规范建议,列入规范建议的有CDMA和TDMA两大类共5种技术,其中的主流技术有以下3种,见表6-11。

表6-11 IMT-2000CDMA的3种主流技术

IMT-2000CDMA-DS	即WCDMA。在宽带5MHz的频带内对信号进行直接扩频。关键技术建立在窄带CDMA基础上,但有了进一步的改进。WCDMA可以有FDD和TDD两种实现方案
IMT-2000CDMA-MC	即多载波CDMA2000。由多个1.25MHz的窄带直接扩频系统组成的宽带CDMA系统。延用IS-95的主要技术和基本技术思路,但也做了一些实质性的改进
IMT-2000CDMA-TDD	包括我国提出的时分—同步码分多址(Time Division-synehronous Code Division Multiple Access,TD-SCDMA)和欧洲倡导的通用陆地无线接入—时分双工(Universal Terrestrial Radio Access-Time Division Duplex,UTRA-TDD)

这 3 种主流技术也就是 IMT-2000 的三大主流国际标准，即欧洲的 WCDMA、美国的 CDMA 2000 和我国的 TD‐SCDMA，如图 6.42 所示。下面分别对这三大主流国际标准加以简单介绍。

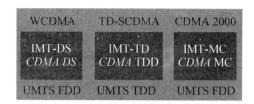

图 6.42　第 3 代移动通信的主流标准

WCDMA：即 Wide band CDMA，也称为 CDMA Direct Spread，是一类直接序列扩频的码分多址技术。其支持者主要是以 GSM 系统为主的欧洲厂商，日本公司也或多或少参与其中，包括欧美的爱立信、阿尔卡特、诺基亚、朗讯、北电，以及日本的 NTT、富士通、夏普等厂商。这套系统能够架设在现有的 GSM 网络上，对于系统提供商而言可以较轻易地过渡，而 GSM 系统相当普及的亚洲对这套新技术的接受度预料会相当高。因此 W-CDMA 具有先天的市场优势。

WCDMA 采用 IMT-2000CDMA-DS 多址方式，其扩频码速率为 3.84Mchip/s，载波带宽为 5MHz。WCDMA 采用频分双工（FDD）方式，需要成对的频率规划。系统不采用 GPS 精确定时，不同基站可选择同步和不同步两种方式，可以不受 GPS 系统的限制。在反向信道上，采用导频符号相干 RAKE 接收的方式，解决了 CDMA 中反向信道容量受限的问题。

CDMA 2000：CDMA 2000 也称为 CDMA Multi-Carrier，由美国高通北美公司为主导提出，摩托罗拉、Lucent 和后来加入的韩国三星都有参与，韩国现在成为该标准的主导者。这套系统是从窄频 CDMA One 数字标准衍生出来的，可以从原有的 CDMA One 结构直接升级到 3G，建设成本低廉。但目前使用 CDMA 的地区只有日、韩和北美，所以 CDMA 2000 的支持者不如 W-CDMA 多。不过 CDMA 2000 的研发技术却是目前各标准中进度最快的，许多 3G 手机已经率先面世。

CDMA 2000 采用 IMT-2000CDMA-MC 方式，基本的单载波扩频码速率为 1.2288Mchip/s，载波带宽为 1.25MHz。CDMA 2000 采用频分双工（FDD）方式，需要成对的频率规划。CDMA 2000 的基站间同步是必需的，因此需要全球定位系统（GPS）。

TD-SCDMA：该标准是由我国独自制定的 3G 标准，1999 年 6 月 29 日，由我国原邮电部电信科学技术研究院（大唐电信）向 ITU 提出。该标准将智能天线、同步 CDMA 和软件无线电等当今国际领先技术融于其中，在频谱利用率、对业务支持具有灵活性、频率灵活性及成本等方面的独特优势。另外，由于我国内地庞大的市场，该标准受到各大主要电信设备厂商的重视，全球一半以上的设备厂商都宣布可以支持 TD-SCDMA 标准。

TD-SCDMA 是 FDMA、TDMA 和 CDMA 这 3 种基本传输模式的灵活结合，具有系统容量大、频谱利用率高、抗干扰能力强等特点。TD-SCDMA 的多址接入方案是采用直接序列扩频码分多址（DS-CDMA），扩频带宽约为 1.6MHz，采用不需配对频率的 TDD

（时分双工）工作方式，该模式是基于在无线信道时域里的周期地重复传输 TDMA 帧结构实现的。通过周期性转换传输方向，在同一载波上交替进行上、下行链路传输。

在第三代移动通信三大技术标准中 WCDMA 和 CDMA 2000 都采用的是 FDD 模式，只有 TD-SCDMA 采用的是 TDD 模式。FDD 模式的特点是在分离的两个对称频率信道上，系统进行接收和传送，用保证频段来分离接收和传送信道。采用包交换等技术，可突破二代发展的瓶颈，实现高速数据业务，并可提高频谱利用率，增加系统容量。但 FDD 必须采用成对的频率，即在每 2×5MHz 的带宽内提供第三代业务。该方式在支持对称业务时，能充分利用上下行的频谱，但在非对称的分组交换（互联网）工作时，频谱利用率则大大降低（由于低上行负载，造成频谱利用率降低约 40%），在这点上，TDD 模式有着 FDD 无法比拟的优势。因为 TDD 模式在上下行链路使用相同的频带，在一个频带内两个方向占用的时间资源可根据需要调整，并且一般将两个方向占用的时间按固定的间隔分为若干个时间段，称为时隙。TDD 模式的主要优点是能够处理不对称的分组数据业务以及它的上下行信道具有对称性，这是目前 3G 系统和未来第四代移动通信（4G）系统具有的特征之一。另外，TDD 系统上行和下行链路间的对称性有利于链路自适应技术，如智能天线、发射分集和自适应调制编码等技术的使用，而链路自适应技术提高系统的吞吐率和简化接收机结构。最后，由于 TDD 模式不需要对称的发射和接收频带，所以频谱分配方便。

2. 第四代移动通信系统

目前，第三代移动通信（3G）各种标准和规范已达成协议，并已开始商用。但 3G 系统还有很多需要改进的地方，如：3G 缺乏全球统一标准；3G 所采用的语音交换架构仍承袭了第二代（2G）的电路交换，而不是纯 IP 方式；流媒体（视频）的应用不尽如人意；数据传输率也只接近于普通拨号接入的水平，更赶不上 xDSL 等。

在 3G 还没有完全铺开，距离完全实用化还有一段时间的时候，已经有不少国家开始了对下一代移动通信系统（4G）的研究。

1）4G 的发展历程

4G 的研发始于下一代的 B3G 技术，B3G 技术的研究从 20 世纪末 3G 技术完成标准化之时就开始了。2006 年，ITU 正式将 B3G 技术命名为 IMT-Advanced 技术，2007 年启动了 IMT-Advanced 候选技术的征集和标准制定工作，2009 年 10 月 14 日至 21 日，国际电信联盟在德国德累斯顿举行了 ITU-RWP5D 工作组第 6 次会议，征集遴选 IMT-Advanced 候选技术。B3G 其基本特征是引入 OFDM 和 MIMO 等技术，将上下行传输峰值速率分别提高到 50Mbps 和 100Mbps 左右，进一步提升 3G 系统的技术水平，满足市场和竞争的需要。为此，3GPP/3GPP2 组织提出了 3GPP 长期演进（Long Term Evolution，LTE）和 3GPP2 空中接口（AIE）项目，既兼容目前的 3G 通信系统并对 3G 系统进行演进，与 B3G 远景接轨。目前整个移动通信系统的演进如图 6.43 所示。当前步入商用的 3 种 CDMA 技术的 3G 系统都将会向 LTE 演进，成为 LTE-FDD 或者 LTE-TDD。

LTE 标准以 OFDM/OFDMA 以及 MIMO 等技术为核心，通过对无线接口以及无线网络架构的改进，以达到降低时延、提高用户的数据速率、增大系统容量和覆盖范围的目的，而且具有扁平的网络结构和全 IP 系统架构。LTE 是 3G 技术的演进，是 3G 与 4G 之间的过渡，可以经过 LTE-Advanced 平滑演进到 4G。

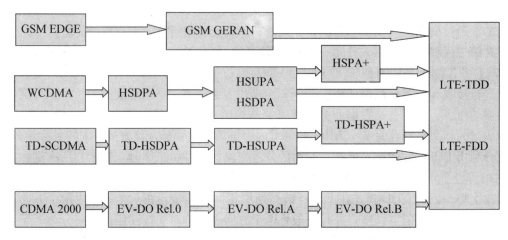

图 6.43 移动通信系统演进图

LTE 和传统移动通信系统的区别在于：LTE 系统只有分组域，没有电路域，语音业务将由 VoIP 实现。此外，LTE 支持多媒体多播广播（Multi Broadcast Multimedia Service，MBMS）。LTE 项目从速率、系统容量、延迟、设备复杂度以及兼容性等方面提出了一系列的具体需求，见表 6-12。

表 6-12 LTE 项目的需求

需 求 项 目	具 体 内 容
峰值速率	20MHz 系统带宽下，下行瞬时峰值速率 100Mbps，上行瞬时峰值速率 50Mbps
控制面延迟	从驻留状态到激活状态的时延小于 100ms
控制面容量	每小区在 5MHz 系统带宽下支持 200 个用户
用户面延迟	零负载，小 IP 分组条件下小于 5ms
用户面吞吐量	下行每兆赫兹平均用户吞吐量为 R6 HSDPA 的 3～4 倍，上行每兆赫兹平均用户吞吐量为 R6 HSUPA 的 2～3 倍
频谱效率	下行频谱效率为 R6 HSDPA 的 3～4 倍，上行频谱效率为 R6 HSUPA 的 2～3 倍
移动性	0～15km/h 低速移动优化，15～120km/h 高速移动下实现高性能，在 120～350km/h 的移动速度下保持蜂窝网络的移动性
覆盖	吞吐率、频谱效率和移动性指标在 5km 以下的小区应全面满足，半径 30km 的小区性能可以小幅下降，不应该排除半径达 100km 的小区
增强 MBMS	为降低终端设备复杂度，应该和单播操作采用同样的调制，编码和多址方法；可向用户同时提供 MBMS 和专用语音业务，可用于成对和非成对频谱
频谱灵活性	支持从 1.4～20MHz 的系统带宽；支持成对和非成对的频谱；支持基于资源整合的内容提供

续表

需求项目	具体内容
与3GPP无线技术共存和互操作	和 GERAN/UTRAN 系统可以领频共站址共存；支持 GERAN/UT-RAN 操作的 E-UTRAN 终端应该支持对 UTRAN/GERAN 的测量，以及相互之间的切换；实时业务在 GERAN/UTRAN 和 E-UTRAN 之间的切换时间小于 300ms
系统架构和演进	单一的基于分组的 E-UTRAN 系统架构，通过分组架构支持实时业务和会话业务；最大限度地避免单点失败；支持终端 QoS；优化回传通信协议
无线资源管理	增强端到端 QoS；有效支持高层传输；支持不同的无线接入结束之间的负载均衡和政策管理
复杂度	尽可能减少选项；避免多余的必选特性

为满足以上需求，3GPP LTE 项目工作小组分别研究总结了各项技术，制定了 30 多个的技术规范，这些技术规范共同构成了 LTE 的技术标准。

2）LTE 系统理论基础

LTE 系统的基础理论主要包括系统架构、空中接口和无线传输技术等。下面将分别做介绍。

（1）LTE 系统架构。LTE 系统架构分为两部分，如图 6.44 所示，包括演进后的核心网 EPC（即图中的 MME/GW）和演进后的接入网 E-UTRN。演进后的系统仅存在分组交换域。LTE 接入网仅由演进后的 e-NodeB 组成，提供到用户的 E-UTRAN 控制面和用户面的协议终止点。e-NodeB 之间通过 X2 接口进行连接。LTE 接入网和核心网之间通过 Sl 接口进行链接。

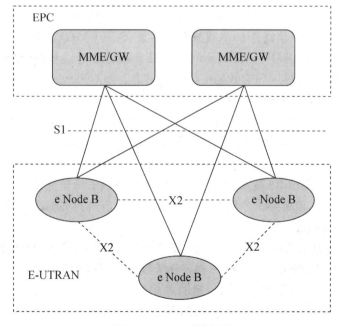

图 6.44　LTE 系统架构

e-NodeB 主要功能如下：无线资源管理相关的功能，如无线承载控、接管理、上/下行动态资源分配；IP 头压缩与用户数据流加密；UE 附着时的 MME 选择；提供到 S-GW 的用户面数据的路由；寻呼信息的调度与传输；系统广播信息的调度与传输；测量与测量报告的配置。

MME 主要功能如下：寻呼消息的分发；安全控制；空闲状态的移动性管理；SAE 承载控制；非接入层信令的加密与完整性保护。

（2）LTE 系统空中接口。Sl 接口是 MME/S-GW 网关与 e-NodeB 之间的接口，只支持分组交换域。Sl 接口支持如下一些主要功能：SAE 承载服务管理功能；Sl 接口 UE 上下文管理功能；LTE-ACTIVE 状态下 UE 移动性管理功能；S1 接口寻呼；NAS 信令传输；Sl 接口管理功能；网络共享功能；漫游与区域限制支持功能；NAS 节点选择功能；初始上下文建立过程；Sl 接口的无线网络层不提供流量控制功能和拥塞控制功能。

X2 接口是 e-NodeB 与 e-NodeB 之间的接口，接口定义采用了与 Sl 接口一致原则。主要实现以下一些功能：支持 LTE-ACTWE 状态下 UE 的 LTE 接入系统内的移动性管理功能；X2 接口自身的管理功能，如错误指示等。

（3）LTE 无线传输技术。

① 双工技术。支持 FDD 方式，也支持 TDD 方式。ITU-R 对第三代移动通信系统的频谱划分，即有成对频谱，又包括非成对频谱，分别用于 FDD 和 TDD 两种双工方式。LTE 项目作为 3G 的演进，需要支持成对频谱和非成对频谱的部署，因此设计 LTE 将同时支持 FDD 和 TDD 双工方式。

② 下行 OFDM 多址接入技术。OFDM 在无线城域网中已经介绍过，它具有频谱效率高、带宽扩展性强、抗多径衰弱等优势。但是 OFDM 比较突出的问题就是峰均比（PAPR）非常高，造成发射机成本和耗电量突增，不利于上行链路实现。OFDM 在 LTE 系统中的应用主要在下行通信中。

③ 上行 SC-FDMA 多址接入技术。由于 OFDM 的 PAPR 较高，因此 LTE 上行通信寻找其他替代技术方案，最终选择单载波频分多址（SC-FDMA）方案。离散傅里叶变换扩展的 OFDM（DFT-S-OFDM）是在 OFDM 的 IDFT 调制之前对信号进行 DFT 扩展。这样输入的数据经过 DFT 变换扩展到有效的一组子载波上。与 OFDMA 信号中每个子载波只是用来发射映射到该子载波的调制符号信息不同，DFT-S-OFDM 中每个子载波被用来发射全部的调制符号信息，DFT-S-OFDM 形成的是一个单载波 FDMA 信号（SC-FDMA），而不是多载波叠加的信号，因此它的 PAPR 就比 OFDM 低很多，降低了对终端放大器的要求，节约了终端成本。

④ MIMO 技术。MIMO 技术在无线城域网中已经做了简单介绍，它的应用主要是为满足 LTE 在高数据率和高系统容量方面的需求。实现多输入多输出的技术，包括空间复用、波束赋形及传输分集。

LTE 系统下行基本天线配置为 2×2，即 2 根天线发送和 2 根天线接收，最大支持 4 根天线。上行天线基本配置为 1×2，1 根发送天线和 2 根接收天线。

传输分集的主要原理是利用空间信道的弱相关性，结合时间/频率上的选择性，为信号的传递提供更多的副本，提高信号传输的可靠性，从而改善接收信号的信噪比。

波束赋形是一种应用于小间距天线阵列多天线传输技术，主要原理是利用空间信道的强相关性，利用波的干涉原理产生强方向性的辐射方向图，使得辐射方向的主瓣自适应地指向用户来波方向，提高信噪比、系统容量和覆盖范围。

空间复用技术是利用空间信道的弱相关性，在多个相互独立的空间信道上传递不同的数据流，从而提高数据传输的峰值速率。

⑤ 自适应调制编码技术。LTE 系统的调制技术将会使用 QPSK、16QAM、64QAM 调制，以达到更高的传输速率。信道编码使用 Turbo 编码方式。为了更好地适应信道条件和提高业务速率，采用自适应的调制编码技术。根据信道条件的变化，动态地选择适当的调制和编码方式(MCS)，变化的周期为一个传输时隙。

⑥ 混合自动重传技术(HARQ)。混合自动重传技术技术在无线城域网中已经做了简单介绍，是(Automatic Repeat re Quest，ARQ)和前向错编码(Forward Error Correction，FEC)两种技术结合混合自动重传技术。

HARQ 根据重传进程位置又分为同步 HARQ 和异步 HARQ。同步 HARQ，每个 HARQ 进程的时隙位置被限制在预定义的位置，通过 HARQ 进程所在的子帧编号导出该 HARQ 进程的编号，不需要额外的显性指令指示 HARQ 进程。异步 HARQ，不限制 HARQ 在时隙的位置，可以灵活分配 HARQ 资源，但需要额外的信令指示 HARQ 进程所在子帧。LTE 系统中下行使用异步 HARQ，上行使用同步 HARQ。

3) TD-LTE 标准

TD-LTE 标准是完全符合 LTE 项目需求的，使用 TDD 双工方式，目前已成为 4G 的标准，TD-LTE 系统具有如下特点。

① 灵活支持 1.4MHz、3MHz、5MHz、10MHz、15MHz、20MHz 带宽。

② 下行使用 OFDMA，最高速率达到 100Mbps，满足高速数据传输的要求。

③ 上行使用 OFDM 衍生技术 SC-FDMA(单载波频分复用)，在保证系统性能的同时能有效降低峰均比(PAPR)，减小终端发射功率，延长使用时间，上行最大速率达到 50Mbps。

④ 充分利用信道对称性等 TDD 的特性，在简化系统设计的同时提高系统性能。

⑤ 系统的高层总体上与 FDD 系统保持一致。

⑥ 将智能天线与 MIMO 技术相结合，提高系统在不同应用场景的性能。

⑦ 进行时间/空间/频率三维的快速无线资源调度，保证系统吞吐量和服务质量。

在 LTE TDD 标准的制定中，形成了两个初期标准草案。以 WCDMA 标准帧结构为基础的标准被列为 LTE TDD 标准 Type1，以 TD-SCDMA 标准帧结构为基础的标准被列为 LTETDD 标准 Type2。TD-SCDMA 在我国大规模试验成功，用实践证明了 TD-SCDMA 的帧结构和与之配套的上下行同步、联合检测和智能天线等技术在解决干扰、扩大容量方面均行之有效。2007 年，LTE TDD 标准化工作取得突破性进展，核心规范的制定工作进展与 LTE FDD 的标准化工作同步进行：一是物理层规范基本完成，高层、接口和射频规范接近完成；二是实现了 3GPP 内 TDD 的融合，基于 Type2 的 LTE TDD 成为 LTE 中唯一的 TDD 技术，在 3GPP 中，LTE TDD 已完成帧结构、MIMO、同步技术、随机接入、数据复用、自适应和干扰控制等主体技术标准的制定，TD-SCDMA 基本技术特征得到保留和优化。在功能业务方面，可以实现同频组网和 TD-SCDMA 系统的平滑演进，为 TD-SCDMA 长期演进和长远发展创造了有利条件。

LTE TDD 标准化工作得到了国内外主要运营商、系统设备商和终端、芯片等厂商的广泛参与和支持。作为一个国际标准，LTE TDD 及其发展和演进将会受到越来越多的国际重要公司的重视和积极参与。

图 6.45 画出了本章所介绍的无线网络的大致位置，还给出了第二代移动蜂窝电话通信，由于移动通信发展得很快，物联网将来面向的直接就是三代以上，所以这里没有对第二代进行介绍。

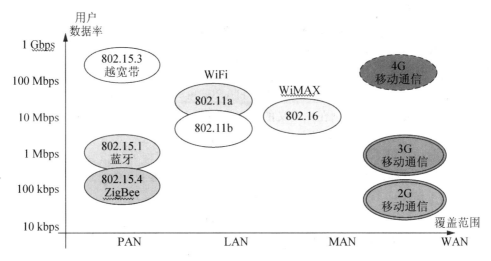

图 6.45　几种无线网络的比较

本 章 小 结

本章介绍了物联网的通信技术。主要包括传输网和接入网。传输层为原有的互联网，主要完成信息的远距离传输等功能，具体包括 IPv4 网络、IPv6 网络和 IPv4 到 IPv6 的过渡技术；接入层主要完成各类感知设备的互联网接入，该层重点强调各类接入方式，具体包括有线接入、无线接入和移动通信技术。总之，通过本章的学习，学生能够比较全面地了解物联网的通信过程，并能够对物联网通信技术中的传输网和接入网有一个全面的学习。

习 题 6

一、填空题

6.1　物联网通信包括（　　　　　）层和（　　　　　）层。

6.2　IPv4 的地址是（　　　　　）比特，IPv6 的地址是（　　　　　）比特。

6.3　3G 的三大国际标准分别是（　　　　）、（　　　　）和（　　　　）。

二、选择题

6.4 下面哪一个地址是 C 类地址？（   ）

A. 10. 10. 12. 1   B. 127. 0. 0. 0

C. 175. 168. 1. 1   D. 192. 168. 2. 1

6.5 下面哪些项是物联网的无线接入技术？（   ）

A. WPAN   B. WLAN   C. WMAN   D. 智能电网

6.6 下面哪个技术是 IPv4 到 IPv6 的过渡技术？（   ）

A. 隧道技术   B. ADSL 技术   C. WiFi   D. 蓝牙技术

三、简答题

6.7 物联网的通信包括哪几层？每层的功能和每层的主要技术是什么？

6.8 从路由算法的自适应性考虑，可以分为哪两种路由选择策略？

6.9 简述 IPv6 基本首部的格式。

6.10   LTE 无线传输技术主要包括哪些？

6.11   简述无线局域网的 CSMA/CA 原理。

第 **7** 章
云 计 算

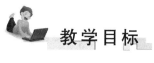

教学目标

- 了解云计算的起源现状
- 掌握云计算的相关概念
- 了解云计算的特点
- 掌握云计算的核心技术
- 理解云计算的体系结构和主要服务形式
- 掌握云计算的主要应用
- 了解云计算与物联网的关系

教学要求

知 识 要 点	能 力 要 求
云计算简介	(1) 了解云计算的起源 (2) 掌握云计算的基本概念 (3) 了解云计算的特点
云计算实现技术	(1) 掌握云计算的核心技术 (2) 理解云计算的体系结构 (3) 了解云计算的主要服务形式
云计算应用	(1) 了解典型的云计算平台 (2) 掌握云存储和云安全的主要实现技术
云计算与物联网	掌握云计算与物联网的共同点与区别

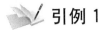 **引例 1**

云游戏

一些爱好玩游戏的人经常埋怨计算机慢、显卡不好等，所以要经常升级计算机，花费了大量的钱财，但却没达到自己所要的效果，云计算解决了这个问题。云游戏是以云计算为基础的游戏方式，在云游戏的运行模式下，所有游戏都在服务器端运行，并将渲染完毕的游戏画面压缩后通过网络传送给用户。在客户端，用户的游戏设备不需要任何高端处理器和显卡，只需要基本的视频解压能力就可以了。

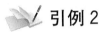 **引例 2**

云健康电视

云健康电视是一款利用云计算技术，能在电视上进行体重、脂肪、血压等健康指标进行测试。通过云健康电视还能利对用户健康数据进行集中管理，并依据数据情况及走势为用户制订相应健身计划。如实现体检、健身运动等功能。除此之外，云健康电视还能实现语音遥控、全能搜索、语音百科、方言播报、声纹识别等多种智能交互方式的多种功能。

本章导读

云计算(Cloud Computing)是一种新兴的共享基础架构的方法，可以将巨大的资源池连接在一起以提供各种 IT 服务。很多因素推动了对这类环境的需求，其中包括实时数据流、SOA 的采用以及开放协作、社会网络和移动商务等这样的 Web2.0 应用的急剧增长。另外，计算机硬件的发展(如网络速度提高)也为云计算的广泛应用打下了良好的基础。云计算被很多人视为"革命性的计算模型"，因为它使得超级计算能力通过互联网自由流通成为了可能。企业与个人用户无须再投入大量的费用来购买和维护昂贵的硬件设备，只需要通过互联网来购买租赁计算力。

本章主要介绍了云计算简介、云计算实现技术、云计算应用和云计算与物联网。

7.1 云计算简介

云计算(Cloud Computing)是网格计算(Grid Computing)、分布式计算(Distributed Computing)、并行计算(Parallel Computing)、效用计算(Utility Computing)、网络存储(Network Storage Technologies)、虚拟化(Virtualization)、负载均衡(Load Balance)等传统计算机和网络技术发展融合的产物，是目前比较流行的名词，用来形容一种事物的强大。云计算如图 7.1 所示。

7.1.1 云计算的起源

传统模式下，企业建立一套 IT 系统不仅仅需要购买硬件等基础设施，还要买软件的许可证，需要专门的人员维护。当企业的规模扩大时还要继续升级各种软硬件设施以满足需要。对于企业来说，计算机的硬件和软件本身并非他们真正需要的，它们仅仅是完成工作、提供效率的工具而已。对个人来说，人们想正常使用计算机需要安装许多软件，而许多软件是收费的，对不经常使用该软件的用户来说购买是非常不划算的。可不可以有这样

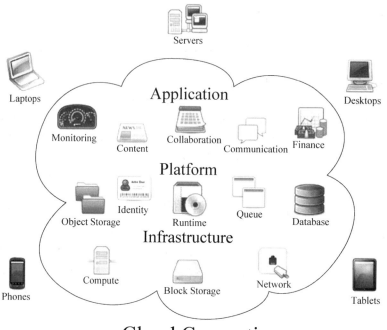

图 7.1　云计算

的服务，能够向人们"出租"需要的所有软件？这样只需要付少量"租金"即可"租用"到这些软件服务，为人们节省许多购买软硬件的资金。

人们每天都要用电，但不是每家都自备发电机，电由电厂集中提供；人们每天都要用自来水，但不是每家都有井，水由自来水厂集中提供。这种模式极大地节约了资源，方便了人们的生活。面对计算机给人们带来的困扰，可不可以像使用水和电一样使用计算机资源？这些想法最终导致了云计算的产生。

云计算的最终目标是将计算、服务和应用作为一种公共设施提供给公众，使人们能够像使用水、电、煤气和电话那样使用计算机资源。

云计算模式即为电厂集中供电模式。在云计算模式下，用户的计算机会变得十分简单，或许不大的内存、不需要硬盘和各种应用软件，就可以满足人们的需求，因为用户的计算机除了通过浏览器给"云"发送指令和接收数据外基本上什么都不用做便可以使用云服务提供商的计算资源、存储空间和各种应用软件。这就像连接"显示器"和"主机"的电线无限长，从而可以把显示器放在使用者的面前，而主机放在远到甚至计算机使用者本人也不知道的地方。云计算把连接"显示器"和"主机"的电线变成了网络，把"主机"变成云服务提供商的服务器集群。

在云计算环境下，用户的使用观念也会发生彻底的变化：从"购买产品"到"购买服务"的转变，因为他们直接面对的将不再是复杂的硬件和软件，而是最终的服务。用户不需要拥有看得见、摸得着的硬件设施，也不需要为机房支付设备供电、空调制冷、专人维护等费用，并且不需要等待漫长的供货周期、项目实施等冗长的时间，只需要把钱汇给云计算服务提供商，人们将会马上得到需要的服务。

基于这样的应用需求，许多 IT 企业开始致力于开发"云"，现将典型的事件介绍如下。

1983 年，太阳计算机(Sun Microsystems)提出"网络是计算机"(The Network is the Computer)，2006 年 3 月，亚马逊(Amazon)推出弹性计算云(Elastic Compute Cloud，EC2)服务。

2006 年 8 月 9 日，Google 首席执行官埃里克·施密特(Eric Schmidt)在搜索引擎大会(SES San Jose 2006)首次提出"云计算"(Cloud Computing)的概念。Google "云端计算"源于 Google 工程师克里斯托弗·比希利亚所做的"Google 101"项目。

2007 年 10 月，Google 与 IBM 开始在美国大学校园，包括卡内基梅隆大学、麻省理工学院、斯坦福大学、加州大学柏克莱分校及马里兰大学等，推广云计算的计划，这项计划希望能降低分布式计算技术在学术研究方面的成本，并为这些大学提供相关的软硬件设备及技术支持(包括数百台个人计算机及 Blade Center 与 System x 服务器，这些计算平台将提供 1600 个处理器，支持包括 Linux、Xen、Hadoop 等开放源代码平台)。而学生则可以通过网络开发各项以大规模计算为基础的研究计划。

2008 年 1 月 30 日，Google 宣布在我国台湾地区启动"云计算学术计划"，将与台湾的台大、交大等学校合作，将这种先进的大规模、快速计算技术推广到校园。

2008 年 2 月 1 日，IBM(NYSE：IBM)宣布将在我国无锡太湖新城科教产业园为我国的软件公司建立全球第一个云计算中心(Cloud Computing Center)。

2008 年 7 月 29 日，雅虎、惠普和英特尔宣布一项涵盖美国、德国和新加坡的联合研究计划，推出云计算研究测试床，推进云计算。该计划要与合作伙伴创建 6 个数据中心作为研究试验平台，每个数据中心配置 1400～4000 个处理器。这些合作伙伴包括新加坡资讯通信发展管理局、德国卡尔斯鲁厄大学 Steinbuch 计算中心、美国伊利诺伊大学香宾分校、英特尔研究院、惠普实验室和雅虎。

2008 年 8 月 3 日，美国专利商标局网站信息显示，戴尔正在申请"云计算"(Cloud Computing)商标，此举旨在加强对这一未来可能重塑技术架构的术语的控制权。

2010 年 3 月 5 日，Novell 与云安全联盟(CSA)共同宣布一项供应商中立计划，名为"可信任云计算计划(Trusted Cloud Initiative)"。

2010 年 7 月，美国国家航空航天局和包括 Rackspace、AMD、Intel、戴尔等支持厂商共同宣布"OpenStack"开放源代码计划，微软在 2010 年 10 月表示支持 OpenStack 与 Windows Server 2008 R2 的集成；而 Ubuntu 已把 OpenStack 加至 11.04 版本中。

2011 年 2 月，思科系统正式加入 OpenStack，重点研制 OpenStack 的网络服务。

图 7.2 为云计算产业链。

7.1.2 云计算的基本概念

我国网格计算、云计算专家刘鹏给出如下定义："云计算将计算任务分布在大量计算机构成的资源池上，使各种应用系统能够根据需要获取计算力、存储空间和各种软件服务"。

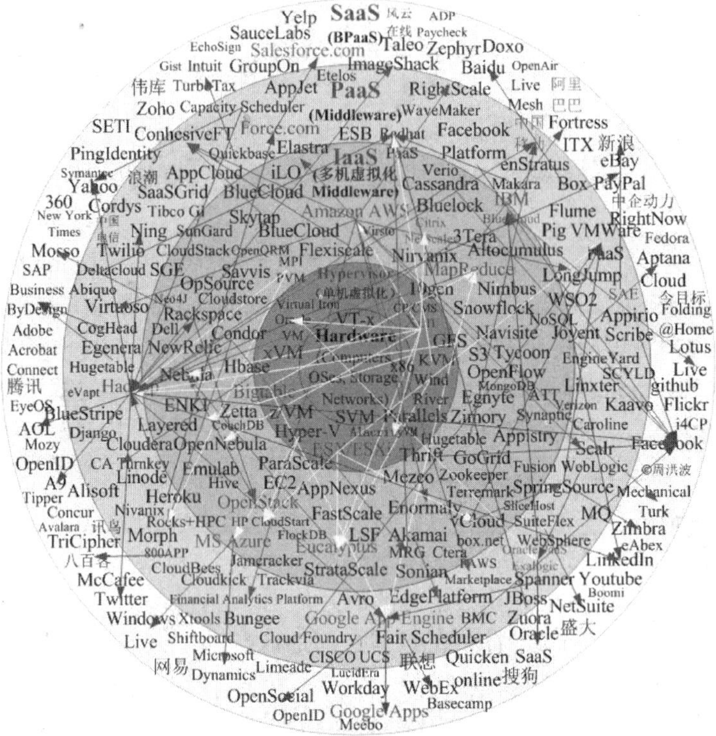

图 7.2　云计算产业链

　　狭义的云计算指的是厂商通过分布式计算和虚拟化技术搭建数据中心或超级计算机，以免费或按需租用方式向技术开发者或者企业客户提供数据存储、分析以及科学计算等服务，如亚马逊数据仓库出租生意。

　　广义的云计算指厂商通过建立网络服务器集群，向各种不同类型客户提供在线软件服务、硬件租借、数据存储、计算分析等不同类型的服务。广义的云计算包括了更多的厂商和服务类型，例如，国内用友、金蝶等管理软件厂商推出的在线财务软件，谷歌发布的Google 应用程序套装等。

　　通俗的理解是，云计算的"云"就是存在于互联网上的服务器集群上的资源，它包括硬件资源(服务器、存储器、CPU 等)和软件资源(如应用软件、集成开发环境等)，本地计算机只需要通过互联网发送一个需求信息，远端就会有成千上万的计算机为你提供需要的资源并将结果返回到本地计算机，这样，本地计算机几乎不需要做什么，所有的处理都由云计算提供商所提供的计算机群来完成。

　　但是，云计算并不是一个简单的技术名词，并不仅仅意味着一项技术或一系列技术的组合。它所指向的是 IT 基础设施的交付和使用模式，即通过网络以按需、易扩展的方式获得所需的资源(硬件、平台、软件)。提供资源的网络被称为"云"。从更广泛的意义上来看，云计算是指服务的交付和使用模式，即通过网络以按需、易扩展的方式获得所需的服务，这种服务可以是 IT 基础设施(硬件、平台、软件)，也可以是任意其他的服务。无论是狭义还是广义，云计算所秉承的核心理念是"按需服务"，就像人们使用水、电、天然气等资源的方式一样。这也是云计算对于 ICT 领域乃至于人类社会发展最重要的意义所在。

7.1.3 云计算的特点

云计算具有以下特点。

(1) 超大规模。"云"具有相当的规模,Google 云计算已经拥有 100 多万台服务器,Amazon、IBM、微软、Yahoo 等的"云"均拥有几十万台服务器。企业私有"云"一般拥有数百上千台服务器。"云"能赋予用户前所未有的计算能力。

(2) 虚拟化。云计算支持用户在任意位置、使用各种终端获取应用服务。所请求的资源来自"云",而不是固定的有形的实体。应用在"云"中某处运行,但实际上用户无须了解,也不用担心应用运行的具体位置。只需要一台笔记本计算机或者一部手机,就可以通过网络服务来实现人们需要的一切,甚至包括超级计算这样的任务。

(3) 高可靠性。"云"使用了数据多副本容错、计算节点同构可互换等措施来保障服务的高可靠性,使用云计算比使用本地计算机可靠。

(4) 通用性。云计算不针对特定的应用,在"云"的支撑下可以构造出千变万化的应用,同一个"云"可以同时支撑不同的应用运行。

(5) 高可扩展性。"云"的规模可以动态伸缩,满足应用和用户规模增长的需要。

(6) 按需服务。"云"是一个庞大的资源池,可按需购买;云可以像自来水、电、煤气那样计费。

(7) 极其廉价。由于"云"的特殊容错措施可以采用极其廉价的节点来构成云,"云"的自动化集中式管理使大量企业无需负担日益高昂的数据中心管理成本,"云"的通用性使资源的利用率较之传统系统大幅提升,因此用户可以充分享受"云"的低成本优势,经常只要花费几百美元、几天时间就能完成以前需要数万美元、数月时间才能完成的任务。

云计算可以彻底改变人们未来的生活,但同时也要重视环境问题,这样才能真正为人类进步做贡献,而不是简单的技术提升。

(8) 潜在的危险性。云计算服务除了提供计算服务外,还必然提供了存储服务。但是云计算服务当前垄断在私人机构(企业)手中,而他们仅仅能够提供商业信用。一方面,对于政府机构、商业机构(特别像银行这样持有敏感数据的商业机构)选择云计算服务时应保持足够的警惕。一旦商业用户大规模使用私人机构提供的云计算服务,无论其技术优势有多强,都不可避免地让这些私人机构以"数据(信息)"的重要性挟制整个社会。对于信息社会而言,"信息"是至关重要的。另一方面,云计算中的数据对于数据所有者以外的其他云计算用户是保密的,但是对于提供云计算的商业机构而言确实毫无秘密可言。这就像常人不能监听别人的电话,但是在电信公司内部,他们可以随时监听任何电话。所有这些潜在的危险,是商业机构和政府机构选择云计算服务,特别是国外机构提供的云计算服务时,不得不考虑的一个重要的前提。

7.2 云计算实现技术

7.2.1 云计算的核心技术

云计算系统运用了许多技术,其中以编程模型、海量数据管理技术、海量数据分节存

储技术、虚拟化技术、云计算平台管理技术最为关键。

1. 编程模型

MapReduce 是 Google 开发的 Java、Python、C++编程模型,它是一种简化的分布式编程模型和高效的任务调度模型,用于大规模数据集(大于 1TB)的并行运算。严格的编程模型使云计算环境下的编程十分简单。MapReduce 模式的思想是将要执行的问题分解成 Map(映射)和 Reduce(化简)的方式,先通过 Map 程序将数据切割成不相关的区块,分配(调度)给大量计算机处理,达到分布式运算的效果,再通过 Reduce 程序将结果汇整输出。

2. 海量数据分布存储技术

云计算系统由大量服务器组成,同时为大量用户服务,因此云计算系统采用分布式存储的方式存储数据,用冗余存储的方式保证数据的可靠性。云计算系统中广泛使用的数据存储系统是 Google 的 GFS 和 Hadoop 团队开发的 GFS 的开源实现 HDFS。

GFS 即 Google 文件系统(Google File System),是一个可扩展的分布式文件系统,用于大型的、分布式的、对大量数据进行访问的应用。GFS 的设计思想不同于传统的文件系统,是针对大规模数据处理和 Google 应用特性而设计的。它运行于廉价的普通硬件上,但可以提供容错功能。它可以给大量的用户提供总体性能较高的服务。

一个 GFS 集群由一个主服务器(Master)和大量的块服务器(Chunk Server)构成,并被许多客户(Client)访问。主服务器存储文件系统所有的元数据,包括名字空间、访问控制信息、从文件到块的映射以及块的当前位置。它也控制系统范围的活动,如块租约(Lease)管理,孤儿块的垃圾收集,块服务器间的块迁移。主服务器定期通过 HeartBeat 消息与每一个块服务器通信,给块服务器传递指令并收集它的状态。GFS 中的文件被切分为 64MB 的块并以冗余存储,每份数据在系统中保存 3 个以上备份。

客户与主服务器的交换只限于对元数据的操作,所有数据方面的通信都直接和块服务器联系,这大大提高了系统的效率,防止主服务器负载过重。

3. 海量数据管理技术

云计算需要对分布的、海量的数据进行处理、分析,因此,数据管理技术必须能够高效地管理大量的数据。云计算系统中的数据管理技术主要是 Google 的 BT(Big Table)数据管理技术和 Hadoop 团队开发的开源数据管理模块 HBase。

BT 是建立在 GFS、Scheduler、Lock Service 和 MapReduce 之上的一个大型的分布式数据库,与传统的关系数据库不同,它把所有数据都作为对象来处理,形成一个巨大的表格,用来分布存储大规模结构化数据。

Google 的很多项目使用 BT 来存储数据,包括网页查询、Google Earth 和 Google 金融。这些应用程序对 BT 的要求各不相同:数据大小(从 URL 到网页到卫星图像)不同,反应速度不同(从后端的大批处理到实时数据服务)。对于不同的要求,BT 都成功地提供了灵活高效的服务。

4. 虚拟化技术

通过虚拟化技术可实现软件应用与底层硬件相隔离,它包括将单个资源划分成多个虚拟资源的裂分模式，也包括将多个资源整合成一个虚拟资源的聚合模式。虚拟化技术根据对象可分成存储虚拟化、计算虚拟化、网络虚拟化等，计算虚拟化又分为系统级虚拟化、应用级虚拟化和桌面虚拟化。

5. 云计算平台管理技术

云计算资源规模庞大，服务器数量众多并分布在不同的地点，同时运行着数百种应用，如何有效地管理这些服务器，保证整个系统提供不间断的服务是巨大的挑战。

云计算系统的平台管理技术能够使大量的服务器协同工作，方便地进行业务部署和开通，快速发现和恢复系统故障，通过自动化、智能化的手段实现大规模系统的可靠运营。

7.2.2 云计算体系结构

云计算是全新的基于互联网的超级计算理念和模式，实现云计算需要多种技术结合，并且需要用软件实现将硬件资源进行虚拟化管理和调度，形成一个巨大的虚拟化资源池，把存储于个人电脑、移动设备和其他设备上的大量信息和处理器资源集中在一起，协同工作。按照最大众化、最通俗理解，云计算就是把计算资源都放到互联网上，互联网即是云计算时代的"云"。计算资源则包括了计算机硬件资源(如计算机设备、存储设备、服务器集群、硬件服务等)和软件资源(如应用软件、集成开发环境、软件服务)。

1. 云计算体系结构

云计算平台是一个强大的"云"网络，连接了大量并发的网络计算和服务，可利用虚拟化技术扩展每一个服务器的能力，将各自的资源通过云计算平台结合起来，提供超级计算和存储能力。通用的云计算体系结构如图7.3所示。

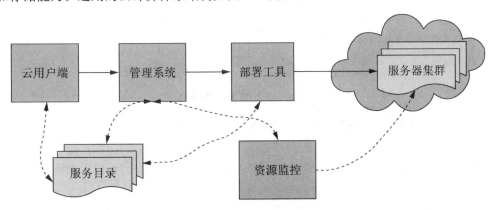

图7.3 云计算的体系结构

(1) 云用户端。提供云用户请求服务的交互界面，也是用户使用云的入口，用户通过Web浏览器可以注册、登录及定制服务、配置和管理用户。打开应用实例与本地操作桌面系统一样。

(2) 服务目录。云用户在取得相应权限(付费或其他限制)后可以选择或定制的服务列表，也可以对已有服务进行退订的操作，在云用户端界面生成相应的图标或列表的形式展示相关的服务。

（3）管理系统和部署工具。提供管理和服务，能管理云用户，能对用户授权、认证、登录进行管理，并可以管理可用计算资源和服务，接收用户发送的请求，根据用户请求并转发到相应的程序，调度智能地部署资源和应用资源，动态地部署、配置和回收资源。

（4）资源监控。监控和计量云系统资源的使用情况，以便做出迅速反应，完成节点同步配置、负载均衡配置和资源监控，确保资源能顺利分配给合适的用户。

（5）服务器集群。虚拟的或物理的服务器，由管理系统管理，负责高并发量的用户请求处理、大运算量计算处理、用户 Web 应用服务，云数据存储时采用相应数据切割算法，利用并行方式上传和下载大容量数据。

用户可通过云用户端从列表中选择所需的服务，其请求通过管理系统调度相应的资源，并通过部署工具分发请求，配置 Web 应用。

2. 云计算服务层次

在云计算中，根据其服务集合所提供的服务类型，整个云计算服务集合被划分成 4 个层次：应用层、平台层、基础设施层和虚拟化层。这 4 个层次的每一层都对应着一个子服务集合，如图 7.4 所示。

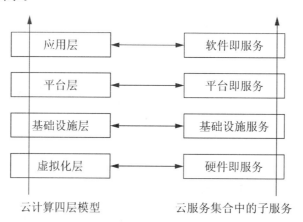

图 7.4　云计算的服务层次

云计算的服务层次是根据服务类型即服务集合来划分的，与大家熟悉的计算机网络体系结构中层次的划分不同。在计算机网络中每个层次都实现一定的功能，层与层之间有一定的关联。而云计算体系结构中的层次是可以分割的，即某一层次可以单独完成一项用户的请求而不需要其他层次为其提供必要的服务和支持。

在云计算服务体系结构中各层次与相关云产品对应。

应用层对应 SaaS 软件即服务，如：Google APPS、Software＋Services。

平台层对应 PaaS 平台即服务，如：IBM IT Factory、Google APPEngine、Force.com。

基础设施层对应 IaaS 基础设施即服务，如：Amazo Ec2、IBM Blue Cloud、Sun Grid。

虚拟化层对应硬件即服务结合 Paas 提供硬件服务，包括服务器集群及硬件检测等服务。

3. 云计算技术层次

云计算技术层次和云计算服务层次不是一个概念,后者从服务的角度来划分云的层次,主要突出了云服务能给人们带来什么。而云计算的技术层次主要从系统属性和设计思想角度来说明云,是对软硬件资源在云计算技术中所充当角色的说明。从云计算技术角度来分,云计算大约有 4 部分构成:物理资源、虚拟化资源、服务管理中间件和服务接口,如图 7.5 所示。

图 7.5 云计算的技术层次

服务接口:统一规定了在云计算时代使用计算机的各种规范、云计算服务的各种标准等,用户端与云端交互操作的入口,可以完成用户或服务注册,对服务的定制和使用。

服务管理中间件:在云计算技术中,中间件位于服务和服务器集群之间,提供管理和服务即云计算体系结构中的管理系统。对标识、认证、授权、目录、安全性等服务进行标准化和操作,为应用提供统一的标准化程序接口和协议,隐藏底层硬件、操作系统和网络的异构性,统一管理网络资源。其用户管理包括用户身份验证、用户许可、用户定制管理;资源管理包括负载均衡、资源监控、故障检测等;安全管理包括身份验证、访问授权、安全审计、综合防护等;映像管理包括映像创建、部署、管理等。

虚拟化资源:指一些可以实现一定操作具有一定功能,但其本身是虚拟的而不是真实的资源,如计算资源池、存储资源池和网络资源池、数据库资源等,通过软件技术来实现相关的虚拟化功能包括虚拟环境、虚拟系统、虚拟平台。

物理资源:主要指能支持计算机正常运行的一些硬件设备及技术,可以是价格低廉的PC,也可以是价格昂贵的服务器及磁盘阵列等设备,可以通过现有网络技术和并行技术、分布式技术将分散的计算机组成一个能提供超强功能的集群用于计算和存储等云计算操作。在云计算时代,本地计算机可能不再像传统计算机那样需要空间足够的硬盘、大功率的处理器和大容量的内存,只需要一些必要的硬件设备,如网络设备和基本的输入输出设备等。

7.2.3 云计算的主要服务形式

云计算还处于萌芽阶段,有庞杂的各类厂商在开发不同的云计算服务。云计算的表现形式多种多样,简单的云计算在人们日常网络应用中随处可见,如腾讯 QQ 空间提供的在

线制作 Flash 图片、Google 的搜索服务、Google Doc、Google Apps 等。目前，云计算的主要服务形式有：SaaS(Software as a Service)、PaaS(Platform as a Service)、IaaS(Infrastructure as a Service)。

1. 软件即服务(SaaS)

SaaS 服务提供商将应用软件统一部署在自己的服务器上，用户根据需求通过互联网向厂商订购应用软件服务，服务提供商根据客户所定软件的数量、时间的长短等因素收费，并且通过浏览器向客户提供软件的模式。这种服务模式的优势是，由服务提供商维护和管理软件、提供软件运行的硬件设施，用户只需拥有能够接入互联网的终端，即可随时随地使用软件。这种模式下，客户不再像传统模式那样花费大量资金在硬件、软件、维护人员，只需要支出一定的租赁服务费用，通过互联网就可以享受到相应的硬件、软件和维护服务，这是网络应用最具效益的营运模式。对于小型企业来说，SaaS 是采用先进技术的最好途径。

以企业管理软件来说，SaaS 模式的云计算 ERP 可以让客户根据并发用户数量、所用功能多少、数据存储容量、使用时间长短等因素不同组合按需支付服务费用，既不用支付软件许可费用，也不需要支付采购服务器等硬件设备费用，也不需要支付购买操作系统、数据库等平台软件费用，也不用承担软件项目定制、开发、实施费用，也不需要承担 IT 维护部门开支费用，实际上云计算 ERP 正是继承了开源 ERP 免许可费用只收服务费用的最重要特征，是突出了服务的 ERP 产品。

目前，Salesforce.com 是提供这类服务最有名的公司，Google Doc、Google Apps 和 Zoho Office 也属于这类服务。

2. 平台即服务(PaaS)

把开发环境作为一种服务来提供。这是一种分布式平台服务，厂商提供开发环境、服务器平台、硬件资源等服务给客户，用户在其平台基础上定制开发自己的应用程序并通过其服务器和互联网传递给其他客户。PaaS 能够给企业或个人提供研发的中间件平台，提供应用程序开发、数据库、应用服务器、试验、托管及应用服务。

Google App Engine、Salesforce 的 force.com 平台，八百客的 800APP 是 PaaS 的代表产品。以 Google App Engine 为例，它是一个由 Python 应用服务器群、BigTable 数据库及 GFS 组成的平台，为开发者提供一体化主机服务器及可自动升级的在线应用服务。用户编写应用程序并在 Google 的基础架构上运行就可以为互联网用户提供服务，Google 提供应用运行及维护所需要的平台资源。

3. 基础设施服务(IaaS)

IaaS 即把厂商的由多台服务器组成的"云端"基础设施，作为计量服务提供给客户。它将内存、I/O 设备、存储和计算能力整合成一个虚拟的资源池为整个业界提供所需要的存储资源和虚拟化服务器等服务。这是一种托管型硬件方式，用户付费使用厂商的硬件设施。例如，Amazon Web 服务(AWS)、IBM 的 Blue Cloud 等均是将基础设施作为服务出租的。

IaaS 的优点是用户只需低成本硬件，按需租用相应计算能力和存储能力，大大降低了用户在硬件上的开销。

目前，以 Google 云应用最具代表性，例如，Google Docs、Google Apps、Google Sites，云计算应用平台 Google App Engine。

Google Docs 是最早推出的云计算应用，是软件即服务思想的典型应用。它是类似于微软的 Office 的在线办公软件。它可以处理和搜索文档、表格、幻灯片，并可以通过网络和他人分享并设置共享权限。Google 文件是基于网络的文字处理和电子表格程序，可提高协作效率，多名用户可同时在线更改文件，并可以实时看到其他成员所作的编辑。用户只需一台接入互联网的计算机和可以使用 Google 文件的标准浏览器即可在线创建和管理、实时协作、权限管理、共享、搜索能力、修订历史记录等功能，以及随时随地访问的特性，大大提高了文件操作的共享和协同能力。

Google APPs 是 Google 企业应用套件，使用户能够处理日渐庞大的信息量，随时随地保持联系，并可与其他同事、客户和合作伙伴进行沟通、共享和协作。它集成了 Cmail、Google Talk、Google 日历、Google Docs，以及最新推出的云应用 Google Sites、API 扩展以及一些管理功能，包含了通信、协作与发布、管理服务三方面的应用，并且拥有着云计算的特性，能够更好地实现随时随地协同共享。另外，它还具有低成本的优势和托管的便捷，用户无须自己维护和管理搭建的协同共享平台。

Google Sites 是 Google 最新发布的云计算应用，作为 Google Apps 的一个组件出现。它是一个侧重于团队协作的网站编辑工具，可利用它创建一个各种类型的团队网站，通过 Google Sites 可将所有类型的文件包括文档、视频、相片、日历及附件等与好友、团队或整个网络分享。

Google App Engine 是 Google 在 2008 年 4 月发布的一个平台，使用户可以在 Google 的基础架构上开发和部署运行自己的应用程序。目前，Google App Engine 支持 Python 语言和 Java 语言，每个 Google App Engine 应用程序可以使用达到 500MB 的持久存储空间及可支持每月 500 万综合浏览量的带宽和 CPU。并且，Google App Engine 应用程序易于构建和维护，并可根据用户的访问量和数据存储需要的增长轻松扩展。同时，用户的应用可以和 Google 的应用程序集成，Google App Engine 还推出了软件开发套件(SDK)，包括可以在用户本地计算机上模拟所有 Google App Engine 服务的网络服务器应用程序。

4. 按需计算(Utility Computing)

按需计算是将多台服务器组成的"云端"计算资源包括计算和存储，作为计量服务提供给用户，由 IT 领域巨头如 IBM 的蓝云、Amazon 的 AWS 及提供存储服务的虚拟技术厂商的参与应用与云计算结合的一种商业模式，它将内存、I/O 设备、存储和计算能力整合成一个虚拟的资源池，为整个业界提供所需要的存储资源和虚拟化服务器等服务。

按需计算用于提供数据中心创建的解决方案，帮助企业用户创建虚拟的数据中心，诸如 3Tera 的 AppLogic，Cohesive Flexible Technologies 的按需实现弹性扩展的服务器。Liquid Computing 公司的 LiquidQ 提供类似的服务，能帮助企业将内存、I/O、存储和计算容量通过网络集成为一个虚拟的资源池提供服务。

按需计算方式的优点在于用户只需要低成本硬件，按需租用相应计算能力或存储能力，大大降低了用户在硬件上的开销。

5. MSP(管理服务提供商)

管理服务是面向 IT 厂商的一种应用软件，常用于应用程序监控服务、桌面管理系统、邮件病毒扫描、反垃圾邮件服务等。目前瑞星杀毒软件早已推出云杀毒的方式，而 SecureWorks、IBM 提供的管理安全服务属于应用软件监控服务类。

6. 商业服务平台

商业服务平台是 SaaS 和 MSP 的混合应用，提供一种与用户结合的服务采集器，是用户和提供商之间的互动平台，如费用管理系统中用户可以订购其设定范围的服务与价格相符的产品或服务。

7. 网络集成

网络集成是云计算的基础服务的集成，采用通用的"云计算总线"，整合互联网服务类似的云计算公司，方便用户对服务供应商的比较和选择，为客户提供完整的服务。软件服务供应商 OpSource 推出了 OpSource Services Bus，使用的就是被称为 Boomi 的云集成技术。

8. 云端网络服务

网络服务供应商提供 API 能帮助开发者开发基于互联网的应用，通过网络拓展功能性。服务范围从提供分散的商业服务(如 Strike Iron 和 Xignite)到涉及 Google Maps、ADP 薪资处理流程、美国邮电服务、Bloomberg 和常规的信用卡处理服务等的全套 API 服务。

云计算在工作和生活中最重要的体现就是计算、存储与服务，当然计算和存储从某种意义上讲同属于云计算提供的服务，因此也印证了云计算即是提供的一种服务，是一种网络服务。

7.3 云计算应用

7.3.1 典型云计算平台

1. IBM 云计算：蓝云

IBM 是最早向我国提供云计算服务的国际互联网企业。IBM 在 2007 年 11 月 15 日推出了蓝云计算平台，为客户带来即买即用的云计算平台。它包括一系列的云计算产品，使得计算不仅仅局限在本地机器或远程服务器农场(即服务器集群)，通过架构一个分布式、可全球访问的资源结构，使得数据中心在类似于互联网的环境下运行计算。"蓝云"建立在 IBM 大规模计算领域的专业技术基础上，基于由 IBM 软件、系统技术和服务支持的开放标准和开源软件。简单地说，"蓝云"基于 IBM Almaden 研究中心(Almaden Research Center)的云基础架构，包括 Xen 和 PowerVM 虚拟化、Linux 操作系统映像以及 Hadoop 文件系统与并行构建。其产品架构如图 7.6 所示。

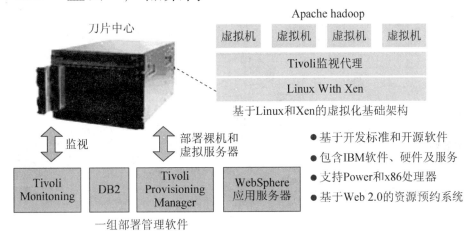

IBP "蓝云" 产品架构

图 7.6 IBM "蓝云" 产品架构

2. 亚马逊云计算：Amazon EC2

亚马逊是云计算最早的推行者，Amazon EC2 是 Amazon Elastic Compute Cloud 的简称。EC2 实际上是一个 Web 服务，通过它可以请求和使用云中大量的资源(换句话说，是由 Amazon 托管的资源)。EC2 提供从服务器到编程环境的所有东西。亚马逊解决方案的特色在于灵活性和可配置性。用户可以请求想要的服务，根据需要配置它们，设置静态 IP，并显式地设置自己的安全性和网络。换句话说，用户拥有很多的控制权。此外，Amazon 拥有很好的声望和良好的按使用量收费(pay-only-for-what-you-use)的模型，EC2 是云计算拼图中一个重要的、受欢迎的部分。

3. 谷歌云计算：Google App Engine

从技术上讲，Google 的 App Engine 是 Amazon EC2 的一个竞争对手，但是它们之间又有很大的不同之处。Amazon 提供灵活性和控制，而 Google 则提供易用性和高度自动化的配置。如果使用 App Engine，您只需编写代码，上传应用程序，剩下的大部分事情可以让 Google 来完成。和 Amazon 一样，Google 有很大的知名度，也有很大的缓存。与 Amazon 不同的是，Google 开始是免费的，只有当传输量较大，并使用较多计算资源时才收费。另一个不同点是，Google 是以 Python 为中心的架构和设计。若要使用 Google App Engine，则需要使用 Python。这个限制可以被视作一个局限性，也可以被视作一个有帮助的、简化问题的约束。Google App Engine 架构如图 7.7 所示。

4. 微软云计算：Windows Azure

微软是云计算领域的后起之秀。Microsoft 以一种完全不同的方式实现云计算。就像 "I'm a PC，I'm a Mac" 这句广告词一样，Microsoft 致力于提供一个非常丰富的、专业的、高端的计算环境。因此，Amazon EC2 和 Google 针对的是那些仍然在 vi 中使用 Python 并喜欢与网络协议打交道的人，而 Microsoft 的 Azure 产品则直接瞄准 Microsoft 的开发人员。Visual Studio、可视化工具和可视化环境使得 Azure 对于每天使用 C♯和 SQL

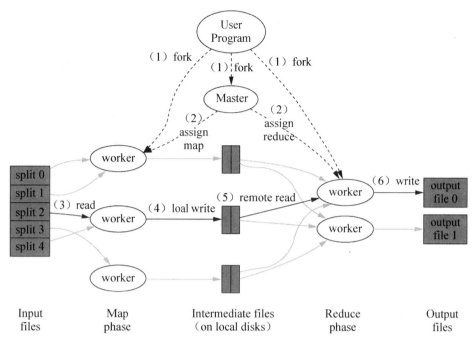

图 7.7 Google App Engine 架构

Server 的人来说非常亲切和舒适。就像 Amazon EC2 不同于 Google App Engine 一样，Windows Azure 与两者都不相同。最显而易见的是，Azure 就是 Windows。它是基于 Windows 的，它针对使用 Windows 的人；它涉及 C♯ 和 SQL Server、.NET 以及 Visual Studio。Azure 就像是 Share Point 加上一点 CRM。用户很快就会看到，选择使用 Azure 很少是因为特性，而是因为习惯使用这样的平台。

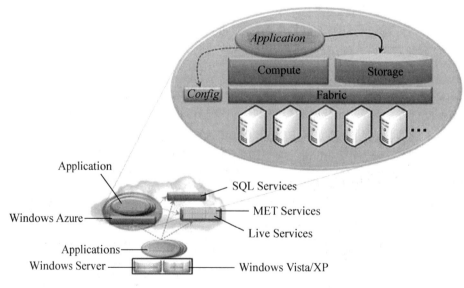

图 7.8 Windows Azure 技术

5. Salesforce

Salesforce 是软件即服务厂商的先驱，它一开始提供的是可通过网络访问的销售力量自动化应用软件。在该公司的带动下，其他软件即服务厂商已如雨后春笋般蓬勃而起。Salesforce 的下一个目标是：平台即服务。

Salesforce 正在建造自己的网络应用软件平台 Force.com，这一平台可作为其他企业自身软件服务的基础。Force.com 包括关系数据库、用户界面选项、企业逻辑以及一个名为 Apex 的集成开发环境。程序员可以在平台的 Sandbox 上对他们利用 Apex 开发出的应用软件进行测试，然后在 Salesforce 的 AppExchange 目录上提交完成后的代码。

7.3.2 云存储

1. 什么是云存储

云存储的概念与云计算类似，它是指通过集群应用、网格技术或分布式文件系统等功能，将网络中大量各种不同类型的存储设备通过应用软件集合起来协同工作，共同对外提供数据存储和业务访问功能的一个系统。数据量的迅猛增长使得存储成为企业无法回避的一个问题，与之相关的费用开支成为数据中心最大的成本之一，持续增长的数据存储压力使得云存储成为云计算方面比较成熟的一项业务。可以预见的云存储业务类型包括数据备份、在线文档处理和协同工作等。

根据面向客户规模的不同，数据备份业务可以分为面向个人用户和面向企业用户两种形式。个人用户可以通过互联网将数据存储在远程服务提供商的网络磁盘空间里，并在需要时从网络下载原始数据。对于企业用户而言，可以把大规模的数据交由云计算平台托管，省却自己维护信息的设备和人员投入，也可以将现有数据以冗余的形式备份在云计算平台中，当本地数据发生故障时可以恢复到原有的状态。

借助云计算平台的软硬件平台，用户可以抛开本机的应用程序，直接在互联网上编辑存储个人文档，还可以对文档设置共享权限，允许同一机构的人员对文档进行协同工作。那么，接下来看看，云存储到底使人们的数字生活发生了哪些改变？

也许普通人的数字生活表面上看起来就是收发电子邮件和浏览网络，但是对于那些专业的数据用户来说，还要创建文件、表单、演示和以各种方式存储的信息。这就提出了一个问题：在什么地方存储数据？准备在第三方供应商托管的服务中存储数据吗？个人和非常小的公司一般都是把重要的文件都放在自己的计算机硬盘上。但是硬盘会发生故障，尽管硬盘看起来好像是能够永远运行下去。虽然在过去的几年里，笔记本计算机的销售量超过了台式计算机的销售量，但又很可能把笔记本计算机遗忘在什么地方。把数据存储在个人计算机中总是会出现这样或那样的问题。

为了解决这个问题，本地文件服务器在第一台 PC 问世后不久就出现了。这种服务器存储容量越来越大，价格越来越便宜，Novell 旗下的 NetWare 创建了本地文件服务器市场，但在激烈的竞争之后最后却丧失了市场领先地位，由微软取代。本地文件存储设备以低廉的价格为用户带来很多方便使用的功能，至今在市场上仍占有一席之地。对于企业来说，最大的变化是什么？他们不再让全部员工都在同一个地方工作。只有大约 25% 的企业

在一个地方经营。即使是这种企业，它的员工在客户单位等公司以外的地方工作时，仍需要访问公司内部的文件。而那些价格便宜的、在办公室里工作很好的本地文件存储设备却不能在互联网上访问。

当前，有许多公司可以为个人和企业提供在线文件存储。例如，Egnyte 公司为台式计算机和笔记本计算机提供 M/Drive（移动硬盘）服务，甚至提供连接到 iPhone 手机的存储服务。Egnyte 有适用于 Windows、Mac 和 Linux 计算机的客户端软件。类似的公司还有 Dropbox，Ubuntu One，以及国内的 RayFile 等。

还有一些公司在自己的协作服务中包含文件存储服务。一个名为 HyperOffice 的服务包括所有的在线协作工具，如共享的和专有的联络人、日历、任务列表和文件存储等。它甚至包括文件版本控制功能，让大企业控制如审计记录、锁定的文件和多种版本的文件等。HyperDrive 功能能够把用户的 Windows 计算机连接到 HyperOffice 的公共的和专有的存储文件夹。

另一项名为 iPrismGlobal 的服务提供类似的功能。但是，它主要提供虚拟工作场所的外观和感受。协作是这两项服务以及这个领域许多其他服务的主要功能，而不是简单的文件存储功能。

从一台在线服务器传送文件用的时间不比从本地存储硬件传送文件的时间长，但是，大型的文件可能用到的时间会长一些。当然，任何时候访问在互联网上的东西都要比在局域网上的性能差一些。但是，访问一个托管的服务与通过局域网连接到办公室服务器的速度一样快，而且不必为硬件付费。

小企业主仍是技术领域对价格最敏感的买主。例如，Egnyte 为其服务定的价格是每个用户每个月 15 美元。这个价格似乎有点高，它包括默认的 20GB 存储容量和 3 个以上用户的不限制容量的存储。随着云存储市场的发展，其价格会不断下降。而 HyperOffice 等 OA 协作服务是以每月、每用户的方式以较少的服务费（少量用户每月不到 10 美元）提供在线文件存储和许多协作功能。这种服务一般不依照价格的多少来确定各种大小乃至无限制的存储空间。因为，创建办公室文件的用户一般不需要很大的存储空间，而提供销售或者项目管理模块的其他服务收费要依此决定。

2. 云存储在线文件夹和文件存储的优势

（1）用户不必为文件存储硬件投入任何前期的费用，服务提供商一直在大力宣传这个事实。实际情况是，用户能够租赁服务器硬件和软件，把每个月的费用减少到可以管理的规模，而这两种方式都可以得到已知的预算总数。

（2）主机服务提供商会维护用户文件服务器的安全和更新问题。用户当然可以自己购买或租赁服务器来组建他们的应用。但是，他们却不能预测未来的安全更新、错误和硬件故障。而服务提供商会派专人负责管理存储，保持系统处于最新状态。

（3）在企业中的一台物理服务器上与远程员工、客户和合作伙伴共享文件是一件非常痛苦的事情。每一个在线服务，无论是 Egnyte 那样单纯的服务器服务还是 HyperOffice 式协作服务，都很容易控制谁看文件。这些控制功能能够让用户仅与其指定的人共享文件，无论这些人是企业的员工还是外部人员。用户可以控制访问者的权限的同时，不必允许外部人员访问公司网络。

3. 云存储的种类

可以把云存储分成二类，Block Storage 与 File Storage 。

Block Storage 会把单笔的数据写到不同的硬盘，借以得到较大的单笔读写带宽，适合用在数据库或是需要单笔数据快速读写的应用。它的优点是对单笔数据读写很快，缺点是成本较高，并且无法解决真正海量文件的储存，EqualLogic 3PAR 的产品就属于这一类。

File Storage 是基于文件级别的存储，它是把一个文件放在一个硬盘上，即使文件太大难以拆分时，也可放在同一个硬盘上。它的缺点是对单一文件的读写会受到单一硬盘效能的限制；优点是对一个多文件、多人使用的系统，总带宽可以随着存储节点的增加而扩展，它的架构可以无限制地扩容，并且成本低廉。代表的厂商如 Parascale。

4. 云存储技术选择

虽然在可扩展的 NAS 平台上有很多选择，但是通常来说，他们表现为一种服务、一种硬件设备或一种软件解决方案，每一种选择都有它们自身的优势和劣势。

（1）服务模式：最普遍的情况下，当考虑云存储的时候，用户就会想到其所提供的服务产品。这种模式很容易开始，其可扩展性几乎是瞬间的。根据定义，用户拥有一份异地数据的备份。然而，带宽是有限的，因此要考虑用户的恢复模型。用户必须要满足网络之外的数据的需求。

（2）HW 模式：这种部署位于防火墙背后，并且其提供的吞吐量要比公共的内部网络好。购买整合的硬件存储解决方案非常方便，而且，如果厂商在安装/管理上做得好的话，其往往伴随有机架和堆栈模型。但是，这样就会放弃某些摩尔定律的优势，因为用户会受到硬件设备的限制。

（3）SW 模式：SW 模式具有 HW 模式所具有的优势。另外，它还具有 HW 所没有的价格竞争优势。然而，其安装/管理过程要谨慎关注，因为安装某些 SW 的确非常困难，或者可能需要其他条件来限制人们选择 HW，而选择 SW。

伴随着大规模的数字化数据时代的到来，在这个时代里，企业使用 YouTube 来分发培训录像，在这里，没有必要将这些数字"资料"放得到处都是。像以上这些企业正致力于内容的创建和分布，基因组研究、医学影像等的要求会更加严格准确。LCS 架构的云存储非常适合这种类型的工作负载，而且还提供了巨大的成本、性能和管理优势。

7.3.3 云安全

1. 云安全的概念

紧随云计算、云存储之后，云安全也出现了。云安全是我国企业创造的概念，在国际云计算领域独树一帜。

"云安全（Cloud Security）"计划是网络时代信息安全的最新体现，它融合了并行处理、网格计算、未知病毒行为判断等新兴技术和概念，通过网状的大量客户端对网络中软件行为的异常监测，获取互联网中木马、恶意程序的最新信息，传送到 Server 端进行自动分析和处理，再把病毒和木马的解决方案分发到每一个客户端。

未来杀毒软件将无法有效地处理日益增多的恶意程序。来自互联网的主要威胁正在由

计算机病毒转向恶意程序及木马，在这样的情况下，采用的特征库判别法显然已经过时。云安全技术应用后，识别和查杀病毒不再仅仅依靠本地硬盘中的病毒库，而是依靠庞大的网络服务，实时进行采集、分析以及处理。整个互联网就是一个巨大的"杀毒软件"，参与者越多，每个参与者就越安全，整个互联网就会更安全。

云安全的概念提出后，曾引起了广泛的争议，许多人认为它是伪命题。但事实胜于雄辩，云安全的发展像一阵风，瑞星、趋势、卡巴斯基、MCAFEE、SYMANTEC、江民科技、PANDA、金山、360安全卫士等都推出了云安全解决方案。瑞星基于云安全策略开发的2009年新品，每天拦截数百万次木马攻击，其中1月8日更是达到了765万余次。趋势科技云安全已经在全球建立了五大数据中心，几万部在线服务器。据悉，云安全可以支持平均每天55亿条点击查询，每天收集分析2.5亿个样本，资料库第一次命中率就可以达到99％。借助云安全，趋势科技现在每天阻断的病毒感染最高达1000万次。

2. 云安全思想的来源

云安全技术是P2P技术、网格技术、云计算技术等分布式计算技术混合发展、自然演化的结果。

值得一提的是，云安全的核心思想与刘鹏早在2003年就提出的反垃圾邮件网格非常接近。刘鹏当时认为，垃圾邮件泛滥而无法用技术手段很好地自动过滤，是因为所依赖的人工智能方法不是成熟技术。垃圾邮件的最大的特征是：它会将相同的内容发送给数以百万计的接收者。为此，可以建立一个分布式统计和学习平台，以大规模用户的协同计算来过滤垃圾邮件：首先，用户安装客户端，为收到的每一封邮件计算出一个唯一的"指纹"，通过比对"指纹"可以统计相似邮件的副本数，当副本数达到一定数量，就可以判定邮件是垃圾邮件；其次，由于互联网上多台计算机比一台计算机掌握的信息更多，因而可以采用分布式贝叶斯学习算法，在成百上千的客户端机器上实现协同学习过程，收集、分析并共享最新的信息。反垃圾邮件网格体现了真正的网格思想，每个加入系统的用户既是服务的对象，也是完成分布式统计功能的一个信息节点，随着系统规模的不断扩大，系统过滤垃圾邮件的准确性也会随之提高。用大规模统计方法来过滤垃圾邮件的做法比用人工智能的方法更成熟，不容易出现误判假阳性的情况，实用性很强。反垃圾邮件网格就是利用分布互联网里的千百万台主机的协同工作，来构建一道拦截垃圾邮件的"天网"。反垃圾邮件网格思想提出后，被IEEE Cluster 2003国际会议选为杰出网格项目在香港作了现场演示，在2004年网格计算国际研讨会上作了专题报告和现场演示，引起较为广泛的关注，受到了我国最大邮件服务提供商网易公司创办人丁磊的重视。既然垃圾邮件可以如此处理，病毒、木马等亦然，这与云安全的思想就相去不远了。

3. 云安全系统的难点

要想建立"云安全"系统，并使之正常运行，需要解决四大问题：①需要海量的客户端(云安全探针)；②需要专业的反病毒技术和经验；③需要大量的资金和技术投入；④可以是开放的系统，允许合作伙伴的加入(不涉及用户隐私的情况下或征得用户同意)。

需要海量的客户端(云安全探针)。只有拥有海量的客户端，才能对互联网上出现的恶意程序，危险网站有最灵敏的感知能力。一般而言，安全厂商的产品使用率越高，反映应当越快，最终应当能够实现无论哪个网民中毒、访问挂马网页，都能在第一时间做出反应。

需要专业的反病毒技术和经验。发现的恶意程序被探测到，应当在尽量短的时间内被分析，这需要安全厂商具有过硬的技术，否则容易造成样本的堆积，使云安全的快速探测的结果大打折扣。

需要大量的资金和技术投入。"云安全"系统在服务器、带宽等硬件需要极大的投入，同时要求安全厂商应当具有相应的顶尖技术团队、持续的研究花费。

可以是开放的系统，允许合作伙伴的加入。"云安全"可以是个开放性的系统，其"探针"应当与其他软件相兼容，即使用户使用不同的杀毒软件，也可以享受"云安全"系统带来的成果。

4. 云安全厂商示例

1）ESET NOD32 的云安全

来自于斯洛伐克的 ESET NOD32 早在 2006 年，就在其高级启发式引擎中采用了该项技术，称为 ThreatSense.Net 预警系统，并申请了专利。用户计算机作为 ESET 云中的一个节点，ESET 可以通过 ThreatSense.Net 预警系统了解用户安装使用软件的情况。当杀毒引擎发现某个软件非常可疑，但又不足以认定它是病毒时，ThreatSense.Net 就会收集软件的相关信息，并与中心服务器交换资料，中心服务器通过所有收集到的资料便能够迅速准确地做出反馈。

2）金山毒霸"云安全"定义

金山毒霸"云安全"是为了解决木马商业化之后的严峻的互联网安全形势应运而生的一种全网防御的安全体系结构。它包括智能化客户端、集群式服务端和开放的平台 3 个层次。"云安全"是现有反病毒技术基础上的强化与补充，最终目的是让互联网时代的用户都能得到更快、更全面的安全保护。

首先是稳定高效的智能客户端，它可以是独立的安全产品，也可以作为与其他产品集成的安全组件，如金山毒霸 2009 和百度安全中心等，它为整个云安全体系提供了样本收集与威胁处理的基础功能。

其次是服务端的支持，它是包括分布式的海量数据存储中心、专业的安全分析服务以及安全趋势的智能分析挖掘技术，同时它和客户端协作，为用户提供云安全服务。

最后，云安全以一个开放性的安全服务平台作为基础，它为第三方安全合作伙伴提供了与病毒对抗的平台支持。金山毒霸云安全既为第三方安全合作伙伴用户提供安全服务，又靠和第三方安全合作伙伴合作来建立全网防御体系。使得每个用户都参与到全网防御体系中来，遇到病毒也将不再是孤军奋战。

金山毒霸"云安全"的体系结构如下。

（1）可支撑海量样本存储及计算的水银平台。

（2）互联网可信认证服务。

（3）爬虫系统。

3）趋势科技——在 Web 威胁到达之前予以阻止。

（1）Web 信誉服务。借助全球最大的域信誉数据库之一，趋势科技的 Web 信誉服务

按照恶意软件行为分析所发现的网站页面、历史位置变化和可疑活动迹象等因素来指定信誉分数，从而追踪网页的可信度。然后将通过该技术继续扫描网站并防止用户访问被感染的网站。为了提高准确性、降低误报率，趋势科技 Web 信誉服务为网站的特定网页或链接指定了信誉分值，而不是对整个网站进行分类或拦截，因为通常合法网站只有一部分受到攻击，而信誉可以随时间而不断变化。

通过信誉分值的比对，就可以知道某个网站潜在的风险级别。当用户访问具有潜在风险的网站时，就可以及时获得系统提醒或阻止，从而帮助用户快速地确认目标网站的安全性。通过 Web 信誉服务，可以防范恶意程序源头。由于对零日攻击的防范是基于网站的可信程度而不是真正的内容，因此能有效预防恶意软件的初始下载，用户进入网络前就能够获得防护能力。

（2）电子邮件信誉服务。趋势科技的电子邮件信誉服务按照已知垃圾邮件来源的信誉数据库检查 IP 地址，同时利用可以实时评估电子邮件发送者信誉的动态服务对 IP 地址进行验证。信誉评分通过对 IP 地址的"行为"、"活动范围"以及以前的历史进行不断的分析而加以细化。按照发送者的 IP 地址，恶意电子邮件在云中即被拦截，从而防止僵尸或僵尸网络等 Web 威胁到达网络或用户的计算机。

（3）文件信誉服务。现在的趋势科技云安全将包括文件信誉服务技术，它可以检查位于端点、服务器或网关处的每个文件的信誉。检查的依据包括已知的良性文件清单和已知的恶性文件清单，即现在所谓的防病毒特征码。高性能的内容分发网络和本地缓冲服务器将确保在检查过程中使延迟时间降到最低。由于恶意信息被保存在云中，因此可以立即到达网络中的所有用户。而且，和占用端点空间的传统防病毒特征码文件下载相比，这种方法降低了端点内存和系统消耗。

（4）行为关联分析技术。趋势科技云安全利用行为分析的"相关性技术"把威胁活动综合联系起来，确定其是否属于恶意行为。Web 威胁的单一活动似乎没有什么害处，但是如果同时进行多项活动，那么就可能会导致恶意结果。因此需要按照启发式观点来判断是否实际存在威胁，可以检查潜在威胁不同组件之间的相互关系。通过把威胁的不同部分关联起来并不断更新其威胁数据库，使得趋势科技获得了突出的优势，即能够实时做出响应，针对电子邮件和 Web 威胁提供及时、自动的保护。

（5）自动反馈机制。趋势科技云安全的另一个重要组件就是自动反馈机制，以双向更新流方式在趋势科技的产品及公司的全天候威胁研究中心和技术之间实现不间断通信。通过检查单个客户的路由信誉来确定各种新型威胁，趋势科技广泛的全球自动反馈机制的功能很像现在很多社区采用的"邻里监督"方式，实现实时探测和及时的"共同智能"保护，将有助于确立全面的最新威胁指数。单个客户常规信誉检查发现的每种新威胁都会自动更新趋势科技位于全球各地的所有威胁数据库，防止以后的客户遇到已经发现的威胁。

（6）威胁信息汇总。来自美国、菲律宾、日本、法国、德国和中国等国家的研究人员的研究将补充趋势科技的反馈和提交内容。在趋势科技防病毒研发暨技术支持中心 TrendLabs，各种语言的员工将提供实时响应，24/7 的全天候威胁监控和攻击防御，以探测、预防并清除攻击。

趋势科技综合应用各种技术和数据收集方式——包括"蜜罐"、网络爬行器、客户和合作伙伴内容提交、反馈回路以及 TrendLabs 威胁研究——趋势科技能够获得关于最新威胁的各种情报。通过趋势科技云安全中的恶意软件数据库以及 TrendLabs 研究、服务和支持中心对威胁数据进行分析。

4）卡巴斯基——全功能安全防护：无缝透明安全体系的搭建

卡巴斯基的全功能安全防护旨在为互联网信息搭建一个无缝透明的安全体系。

（1）针对互联网环境中类型多样的信息安全威胁，卡巴斯基实验室以反恶意程序引擎为核心，以技术集成为基础，实现了信息安全软件的功能平台化。系统安全、在线安全、内容过滤和反恶意程序等核心功能可以在全功能安全软件的平台上实现统一、有序和立体的安全防御，而不是不同类型和功能的产品的杂凑。

（2）在强大的后台技术分析能力和在线透明交互模式的支持下，卡巴斯基全功能安全软件 2009 可以在用户"知情并同意（Awareness & Approval）"的情况下在线收集、分析（Online Realtime Collecting & Analysing）用户计算机中可疑的病毒和木马等恶意程序样本，并且通过平均每小时更新 1 次的全球反病毒数据库进行用户分发（Instant Solution Distribution）。从而实现病毒及木马等恶意程序的在线收集、即时分析及解决方案在线分发的"卡巴斯基安全网络"，即"云安全"技术。卡巴斯基全功能安全软件 2009 通过"卡巴斯基安全网络"，将"云安全"技术透明地应用于广大计算机用户，使得全球的卡巴斯基用户组成了一个具有超高智能的安全防御网，能够在第一时间对新的威胁产生免疫力，杜绝安全威胁的侵害。"卡巴斯基安全网络"经过了卡巴斯基实验室长期的研发和测试，具有极高的稳定性和成熟度。因此，才能够率先在全功能安全软件 2009 正式版的产品中直接为用户提供服务。

（3）通过扁平化的服务体系实现用户与技术后台的零距离对接。卡巴斯基拥有全球领先的恶意程序样本中心及恶意程序分析平台，每小时更新的反病毒数据库能够保障用户计算机的安全防御能力与技术后台的零距离对接。在卡巴斯基的全功能安全的防御体系中，所有用户都是互联网安全的主动参与者和安全技术革新的即时受惠者。

5）McAfee 推云安全

著名安全厂商 McAfee 宣布，将推出基于云计算的安全系统 Artemis。该系统能够保护计算机免受病毒、木马或其他安全威胁的侵害。

McAfee 旗下 AvertLabs 的研究人员表示，该系统能够缩短收集、检测恶意软件的时间，及配置整个解决方案的时间。

随着安全系统的发展，这一时间已经从以往的几天减少到数小时，目前又下降到"数毫秒"。

AvertLabs 安全研究及通信主管 Dave Marcus 表示："Artemis 是系统管理的一个窗口，企业用户的所有活动都在该窗口中进行，而该窗口将会持续分析有无恶意软件。Artemis 的目的是使所用时间最小化。"

传统安全系统使用威胁签名数据库来管理恶意软件信息，而作为一款云计算服务，Artemis 可以在签名文件尚未发布之前就对威胁做出反应。

Marcus 表示，AvertLabs 研究人员每周会发现上万个新的签名文件。如果用户的计算机装有 Artemis 系统，那么一旦计算机被检测到存在可疑文件，那么会立刻与 McAfee 服

务器联系，以确定可疑文件是否是恶意的。通过这一方式，McAfee还能利用所收集的数据为企业提供定制的安全解决方案。

专家表示，Artemis能够提供实时的安全保护。而在传统的基于签名的安全系统中，发现安全威胁和采取保护措施之间往往存在时间延迟。

IDC安全产品研究主管Charles Kolodgy表示："传统的基于签名的恶意软件检测方式存在不足。随着用户行为的改变，安全威胁也在改变，恶意软件检测技术总体上来看没有保持同步发展。"

6）瑞星"云安全"计划白皮书

"云安全"（Cloud Security）计划：将用户和瑞星技术平台通过互联网紧密相连，组成一个庞大的木马/恶意软件监测、查杀网络，每个"瑞星卡卡6.0"用户都为"云安全"计划贡献一份力量，同时分享其他所有用户的安全成果。

"瑞星卡卡6.0"的"自动在线诊断"模块，是"云安全"计划的核心之一，每当用户启动计算机，该模块都会自动检测并提取计算机中的可疑木马样本，并上传到瑞星"木马/恶意软件自动分析系统"（Rs Automated Malware Analyzer，RsAMA），整个过程只需要几秒钟。随后RsAMA将把分析结果反馈给用户，查杀木马病毒，并通过"瑞星安全资料库"（Rising Security Database，RsSD），分享给其他所有"瑞星卡卡6.0"用户。

由于此过程全部通过互联网并经程序自动控制，可以在最大程度上提高用户对木马和病毒的防范能力。理想状态下，从一个盗号木马从攻击某台计算机，到整个"云安全"网络对其拥有免疫、查杀能力，仅需几秒的时间。

"云安全"计划：瑞星如何每天处理10万个新木马病毒？

瑞星如何分析、处理每天收到的8～10万个新木马病毒样本的呢？光凭人力肯定无法解决这个问题。"云安全"计划的核心是瑞星"木马/恶意软件自动分析系统"，该系统能够对大量病毒样本进行动分类与共性特征分析。借助该系统，能让病毒分析工程师的处理效率成倍提高。

虽然每天收集到的木马病毒样本有8～10万个，但是瑞星的自动分析系统能够根据木马病毒的变种群自动进行分类，并利用"变种病毒家族特征提取技术"分别将每个变种群的特征进行提取。这样，对数万个新木马病毒进行自动分析处理后，真正需要人工分析的新木马病毒样本只有数百个。

7）江民打造"云安全"＋"沙盒"

以云方式构建的大规模特征库并不足以应对安全威胁的迅速增长，国内外杀毒厂商还需要在核心杀毒技术上下足工夫，如虚拟机、启发式、沙盒、智能主动防御等未知病毒防范技术都需要加强和发展，多数杀毒软件本身的自我保护能力也需要加强。病毒增长得再快只是量的变化，而现实当中造成巨大损失的，却往往是极少数应用了新病毒技术的恶性病毒。

"云安全"必然要建立在"内核级自我保护"、"沙盒"、"虚拟机"等核心技术的基础上才能显出威力，没有这些核心技术，杀毒软件在病毒面前就可能会出现"有心无力"的尴尬，现实中许多杀毒软件扫描发现了病毒，却无力清除，甚至反被病毒关闭的现象比比皆是。这也是为什么江民在推出KV2009时，首先强调的是"沙盒"、"内核级自我保护"、"智能主动防御"、"虚拟机"等核心技术，而把"云安全"防毒系统排在后面的原因。杀毒和其他行业一样，首先是基础要足够强大，基础不扎实，楼建得再高也不牢靠。

"沙盒"是一种更深层的系统内核级技术，与"虚拟机"无论在技术原理还是在表现形式上都不尽相同，"沙盒"会接管病毒调用接口或函数的行为，并会在确认为病毒行为后实行回滚机制，让系统复原，而"虚拟机"并不具备回滚复原机制，在激发病毒后，虚拟机会根据病毒的行为特征判断为是某一类病毒，并调用引擎对该病毒进行清除，两者之间有着本质的区别。事实上，在对付新病毒入侵时，应用了"沙盒"的KV2009已经开始发挥了强大的效力。有用户在关闭江民KV2009杀毒软件各种实时监控，仅开启了"带沙盒技术的主动防御"模式，结果运行"扫荡波"新病毒后，病毒的所有行为被拦截并抹除，没有机会在系统中留下任何痕迹。

目前反病毒面临的最主要问题是驱动型病毒对杀毒软件的技术挑战。因此，目前反病毒的首要任务是进一步提升反病毒核心技术，在确保反病毒技术的前提下，充分借助"云安全"防毒系统的快速响应机制，打造"云安全"＋"沙盒"的双重安全保障体系。

7.4 云计算与物联网

对于云计算和物联网的概念及应用，现在业内炒得可谓是如火如荼。一方面云计算需要从概念走向应用；另一方面物联网也需要更大的支撑平台以满足其规模的需求。这恰好是两者必须的结合点。云计算譬如人的大脑，而物联网则是人的五官和四肢。本节就云计算与物联网的结合方式、应用前景及亟待解决的问题，做了简单探讨，以期抛砖引玉，得到业内专家的共同探讨。

云计算与物联网各自具备很多优势，如果把云计算与物联网结合起来，可以看出，云计算其实就相当于一个人的大脑，而物联网就是其眼睛、鼻子、耳朵和四肢等。云计算与物联网的结合方式可以分为以下几种。

一是单中心，多终端。此类模式中，分布范围的较小各物联网终端（传感器、摄像头或3G手机等），把云中心或部分云中心作为数据/处理中心，终端所获得信息、数据统一由云中心处理及存储，云中心提供统一界面给使用者操作或者查看。

这类应用非常多，如小区及家庭的监控、对某一高速路段的监测、幼儿园小朋友监管以及某些公共设施的保护等都可以用此类信息。这类主要应用的云中心，可提供海量存储和统一界面、分级管理等功能，对日常生活提供较好的帮助。一般此类云中心为私有云居多。

二是多中心，大量终端。对于很多区域跨度加大的企业、单位而言，多中心、大量终端的模式较适合。譬如，一个跨多地区或者多国家的企业，因其分公司或分厂较多，要对其各公司或工厂的生产流程进行监控、对相关的产品进行质量跟踪等。

当然同理，有些数据或者信息需要及时甚至实时共享给各个终端的使用者也可采取这种方式。举个简单的例子，如果北京地震中心探测到某地10分钟后会有地震，只需要通过这种途径，仅仅十几秒就能将探测情况的信息发出，可尽量避免损失。我国联通的"互联云"思想就是基于此思路提出的。这个的模式的前提是云中心必须包含公共云和私有云，并且他们之间的互联没有障碍。这样，对于有些机密的事情，如企业机密等可较好地保密而又不影响信息的传递与传播。

三是信息、应用分层处理，海量终端。这种模式可以针对用户的范围广、信息及数据种类多、安全性要求高等特征来打造。当前，客户对各种海量数据的处理需求越来越多，针对此情况，可以根据客户需求及云中心的分布进行合理的分配。

对需要大量数据传送，但是安全性要求不高的，如视频数据、游戏数据等，可以采取本地云中心处理或存储。对于计算要求高、数据量不大的，可以放在专门负责高端运算的云中心里。而对于数据安全要求非常高的信息和数据，可以放在具有灾备中心的云中心里。

此模式是具体根据应用模式和场景，对各种信息、数据进行分类处理，然后选择相关的途径给相应的终端。

本 章 小 结

本章首先介绍了物联网的起源；而后介绍了云计算的基本概念和云计算的特点；重点介绍了云计算实现技术，包括云计算的核心技术、云计算的体系结构和云计算的主要服务形式；同时对云计算的应用也进行了介绍；最后介绍了云计算与物联网的关系。通过本章的学习，使学生对云计算有一个基本的了解，为以后对云计算的进一步学习和理解云计算与物联网的关系奠定了一定的基础。

习　题　7

一、填空题

7.1　云计算的技术层次包括(　　　　)、(　　　　)、(　　　　)和(　　　　)。

7.2　目前，云计算的3种主要服务形式为(　　　　)、(　　　　)和(　　　　)。

二、选择题

7.3　云计算平台是一个强大的(　　　)网络。

A. 互联　　　　　B. 物联网　　　　　C. 云　　　　　D. 移动

7.4　云计算具有以下哪些特点？(　　　)

A. 超大规模　　　B. 虚拟化　　　　　C. 通用性　　　D. 高可靠性

7.5　按需计算是将多台服务器组成的"云端"(　　　)，作为计量服务提供给用户。

A. 计算资源　　　B. 网络资源　　　　C. 信息资源　　　D. 存储资源

三、简答题

7.6　简述通俗理解的云计算的概念。

7.7　列举云计算的核心技术。

7.8　简述云存储和云安全的概念。

7.9　列举典型的云计算平台。

7.10　简述云计算与物联网的结合方式。

第 **8** 章
物联网智能处理技术

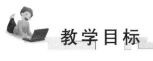

教学目标

- 了解智能处理技术对于物联网的作用
- 了解智能处理技术的发展现状和分类
- 了解主要的智能处理技术
- 掌握遗传算法的计算过程
- 掌握粒子群算法的计算过程
- 掌握神经网络的学习规则
- 理解 Agent 技术

教学要求

知 识 要 点	能 力 要 求
智能处理技术对于物联网作用	了解智能处理技术在物联网中的应用
智能处理技术发展现状和分类	(1) 了解智能处理技术国内外发展现状 (2) 掌握智能处理技术的分类
遗传算法的计算过程	(1) 理解遗传算法的核心思想 (2) 掌握遗传算法的步骤
粒子群算法的计算过程	(1) 理解粒子群算法的核心思想 (2) 掌握粒子群算法的步骤
神经网络的学习规则	(1) 了解神经网络的意义 (2) 理解神经网络 MP 模型 (3) 掌握神经网络的学习规则
Agent 技术	理解 Agent 技术

 引例

人 工 智 能

1997年5月11日北京时间早晨4时50分，一台名叫"深蓝"的超级电脑在棋盘C4处落下最后一颗棋子，全世界都听到了震撼世纪的叫杀声——"将军"！这场举世瞩目的"人机大战"，终于以机器获胜的结局降下了帷幕。

"深蓝"是一台智能计算机，是人工智能的杰作。新闻媒体以挑衅性的标题不断地发问：计算机战胜的是一个人，还是整个人类的智能？连棋王都认了输，下一次人类还将输掉什么？智慧输掉了，人类还剩些什么？于是，人工智能又一次成为万众关注的焦点，成为计算机科学界引以自豪的学科。

人工智能(AI)伴随着计算机生长，在风风雨雨中走过了半个世纪的艰难历程，已经是枝繁叶茂、郁郁葱葱。借"人机大战"的硝烟尚未散尽之机，让我们一同走近人工智能，对这一新兴学科的历史和发展作一番较为系统的回顾。

 本章导读

随着网络技术的突飞猛进，物联网使数据能在传感器、计算机和执行机构之间自由流动。具有革命性意义的是，物品既可以感知环境，又可以相互通信，并迅速对其做出响应，有的甚至可在基本无人干预的情况下工作。这种智能"基因"有赖于人工智能在计算机上的实现，也决定着物联网的"成长特性"。

8.1 智能处理技术概述

对于物联网这个复杂庞大的人工产物，每时每刻都要传递、收集并处理各种各样的海量信息，将RFID、传感器的信息汇集通过数据挖掘手段提取有用信息。但与传统的互联网不同的是，物联网终端并不具备强大的处理能力，很多时候终端仅仅是一个芯片或是一个传感器而已，所以如何搜索、处理信息就成为了物联网发展必须要面对的问题。另外，物联网的运行还要尽可能脱离人的干预和管理，实现自动化及智能化，让机器能够"说话"并与人交流。目前，用智能信息处理方法解决上述问题已成为物联网发展的必然趋势。智能信息处理的主要目的就是要产生出具有学习、理解和判断能力的人工智能系统。其本质是要通过一些算法来提取出数据中的有用信息，转化为可用于预测与决策的知识，从而实现系统的优化及控制。本章内容针对物联网的特点，介绍了信息智能处理技术的基础理论及各种智能算法，主要涉及知识工程、遗传算法、群智能、人工神经网络及模糊理论等领域。

8.1.1 人工智能的概念

人工智能(AI)是研究、开发用于模拟、延伸和扩展人的智能的理论、方法、技术及应用系统的一门新的技术科学。"人工智能"最初是在1956年提出的，目前已经得到了迅猛的发展，AI广泛应用于各个科学工程领域，涵盖的范围包括控制论、神经科学、计算机科学、哲学等各方面，是一门综合性的学科。

人工智能的一个比较流行的定义，也是该领域较早的定义，是由约翰·麦卡锡（John McCarthy）在1956年的达特矛斯会议（Dartmouth Conference）上提出的：人工智能就是要让机器的行为看起来就像是人所表现出的智能行为一样。人工智能分为强人工智能和弱人工智能，强人工智能指的是创造出真正能够思考和解决实际问题的智能机器，并具有知觉和自我意识。弱人工智能指的是制造出看起来像是智能的，但是并不真正拥有智能，也不会有自主意识，仅仅能够在一定范围内解决问题的机器。

目前主流的科研都集中在弱人工智能上，并已经有了很多的成就，而强人工智能的研究则处于停滞不前的状态下。

但是，即使是弱人工智能在工程领域也有很大的作用，现实生活中的许多问题都是庞大复杂的、不确定的、不精确的，物联网也是如此，对于物联网这样的复杂系统，想要单纯依靠人工是不可能实现的，需要借助人工智能领域的相关技术来实现。

8.1.2 软计算的概念

"软计算"是相对于"硬计算"（传统计算）而言的，所谓的软计算是指对研究对象只求近似而非精确解释的有效计算方法。传统计算——硬的计算，主要特征是精确求解，往往硬计算并不适合处理现实生活中的许多问题，如自主控制领域、优化问题等。

软计算模拟自然界中智能系统的运转过程（脑部神经结构、进化和免疫系统等）来有效地处理复杂不确定问题。软计算主要包括几种计算模式：模糊逻辑、人工神经网络、进化算法和混沌理论。软计算的目标是将这些技术互相融合地加以利用。

传统人工智能进行符号操作，这基于一种假设：人的智能存储在符号化的知识库中。但是符号化知识的获得和表达限制了人工智能的应用。而软计算不进行太多的符号操作。因此，从某种意义上说，软计算是传统人工智能的补充。传统的人工智能加上软计算就可成为智能计算。

8.2 智能计算

智能计算就是模拟自然界的某些规律设计模型求解问题的算法。它包括遗传算法、蚁群算法、粒子群算法、免疫算法、神经网络、模糊逻辑、模式识别、知识发现、数据挖掘等。由于内容过多，本书仅介绍重要的算法。总的来说，智能计算的研究主要还是集中在进化计算（EC）方面，进化计算包括遗传算法、遗传编程和群体智能计算等。其本质又是相同的，都是将问题的所有解看成是一个群体空间，通过各种手段，让群体里的个体协同达到一个统一的状态，以搜索到全局最优解。智能计算多用于处理非线性的多目标约束优化问题，如图8.1所示。

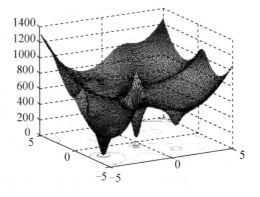

图8.1 复杂空间搜索最优解

多数的决策都是寻优的过程，传统的数学手段很容易陷入局部最优解，智能计算在这类问题上具有很好的品质。

8.2.1 遗传算法

遗传算法(GA)是由美国的 Holland 教授于 1965 年提出的，其过程是模拟达尔文提出的生物优胜劣汰的进化过程，即选择、交叉和变异。通过将问题的解编码成染色体(向量)并不断地在进化过程中淘汰适应值低的染色体，以此来搜索最优解。遗传算法的基本算子有以下 3 个。

(1) 选择算子：模拟优胜劣汰的过程，依据群体中每个个体的适应度值，建立选择优良个体的规则。

(2) 交叉算子：模拟有性繁殖的基因重组操作，以一定的交叉概率(P_c)交换母体之间的部分基因并生成新的个体。

(3) 变异算子：模拟基因突变的操作，以一定的变异概率(P_m)改变个体的某一些基因。

1. 经典遗传算法的基本过程

1) 编码

将表现型映射到基因型称为编码，也就是将问题的解映射成一定格式的个体，方便遗传算法的操作。遗传算法的编码种类有很多，针对不同环境可以采用不同的编码。

(1) 二进制编码。二进制编码将个体表示为一个 0、1 组成的二进制串，如果解的精度要求高，串的长度也会相应的变长。例如，要求解的精度为小数点后一位(0.1)，则在 1 个单位长度中就要分成 10 份，如果解的范围是 $[1，3]$，那么就要将解分成 $(3-1) \times 10 = 20$ 份，由于 $2^4 \leqslant 20 \leqslant 2^5$，所以二进制的串长是 5 位。由此我们得出结论：问题解的范围是 $[a，b]$，求解精度为小数点后 n 位，若 $2^{m-1} \leqslant (b-a) \times 10^n \leqslant 2^m$，则二进制编码的串长至少为 m 位。

确定完二进制的精度和串长后，可以用下面的方法将一个二进制串和实数对应，还是以上面的例子来说明，首先将一个 5 位的二进制串转换为十进制数。

$$(10010)_2 = (18)_{10}$$

然后将其变成 $[1，3]$ 内的实数(保留小数点后一位)。

$$1 + 18 \times (3-1)/2^5 - 1 = 2.2$$

将一个二进制串$(a_{m-1} a_{m-2} \cdots a_0)$转换成范围 $[a，b]$ 内实数 x 的通式如下。

先将$(a_{m-1} a_{m-2} \cdots a_0)$化成十进制 y。

$$x = b + y \times (b-a)/2^m - 1$$

(2) 格雷码。遗传算法采用二进制编码会遇到"汉明悬崖"的问题，即有时两个相邻数的汉明距离过大，例如，$(01111)_2 = (15)_{10}$ 和 $(10000)_2 = (16)_{10}$ 的汉明距离是 5。这样在搜索时，就会造成跨度过大而漏掉最优解。格雷码有这样一个特点：任意两个整数的差是这两个整数所对应的格雷码之间的汉明距离。这个特点是遗传算法中使用格雷码来进行个体编码的主要原因，故格雷码不存在"汉明悬崖"的问题，可以增强 GA 的局部搜索能力。

格雷码的编码规则如下。

设 A$=(a_m a_{m-1} \cdots a_1)$，B$=(b_m b_{m-1} \cdots b_1)$，其中 A 是二进制编码，B 为格雷码。

则 $b_i = a_{i+1} \wedge a_i$

例如，15 和 16 的格雷码分别为 01000 和 11000，汉明距离是 1。

（3）浮点数编码。一些高维复杂的优化问题，对精度要求比较高，而采用二进制编码却往往达不到精度要求，如果增加长度又会扩大搜索空间，另外二进制编码也不利于反映针对专门知识的问题。

浮点编码指的是采用决策变量真值进行编码(真值编码)。例如，有 6 个变量的优化问题，其中某一个个体的基因型可以是 X：{ 3.14 ，2.89 ，3.01 ，4.87 ，3.08 ，2.18 }。

（4）符号编码。符号编码方法指个体染色体的编码串中的基因值并没有任何数值含义，而是一个符号集，如 A，B，C，D 等。符号编码方便设计遗传算法中求解问题的专门知识，克服了二进制编码和格雷码的缺陷。

（5）多参数级联编码。对含有多个变量的软色体编码就称为多参数级联编码，多参数级联编码中的某一个参数可以采用任意的编码规则。例如，含有 n 个决策变量的优化问题，每个变量用 m 位编码，可以组合成一个 $n \times m$ 位的矩阵(其中每行的 m 不固定)。

（6）树形编码。树形编码用于遗传规划中的演化编程或者表示，假设给定了很多组输入和输出，要为这些输入输出选择一个函数，基因就是树形结构中的一些函数。

总之，编码是遗传算法的第一步，编码就是把现实中的信息映射成能够进行遗传操作的个体，其本质实际是建立问题的模型，编码规则有很多，各有优劣，选择不同的编码会对进化结果产生很大的影响。

2）适应度函数

前面介绍了将信息转换为遗传个体的编码规则，那么遗传算法依据什么来选择个体呢？靠的就是适应度函数，适应度函数指的是可以计算个体适应值的函数，遗传算法依据每个个体的适应值来达到优胜劣汰的目的。

当然，一般情况下适应度函数就是优化的目标函数，个体的适应值也就是不同的问题解。但是在一些特殊的情况下，也可以适当地将做过尺度变换的目标函数作为适应度函数。下面介绍几种常见的得到适应度函数的方法。

（1）当目标函数为求解极大值时，适应度函数是目标函数。

（2）当目标函数为求解极小值时，适应度函数是目标函数取负。

（3）当目标函数为求解极大值时，适应度函数是目标函数减其最小估计值。

（4）当目标函数为求解极小值时，适应度函数是目标函数最小估计值减目标函数。

除此之外，还可以对目标函数做尺度变换，常见的有线性变换法、幂函数变换法、指数变换法。

3）选择操作

在做好编码及适应度值计算的准备工作后，就可以得到遗传算法的初始群体 X_0，其下标代表群体的代数。初始群体中的个体数目取决于编码时所确定的个体数目。想要让初始群体更新换代就需要选择操作，选择操作依据个体的适应值，按照一定的规则去掉不合格的"弱"个体，留下更"强壮"的个体，从而实现进化的目标。主要的选择操作有轮盘

赌选择策略和锦标赛选择策略两种。

（1）轮盘赌选择策略。在轮盘赌策略中，每一个个体被选择的概率 $P_c = f(x_i)/\sum f(x_i)$。例如，一个种群有 3 个个体 x、y、z，计算它们的适应值分别为：$f(x)=5$，$f(y)=3$、$f(z)=2$，则 $P_x=5/10=1/2$，$P_y=3/10$，$P_z=2/10=1/5$。

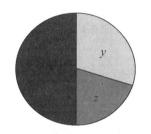

图 8.2　用轮盘进行染色体选择

在实际设计该策略的算法时，常常将每个个体按比例做成轮盘，如图 8.2 所示。

有两种方法实现轮盘赌选择，一个是让轮盘转动起来，把骰子随即放到轮盘的某个位置，骰子不动，轮盘停止时骰子的位置就是被选择的个体。

另一种方法是轮盘不动，随即扔骰子，骰子所在位置即选择结果。

很显然无论哪种方法，个体在轮盘所占扇区越大被选择的机会就越大，实验证明第二种方法精度较高。

（2）锦标赛选择策略。锦标赛选择策略每次从群体中选一定数量的个体组成组，然后择优进入下一代，重复操作直到新的种群规模达到原来的种群规模为止。

张琛与詹志辉在《遗传算法选择策略比较》的论文中经过实验证明了使用锦标赛策略可以提高解的精度并快速收敛，更适用于最小值问题。在使用锦标赛策略时，组的规模为种群规模的 60%～80% 时效果最好。

4）交叉操作

交叉操作又称为基因重组，是将两个母个体的部分基因交换而生成新的个体的操作，其目的是产生与母个体不同但有联系的新的个体，使遗传算法的搜索能力得以提高。常见的交叉操作分为实数值交叉和二进制交叉，实数值交叉又分为离散交叉、中间交叉和线性交叉。二进制交叉有单点交叉、多点交叉和均匀交叉。

（1）离散交叉：每个子个体随即从母个体挑选基因重组自身，如下。

母个体 1　a b c d e

母个体 2　f g h i j k

子个体 1　b d e g k

（2）中间交叉：子个体按以下公式产生。

$$子个体＝母个体 1＋a×（母个体 2－母个体 1）$$

a 是权值，例如：

母个体 1　2 3 6

母个体 2　5 4 8

a 为　　0.5 1.2 －0.2

　　　　　0.3 0.8 0.5

子个体 1　3.5 3.5 5.6

子个体 2　2.9 3.8 7

（3）线性交叉：和中间交叉类似，不过只有一个 a 值。

注意，上述交叉方法不用于二进制编码，下面是针对二进制的交叉方法。

（4）单点交叉：适用于二进制编码，随机选择一点，将此点后的基因互换。

（5）多点交叉：适用于二进制编码，随机选择两点，将两点间的基因互换。

（6）均匀交叉：适用于二进制编码，首先生成一个0、1组成的掩码，掩码中1对应的母个体的位置参与互换。二进制编码的几种交叉操作如图8.3所示。

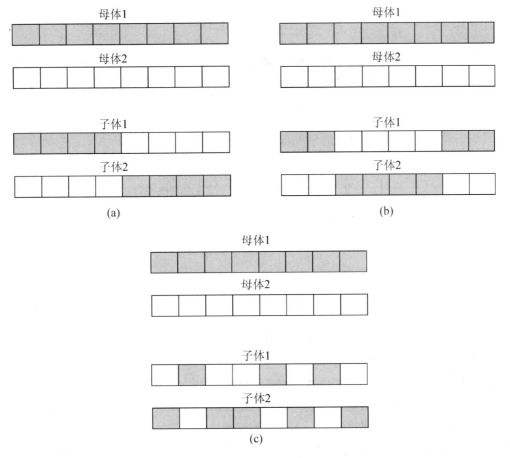

图8.3 二进制编码的三种交叉操作

(a) 单点交叉；(b) 多点交叉；(c) 均匀交叉

5）变异操作

变异操作指以一定概率(变异概率 P_m)将个体中的某些基因替换成其他基因，然后形成一个新个体的过程。变异的目标是向个体中引入新的遗传信息，即增加群体的多样性。

常见的针对二进制表示的变异算法如下。

（1）均匀变异。均匀变异指的是随机的选择一些比特位置，将值取反。

（2）顺序变异。顺序变异指的是随机的选择两个比特位置，在这两个位置之间做均匀变异。

需要注意的是：变异概率 P_m 如太小，会降低全局的搜索能力；如太大($P_m > 0.5$)，会使遗传算法退化为随机搜索。

2. 遗传算法流程及参数的选择

1）遗传算法流程

遗传算法的全部操作基本上就是上述的几个过程，虽然目前也出现了很多变体，但是基本结构没有太大变化，如图 8.4 所示。

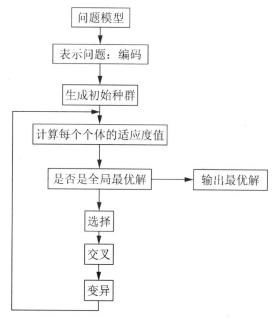

图 8.4 遗传算法的流程

2）遗传算法参数的选择

遗传算法在运行时各个参数应该依据具体情况而定，而且不存在一个固定的模式适用于某一个领域，算法的参数应该是动态的、自适应的，往往优化问题中选择参数又是一个优化和决策的过程。下面是推荐的 GA 的参数选择。

（1）交叉概率 P_c。交叉概率 P_c 一般来说应该比较大，推荐使用 80%～95%。

（2）变异概率 P_m。变异概率 P_m 一般来说应该比较小，一般使用 0.5%～1% 最好。

（3）种群规模。种群规模指的是群体中个体的个数。实验发现，当种群的规模比较大时并不能优化遗传算法的结果。种群的大小推荐使用 20～30，一些研究表明，种群规模的大小取决于编码的方法，而且和编码串的大小相关。

（4）遗传运算的终止进化代数。一般的做法是，如果连续 N 代都出现最优个体的适应度相同的情况，便可以终止运算。

3. 遗传算法应用实例

遗传算法的应用非常广泛，只要是信息模型能够转化为优化问题，都可以采用遗传算法求解，物联网也是如此。物联网中涉及海量数据处理时，可以用遗传算法进行数据挖掘；物联网中涉及规划、优化问题时，也可以用遗传算法等智能算法来搜索最优解。

胡森来、张昱、金心宇等人在《基于遗传算法的无线传感网 PEGASIS 算法的改进》中提出利用遗传算法改进无线传感网的 PEGASIS 路由算法，由于 PEGASIS 采用了贪婪算法，容易陷入局部最优解，文章提出用遗传算法来替代，使得总体节点的存活时间较原PEGASIS算法有了很大的改善。

8.2.2　粒子群算法

粒子群优化(PSO)算法是由 Kennedy 和 Eberhart 在 1995 年提出的一种目标优化的算法，属于群体智能算法(启发式算法)，粒子群优化算法源于对鸟群飞行觅食行为的研究。研究者发现鸟群在飞行过程中经常会突然改变方向、散开、聚集，其行为不可预测，但其整体总保持一致性，个体与个体间也保持着最适宜的距离。

1. 粒子群算法的原理

通过对鸟群系统的数学建模与模仿，假设在由 m 个粒子组成的群体对 D 维空间进行搜索。M 称为群体规模。第 i 个粒子位置表示为一个 D 维向量：

$x_i = (x_{i1}, x_{i2}, x_{i3}, \cdots, x_{iD})$，每个粒子代表一个潜在的解，每个粒子对应的速度可以表示为 $v_i = (v_{i1}, v_{i2}, v_{i3}, \cdots, v_{iD})$，每个粒子在搜索时要考虑以下两个因素。

(1) 自己搜索到的历史最优值 p_i，$p_i = (p_{i1}, p_{i2}, \cdots, p_{iD})$，$i = 1, 2, 3, \cdots, m$

(2) 全部粒子搜索到的最优值 p_g，$p_g = (p_{g1}, p_{g2}, \cdots, p_{gD})$，$i = 1, 2, 3, \cdots, m$

每次迭代中，粒子根据下面的公式更新速度和位置。

$$v_{id}^{k+1} = v_{id}^k + c_1 r_1 (p_{id} - x_{id}^k) + c_2 r_2 (p_{gd} - x_{id}^k) \tag{1}$$

$$x_{id}^{k+1} = x_{id}^k + v_{id}^{k+1} \tag{2}$$

$d = 1, 2, 3, \cdots, D$、k 是迭代次数，c_1 和 c_2 为学习因子(加速因子)，使粒子具有自我总结和向群体优秀个体学习的能力，r_1 和 r_2 是 $[0, 1]$ 之间的随机数，是用来保持群体的多样性。通过不断迭代，在 D 维解空间中搜索全局最优解。

对于上述的公式做简单直观的描述，现在群体中取出一个粒子，记为 $x_i = (x_{i1}, x_{i2}, x_{i3}, \cdots, x_{iD})$，然后只分析它在第 k 代时的某一个维度 d，记为 x_{id}^k，同样，v_{id}^k 表示它在第 k 代时的维度 d 上的位移(速度)。$(P_{id} - x_{id}^k)$ 表示它在第 k 代时与其最好位置在维度 d 上的差距，$(P_{gd} - x_{id}^k)$ 表示它在第 k 代时与群体最好位置在维度 d 上的差距，然后这两个差值分别乘 $c_1 \times r_1$ 和 $c_2 \times r_2$ 两个参数，实际上是对粒子原来飞行速度 v_{id}^k 的调整，防止粒子径直飞行，最终所有粒子都逐渐飞向最优值。

Y. Shi 和 Eerhan 在 1998 年对式(1)作了如下改进。

$$v_{id}^{k+1} = w v_{id}^k + c_1 r_1 (p_{id} - x_{id}^k) + c_2 r_2 (p_{gd} - x_{id}^k) \tag{3}$$

1999 年 M. Clerc 对式(2)作了如下改进。

$$x_{id}^{k+1} = x_{id}^k + \partial v_{id}^{k+1} \tag{4}$$

其中，w 是惯性权重，它起着权衡局部的最优能力和全局的最优能力作用。当权重比较大时，前一个速度值所占影响比较大，所以全局搜索能力就较强；反之局部搜索能力较强。∂ 为约束因子，是控制速度的权值。

例如：在一维空间中，上述的问题就可以得到简化。其实粒子群算法非常简洁，其本质就是模拟一群鸟寻找食物的过程，每个鸟都是 PSO 中的粒子，也就是需要求解问题的所有解，这些鸟在寻找食物的过程中，通过观察与其他鸟和自己的位置不断地调整自己在空中飞行的位置与速度，以保持和群体的关系，从而形成一个整体。

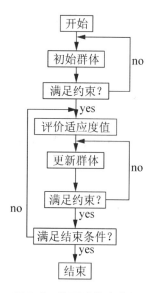

图 8.5　粒子群算法流程

2. 粒子群算法流程

利用粒子群算法求解步骤如下。

（1）建立目标函数。根据待求的问题，确定目标函数，建立待求解的问题与粒子群算法之间的关系。

（2）确定编码形式。根据具体情况选用不同的编码形式。

（3）确定粒子群算法的控制参数。可以引入权重值 w，其他各个参数值有：种群规模、最大跌代步数、学习因子等。

（4）运行算法求解。粒子群算法的流程如图 8.5 所示。

3. 粒子群应用实例

粒子群算法以其简洁的概念、有效的性能很快得到了广泛的应用，粒子群算法可以应用到生产调度、交通运输、生物医学等多个领域。在物联网方面，粒子群算法可以用来解决模式识别、数据挖掘、路由选择、图像识别、传感器的规划等问题。

粒子群算法可以用来进行决策规划，例如，求解工程项目的内部收益率，已获知该项目是否可行。在网络方面，粒子群算法可以用来优化路由，很多路由算法使用混合度量来衡量路径开销（Metric）。常见的度量如下。

（1）带宽（Bandwidth）：单位是 bps。

（2）延迟（Delay）：单位是 $10\mu s$。

（3）可靠性（Reliability）：根据 Keepalive 而定的源和目的之间最不可靠的可靠度值。

（4）负载（Loading）：根据包速率和接口配置带宽而定的源和目的之间最不差负载的值。

（5）最大传输单元（MTU）：路径中最小的 MTU。MTU 包含在路由更新里，但是一般不参与度的运算。

例如，EIGRP 路由算法度量值的计算公式为

metric＝

256 * $[K1 * \text{bandwidth} + (K2 * \text{bandwidth})/(256 - \text{load}) + K3 * \text{delay}]$ * $[K5/\text{reliability} + K4]$

我们可以将其看作待优化的目标函数 f

min f＝

256 * $[K1 * \text{bandwidth} + (K2 * \text{bandwidth})/(256 - \text{load}) + K3 * \text{delay}]$ * $[K5/\text{reliability} + K4]$

约束条件假定如下。

（1）bandwidth $\geqslant A$。

（2）delay $\leqslant B$。

（3）load $\leqslant C$。

（4）reliability $\geqslant D$。

将其化成标准型如下。

$$\max f'$$

$$= -256 * \left[K1 * bandwidth + (K2 * bandwidth)/(256 - load) + K3 * delay \right] * \left[K5/reliability + K4 \right]$$

$$\begin{cases} bandwidth - x_1 = A \\ delay + x_2 = B \\ load + x_3 = C \\ reliability - x_4 = D \\ bandwidth、delay、load、reliability、x_1、x_2、x_3、x_4 \geqslant 0 \end{cases}$$

只要找到使 f' 达到最大值的路由，即为满足 4 个约束条件的最优路由。对于上面的优化问题，可以用粒子群算法求解。

把 K 值看做权重值 w，各个参数值设定如下。

种群规模 $=4$，最大迭代步数 $\max j = 4$，延迟约束 $B = 50$，带宽约束 $A = 10$。

源节点为 1，目的节点为 0。

惯性权重 $\omega = \omega max - (\omega max - \omega min) * j/j max$。

$\omega max = 0.9$，$\omega min = 0.4$，j 为迭代步数。

$c_1 = c_2 = 2$。

经过仿真实验证明，用粒子群算法求解带有多个约束条件的最优路由效果良好，可以很快地收敛。

8.2.3 蚁群算法

蚁群算法（ACO）是 20 世纪 90 年代由意大利学者 Dorigo 提出的，科学家发现蚂蚁具有很强的社会性质以及协作精神，例如，当蚂蚁群觅食时，大多数的蚂蚁都会选择比较近的路径到达目的地，然而每一只蚂蚁却都没有掌握周围全局的地形，没有遍历空间上的所有位置，没有计算所有可能的路径并且比较它们的大小，但是每个蚂蚁在途中都会留下信息素——一种化学物质，其他蚂蚁会识别信息素，其实蚂蚁之间并没有直接的联系和交流，但是每只蚂蚁都与环境发生交互，通过信息素作为纽带。

1. 蚁群算法的原理

假设蚂蚁从 A 点出发寻找食物 D，一开始在没有信息素的情况下所有蚂蚁都尽量随机地前行，如果哪条路径短，那么单位时间内撒下的信息素就多，这样就会吸引更多的蚂蚁过来，由于有个别蚂蚁会出现错误，探索到新的路径，所以蚁群能避免陷入局部最优，如图 8.6 所示，起初，蚂蚁随机选择 A—B—D 和 A—C—D 觅食，但最终蚂蚁都会沿着最短路径 A—B—D 觅食。

在蚁群中，每个蚂蚁都是没有过多智能

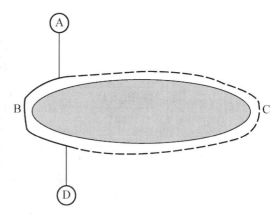

图 8.6 蚁群觅食寻最短路径的行为

的个体，它们通过相互之间的简单交流和与环境的简单交互，却表现出令人惊讶的群体智能，这种现象称为智能涌现。

2. 蚁群算法的数学模型

蚁群算法最初是为旅行商问题提出的。旅行商问题可简单描述为：给定 N 个城市和两两城市之间的距离，要求确定一条经过各城市当且仅当一次的最短路径。现假定一个有 N 个城市的 TSP 问题，蚁群中蚂蚁的数量为 M，以此来建立蚁群算法的模型。

用 $d_{ij}(i,j=1,2,\cdots,N)$ 表示城市 i 和城市 j 之间的距离。

$b_i(t)$ 是 t 次循环位于城市 i 的蚂蚁的数量。

$x_{ij}(t)$ 为 t 次循环在 ij 连线上残留的信息量。

y_{ij} 为由城市 i 转移到城市 j 的启发信息，也成为能见度因数，$y_{ij}=1/d_{ij}$。

α 为轨迹的相对重要性($a=0$)。

β 为能见度的相对重要性($\beta=0$)。

$P_{ji}{}^k(t)$ 表示在 t 次循环蚂蚁 k 由位置 i 转移到位置 j 的概率。

然后每个蚂蚁都遵循下列规则：根据路径上的信息素浓度，以一定的概率来决定下一步的路径；采用"禁忌表"（Tabulist）来防止走重复路径；每次完成循环，再依据整个路径长度释放一定浓度的信息素。初始时刻，各路径信息素相等，$x_{ij}(0)=C$。

t 次循环位于城市 i 的蚂蚁 k 选择城市 j 为目标城市的概率是

$$P_{ji}{}^k(t)=\begin{cases}[x_{ij}(t)]^{\alpha}\times[y_{ij}]^{\beta}/\sum[x_{il}(t)]^{\alpha}\times[y_{il}]^{\beta} & j\in J_i{}^k(\text{除了城市 } i \text{ 其他所有城市})\\0 & j\notin J_i{}^k\end{cases}$$

也就是说，一个蚂蚁从一点移动到另一点的概率取决于城市间的距离以及信息素浓度，距离越短，信息素浓度越大，蚂蚁移动的概率就越大。蚁群系统适合处理组合优化问题，一般称为蚁群最优化（ACO）。

蚁群系统的流程图如图8.7所示。

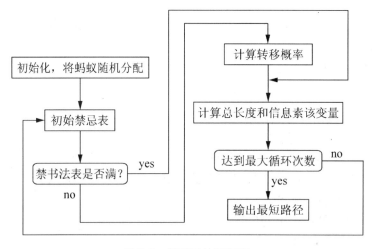

图 8.7　蚁群系统流程图

3. 蚁群算法的应用

蚁群算法有利于解决复杂的组合优化问题，例如，作业调度、网络路由、电力系统、生命科学、决策、聚类分析等，蚁群算法尤其适合解决网络拥塞瓶颈、网络实时负载均衡和集群分布式并行计算等问题。在未来的物联网中，将会愈加广泛地应用无线网以及云计算、分布式计算等技术，而且在应用物联网的某些领域的规划决策问题也会愈加复杂，例如，有人提出利用智能交通系统建立城市交通事故紧急救援平台的想法，这样的系统就存在着组合优化的问题，例如，路径的选择，在建立城市交通路网模型后，需要分析影响救援路径选择的多种因素，确定各路段的权值，然后通过蚁群算法计算得出城市紧急交通救援的最佳路径。

8.2.4 鱼群算法

2003 年李晓磊等人提出了人工鱼群算法（AFSA）。和鸟群以及所有的群居生物类似，鱼也具有一定的群体智能，在水中的鱼能够在一定区域尾随其他鱼共同找到食物或者聚集到有利的环境，人工鱼群算法就是仿照这点，通过模仿鱼群的觅食、群聚等行为，可以解决搜索优化等问题。

总结一下鱼的典型行为有如下 3 种。

（1）觅食的行为：一般情况下鱼在水中随机地自由游动，当发现食物时，则会向食物逐渐增多的方向快速游去。

（2）聚群的行为：鱼在水中游动的过程中为了自身的安全会自然而然地聚集成一群，鱼聚群时尽量避免与临近伙伴过于靠近；尽量与临近伙伴的大致方向一致；尽量朝临近伙伴的中心点移动。

（3）追尾的行为：当鱼群中的某几条鱼发现食物时，其临近的鱼就会尾随其快速到达食物点。

1. AFSA 的基本原理

假定在目标搜索空间是 D 维空间，一个人工鱼群有 M 条鱼构成，每个个体可表示为 D 维向量 $X=(X_1, X_2, \cdots, X_D)$，为潜在的解。人工鱼当前所在位置的食物浓度表示为 $Y=f(X)$，其中 Y 为待优化目标函数。个体间距离表示为 $d=\|Xi-Xj\|$，v 表示人工鱼的感知范围，step 为人工鱼移动步长，δ 为拥挤度因子；T 表示人工鱼每次觅食最大试探次数。AFSA 行为可以描述如下。

（1）随机行为：指人工鱼在一定区域内随机移动的行为。

（2）觅食行为：指人工鱼朝着食物多的方向聚集的一种行为，某条人工鱼 X_i 在其视野内随机选择一个目标 X_j，分别计算它们的目标函数值并进行比较，若发现目标 X_j 的目标更优，则就向目标 X_j 的方向移动一步。否则，继续在感知范围内寻找目标，反复尝试 T 次之后，仍没有找到，则随机移动一步。

（3）聚群行为：鱼在游动过程中为了保证自身安全会自然而然的聚集成群。人工鱼 X_i 搜索其视野内鱼的数目 n_f 及中心位置 X_c，若 $Y_c / n_f > \delta Y_i$，表明伙伴中心位置的状态较优且不太拥挤，则 X_i 朝伙伴的中心位置移动一步，否则执行觅食行为。

（4）追尾行为：指鱼向其可视区域内的最优方向移动的一种行为。人工鱼 X_i 搜索其视野内所有伙伴中的函数最优伙伴 X_j，如果 $Y_j / n_f > \delta Y_i$，表明最优伙伴的周围不太拥挤，则 X_i 朝此伙伴移动一步，否则执行觅食行为。

2. AFSA 的优点

综上所述，AFSA 可以解决组合优化等诸多问题，其优点有以下几点。

（1）只需要比较目标函数值，对目标函数的要求不高，并不需要做复杂变换。

（2）对初始值的要求不高，随机产生或设为固定值均可。

（3）对参数设定的要求不高，容许的范围大。

（4）具备并行处理的能力，可以多个 AF 进行并行搜索。

（5）具备全局寻优的能力，能够避免陷入局部的最优点。

但是基础的人工鱼群算法获取的仅仅是系统的满意解域，对于精确解的获取还需借助一些策略，如分阶段寻优和变参数寻优等，目前已经有很多基于基础人工鱼群算法的多种改进型的人工鱼群算法。

8.3 人工免疫系统

前面所介绍的内容都可以归为进化计算（EC）及群体计算，其本质是生成一个种群，经过一系列的变化搜索最优个体，遗传算法通过选择、交叉和变异等操作，使得群体朝向进化最好的方向发展，适应性差的个体会被淘汰，群体会变得愈加优化。群体计算包括粒子群算法、蚁群算法、人工鱼群算法等，群体计算更加强调协作，通过个体之间的协作和竞争关系，逐步引导群体聚集到最优目标。

虽然目前进化计算应用广泛，但在其具体实施过程中，还存在着许多缺点。例如，遗传算法是随机的迭代搜索，在个体进化的同时，也会产生早熟、退化等现象，使得结果产生偏差，收敛变慢。所以现有算法的改进主要面向几个方面：各种算子的改进及研究、算法的整体性能的改进、加强对生物体的仿真程度等。

以 20 世纪 80 年代 Farmer 等人提出的免疫系统的动态模型为基础，1996 年的基于免疫系统的国际专题研讨会上首次提出"人工免疫系统"的概念。人工免疫系统（AIS）是模仿生物体内的免疫系统检测异常细胞的能力，建立模型解决异常检测等问题，为人工智能仿生计算提供了新的思路。人工免疫系统可用于信息安全、优化计算、模式识别、图像处理和机器人控制等多个领域。

在物联网方面，人工免疫系统可以用于解决传感器故障诊断、物联网安全隐私、RFID 数据过滤等问题。未来的物联网将会异常庞大复杂，如果能够创建一个与自然免疫系统一样的体系，那么将会解决许多难题。

8.3.1 自然免疫系统的经典模型

免疫系统的经典模型是指免疫系统对体内的正常（自体）与异常（抗原）的区分过程，识别抗原产生激活细胞摧毁抗原。免疫系统主要由淋巴细胞和扁桃体、腺样增殖体、胸腺、淋巴腺、脾、Peyer 片段、阑尾、淋巴管和骨髓构成，如图 8.8 所示。

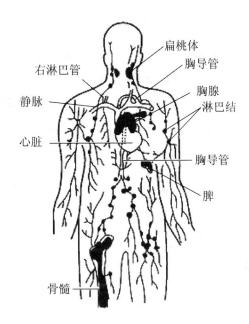

图 8.8 人体免疫系统

下面介绍几个免疫系统的重要概念。

(1) 抗原：指的是能够激发免疫相应的物质，如细菌、寄生虫、病毒等，抗原会被免疫系统识别为异己。

(2) 抗体：指的是在抗原的刺激下，由 B 淋巴细胞或记忆细胞增殖分化成的浆细胞产生，可与相应的抗原发生特异性结合的免疫球蛋白。主要分布在血清中，也分布于组织液及外分泌液中。当抗体与抗原接触时，抗体的可变区域(抗体决定簇)会和抗原相匹配，并与绑定抗原决定基形成抗原和抗体的复合体，如图 8.9 所示。

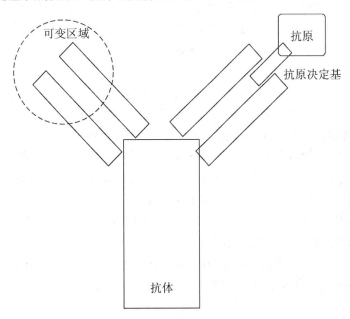

图 8.9 抗原和抗体的复合体

(3) 受体：是细胞膜上或细胞内能识别生物活性分子并与之结合的成分，它能把识别和接收的信号正确无误地放大并传递到细胞内部。

(4) 免疫响应：指的是自身对抗原的反应，免疫系统会将抗原从身体中清除。

(5) 白细胞：骨髓产生所有的细胞，有些变成了吞噬白细胞——吞噬细胞，包括单核细胞、巨噬细胞和嗜中性白细胞，除了巨噬细胞外其他细胞会发展为小的白细胞——淋巴细胞，如图 8.10 所示。

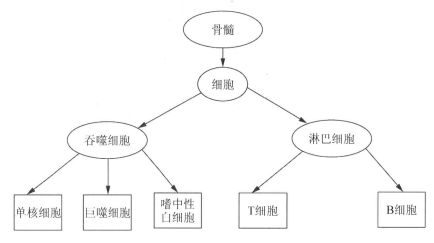

图 8.10　白细胞的类型

(6) 淋巴细胞：分为 T 细胞和 B 细胞。T 细胞在胸腺中成熟，而 B 细胞在骨髓中成熟。只有当没有绑定自体细胞时 T 细胞才会成熟，T 细胞的主要工作是区分自体细胞和异体细胞。

(7) B 细胞：是淋巴细胞的一种，在骨髓中产生，其表面的单体受体可以与其他分子反应产生大分子，B 细胞在骨髓中就已经成熟，离开骨髓后大多数的 B 细胞存在于脾和扁桃体中，当碰到抗原后会发展成为浆细胞。浆细胞会产生对付抗原的抗体，并且克隆增殖形成浆细胞和记忆细胞。记忆细胞用于快速反应常遇到的抗原，浆细胞是有抗体的 B 细胞。

(8) T 细胞：当 B 细胞受体和抗原匹配后，抗原就被分解成了多肽(由 20 个以上的氨基酸残基组成的肽)并分离到 B 细胞表面(巨噬细胞也可以分解抗原)。这时，T 细胞(辅助 T 细胞)会与之绑定，并释放淋巴因子，增强或抑制 B 细胞对分解细胞的反应，即"初次应答"。然后，B 细胞就会产生与该多肽同结构(模式)的抗体，演化成浆细胞。当 HTC 绑定的亲和度不是很高时，B 细胞就会被抑制响应，反之增多；当 B 细胞增多到一定程度时，免疫系统用记忆细胞对再次遭遇相同的抗原进行二次应答，这时是不需要 HTC 的，故二次应答要快得多。还有一种 T 细胞叫做自然杀伤 T 细胞(NKTC)，用来寻找被病毒感染的细胞的病毒蛋白，杀死感染细胞后会自杀消亡。

(9) 淋巴因子：淋巴细胞借助淋巴因子对邻近或远离的靶细胞产生作用，这与抗体的作用相平行，是实现免疫效应和免疫调节功能十分重要的途径。

(10) 免疫耐受：指的是在接触抗原物质时的无应答现象。

总之，生物免疫系统是通过自我识别、相互刺激与制约而构成了一个动态平衡的网络结构。

8.3.2　人工免疫系统经典模型

人工免疫系统（AIS）是人工智能领域的最新研究成果之一，是模仿自然免疫系统功能的一种智能方法。自然免疫系统的一个最大的特点是：利用成熟的 T 细胞判断自体和异体，Forrest 等人在 1994 年提出的基于经典自然免疫系统的 AIS 模型，就是在自体的模式上训练人工淋巴细胞（ALC）使之具有这种能力。

该模型提出一种称为"否定选择"的算法，在该算法中所有的模式都采用值或二进制串表示。算法模仿 T 细胞成熟过程中的"否定选择"：随即生成一些检测器，抑制测到自体的检测器，保留测到异己的检测器。否定选择算法流程如图 8.11 所示。

（1）定义自体是长度为 m 的字符串的集合，用 self 来表示"自体"。self 可以是某个信息的片段或者是一种动作的模式。

（2）随机地产生检测器集合 D，代表自然免疫的 T 细胞，称为人工淋巴细胞（ALC）。

（3）将 D 中的检测器与 self 比较，计算与每个自体模式的亲和度。采用 r-连续匹配规则，两个字符串当且仅当至少在 r 个连续位上一样时才发生匹配，如果匹配成功，则丢弃该 ALC，产生新的 ALC，如果匹配失败，则填入到自体耐受集合中。

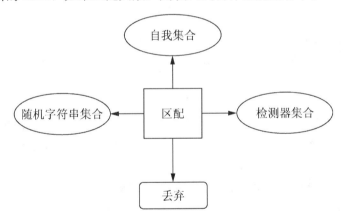

图 8.11　否定选择算法流程

然后，对自体耐受 ALC 集合（不和字体匹配的）对测试集合匹配，继续计算亲和度并将测试集合分成自体和异体两类。最后剩下那些对自体耐受的检测器（T 细胞）。

r-连续匹配规则指的是对于任意两个字符串，如果其中有至少 r 个连续的对应位上的符号相同，就称这两个字符串匹配。例如

a　01100110

b　11010110

其中，有 4 个连续位上的符号相同。当 r 阈值小于等于 4 时，则 a、b 匹配成功。

对于从 n 个符号中选取 m 个符号组成的任意两个字符串，它们有连续 r 个对应位取值相同的概率 $p = n^{-r}$。

使用否定选择算法产生的检测器覆盖异体空间越大说明检测能力就越强。理想情况

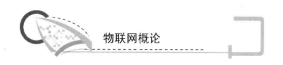
下，检测器的容量应该覆盖无穷的异体空间。但实际情况是有限的系统资源无法满足要求，覆盖整个非自体空间的检测器是不现实的，只能尽可能多地覆盖异体空间。

另外，Forrest 提出的否定选择算法中，使用 r 连续匹配规则产生的检测器会存在黑洞，使得覆盖异体的空间变小。

所谓的检测中的黑洞指的是一些无法被检测到的异体字符串，如图 8.12 所示。

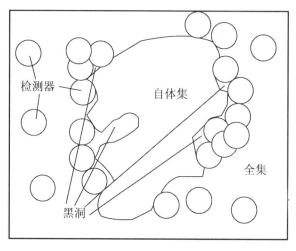

图 8.12　检测器黑洞示意图

针对上述缺点，Kim 与 Bentley 结合进化方法，提出通过用进化过程时检测器向检测异己的方向进化。这也是首次将进化计算的思想引入到免疫系统当中。

8.3.3　克隆选择模型

自然界的克隆指的是通过无性繁殖形成群体，常见于细胞的分裂，在免疫系统中，B 细胞的繁殖受制于 T 细胞，即增强或抑制 B 细胞的分解反应(初次应答)。在实际的优化问题中，做出是否将被比作抗原的问题及约束通过克隆来增殖的过程称为克隆选择。

克隆选择算法的过程可以描述为：首先将检测器集合初始化，然后计算异体抗原的适应度值，选择值高的检测器作为父代检测器，然后利用遗传算子进行克隆繁殖产生子代检测器，并让其与自体抗原进行否定选择耐受，挑选成熟的检测器加入到成熟检测器集合中。最后使得克隆繁殖出的检测器对未知模式的识别能力更强。其流程如图 8.13 所示。

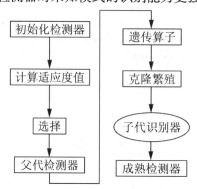

图 8.13　克隆选择算法流程

8.4　人工神经网络

生物的大脑是由无数神经元细胞通过非常精巧和复杂的结构组成的巨大的信息处理中心，其中以人的大脑最为复杂，人脑大约有上千亿数量级的神经元，通过几十万亿的突触连接组成，目前没有任何的人工产物可以和人脑相媲美，因此，弄清人脑的结构和活动机理，并以此模拟出类似的系统解决复杂问题是未来人工智能领域研究的重点内容。

现代神经网络的研究起始于 20 世纪 40 年代，McCulloch 和 Pitts 在 1943 年发表的论文中提出了一种结合神经生理学和数理逻辑的模型，该模型通过简单的二值规则定义的神经元组成，在理论上可以计算任何可计算的函数。到了 20 世纪 60 年代后期，关于人工神经网络的研究陷入了停滞状态，直到 20 世纪 80 年代才得以复苏，现在关于神经网络的研究已经进入了快速发展时期，越来越多的实用系统采用了神经网络技术。例如，对机器人的控制、模式识别、语音识别、求解 TSP 等。

在物联网方面，人工神经网络被应用与质量检测分析、RFID 读写器天线设计以及各种信息处理和传输。随着研究的深入，人工神经网络将会和物联网结合得更加紧密，成为物联网实现"人工智能"的一大利器。

8.4.1　大脑神经元

神经元的形态与功能多种多样，但结构上大致都可分成胞体和突起两部分。突起又分为短而呈树状分枝的树突和长而分枝少的轴突两种，如图 8.14 所示。

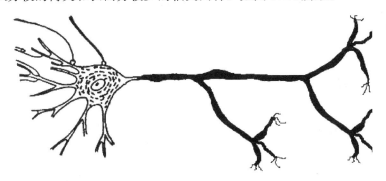

图 8.14　大脑神经元结构图

轴突内部包裹神经纤维，神经纤维末端的细小分枝称为神经末梢，通过突触与另外的神经元的树突对接，传导信息。树突是神经元的输入端，轴突是输出端，神经元之间的传递信息方式有两种：相互激发和相互抑制。

8.4.2　人工神经元模型

1. 神经元数学模型

典型的神经元模型是 MP(McCulloch 和 Pitts)模型，MP 模型是一个多输入单输出的元件，如图 8.15 所示。

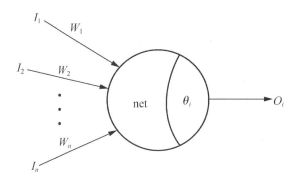

图 8.15　神经元数学模型

在 MP 模型中，输入信号被描述成如下形式。

$net=\sum I_iW_i(i=1,2,\cdots,n)$，即对所有输入信号加权求和。

还有些模型使用乘积的方法如下。

$net=\prod I_iW_i(i=1,2,\cdots,n)$，即对所有输入信号加权求乘积。

2. 激活函数

函数 $f(net\text{-}\theta)$ 将网络信号和 $\theta(\theta$ 表示阈值，也成为偏置)作为输入，其结果决定神经元的输出。

一般情况下，激活函数 $f(net\text{-}\theta)$ 是单调递增的函数，$f(-\infty)=0$ 或 -1，$f(\infty)=1$。有几种常见的激活函数。

(1) 线性函数：$f(net\text{-}\theta)=a(net\text{-}\theta)$，$a$ 是常数。

(2) 阶跃函数：

$$f(net\text{-}\theta)=\begin{cases}a, & net>\theta \\ b, & net<\theta\end{cases}$$

(3) Sigmoid 函数：

$$f(net\text{-}\theta)=1/1+e-a(net\text{-}\theta)$$

sigmoid 函数是斜坡函数的连续形式，其中 $f(net\text{-}\theta)\in(0,1)$，参数 a 是函数的陡峭程度，一般 $a=1$。

8.4.3　人工神经元的学习规则

就如同大脑一样，具备一定的学习能力对于人工神经网络而言是对其注入灵魂的重要步骤，有了学习能力，人工神经网络就具有了某种智能特征，因此学习是人工神经网络研究中的核心问题。

"学习"是这样一种过程：通过不断地调整权值和偏置来满足某几个特殊的准则。"学习"主要可以分为：监督学习、无监督学习和增强学习。

对于简单问题，可以很容易地确定权值和偏置，例如，利用 MP 模型做逻辑与运算，在给定输入与偏置情况下，可以通过 $W_I=\theta$ 来计算权值，I 的取值只有 0，1 两种，如图 8.16所示。

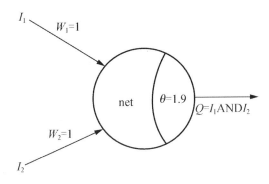

图 8.16 AND 感知器

激活函数 $f(\text{net}-\theta) = \begin{cases} 1, & \text{net} > \theta \\ 0, & \text{net} \leqslant \theta \end{cases}$

例如，有一组解可以是：$W_1 = 1$，$W_2 = 1$，$\theta = 1.9$，可以通过不断地试探法求得 W 和 θ。

对于那些不存在先验知识的问题，就必须通过"学习"来确定权值和偏置。目前主要的学习规则如下。

1. Hebb 学习规则

简单描述为如果两个神经元同时兴奋（即同时被激活）时，则它们之间的突触连接被加强。Hebb 学习规则权的调整量为可以表示为

$$\Delta W_{ij} = W_{ij}(n+1) - W_{ij}(n) = \eta O_i I_j$$

其中，$W_{ij}(n)$ 表示在第 n 次调节下，第 j 个节点与第 i 个节点连接的权值，η 为学习常数，一般取值 1。

2. σ 学习规则

这种方法是用已知的样本作为导师对网络进行训练，又称误差校正规则。σ 学习规则权的调整量可以表示为

$$\Delta W_{ij} = \eta(d_i - O_i) f'(W_I) I_j \qquad (j = 1, 2, \cdots, n)$$

其中，d_i 是所期望的相应。

3. Widrow-Hoff 学习规则

Widrow-Hoff 学习规则权的调整量可以表示为

$$\Delta W_{ij} = W_{ij}(n+1) - W_{ij}(n) = 2\eta(d_i - O_i) I_j$$

8.4.4 人工神经元的网络结构

大脑神经网络系统之所以具有思维认识等高级功能，是由于它是由无数个神经元相互连接而构成的一个极为庞大而复杂的神经网络系统。人工神经网络也是一样，单个神经元的功能是很有限的，只有用许多神经元按一定规则连接构成的神经网络才具有强大的功能。

人工神经网络连接主要有以下几种基本类型。

（1）前馈神经网络：由 3 层组成，分别是输入层、隐层和输出层，只要隐层有足够多的神经元，就可以逼近任意连续函数。前馈神经网络的结构如图 8.17 所示。

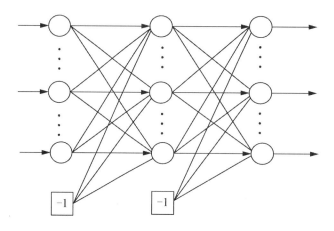

图 8.17　前馈神经网络

（2）简单反馈神经网络：具有反馈连接，为神经网络增加了学习数据集时域特征的能力，如图 8.18 所示。

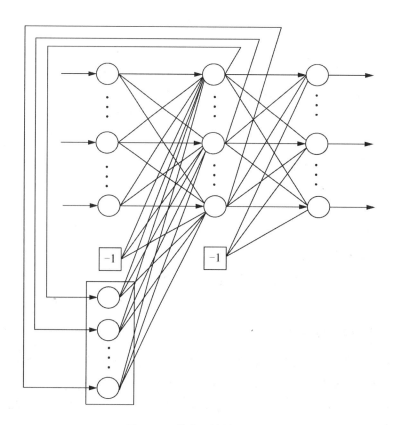

图 8.18　简单反馈神经网络

8.5 模 糊 系 统

现实世界中有很多问题没有精确的答案，如人们说"今天天气挺好"，"好"的标准是什么？是天上有几片云、温度适中、阳光不是很晒、风的强度刚刚好？再如人们经常说有一堆沙子，多少是一堆？一粒还是一万粒？界限在哪里？计算机不能很好地处理这些问题，是因为计算机运用的是精确的逻辑运算，如果不事先定义好数值和模型，计算机就无法计算出结果。但是人的思维却恰恰适合处理这种"模糊"的问题，对于这些模棱两可的事物，人可以凭"感觉"、"经验"判断思考得出结果，实际上"感觉"和"经验"就是大脑模糊运算的过程。

为了让机器也能够理解这种"模糊的"、非数值的信息，人们开发了模糊数学和模糊系统。模糊数学方法是处理模糊性现象的一种数学方法。模糊系统(Fuzzy System)是利用模糊的信息对复杂事物进行模糊度量、模糊识别、模糊推理、模糊学习、模糊控制及决策的系统，可以更好地模拟人的模糊思维过程。

对于物联网，模糊系统可以应用于自动控制、模式识别、决策分析以及时序信号处理等方面。尤其是在物联网的控制领域，模糊系统应用很广泛，如最近提出的基于模糊控制的智能风力发电机机舱的控制、结合模糊控制方法实现的智能交通的控制等。

8.5.1 模糊系统的数学基础

1. 集合与特征函数

(1) 论域：指的是处理问题时对有关内容的限制范围。

(2) 集合：在某一论域中，具有特定属性的事物的全体称为集合。

(3) 特征函数：设 A 是论域 X 上的一个集合，对任何 $x \in X$，令

$$C_A(x) = \begin{cases} 1 & x \in A \\ 0 & x \notin A \end{cases}$$

则称 $C_A(x)$ 为集合 A 的特征函数。其用于明确判断某一元素是否属于某个集合。

例1：设有一个论域：$X = \{a, b, c, d, e\}$，$A = \{a, b, c\}$，其特征函数如下

$$C_A(x) = \begin{cases} 1 & x = \{a, b, c\} \\ 0 & x = \{d, e\} \end{cases}$$

2. 模糊集与隶属函数

(1) 隶属函数：当把离散的 $\{0, 1\}$ 扩充到连续的 $[0, 1]$ 区间时，特征函数就变为模糊集的隶属函数，记为 $\mu_A(x)$。常用的隶属函数如 S 函数如下。

$$S_A(x; a, b) = \begin{cases} 0 & x \leqslant a \\ 2[(x-a)/(b-a)]^2 & a < x \leqslant (a+b)/2 \\ 1-2[(x-a)/(b-a)]^2 & (a+b)/2 < x \leqslant b \\ 0 & x > b \end{cases}$$

S 函数在计算隶属度时数值偏大，还可以采用偏小的 Z 函数和适中的 Π 函数。

$$Z_A(x;\ a,\ b) = 1 - S_A(x;\ a,\ b)$$

$$\prod_A(x;\ a,\ b) = \begin{cases} S_A(x;\ b-a,\ b) & x \leqslant b \\ Z_A(x;\ b,\ b+a) & x > b \end{cases}$$

（2）隶属度：特征函数 $\mu_A(x)$ 在 $x = x_0$ 处的值 $\mu_A(x_0)$ 称为 x_0 对 A 的隶属度。

（3）模糊集：设 $\bar{A} = \{\mu_A(x) \mid x \in X\}$ 则称 $\bar{A}$ 为论域 A 上的一个模糊集，即 x 到底属不属于集合 A 是不确定的，要看其隶属度。

例 2：设有一个论域 $X = [0,\ 10]$，模糊集 $\bar{A}_1$ 代表少儿，模糊集 $\bar{A}_2$ 代表婴儿，其隶属函数为

$$\bar{A}_1(x;\ 0,\ 10) = \begin{cases} 0 & x < 0 \\ 1 - 2(x/10)^2 & 0 \leqslant x \leqslant 5 \\ 2(x/10)^2 & 5 < x \leqslant 10 \\ 0 & x > 10 \end{cases}$$

$$\bar{A}_2(x;\ 0,\ 10) = \begin{cases} 0 & x < 0 \\ 1 - 2(x/10)^2 & 0 \leqslant x \leqslant 5 \\ 2(x/10)^2 & 5 < x \leqslant 10 \\ 0 & x > 10 \end{cases}$$

则 $\bar{A}_1(6) = 0.72$，$\bar{A}_2(6) = 0.28$。

3. 模糊集表示法

（1）扎德表示法：设论域 X 是离散的且为有限集：$X = \{x_1,\ x_2,\ \cdots,\ x_n\}$。

模糊集为：$\bar{A} = \{\mu_A(x_1),\ \mu_A(x_2)),\ \cdots,\ \mu_A(x_n)\}$；

则可将 A 表示为：

$$\bar{A} = \sum \mu_A(x_i)/x_i$$

例 3：设有一个论域 $A = \{a,\ b,\ c,\ d,\ e\}$ 代表 5 个飞行员，a、b、c、d、e 这 5 人的隶属度分别为 0.6、0.15、0.24、0.28、0.94，代表他们驾驶飞机的时间和他们需要服役时间的比值，则模糊集"老飞行员"可以用扎德表示法表示为

$$\bar{A} = 0.6/a + 0.15/b + 0.24/c + 0.28/d + 0.94/e$$

（2）向量表示法：基本形式是 $\bar{A} = \mu_A(x_1),\ \mu_A(x_2),\ \cdots,\ \mu_A(x_n)$。

（3）隶属函数表示法：用隶属函数建模。

8.5.2 模糊系统的结构

模糊系统的基本架构如图 8.19 所示，其中主要的功能模块包括：模糊化机构、模糊规则集合、模糊推理，以及去模糊化。

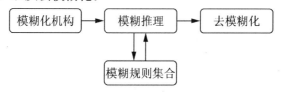

图 8.19 Agent 的基本结构

（1）模糊化机构：作用是把输入的明确的外部信息转换成合适的模糊信息，实际上就是利用上节介绍的隶属函数的方法将某一信息变成模糊集。

（2）模糊规则：指的是凭经验和某些领域的知识制定的规则，并可在应用系统的调试和运行过程中，逐步修正和完善。有两种取得模糊规则的方式：第一种方式是由领域专家提供所需的模糊规则；第二种方式是先收集一些测量数据样本再经由学习算法则从中抽取出模糊规则，常见的模糊规则有：①语言式模糊规则；②函数式模糊规则。

（3）模糊推理：模糊推理引擎借助模糊规则来进行推理和计算，以此来决定下一步要采取的行动。

（4）去模糊化：将经过模糊推理之后产生的结论，转换为一下明确数值的过程，称为去模糊化。由于不同的模糊规则所采用的后件会有所不同，因此，经过模糊推理后所得到的结论，有的是以模糊集合来表示（如语言式模糊规则），而有的则是以明确数值来表示。

例4：在模糊规则库中，有以下4个模糊规则。

If x is bad   Then y is good

If x is not so good   Then y is not so bad

If x is not so bad   Then y is not so good

If x is good   Then y is bad

图8.20为整体的输入与输出的函数关系，图8.21为输入变量 x 输出变量 y 的模糊集合。

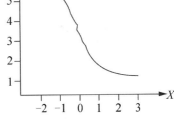

图 8.20　整体的输入与输出的函数关系

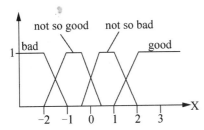
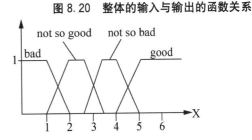

图 8-21　输入变量 x 与输出变量 y 的4个模糊集合

8.6　分布式人工智能

随着网络技术的高速发展，传统的集中式运算模式已不能完全适应科技发展的需要。前面介绍了神经网络，人脑相对计算机的一大优势就是并行计算，这点抵消了人脑神经元传导信息相对较慢的缺陷，使得人脑可以在短时间内处理极其复杂的信息。物联网的发展离不开网络，随着越来越多的节点加入，所构成的庞大复杂的系统即使是采用先进的智能处理技术也会力不从心，所以分布式人工智能是智能处理技术的一个新的发展方向。

分布式人工智能（Distributed Artificial Intelligence），简称为 DAI，是 AI 与分布式计算的融合。分布式人工智能的研究大概可以分为两个基本方向：分布式问题求解（Distributed Problem Solving，DPS）和多智能体系统（Multi Agent System，MAS）。

DPS 是将某一庞大的问题分解成若干个子任务，然后制定一个分配和协同策略，确定如何进行子任务的分配。

MAS 又称为多 Agent 系统，Intelligent Agent——智能代理可以看成是一个通过传感器感知环境，通过效应器反作用于环境的自动执行实体，具体可以是智能软件、智能设备、智能机器人或智能计算机系统等；多 Agent 系统主要研究在逻辑或物理上独立的多个代理间协调行为。

目前，分布式人工智能已在物联网中得到了应用，例如，利用多 Agent 系统实现物理网的信息融合等。

8.6.1　Agent 技术概述

Agent 直译为"代理"，很多文献也称为"智能代理"。Agent 是指具有智能的任何实体，如智能软件、智能机器人等，甚至包括人类。

Agent 的本质可以被看成是能通过传感器感知环境信息，并自主对信息处理做出决策和行动并通过执行器反作用于环境的一种智能事物。例如，人类也是 Agent，人的传感器是皮肤、舌头和眼睛等器官，人的执行器为手、脚等身体部件。

1. Agent 的特点

（1）自主性：能够在没有外界的干预下，主动自发地控制自身行为和内部状态，并且有自己的目标和意图。

（2）反应性：能够感知环境，并通过行为改变环境。

（3）适应性：能根据目标、环境等的要求和制约做出行动计划，并根据环境的变化，修改自己的目标和计划。

（4）社会性：一个 Agent 一般不能在环境中单独存在，而要与其他 Agent 在同一环境中协同工作。而协作就要协商，要协商就要进行信息交流，信息交流的方式是相互通信。

2. Agent 的类型

从 Agent 理论模型角度来看，Agent 可分为反应型、思考型（或认知型）和两者复合型。从特性来看，Agent 可分为以下几种类型。

（1）反应型 Agent：这种 Agent 能够对环境主动进行监视，并能做出必要的反应。反应型 Agent 最典型的应用是机器人。

（2）BDI 型 Agent：BID 是信念（Belief）、愿望（Desire）和意图（Intention）的缩写，它也被称为理性 Agent。这是目前关于 Agent 的研究中最典型的智能型 Agent，或自治 Agent。BDI 型 Agent 的典型应用是在 Internet 上为主人收集信息的软件 Agent。比较高级的智能机器人也是 BDI 型 Agent。

（3）社会型 Agent：由多个 Agent 构成的一个 Agent 社会中的个体 Agent。各 Agent 有时有共同的利益（共同完成一项任务），有时利益互相矛盾（争夺一项任务）。因此，这类 Agent 的功能包括协作和竞争。办公自动化 Agent 是协作的典型例子，多个运输（或电信）公司 Agent 争夺任务承包权是竞争的典型例子。

（4）演化 Agent：具有学习和提高自己能力的 Agent。单个 Agent 可以在同环境的交互中总结经验教训，提高自己的能力。但更多的学习是在多 Agent 系统，即社会 Agent 之间进行的。模拟生物社会(如蜜蜂和蚂蚁)的多 Agent 系统是演化 Agent 的典型例子。

(5) 人格化 Agent：有思想、有情感的 Agent。这类 Agent 研究得比较少，但是有发展前景。在故事理解研究中的故事人物 Agent 是典型的人格化 Agent。

3. Agent 系统的结构

Agent 系统是一个对环境具有自主、开放的智能系统，其结构直接影响到该系统的性能与智能水平。如同一个在未知环境中自主移动的机器人，它需要面对各种复杂情况，做出实时感知和决策。为了实现诸如避开障碍行走、跟踪、越野、导航等具体功能，需要对运动场所的地形、地貌、道路通达状况以及气象等环境影响因素进行深入了解与分析，在保证机器人处于最佳工作状态的同时，要求控制执行机构能完成必要的行为操作。这就要求 Agent 系统必须有一个基本适宜的体系结构配置，使得组成该系统的各个 Agent 能够有一个合理的任务分担、高效率的信息共享和任务协同，保证各 Agent 在自主地完成局部问题求解的同时，具有高度的自治和系统之间协同求解能力，从而通过各 Agent 间的共同协作完成全局任务。

智能 Agent 描述依据其体系结构和特性，通常包括以下功能模块。

(1) 用户界面，用以接受用户信息输入或输出信息给用户。

(2) 通信接口，用来与其他软件 Agent 或应用进行通信。

(3) 感知模块，对输入进行过滤与分类。

(4) 推理模块，根据 Agent 自身知识对信息进行推理。

(5) 决策模块，对推理结果进行评价和决策。

(6) 计划模块，根据决策制订行动计划。

(7) 执行模块，按照计划来执行动作。

(8) 知识库，对推理、决策、计划等提供支持。

也有学者把智能 Agent 的基本结构概括为六大模块组成：Agent 内核(Kernel)、基本能力模块(Basic Capabilities)、感知器(Sensor)、通信器(Communicator)、功能构件接口(Function Modules)以及知识库(Knowledge Base)。

Agent 系统的基本结构如图 8.22 所示。

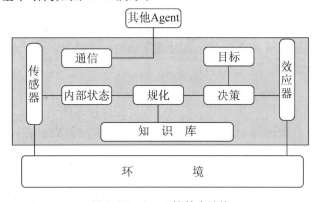

图 8.22　Agent 的基本结构

8.6.2 多 Agent 系统

从 Agent 的特性可以看出，Agent 的一个显著特点就是它的社会性。所以，Agent 的应用主要是以多个 Agent 协作的形式出现。因而多 Agent 系统(MAS)就成为 Agent 技术的一个重点研究课题。另一方面，MAS 又与分布式系统密切相关，所以 MAS 也是分布式人工智能(DAI)的基本内容之一。

1. 多 Agent 系统的特征

多 Agent 系统是一个松散耦合的 Agent 网络，这些 Agent 通过交互、协作进行问题求解(所解问题一般是单个 Agent 能力或知识所不及的)。其中的每一个 Agent 都是自主的，它们可以由不同的设计方法和语言开发而成，因而可能是完全异质的。

多 Agent 系统具有如下特征。

(1) 每个 Agent 拥有解决问题的不完全的信息或能力。

(2) 没有系统全局控制。

(3) 数据是分散的。

(4) 计算是异步的。

2. 多 Agent 系统的研究内容

多 Agent 系统的理论研究是以单 Agent 理论研究为基础的，所以，除单 Agent 理论研究所涉及的内容外，多 Agent 系统的理论研究还包括一些和多 Agent 系统有关的基本规范，主要有以下几点。

(1) 多 Agent 系统的定义。

(2) 多 Agent 系统中 Agent 心智状态包括与交互有关的心智状态的选择与描述。

(3) 多 Agent 系统的特性以及这些特性之间的关系。

(4) 在形式上应如何描述这些特性及其关系。

(5) 如何描述多 Agent 系统中 Agent 之间的交互和推理。

3. 多 Agent 系统的体系结构

多 Agent 系统的体系结构可以是以下几种。

1) Agent 网络

Agent 之间都是直接通信的。对这种结构的 Agent 系统，通信和状态知识都是固定的，每个 Agent 必须知道消息应该在什么时候发送到什么地方，系统中有哪些 Agent 是可以合作的，都具备什么样的能力等。

2) Agent 联盟

结构不同于 Agent 网络，其工作方式是：若干相距较近的 Agent 通过一个称为协助者的 Agent 来进行交互，而远程 Agent 之间的交互和消息发送是由各局部 Agent 群体的协助者 Agent 协作完成的。

3) 黑板结构

和联盟系统有相似之处，不同的地方在于黑板结构中的局部 Agent 把信息存放在可存取的黑板上，实现局部数据共享。

本 章 小 结

本章首先介绍了物联网与智能处理技术的关系，然后介绍了人工智能的概念以及流行的智能处理技术。本章分别介绍了这些智能处理技术的基本原理，包括遗传算法、粒子群算法、人工蚁群、人工鱼群、免疫系统、神经网络以及 Agent 技术。

习 题 8

一、填空题

8.1 遗传算法的基本操作有（　　　　　）、（　　　　　）、（　　　　　）。

8.2 粒子群算法计算中的 W 代表（　　　　　）。

8.3 蚁群算法的 t 次循环在 ij 连线上残留的信息量记为（　　　　　）。

8.4 人工免疫系统中通过判断任意两个字符串 r 个连续的对应位上的符号匹配的方法称为（　　　　　）。

8.5 十进制 17 和 18 的二进制编码是（　　　　　）、（　　　　　），汉明距离是（　　　　　）；用格雷码编码是（　　　　　）、（　　　　　），汉明距离是（　　　　　）。

8.6 模糊系统的主要功能模块包括（　　　　　）、（　　　　　）、（　　　　　）和（　　　　　）。

8.7 神经元细胞的突起分为（　　　　　）和（　　　　　）。

8.8 从 Agent 理论模型角度看 Agent 分为（　　　　　）、（　　　　　）和（　　　　　）。

二、选择题

8.9 下面关于遗传算法的适应度函数说法不正确的是（　　　）。

A. 遗传算法是依据适应度函数来选择个体的

B. 适应度函数指的是可以计算个体适应值的函数

C. 目标函数不能作为适应度函数

D. 遗传算法依据适应度函数来达到优胜劣汰的目的

8.10 下面关于人工免疫系统说法正确的是（　　　）。

A. 与异体匹配成功的人工 T 细胞会加入耐受集合

B. 与异体匹配失败的人工 T 细胞会加入耐受集合

C. 与自体匹配成功的人工 T 细胞会加入耐受集合

D. 与自体匹配失败的人工 T 细胞会加入耐受集合

8.11 下面哪个不是前馈神经网络的层次？（　　　）

A. 输入层　　　　　B. 输出层　　　　　C. 反馈层　　　　　D. 隐层

8.12 模糊系统的隶属度指的是（　　　）。

A. 特征函数 $\mu_A(x)$ 在某处的值

B. 特征函数 $\mu_A(x)$ 的均值

C. 特征函数 $\mu_A(x)$ 在某两处的差值

D. 特征函数 $\mu_A(x)$ 在某两处的和值

8.13　下面关于多 Agent 系统特征描述不正确的是(　　)。

A. 每个 Agent 拥有解决问题的不完全的信息或能力

B. 没有系统全局控制

C. 数据是分散的

D. 计算是同步的

三、简答题

8.14　简述当前比较流行的智能计算方法。

8.15　试比较遗传算法中轮盘赌选择与锦标赛选择操作。

8.16　简述粒子群算法的过程并写出计算公式。

8.17　什么是检测器黑洞？

8.18　画出 Agent 系统的基本结构。

四、综合题

8.19　请尝试用程序实现遗传算法中的轮盘赌选择操作。

8.20　请用本章介绍的智能计算方法实现一个实际应用的问题。

8.21　设有一个论域：X＝[1，100]，代表 100 个学生的学号，A＝{ 1，2，6，7，9} 代表 5 个学生，1、2、6、7、9 这 5 人的隶属度分别为 0.89、0.23、0.76、0.45、0.96，代表他们的学习成绩和满分成绩的比值，用"扎德"表示法表示模糊集"好学生"。

第 *9* 章
物联网的安全与管理技术

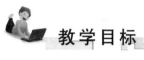 **教学目标**

- 了解物联网的安全现状与面临的安全威胁
- 了解物联网的安全架构
- 了解传统的安全技术与物联网的关系
- 掌握物联网安全加密机制
- 掌握物联网的认证与入侵检测机制
- 理解物理网的取证技术
- 掌握物联网的身份识别技术

 教学要求

知 识 要 点	能 力 要 求
物联网的安全现状与面临的安全威胁	(1) 了解物联网的安全现状 (2) 掌握物联网面临的安全威胁
物联网的安全架构	了解物联网的安全架构
物联网安全加密机制	(1) 掌握对称加密算法 (2) 掌握公钥加密体制
物联网的认证与入侵检测机制	(1) 掌握常见的认证机制及访问控制模型 (2) 掌握入侵检测机制
物理网的取证技术	(1) 了解物联网取证工作的意义 (2) 理解物理网的取证技术
物联网的身份识别技术	掌握物联网的身份识别技术

引例

物联网的安全问题

由于国家和地方政府的推动，当前物联网正在加速发展，物联网的安全需求日益迫切。理顺物联网的体系结构、明确物联网中的特殊安全需求，考虑怎么样用现有机制和技术手段来解决物联网面临的安全问题，是当务之急。由于物联网必须兼容和继承现有的 TCP/IP 网络、无线移动网络等，因此现有网络安全体系中的大部分机制仍然可以适用于物联网，并能够提供一定的安全性，如认证机制、加密机制等。但是还需要根据物联网的特征对安全机制进行调整和补充。

 **本章导读**

物联网的安全问题和传统网络有同有异，由于物联网的核心和基础依然还是互联网，物联网是互联网的延伸，在很多标准和技术上都要和目前的互联网兼容，所以在传统网络中的大部分安全机制依然可以用于物联网，例如，加密解密的方法、鉴别认证的机制、安全防护的手段等，在物联网的感知层、感知层与主干网络接口以下的部分采用的安全防护技术主要还是依赖于传统的信息安全知识。但由于物联网的特殊性，这些安全机制也需要进行调整以适应物联网在传输方式和组织结构上的特点，这些特点主要表现为：RFID 的安全问题、物联网数量庞大的节点组成的集群结构、物联网设备的本地安全等。无论如何，物联网面临着更为复杂的安全问题，随着物联网的逐步成熟，信息安全也在告别传统的阶段，进入一个复杂多变、综合交互的新时代。

所以，探讨物联网的安全问题及解决措施是未来信息安全的重要课题。下面就安全技术在物联网中涉及的几个主要方面进行讲解。

9.1 物联网面临的安全威胁

业界将物联网分成 3 层：感知层、网络层和应用层。感知层解决信息获取和采集的问题，包括各种智能卡、RFID 标签、传感器等；网络层负责传递感知层的数据，可以依赖现有的传统网络，如互联网、广播电视网、移动无线网甚至卫星网；应用层负责处理信息，实现应用功能，实现人机交互。

这 3 层的每一层都面临着安全威胁，感知层的主要安全问题是感知节点的本地安全和传感网络的安全；网络层与所有传统网络面临着同样的网络安全问题；应用层面临的威胁主要是设备的本地安全问题、非授权访问、拒绝服务攻击等。

9.1.1 物联网感知节点的本地安全威胁

物联网应用的一个主要目的就是代替人类来完成复杂危险的工作，因此物联网的感知节点一般都部署在无人监控的环境中。传统网络的设备和终端都是被个人所有的，核心设备则是安放在安全级别很高的中心机房。和传统网络不同，物联网的某些节点可以很轻易地被外人接触到，如城市安全监控系统的摄像头、红外传感器等，被人破坏或更换软硬件的威胁很大。

另外，这些感知节点一般情况下只具有单一的功能和有限的能量，所以想要其提供和互联网设备一样的安全保护能力是很困难的，而且感知层的节点种类繁多，所采集数据消息各式各样，所以目前还无法提供统一的安全保护体系。

9.1.2 感知网络的信息安全威胁

感知网络的种类很多，从环境测量到食品监控，从交通导航到智能控制，它们传递的数据和信息也是多种多样的，没有统一的标准，大多数的安全方案正处于理论研究阶段，距离实际应用和形成普遍接受的标准还相差甚远。

目前感知网络面临的主要威胁如下。

1. 安全隐私

当物联网系统采用射频识别技术时，RFID 标签被嵌入到人们的日常生活用品中，从而有可能导致用品的所有者被动地接受扫描、定位和追踪。在物联网中，物品的位置信息也是确定的。RFID 应用得越广泛，对安全隐私的影响也就越大。

物联网的未来发展方向是任何物品都可以随时随地接入网络并被感知，如何保证拥有者的个人信息安全和隐私，防止个人信息和财产丢失或被盗取，将成为物联网的一大主要技术难题。最为可怕的是，即使突破了这一难题，但是物联网的管理人员依然可以跟踪你的信息，包括乘坐的汽车、购买的商品等，人们的隐私终究还是会被某个人掌握。

以上这些问题，不但涉及技术上的改进，还要求政府和管理部门制定更加完善的法律和规则去约束物联网的使用者和管理者，这样才能保障个人隐私。许多大型的公司已经提出了一些自己的解决方案，但大多数尚处于试用阶段。

2. 冒充欺骗

和互联网一样，基于智能传感终端和 RFID 电子标签的物联网也面临着冒充者的威胁。尤其是物联网的无线传播方式在一定范围内"暴露"在空中的，"截获和欺骗"将会变得非常频繁容易。这会带来相当大的隐患，例如，顾客可以通过扫描食品的电子标签来获知它的产地、加工和转运的各个环节，但如果不能制定合适的认证机制，对信息进行鉴别，防止冒充欺骗者改变信息属性和内容，就会带来新的食品安全问题，这也是物联网需要考虑的一个问题。

3. 恶意代码

相比传统的 TCP/IP 网络，物联网的无线传播方式和传感网络环境使得病毒和恶意程序入侵和传播都更加容易。首先，传感网络的连接方式和入口多、环境开放，病毒可以以各种方式侵入；其次，传感网络的传播迅速，便于病毒大范围传播。

4. 耗尽攻击

物联网的节点携带能量有限，攻击者可能不断发送请求，或者利用通信漏洞（如重传机制），让节点不断响应，最后耗尽能量。可以将这种耗尽攻击理解为另一种形式的拒绝服务攻击。

9.1.3 核心网络的信息安全威胁

相比感知网，核心网络具有相对完整和成熟的安全防护能力，但由于物联网中节点数

量过于庞大，结构松散凌乱，如果大量节点发送的数据超出核心网络的承载能力使网络阻塞，就会产生拒绝服务。

攻击的效果，导致网络大面积瘫痪，这就需要建立相应的认证授权机制和入侵检测规则，但是如何准确识别攻击者依然是个难题，目前已有很多解决的方案，例如，基于神经网络、专家系统、移动代理的 IDS。

另外，核心网络也面临着许多其他的安全威胁，例如，IP 数据的安全、传输层的安全、信息伪造与欺骗、中间人攻击、DDos 攻击以及跨异构网攻击等。其中，保证 IP 数据安全已有成熟的机制，如 IPsec 协议可将 IP 分组封装加密并提供鉴别功能；传输层的安全可以依靠防火墙的访问规则，拒绝接收不可信的数据。

另外，异构网络的信息传递带来的安全威胁将是重点问题，尤其是在认证方面。不同网络采用不同的认证方式，如何统一还有待探讨。

9.1.4　物联网管理的安全威胁

由于物联网设备可能是先部署后才连接到网络的，而且物联网的节点又是无人看守的，所以如何对其进行远程管理和业务信息的配置成了问题。传统互联网虽然没有统一的管理平台，但是其结构是按照业务和所有者划分的，在局部已经可以统一管理和配置，如著名的 SNMP 协议，可以控制并监控终端与核心设备，通过反馈的信息与报警机制，不断调整网络，使其维持在稳定状态。同样，庞大且多样化的物联网也需要一个强大统一的安全管理平台。因为，没有好的管理就没有好的安全，尤其是在复杂庞大的环境。

9.2　物联网的安全架构

前面了解了物联网所面临的安全威胁，接下来该来思考如何能够解决这些安全问题，虽然物联网和传统网络兼容，但也不代表可以照搬传统的安全技术，因为现有的安全机制并不完全适合物联网，必须加以调整和补充，这就需要重新针对物联网的安全进行规划，制定属于物联网自身的安全架构，用以适应其快速的发展，维护物联网的安全稳定。下面就简单介绍物联网不同层面的安全架构。

9.2.1　感知层的安全架构

在物联网的感知层，感知节点之间的内部通信依靠传感网络，由于传感网的多样性，很难制定统一的安全协议和服务，但是基本的信息加密、信息鉴别、新鲜性和可用性还是可以实现的。

信息加密：可以选择对称密钥，如常用的 DES、AES；也可以搭配非对称密钥来预共享对称密钥，如 RSA 等。一般的传感网都只采用对称密钥，因为大多数公钥体制需要消耗很多的资源。但是如果采用对称加密算法，就涉及密钥的分配和管理，也会增加系统的负担。总之，在构建传感网的加密方案时，必须充分考虑节点的计算资源、电源的能量、通信资源和存储资源非常有限的特点，生成密钥协议和加密过程都要设计得比较简单。

信息鉴别：可以采用对称密钥进行身份的鉴别，例如，在 Kerberos 系统中就是利用对称密钥加密身份信息的；也可以采用数字签名机制，如 DSS 算法，用私钥对信息的摘要签名，既完成了鉴别，又保证了消息的完整性。

新鲜性：可以为消息加入时间戳保证信息的实时有效，来防重放攻击。

可用性：可以利用授权机制防止黑客的入侵，还可以利用类似于 IPsec 中的"抗阻塞标志"（将源目 IP、源目端口、本地生成的随机数、日期和时间进行散列操作），来让 Dos 攻击变得更加困难。

9.2.2　网络层的安全架构

网络层的安全机制主要分为两种：端到端加密和节点到节点加密。端到端的加密主要建立认证机制、密钥协商机制和密钥管理机制；节点到节点加密主要建立节点之间的认证机制、密钥协商机制。另外，如前所述，还需要建立起跨异构网络的认证机制，和针对不同通信类型的安全模型。

总的来说，网络层的安全架构主要包括如下几个方面。

（1）认证、加密和完整性验证。

（2）跨域认证和跨网认证。

（3）密钥管理和加密协议。

（4）针对组播和广播的安全机制。

9.2.3　应用层的安全架构

在应用层考虑最多的就是隐私保护的问题，需要建立如下的安全机制。

（1）数据库的访问控制机制。

（2）不同应用下的隐私保护机制。

（3）叛逆追踪和信息泄露追踪机制。

（4）安全的计算机销毁技术。

（5）安全的电子产品和软件的知识产权保护技术。

9.3　物联网与传统的安全技术

9.3.1　加密机制

加密机制是保障信息安全的基础。在传统的网络中加密的种类通常有两种：对称加密和公钥加密。一般的加密原则是：原始信息被随机生成的对称密钥加密，再用接收者的公钥加密对称密钥。

物联网实现加密机制有很大的困难，因为感知层节点上要运行一个加密、解密软件是需要消耗很多资源和能量的。因此，在物联网中实现加密机制原则上存在可能，只是技术实施上还需要进一步的改进，下面简要介绍一些常见的加密算法。

1. 对称加密

对称加密的特点是信息传递双方事先共用一把密钥加密解密。

使用最广泛的对称加密算法是美国国家标准局在 1977 年采纳的 DES，即数据加密标准。DES 的密钥长度为 64 位(实际为 56 位)，采用 Feistel 密码结构。虽然 DES 经常用于金融领域，但是随着技术的发展，DES 的弱点也逐渐显现出来，如密钥太短，不能抗穷举攻击；DES 的 S 盒是保密的，不向用户公开等。但无论如何，DES 仍然是最常用、最典型的对称加密算法，下面就来看一下用 DES 进行加密解密的详细过程。

DES 首先要求将输入的明文分成若干 64 位长度的分组，每个明文分组的运算如图 9.1 所示。

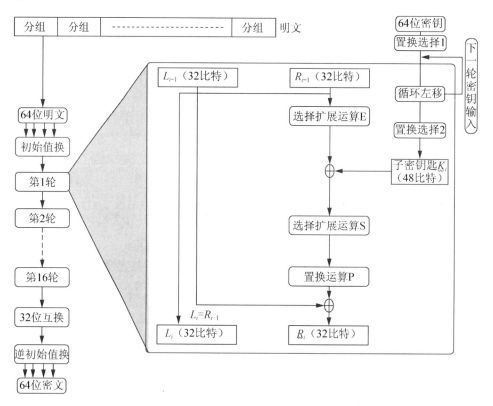

图 9.1 DES 加密流程

先进行初始值换，将明文中比特的顺序打乱，然后进行 16 轮的运算，最后将输出左右 32 位对调并进行逆初始置换，得到一个分组的密文。

58	50	42	34	26	18	10	2
60	52	44	36	28	20	12	4
62	54	46	38	30	22	14	6
64	56	48	40	32	24	16	8
57	49	41	33	25	17	9	1
59	51	43	35	27	19	11	3
61	53	45	37	29	21	13	5
63	55	47	39	31	23	15	7

图 9.2 初始置换顺序

初始值换的过程是将 64 位明文按 1、2、3、4、…的顺序排列，然后按图 9.2 打乱顺序。

逆初始置换是将改变后的顺序变回原来的顺序，注意，因为明文已经经过多次变换，所以不会又变回原来的模样。

在 16 轮运算的每一轮运算中，将 64 位输入分成 32 位的左右两部分，旧的右半部分直接作为新的左半部分，然后旧的右半部分做一系列运算后和旧的左半部分做异或，输出作为新的右半部分；旧的右半部分做的一系列运算分别是 E 盒扩展运算、与子密钥异或运算、S 盒压缩运算、P 盒雪崩，下面分别详细解释每一种运算的过程。

1) E 盒扩展运算

将 32 位输入扩展成 48 位输出，也就是在原有 32 位基础上，多加了两列，这两列是原文本的一部分内容，如图 9.3 所示。

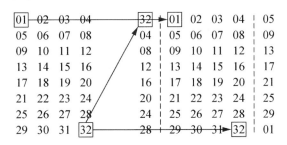

图 9.3　E 盒扩展运算

2) 子密钥异或运算

首先将 64 位随机密钥做置换选择 1(PC 1)，如图 9.4 所示。

PC-1						
57	49	41	33	25	17	9
1	58	50	42	34	26	18
10	2	59	51	43	35	27
19	11	3	60	52	44	36
63	55	47	39	31	23	15
7	62	54	46	38	30	22
14	6	61	53	45	37	29
21	13	5	28	20	12	4

图 9.4　置换选择 PC 1

可以看出，PC1 将密钥的顺序打乱的同时将 8 的倍数位去掉，这样就变成了 56 位密钥。

然后将 56 位密钥分成左右各 28 位两部分，分别按表 9-1 的规则做循环左移。

表 9-1　循环左移规则

轮次	循环左移位数	轮次	循环左移位数
1	1	9	1
2	1	10	2
3	2	11	2
4	2	12	2
5	2	13	2
6	2	14	2
7	2	15	2
8	2	16	1

每一轮次循环左移后的左右两部分，再合到一起做置换选择2(PC 2)，如图9.5所示。

PC-2					
14	17	11	24	1	5
3	28	15	6	21	10
23	19	12	4	26	8
16	7	27	20	13	2
41	52	31	37	47	55
30	40	51	45	33	48
44	49	39	56	34	53
46	42	50	36	29	32

图 9.5　置换选择 PC 2

这样就得到了一个 48 位的子密钥。

下一次的子密钥重复上述过程，只不过上次左移后的两部分作为下次左移的输入。

3）S 盒压缩运算

S 盒子会将 8 位的输入压缩成 6 位的输出，一共有 8 个 S 盒，每一轮子密钥都要和相应轮次的 E 盒输出做异或运算得到 48 位的结果，并作为 S 盒的输入，所以经过 8 个 S 盒后变成了 32 位，如图9.6所示。

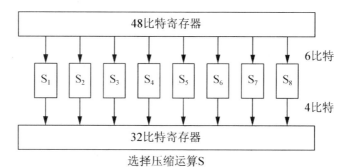

图 9.6　S 盒压缩运算

DES 中其他的运算都是线性的，而 S 盒的运算却是非线性的，这使得 S 盒不易于被分析，S 盒的结构目前仍然是对公众保密的，因此提供了更好的安全性。

下面是一个 S 盒的例子，如图9.7所示。

行/列	0	1	2	3	4	5	6	7	8	9	10	11	12	13	14	15
0	12	1	10	15	9	2	6	8	0	13	3	4	14	7	5	11
1	10	15	4	2	7	12	9	5	6	1	13	14	0	11	3	8
2	9	14	15	5	2	8	12	3	7	0	4	10	1	13	11	6
3	4	3	2	12	9	5	15	10	11	14	1	7	6	0	8	13

图 9.7　一个 S 盒的例子

如果输入是 110011，取最高和最低位的组合 11 作为行号（即 3 行），取中间位组合 1001 作为列号（即 9 列），查表得到 14，换成为二进制 1100，这样 110011 就压缩为 1100 了，这样的压缩是可逆的、无损的，只要相反操作就可以得到原来的数据。

4）P 盒雪崩运算

P 盒实际也是一个置换运算，是为了达到输入一点的改变都会引起输出很大变化的效果，即雪崩效应。将输入按照 1，2，3，…，32 排序，按表 9-2 所示规则重新排序。

表 9-2 P 盒雪崩

16	7	20	21
29	12	28	17
1	15	23	26
5	18	31	10
2	8	24	14
32	27	3	9
19	13	30	6
22	11	4	25

以上就是 DES 加密的全部过程，为了让 DES 算法更加健壮，有时候会随机生成两把钥匙：K1 和 K2，然后用 K1 把明文 DES 加密，再用 K2 把密文解密，最后用 K1 再加密，这个过程也称为 3DES。

2. 公钥加密

公钥加密体制的特点是：有一对密钥（pk，sk），其中 pk（Public Key）是公开的，即公开密钥，简称公钥。另一个密钥 sk（Private Key）是保密的，这个保密密钥称为私人密钥，简称私钥。进行加密和解密时，使用不同的加密密钥和解密密钥。而且不能从加密密钥或解密密钥相互推导出来，或者很难推导出来。

1）RSA 算法

RSA 首先选择两个不同素数 a、b，取 $r=a\times b$ 作为公开模数，取欧拉函数 $\phi=(a-1)\times(b-1)$；然后选择一个与 ϕ 互质的数 K，即保证 $\gcd(\phi,K)=1$，可以将 K 作为 pk 或 sk；由于 $pk\times sk\equiv1\bmod\phi$，所以通过 pk 或 sk 就可以求得 sk 或 pk。

用 RSA 加密时，将明文分组，要求每组长度小于 r 值，然后计算每组明文的 pk 或 sk 次幂，再求模 r 的余数就是密文，即

$$C_i=P_i^{pk}\bmod r \quad C=C_1C_2\cdots C_i\cdots$$

用 RSA 解密时，计算每组密文的 sk 或 pk 次幂，再求模 r 的余数就是明文，即

$$P_i=C_i^{sk}\bmod r \quad P=P_1P_2\cdots P_i\cdots$$

由于用上述的公钥加密需要大量的幂运算，不但会消耗系统资源，还容易造成溢出，所以往往是将明文用对称密钥加密，然后用对方的公钥加密对称密钥，来达到传递共享对称密钥的作用。

2）DH 算法

和 RSA 不同，DH 算法不是加密算法，而是交换密钥的算法，不能用于加密和签名。

DH 要求通信双方生成各自的密钥指数，例如，A 和 B 的密钥指数是 a、b，令 P 为素数，g 为生成元，g 和 P 相当于公钥，而 a、b 则为自己的私钥。

A 交给 B：$g^a \bmod P$

B 交给 A：$g^b \bmod P$

A 计算：$(g^b \bmod P)^a = g^{ab} \bmod P$

B 计算：$(g^a \bmod P)^b = g^{ab} \bmod P$

最后，加密明文对称密钥 $k = g^{ab} \bmod P$。在整个过程中黑客只能获得 $g^a \bmod P$ 和 $g^b \bmod P$，通过这两个数是很难算得 $g^{ab} \bmod P$ 的。

3. 单向散列函数

还有一种特殊的加密运算，其结果是不可逆的，也就是说经过运算后不能够解密，称为单向散列函数 Hash，单向散列函数的特点是：其结果不可逆且具有唯一性，输出的长度远小于输入长度，输入很小的改动就会引起输出很大的改变，所以单向散列函数并不是用来加密的，那么它有什么作用呢？

可以用单向散列函数来保护口令和秘密信息，如操作系统里的登录密码文件就是用 Hash 来存储的，用户登录时输入的口令做 Hash 后会和密码文件里的 Hash 相比较，如果一样则认证通过。

单向散列函数还可以验证数据的完整性，因为输出可以唯一代表原文。在传输数据时，将明文的 Hash 附在后面作为消息认证码（MAC），以太网帧后面的 4 个字节的尾部就是通过循环冗余校验算法得到的消息认证码。

单向散列函数也可以用作鉴别，数字签名正是在原文的 Hash 上操作的。

下面就介绍常见的 Hash 算法。

1）CBC 密文块链接

可以利用 DES 加密来实现简单的 Hash 运算，首先将明文分成 64 位一组，对于每一组做循环 DES，CBC 流程如图 9.8 所示。

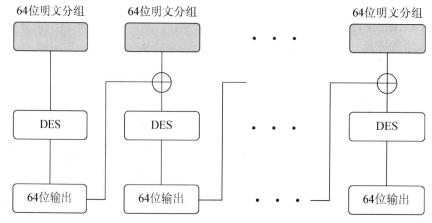

图 9.8　CBC 流程图

每组的 64 位输出都和下一组的 64 位明文先做异或运算，然后再做 DES 加密，直到最后一组明文参与进来为止，最后输出 64 位结果。首先可以看出，无论明文多大、被分成几组，最后的结果都是 64 位的，这最后的 64 位输出就是原文的 Hash 值，由于每一块数据都参与下一轮运算，结果可以用来唯一地代表原文。

2）MD5 算法

MD5 将原文每 512 位分组，然后将每组又划分为 16 个 32 位的子分组，经过了一系列的运算后，算法的输出由 4 个 32 位分组构成，把这 4 个分组级联后生成的 128 位值就是最后的结果，MD5 的流程如图 9.9 所示。

MD5 的具体计算步骤如下。

（1）初始化变量值。MD5 算法中要用到 4 个变量，分别为 A、B、C、D，均为 32 位长，这 4 个 32 位变量也称为链接变量（Chaining Variable），它们会始终参与运算并形成最终的散列值。

（2）计算散列值。

① 将填充后的信息按每 512 位分为一块，每块按 32 位为一组划分成 16 个子分组。

② 将 A、B、C、D 这 4 个变量分别复制到变量 a、b、c、d 中。

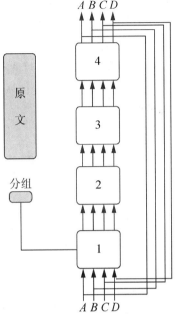

图 9.9　MD5 流程图

③ 分别对每一块信息进行 4 轮计算，每轮计算又包含 16 次操作，分别针对每个子分组，每一次操作函数如下。

$FF(a,b,c,d,Mj,s,ti)$ 表示 $a = b + ((a + F(b, c, d) + Mj + ti) <<< s)$

$GG(a,b,c,d,Mj,s,ti)$ 表示 $a = b + ((a + G(b, c, d) + Mj + ti) <<< s)$

$HH(a,b,c,d,Mj,s,ti)$ 表示 $a = b + ((a + H(b, c, d) + Mj + ti) <<< s)$

$II(a,b,c,d,Mj,s,ti)$ 表示 $a = b + ((a + I(b, c, d) + Mj + ti) <<< s)$

MD5 会有一张详细的表格，规定每一轮的操作顺序，其中的 a、b、c、d 是中间变量，ti 和 S 都是随机数，Mj 是第 j 个子分组，F、G、H、I 是按照一定规则运算的函数，这个规则如下所示。

$F(X, Y, Z) = (X \& Y) | ((\sim X) \& Z)$

$G(X, Y, Z) = (X \& Z) | (Z \& (\sim Z))$

$H(X, Y, Z) = X \wedge Y \wedge Z$

$I(X, Y, Z) = Y \wedge (X | (\sim Z))$

④ 最后，将 A、B、C、D 分别加上 a、b、c、d，就完成了 MD5 的一次运算，然后再对下一块信息继续进行 MD5 算法，直到所有信息块都进行 MD5 算法为止。

9.3.2　认证机制

认证机制是指通信的双方能够互相确定彼此的身份，并能保证数据在传送过程中不会遭到篡改。对于身份认证，传统的网络有很多种方法，最简单的是口令认证，通过输入一段事先约定好的口令来验证身份，虽然容易遭到暴力破解，但对于一些简单的安全需求低的物联网节点来说不失为一个合适的选择。

对称密钥机制也经常用来作为身份认证的方法，如下面介绍的 Kerberos。

1. Kerberos 认证

Kerberos 是一种网络身份认证协议，Kerberos 要解决的问题是：在一个开放的分布式的网络环境中，通过对称密钥机制实现服务器和客户端之间的身份验证。

整个 Kerberos 系统由认证服务器 AS、票据许可服务器 TGS、客户机和应用服务器 4 部分组成。

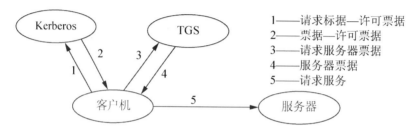

图 9.10　Kerberos 认证

Kerberos 的大致过程如下。

（1）AS 交给客户端的内容包括：被 AS、TGS 之间的密钥加密的客户端访问 TGS 的票据和被 AS、客户端之间的密钥加密的客户端、TGS 之间的密钥，即

$$E(K_{CT})_{KAC} \parallel E(T_{CT})_{KAT}$$

（2）从第一步客户端可以获得和 TGS 之间的密钥，然后客户端拿着如下内容去访问 TGS：被客户端、TGS 之间的密钥加密的客户端身份信息 A_{cs}，被 AS、TGS 之间的密钥加密的客户端访问 TGS 的票据，即

$$E(A_{cs})_{KCT} \parallel E(T_{CT})_{KAT}$$

其中的 $E(T_{CT})_{KAT}$ 是 AS 交给客户端的，客户端又转交给 TGS，只有 TGS 可以解密。

（3）TGS 解开 $E(T_{CT})_{KAT}$ 后，获得客户端票据 T_{CT} 以及客户端的身份信息，并向客户端返回如下内容：被客户端、TGS 之间的密钥加密的客户端与服务器之间的密钥、被服务器、TGS 之间的密钥加密的客户端访问服务器的票据，即

$$E(K_{cs})_{KCT} \parallel E(T_{CS})_{KTS}$$

（4）客户端去访问服务器，递交内容包括：被客户端、服务器之间的密钥加密的客户端身份信息，被服务器、TGS 之间的密钥加密的客户端访问服务器的票据，即

$$E(A_{cs})_{KCS} \parallel E(T_{CS})_{KTS}$$

上述的过程利用 5 把对称密钥巧妙的设计了一个严密的认证系统，Kerberos 目前用于保证域的安全，但是想采用这种机制必须提供第三方服务器。

公钥机制也可用于身份认证。

2. 数字签名

利用非对称密钥的发送者私钥加密消息称为数字签名，因为私钥只有发送者有，而公

钥谁都可以获取，所以可以证明发送者的身份。一般数字签名都作用于消息的 Hash 值而不是消息本身，这和用公钥加密时的道理是一样的。

可以利用 RSA 算法的私钥进行数字签名，也可以用 DSS 算法，即数字签名标准。

DSS 的过程如下。

(1) 选取长度为 L 的素数 p，$512 \leqslant L \leqslant 1024$，且 L 是 64 的倍数。

(2) 选取长度为 160 位的 p-1 的质因子 q、

(3) 计算 $g = h^{(p-1)/q} \bmod p$，其中 h 是整数，并满足 $1 < h < (p-1)$，且 $g > 1$。

(4) 选取随机整数 x，满足 $0 < x < q$，作为用户的私钥。

(5) 令 $y = g^x \bmod p$，作为用户的公钥。

(6) 每次签名都选取不同的随机整数 k，满足 $0 < k < q$，作为与用户的每条消息相关的秘密值。

签名时，计算

$$r = (g^k \bmod p) \bmod q$$
$$s = \left[k^{-1}(H(M) + xr) \right] \bmod q$$

将 (r, s) 作为用户对信息 M 的签名，其中 $H(M)$ 表示 M 的 Hash 值，DSS 建议采用 SHA 算法。

验证时，计算

$$w = (s)^{-1} \bmod q$$
$$u1 = \left[H(M')^w \right] \bmod q$$
$$u2 = (r)^w \bmod q$$
$$v = \left[(g^{u1} y^{u2}) \bmod p \right] \bmod q$$

如果 $v = r$，则验证通过。

读者注意，DSS 算法只提供数字签名功能，不能用于加密，这点和 RSA 是不同的。

3. PKI

对于数字签名机制，还存在一个很大的问题，那就是如果人们用自己的私钥对信息进行签名，那么如何让接收方确信他收到的、用于验证签名的公钥一定就是发送方自己的呢？数字签名是可以伪造的，用某个公钥解开数字签名这件事并不能证明某个人的身份，也就是说，公钥并没有和身份联系到一起。对此，业界提出了 PKI 的概念，PKI 指的是利用公钥理论和技术建立的提供信息安全服务的基础设施。

1) PKI 的组成

PKI 至少具有认证机构(CA)、数字证书库、密钥备份及恢复系统、证书作废处理系统、PKI 应用接口系统 5 个基本系统。

(1) 认证机构 CA。CA 的主要功能就是签发证书和管理证书，其主要职责是验证并标识证书申请者的身份，确保 CA 用于签名证书的非对称密钥的质量和安全性。通常 CA 都是一些权威的机构，例如银行和国家的政府部门，用户可以通过访问 CA 的网站申请数字证书，CA 核实用户的真实身份后就会颁发给用户一个唯一的带有 CA 签名的数字证书。

(2) 数字证书。数字证书主要包括用户的身份信息、用户的公钥、CA 的数字签名等，由认证机构(CA)颁发。在通信的过程中，发送方提供的是带有 CA 签名、自己的公钥以

及身份信息的数字证书，接受方先用 CA 的公钥验证发送方公钥，然后用发送方公钥验证信息签名。有的时候，证书需要一连串的 CA 进行认证，下一级 CA 需要上一级 CA 签名认证，直到根 CA 为止，称为证书链，就好像是一份文件要盖很多不同级别的戳一样，数字证书的内容如图 9.11 所示。

 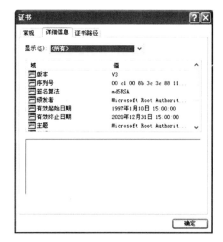

图 9.11　数字证书

（3）密钥备份及恢复。如果用户丢失了用于解密数据的密钥，则密文数据将无法被解密，造成数据丢失。为避免这种情况的出现，PKI 应该提供备份与恢复解密密钥的机制。

（4）证书作废处理系统。同日常生活中的各种证件一样，数字证书在 CA 为其签署的有效期以内也可能需要作废。作废证书一般通过将证书列入作废证书表（Certificate Revocation Lists，CRL）来完成。证书的作废处理必须在安全及可验证的情况下进行，系统还必须保证 CRL 的完整性。

2）PKI 的标准

与 PKI 相关的标准主要包括以下一些。

（1）ASN.1（Abstract Syntax Notation One）是描述在网络上传输信息格式的标准方法。

（2）X.500 是一个将局部目录服务连接起来，构成全球分布式目录服务系统的协议，它定义了一个机构如何在全局范围内共享其名字和与之相关的对象。

（3）X.509 为 X.500 用户名称提供了通信实体的鉴别机制，并规定了实体鉴别过程中广泛适用的证书语法和数据接口。

（4）PKCS 系列标准由 RSA 实验室针对 PKI 体系的加解密、签名、密钥交换、分发格式及行为等制定的 PKCS 系列标准（PKCS♯1～PKCS♯15）。

（5）OCSP 在线证书状态协议是因特网工程技术小组 IETF 颁布的用于检查数字证书在某一交易时刻是否仍然有效的标准。

（6）轻量级目录访问协议 LDAP 是 X.500 目录访问协议的一个子集，它简化了 X.500 目录访问协议，并且在功能、数据表示、编码和传输方面都进行了相应的修改。

9.3.3　访问控制机制

在网络安全中秘密性、完整性、可用性及访问控制是安全的基本要素，其中访问控制又包括认证和授权，不管多么高明的认证手段，接下来要做的必定是授权——对通过认证的用户可以完成的操作进行限制，从而更细粒度地控制用户的行为，传统的访问控制主要是对人进行授权，而在物联网环境下变成了对机器进行访问授权，访问控制机制应该成为物联网的第一道防线，通过限制人和机器的权限，来维护全网的安全。

1. 访问控制矩阵

将系统用户定义成主体(或者网络上的用户)，将系统资源(或网络上的资源)定义成客体。然后利用访问控制矩阵进行授权操作，见表9-3。

表9-3　访问控制矩阵

客体 / 主体	操作系统	文件	程序
A	读写	只读	执行
B	只读	只读	不能执行
C	执行	读写	执行

但是，在管理大型访问控制矩阵中有一个实际的问题，那就是一个系统(网络)可以有几百个主体和上万个客体，这样就要面对一个有上百万元素的访问控制列表，这就会成为一种负担。

有如下两种分解矩阵的方法。

(1) 将矩阵分解成行，然后每行存储对应主体，称为能力表。能力表常见于操作系统的访问控制策略，针对用户这一主体。

(2) 将矩阵分解成列，然后每列存储对应客体，称为访问控制列表，访问控制列表(ACL)被广泛用于防火墙技术中。

2. 防火墙技术

防火墙指的是保障内网络的系统，功能是实施访问控制，防止外部用户非法使用内部网的资源，保护内部网络的主机、设备和软件不受到破坏，防止内部网络的秘密数据被窃取，如图9.12所示。

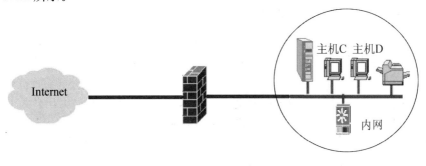

图9.12　防火墙

防火墙分为简单包过滤防火墙、状态检测防火墙、应用代理防火墙和分布式防火墙。

1) 简单包过滤防火墙

只过滤网络层数据，这种防火墙只能针对 IP 地址做访问控制。例如，路由器的 ACL 功能。简单包过滤技术的缺陷主要为：包过滤准则非常复杂，在实现上非常困难，对包过滤准则难以进行检验；包过滤技术对于高层的协议无法实现有效的过滤；包过滤技术只能够实现基于主机和端口的过滤，无法实现针对用户和应用程序的过滤；当网络安全的方案十分复杂时，不能用数据包过滤技术来单独解决。

2) 状态检测防火墙

可以监控数据连接的状态，能够判断是否是内网的"回流数据"。回流数据指的是从外网方向进来，但使用的是由内网发起的连接，也就是处于与内网某台主机的 TCP Established 状态。防火墙会在其连接表中为此次连接创建一个动态的连接状态表，防火墙将使用这个表对返回的数据包进行检查。状态检测防火墙是比包过滤更为有效的安全控制方法，这种方式的好处在于：由于不需要对每个数据包进行规则检查，而是一个连接的后续数据包(通常是大量的数据包)通过散列算法，直接进行状态检查，从而使得性能得到了较大提高。

3) 应用代理防火墙

可以过滤应用层数据，这样可以更详细地进行访问控制。

4) 分布式防火墙

分布式防火墙是一种驻留在主机中的安全系统，用来保护内部网络中的关键节点服务器、数据及工作站免受非法入侵的破坏。由于防火墙驻留在被保护的主机上，因此可以针对该主机上运行的具体应用和对外提供的服务设定针对性很强的安全策略。因为分布式防火墙可以分布在整个内部网络或服务器中，所以它具有无限制的扩展能力。

除了前面提到的基本类型之外，防火墙还具有可以有很多其他的功能与应用，包括服务器负载均衡、对 trunk 的支持、对第三方认证服务器的支持、分级带宽管理、日志分析、热备份、与 IDS 的联动、VPN、NAT 等。

9.3.4 入侵检测技术

入侵检测(IDS)是指通过对系统和网络的信息收集、分析，从中发现入侵行为并报警和响应的过程，入侵检测的目标是识别系统内部人员和外部入侵者的非法使用、滥用系统的行为。

入侵检测与防火墙的区别在于防火墙处在网络关口过滤信息并进行访问控制，而 IDS 一般处在内网中监控数据及用户的行为，入侵检测与防火墙的区别如图 9.13 所示。

可以做一个比喻。假如防火墙是一幢大厦的门锁，那么 IDS 就是这幢大厦里的监视系统。一旦小偷进入了大厦，或内部人员有越界行为，只有实时监视系统才能发现情况并发出警告。

目前，物联网的网络态势感知与评估的有关理论和技术还是一个正在开展的研究领域，其本质实际上就是一个入侵检测系统，通过收集传感网节点的能源信息、传输参数和流量等信息，建立入侵的模型，实时监控全网的状态，及时进行报警。所以入侵检测应用于物联网有很深远的意义。

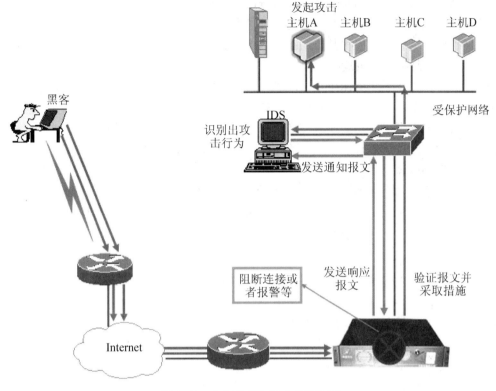

图 9.13 入侵检测与防火墙的区别

1. 入侵检测系统的分类

（1）入侵检测系统按照数据来源分为基于主机的入侵检测和基于网络的入侵检测。

① 基于主机的入侵检测——HIDS。HIDS 一般被安装在网络中的重要主机上，以软件的形式出现，主要监控主机上的数据、审计内容、日志文件和用户行为等。HIDS 的模型如图 9.14 所示。

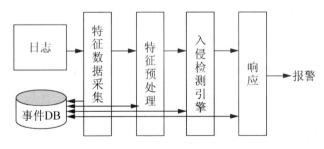

图 9.14 基于主机的入侵检测

HIDS 不但能够分析主机内部可能的危险，还可以分辨出黑客的具体行为，例如，曾经运行过的程序、打开过的文件、调用过的进程等。但是 HIDS 安装在服务器上会影响系统的效率，并且只能监控主机不能监控网络。

② 基于网络的入侵检测——NIDS。基于网络的入侵检测与 HIDS 不同，主要用于监

控网络数据，一般安装在网络设备上。传统的 NIDS 仅是网络嗅探工具的高级版本，通过对捕获的数据包的内容、源地址、目的地址等参数信息进行分析和检测。如果发现入侵行为或可疑事件，就会发出警报甚至切断网络连接。

（2）入侵检测系统按照检测技术分为异常检测和误用检测。

① 异常检测。异常检测指的是假定所有的入侵行为都是和正常行为不同的。通过定义系统或信息在正常情况下的采样数据，建立正常情况的模型，然后再将系统在运行时的此类采样数值与事先定义好的原有模型指标相比较，如果偏差超过阈值，则判断有异常现象发生。异常检测属于统计分析类型的检测方法，采用这种方法的好处是检测的漏报率低，但是误报率较高。

② 误用检测。误用检测是将所有入侵行为和黑客的手段以及变种都抽象成一种模式或特征。然后收集特征。通过模式匹配的方法检测主体活动是否符合这些特征，因此又称为特征检测。误用检测误报率低，漏报率高。

2．入侵检测技术

目前大多数的入侵检测都属于误用检测，即建立"非正常操作库"，采用特征检测来判断是否是入侵行为，这对于物联网来说只能是杯水车薪，因为在物联网的环境下，入侵行为将会变得异常复杂多变，好的解决办法是采用异常检测手段，但是异常检测的"非正常"的标准很难判断，这是导致其误报率偏高的原因，所以需要智能处理技术来帮忙解决，目前已经提出很多种实用的智能入侵检测模型。

（1）基于专家系统的入侵检测：依据信息安全专家对入侵行为的识别经验来构建一套推理规则集合，并建立专家系统，自动对入侵行为进行判断和分析。专家系统的完善取决于知识库的完备与否，因而，基于专家系统的入侵检测能够随着经验的不断积累并自主学习进步，适用与动态环境。

（2）基于神经网络的入侵检测：通过训练神经网络，使之能够在给定前 n 个动作或命令的前提下预测出用户下一动作或命令。系统不断地经受相应的训练，经过一段时间便可以对入侵行为进行判断。基于神经网络的入侵检测容易适应新的环境。

（3）基于遗传算法的入侵检测：该检测技术在下面的基于遗传算法的入侵检测技术原理中加以介绍。

（4）基于计算机免疫学的入侵检测：这种方法模仿人体内的免疫系统，通过建立人工免疫模型学习对外来入侵的防御机理，提供噪声忍耐、无教师学习、自组织和记忆等进化的学习机理，免疫学有可能称为外来物联网的主要研究方向，目前的智能自愈电网就是一个典型的例子。

（5）基于数据挖掘的入侵检测：可以自动地通过数据挖掘软件来处理收集到相关数据，为各种入侵行为和正常操作建立精确的行为模式。

（6）基于智能代理的入侵检测：代理的特性，如智能性、平台无关性，分布的灵活性、低网络数据流量和多代理合作等特性，特别适合大规模的信息收集和动态处理。在IDS 的信息采集和处理中采用代理，既能充分发挥代理的特长，又能大大提高入侵检测系统的性能和整体功能。

下面简单地介绍基于遗传算法的入侵检测技术的原理。

第8章介绍了遗传算法的基本原理，知道遗传算法模拟达尔文提出的生物优胜劣汰的进化过程，采用选择、交叉和变异3种算子，将问题的解编码成染色体(向量)并不断地在进化的过程中淘汰适应值低的染色体，以此来搜索最优解。

遗传算法可以用来自动产生 IDS 中的检测规则，区分正常与异常的网络数据。

检测规则是 if then 的形式，例如下面的规则匹配的是异常数据。

```
if {
sorce IP is 2e.38.6f.* * ;
destination IP is 28.* * .* * .* * ;
sorce PORT is 45567;
destination PORT is 80;
time is 500s;
send 5000B;
receive 65535B;
}
then
{
stop
}
```

遗传算法的第一步就是对问题编码，可将上述规则转化为编码变成遗传算法的染色体：(2e386f −1 −128 −1 −1 −1 −1 −1 −145567000800000050000 0005000000000065535)，染色体为一个多维向量。

第二步是要确定适应度函数，并以此衡量每个染色体的优劣，适应度函数的选取标准有很多，在这里我们要考虑的是匹配异常数据，所以应该是匹配度越高，适应度也越高，染色体被选择进入特征库的概率就越大。

第三步是选择，按照适应度高低被选择的概率也不同，常见的选择算子方法有随机搜索法、邻接搜索法、多点搜索法等。

第四步是交叉，其目的是产生与母个体不同但有联系的新的个体，使遗传算法的搜索能力得以提高。常见交叉操作分为实数值交叉和二进制交叉，实数值交叉又分为离散交叉、中间交叉和线性交叉。二进制交叉有单点交叉、多点交叉和均匀交叉。

第五步是变异，随机地以小概率改变染色体的基因，让其更加具有适应性，可以匹配一些模糊不清的规则。

总之，基于遗传算法的入侵检测规则自动学习方法，主要利用遗传算法的启发式搜索能力，在网络连接数据空间中搜索最优的攻击归纳规则，具有较优的性能。

9.3.5 信息隐藏技术

信息隐藏的主要目的是将某一秘密的消息隐藏于一些公开的数据和信息当中，然后通过公开的信息传输来传递秘密信息，达到和加密同样的效果。对信息隐藏来说，黑客很难从多种多样的公开信息中判别是否存在秘密信息，以此来增加截获和破解的难度。最初的信息隐藏技术来源于古代的伪装术(密写术)。用特制的药水书写隐形的文字，在特定条件下会显现出来。

信息的隐藏过程还是要通过密钥，然后利用嵌入算法将秘密信息隐藏于公开信息中。接收者在通过检测器利用密钥从隐藏载体中恢复出秘密信息，如图 9.15 所示。

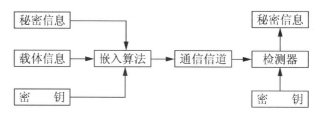

图 9.15　信息隐藏模型

有一种简单的方法是利用图像的像素层次隐藏信息，例如，一幅 256 色的图像每个像素点是由 8 位构成的，可以将信息隐藏在任意一位，一位的改变对像素的颜色变化人眼是察觉不出来的，所以看起来图像没有什么变化，有人曾试过将一本书隐藏在一幅图像中。

信息隐藏技术还可以用来生成水印，水印可以防伪，这点对于物联网来说尤为重要。

9.3.6　数字取证技术

随着技术的高速发展，"人"将会越来越紧密地融合进物联网中，甚至在未来还会出现"类人"的物联网智能实体，所以物联网将会具有"社会性"，几乎所有的社会活动都会在物联网中操作完成。可以预见的是，针对物联网的犯罪和攻击将会增多，前面介绍的安全技术重点在于防护这些攻击，而一旦攻击不可避免地发生了，如何获取保留证据？靠的就是数字取证技术。

数字取证技术是将数字信息调查与分析技术应用于获取潜在的、有法律效力的电子证据上，目的都是在攻击发生后，可以以合法、合理、安全的方式提交给法庭证据。例如：攻击者什么时间进入的系统？停留了多长时间？如何进入的？都做了什么？得到了什么信息？如何找到现实世界的人物，损失多少？作案动机是什么等，都是取证的重要目标。

1. 计算机取证

任何信息要成为证据，都必须要具备 3 个特点：客观性、关联性、合法性。

1）计算机证据的独有特点

（1）表现形式的多样性：计算机证据多种多样，在存储方式上有电存储、磁存储、光介质存储等；在信息格式上有图片、语音、影像等；在传输方式上有电传输、光传输、电磁波传输等。

（2）准确性：计算机数据往往没有歧义和含糊不清的意义。

（3）脆弱性：计算机证据很容易被伪造和更改。

（4）数据的挥发性：有些计算机证据如果长时间保存会丢失一部分信息，对于一些强挥发性的信息，称为易失性证据，如内存数据只要断电就会全部挥发。

2）计算机取证的原则和步骤

（1）保护现场和计算机证据。应尽早搜集计算机证据，并保证其没有受到任何破坏，计算机取证时，第一件要做的事就是冻结计算机系统，不给犯罪分子破坏证据提供机会。在这方面，计算机取证与普通警察封锁犯罪现场、搜索证物没有区别。避免发生任何的更改系统设置、硬件损坏、数据破坏或病毒感染的情况。由于电子证据可能被不留痕迹地修改或破坏，应该用适当的储存介质进行原始的镜像备份。考虑到在计算机取证中有些案例可能要花上两三年时间来解决，取证调查时可将镜像备份的介质打上封条放在安全的地方。对获取的电子证据采用安全措施进行保护，非相关人员不准操作存放电子证据的计算机。不轻易删除或修改与证据无关的文件以免引起有价值的证据文件的永久丢失。

（2）收集证据。可以用磁盘镜像工具（如 Safe back、SnapBack DatArret 和 DIBS RAID 等）对目标系统磁盘驱动中的所有数据进行字符流的镜像备份。镜像备份后就可对计算机证据进行处理，万一对收集来的电子证据产生疑问，可用镜像备份的数据恢复到系统的原始状态，作为分析数据的原始参考数据，使得分析的结果具有可信性。

也可以用取证工具（如 EnCase）收集相关的电子证据，对系统的日期和时间进行记录归档，对可能作为证据的数据通过加密手段发送给取证服务器进行分析。对 UNIX 系统可能还需要一些命令做辅助，收集有关信息，对操作情况要做记录归档。对关键的证据数据用光盘备份，有条件的可以直接将电子证据打印成文件证据。

（3）分析证据。由于原始的电子证据是存放在磁盘等介质里，具有不可见性，需要借助计算机的辅助程序来查看。同时，没有一定 IT 知识的人也很难理解电子证据的信息。因此，对电子证据的分析并得出结果报告是电子证据能否在法庭上展示，作为起诉计算机犯罪者的犯罪证据的重要过程。分析需要很深的专业知识，应由专业的取证专家来分析电子证据。

做一系列的关键字搜索获取最重要的信息。因为目前的硬盘容量非常大，取证专家不可能手动查看和评估每一个文件。因此需要一些自动取证的文本搜索工具来帮助发现相关的信息。对文件属性、文件的数字摘要和日志进行分析，根据已经获得的文件或数据的用词、语法和写作（编程）风格，推断出其可能的作者。如果政策允许可利用数据解密技术和密码破译技术，对电子介质中的被保护信息进行强行访问以获取重要信息。

评估 Windows 交换文件，file slack，未分配的空间。因为这些地方往往存放着犯罪者容易忽视的证据。在这方面，专业的取证公司 NTI 的 IPFilter 和 Guidance Software 公司的 EnCase 都可以帮助取证专家获取重要的信息。用恢复工具如 EasyRecovery 恢复被删除的文件，尤其是被犯罪者删除的日志文件，以发现其踪迹。

对电子证据做一些智能相关性的分析，即发掘同一事件的不同证据间的联系。随着计算机分步式技术的发展，犯罪者往往在同一时间段内对目标系统做分步式的攻击以分散管理员的注意力。在分析电子证据时，应对其进行关联分析。如在某一时间段内，来自攻击者的 IP 在不同系统中留下的痕迹按一定的顺序将其罗列出来，并评估它们的相关性。

（4）保证"证据的连贯性"。即在证据被正式提交给法庭时，必须能够证明证据从开始提取到在法庭上出现的这段时间内没有发生任何变化。

（5）整个检查、取证的过程必须是受到监督的。一般的做法是法院派现场监督员做取证记录，要记录系统的硬件配置，把各硬件之间的连接情况记录在案，以便计算机系统移到安全的地方保存和分析的时候能重新恢复到初始的状态。然后还要计算证据的 MD5 散列值，并在法庭上与证据一并提交。

2. 物联网取证

物联网取证的难度将会远远大于计算机取证，因为计算机取证主要是获取计算机系统在运行过程中产生能够证明案件事实的电磁记录物。而物联网取证的内容将扩展至所有联网的物品，如手机、打印机、扫描仪、带有记忆存储功能的传感器和家电、汽车甚至交通和电网，所以物联网取证应该是更广义上的信息取证，其取证的特点和具体操作步骤与计算机取证大同小异，下面仅以手机取证为例，简单介绍计算机取证之外的取证技术。

目前手机的普及率是如此之高（国内用户已达 5 亿户），以至手机取证成了一个非常重要的技术研究领域。而国内这方面尚处于起步阶段，未见有成熟的产品可用。事实上，手机取证，其技术难度相对还要低一些，因为数据量有限、空间有限，因此其数据格式是有限的、可解的。现在很多智能手机使用了扩展卡，如 SD 卡等，这些扩展卡一般使用和计算机完全一样的文件系统，主要是 FAT 格式，因此，卡上的数据是没有任何技术难度的，难就难在如何能够按位将那么多型号而又自成体系的手机内的 RAM、ROM 里的信息全部读取出来，而这又是各个厂家自行设计并保密的，因此，手取取证如何获取底层数据就成了其难点所在。

9.4 物联网身份识别技术

在物联网的本质中识别通信的特征是最重要的部分之一，纳入物联网中的"物"一定要具备身份识别的功能才能实现通信。身份识别技术主要可分为两个领域：信息系统身份识别和生物识别。信息系统身份识别技术包括：口令认证、智能卡认证、基于密码学认证技术等。生物识别技术包括：语音、脸、指纹、手掌纹、虹膜、视网膜、DNA 等，生物识别技术广泛应用于绿色农业、工业监控、公共安全、城市管理、远程医疗、智能家居、智能交通和环境监测等各个行业。

9.4.1 信息系统识别技术

1. 口令认证

口令是最简单的弱认证技术，口令指信息系统之间共享的一个秘密信息，在通信过程中一方向另一方提交口令，以此表示自己的身份，从而通过另一方的认证。口令通常由一组字符串组成，一般口令的长度有限。出于安全考虑，在使用口令时需要注意以下几点。

（1）不使用默认的口令。

（2）设置长度足够长的口令。

（3）不要使用结构简单的词与数字的组合。

（4）增加口令的复杂度。

（5）使用密码技术保护口令（如 MD5）。

（6）避免共享口令 。

（7）定期更换口令。

使用口令认证会遇到以下几种攻击。

（1）社会工程学：一种通过对受害者心理弱点进行欺骗的手段。

（2）按键记录软件：以木马方式植入到用户的计算机后，偷偷地记录按键动作。

（3）搭线窃听：攻击者通过窃听网络数据，如果密码使用明文传输，可被非法获取。

（4）字典攻击：攻击者可以把所有用户可能选取的合理组合列举出来生成一个文件，这样的文件被称为"字典"。

（5）暴力破解：也称为"蛮力破解"或"穷举攻击"。

（6）窥探：窥探合法用户输入的账户和密码。

（7）垃圾搜索：攻击者通过搜索被攻击者的废弃物，得到与攻击系统有关的信息。

2. 智能卡认证

智能卡也称 IC 卡，是由一个或多个集成电路芯片组成的设备，可以安全地存储密钥、证书和用户数据等敏感信息，防止硬件级别的窜改。智能卡芯片在很多应用中可以独立完成加密、解密、身份认证、数字签名等对安全较为敏感的计算任务，从而能够提高应用系统抗病毒攻击以及防止敏感信息的泄漏。

3. 基于对称密码的认证

1) Needham-Schroeder 认证协议

建立密钥分发中心 KDC，保管所有用户的密钥。若 A 想与 B 通信，则 A 先向 KDC 申请会话密钥。同时 A 和 B 也会在 KDC 分配会话密钥的过程中，分别鉴别双方身份，具体过程会在下节物联网密钥管理的集中式密钥管理中讲述。

2) Needham-Schroeder 认证协议

（1）A 告诉 KDC，A 想与 B 通信，明文消息中包含一个大的随机数 R_a。

（2）KDC 发送一个使用 A 和 KDC 之间共享的密钥 K_a 加密的消息，消息内容包括由 KDC 分发的 A 与 B 的会话密钥 K_{AB}、A 的随机数 R_a 和 B 的名字，以及一个只有 B 能看懂的许可证。A 的随机数 R_a 保证了该消息不会被重放，B 的名字保证了第一条明文消息中的 B 未被更改，许可证用 B 和 KDC 之间共享的密钥 K_b 加密。

（3）A 将许可证发给 B。

（4）B 解密许可证获得会话密钥 K_{AB}，然后向 A 发送被 K_{AB} 加密的随机数 R_b。

（5）A 向 B 发送消息 $E\ [R_b\text{-}1]\ K_{AB}$ 以证明是 A 与 B 通信。

以上便完成了双向的认证，并同时实现了加密的通信。

4. 基于公钥体制认证

在 9.3 节传统的安全技术中，提到了对称密码系统可以用来实现身份认证，如著名的 Kerberos 系统常被用来在 AD 域中识别客户端和服务器。公钥系统同样也可以实现身份认证，如数字签名与 PKI 数字证书，实际上就是一个信息系统对另一个信息系统的识别认证过程。PKI 系统通信过程中的身份认证可以被描述为：用自己的私钥对信息的 Hash 值做数字签名(加密)，接收者首先将事先获得的发送者的证书用 CA 证书进行验证，然后取得发送方公钥解开信息摘要的签名，使用 CA 证书对发送者证书的认证也是同样的原理。

针对这些技术，又发展出了很多的安全协议，也具备信息身份识别的功能，如 SSL 协议、SET 协议和 IPSec 协议等都采用了基于公钥体制的认证识别技术。

1) SSL(Secure Socket Layer)协议

SSL 主要用于 Web 的安全传输协议，提高应用程序之间数据的安全性，SSL 可以认证用户和服务器的合法性，可对万维网客户与服务器之间传送的数据进行加密和鉴别，其鉴别过程如下。

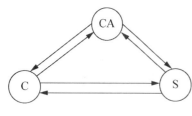

图 9.16　SSL 认证过程

（1）客户端开启 SSL 功能后浏览器会维持一个表，上面有记录可信赖的认证中心 CA(Certificate Authority)以及它们的公钥。

（2）客户端和服务器需要访问 CA 认证中心，提交各自身份信息申请证书，同时下载 CA 证书链。

（3）客户端和服务器在 SSL 握手协商的过程中会互相提交各自的证书，用以鉴别身份，如图 9.16 所示。

SSL 实现过程如下。

（1）接通阶段：客户机通过网络向服务器申请连接，服务器回应。

（2）密码交换阶段：客户机与服务器之间交换双方认可的密码。

（3）会话密码阶段：客户机与服务器间产生彼此的会话密码。

（4）检验阶段：客户机检验服务器取得的密码。

（5）客户认证阶段：服务器验证客户机的可信度。

（6）结束阶段：客户机与服务器之间相互交换结束的信息。

2) SET(Secure Electronic Transaction)协议

SET 是在 Internet 上进行在线交易的电子付款系统规范，它是目前公认的信用卡/借记卡的网上交易的国际安全标准，SET 对身份识别要求更为严格，SET 使用一种"双重签名"的特殊技术对交易过程中的所有角色进行认证，其过程如下。

（1）客户将账单的 Hash 和订单的 Hash 一起再做 Hash，并用自己的私钥签名得到 DS（双重签名）。

（2）客户将账单、双重签名和订单的 Hash 用对称密钥签名，然后用银行证书中的公钥加密对称密钥并将这些信息全都发给商家，商家再转交给银行。

（3）商家将订单、双重签名和账单的 Hash 以及客户证书交给银行。

（4）银行会用自己的私钥获得被自己公钥加密的对称密钥，从而解开客户端的信息，用客户的公钥解开双重签名，然后去和商家信息比较。

在整个过程中，客户的账单不会被商家获得，并且无论是客户端还是商家想要伪造信息或身份，银行都会通过双重签名获知。

3) IPSec 协议

IPSec 在 IP 层上实现了加密、认证、访问控制等多种安全技术，极大地提高了 TCP/IP 协议的安全性，使得对安全网络系统的管理变得简便灵活。IPSec 的鉴别首部 AH(Authentication Header)可以鉴别源点身份和检查数据完整性。

9.4.2　生物识别技术

生物识别技术是通过对生物体本身的生物特征来区分生物体个体的电子身份识别技

术。目前生物特征的研究领域非常多，主要包括语音、脸、指纹、手掌纹、虹膜、视网膜、体形、敲击键盘、签字等。针对物联网，我们选择面部、语音、指纹和虹膜 4 种生物特征作为基于生物特征的识别基础。

1. 面部识别

面部识别的优势在于其自然性和不被被测个体察觉的特点。但面部识别技术难度很高，被认为是生物特征识别领域，甚至人工智能领域最困难的研究课题之一。面部识别系统的核心是局部特征分析算法。这是系统在对面孔进行编码时使用的数学技术。系统对面孔进行测量，并生成一个面纹，即面部的唯一数字代码。在存储了面纹之后，系统会将它与数据库中存储的成千或成百万的面纹数据进行对比。

2. 语音识别

语音识别利用录音设备不断地测量、记录某种声音的波形和变化，将现场采集到的声音与数据库中的声音模板进行匹配，从而确定用户的身份。这种识别技术因为技术问题识别精度不高。

3. 指纹识别

指纹识别作为识别技术已经有很长的历史了，可以可靠地确认一个人的身份。但是，某些人或某些群体的指纹因为指纹特征很少很难识别，手指出汗或被污染时常常无法识别。指纹是人的手指的图案、断点和交叉点上各种不相同的纹路。指纹识别算法是先建立指纹库，当识别指纹时，在指纹库中查找，并匹配指纹的特征。

4. 虹膜识别

人眼虹膜位于眼睛黑色瞳孔与白色巩膜之间的圆环状部分，总体上呈现一种由里向外的放射状结构，每一个虹膜都包含一个独一无二的基于斑点、细丝、冠状、条纹、隐窝等形状的细微特征。

虹膜识别技术比其他生物认证技术的精确度高几个到几十个数量级。虹膜识别的缺点是使用者的眼睛必须对准摄像头，而且摄像头近距离扫描用户的眼睛，是一种侵入式识别方式，会造成一些用户的反感。

基于生物识别技术的电子身份识别方案为城市智能化提供了一条有效途径，使用生物识别技术能够准确识别市民身份，解决物联网应用最基本的问题，推动智慧城市的发展进程。

5. DNA 识别

使用生物学实验或计算机等手段识别 DNA 序列上的具有唯一生物学特征的片段。

9.5 物联网的密钥管理

物联网的密钥管理面临两个主要问题：一是如何构建统一的密钥管理系统，并与物联网的体系结构相兼容；二是如何解决传感网的密钥管理问题，如密钥的分配、更新、存储等问题。一般而言，密钥管理系统可以采用两种方式：一是以互联网为中心的集中管理方

式；二是以各自网络为中心的分布管理方式。

密钥的种类多而繁杂，从一般通信网络的应用来看可分为以下几种，如图9.17所示。

图 9.17　几种密钥的关系

（1）初始密钥。

（2）会话密钥。

（3）密钥加密密钥。

（4）主机主密钥。

衡量一个密钥好坏的特征有如下几点。

（1）不是伪随机数。

（2）避免使用某个特定算法的弱密钥。

（3）公钥系统必须满足一定的数学关系。

（4）为了便于记忆，密钥不能选得过长，要选用易记而难猜中的密钥。

（5）采用单向散列函数。

密钥的分配是指产生并使使用者获得密钥的过程。由于任何密钥都有使用期限，因此密钥的定期（或不定期）更换是密钥管理的一个基本任务。为了尽可能地减少人的参与，密钥的分配需要尽可能地自动进行。

密钥的传递分为集中传送和分散传送两类。集中传送是指将密钥整体传送，这时需要使用主密钥来保护会话密钥的传递，并通过安全渠道传递主密钥。分散传送是指将密钥分解成多个部分，用秘密分享（Secret Sharing）的方法传递，而且只要有一部分到达即可复原。分散传送方式适用于在不安全信道中传递密钥的情形。

9.5.1　集中管理密钥方式

集中式的密钥管理采用传统的密钥分发中心（KDC）方案，密钥分发中心（KDC）是一种运行在安全的物理服务器上的密钥服务。它维护着一定范围内的所有安全主体的账户信息和密钥，这个密钥也称为长效密钥，用于在安全主体和 KDC 之间进行秘密信息交换。在大多数协议中，长效密钥是从用户登录密码中直接生成的。

例如，在一个 Windows 的域中，域控制器 DC 就扮演着 KDC 的角色，DC 维护着一个存储着该域中所有账户的数据库，并掌握每个账户的主密钥，而用于客户端和服务器相互认证的会话密钥就是由 KDC 来分发的。

KDC 管理分配密钥的过程如下。

（1）A 向 KDC 请求一个与 B 通信的会话密钥，请求的内容有 A 和 B 的标识及一个标识号 $a1$。

（2）KDC 用 K_A 加密的消息响应 A，内容包括：一次性会话密钥 K_{AB}，用于加密 AB 之间的会话内容；原始的请求消息（包括标识号 $a1$）以使 A 能够获知与其通信的是 KDC。

此外，消息中有还有两项内容是给 B 的：一次性会话密钥 K_{AB} 和 A 的标识符。

这两项是用 K_B 加密的，由 A 转发给 B。

（3）B 获知会话密钥 K_{AB}，并且确认与其通信的是 A。

（4）B 发送一个临时交互的密文给 A。

(5) A 发送 $f(N2)$ 的密文(以 K_{AB} 加密)给 B,其中 $f(N2)$ 是 $N2$ 的一个函数。

9.5.2 PGP

相比集中式的密钥管理,还有一种管理密钥的方式是在用户之间直接分配密钥,即一个通信主体可向另一个通信主体传送在一次对话中要使用的会话密钥,如 PGP 就是这样。

PGP(Pretty Good Privacy),是一个基于 RSA 公匙加密体系的加密软件。可以用它对文件加密和签名,并能保障邮件不被篡改。PGP 采用了一种 RSA 和传统加密的混合算法,PGP 有良好的人机交互设计,功能强大,速度快。PGP 的大致过程如下。

(1) A 用单向散列函数 Hash(默认 MD5)从 M 中抽取信息散列值 M'。

(2) A 用自己的私钥对 M' 签名,得到签名文本 S,代表 A 在 M 上签了名。

(3) A 使用压缩算法压缩明文 M 得到 W。

(4) A 随机生成对称密钥 K,并用 K 加密 W 和 S。

(5) A 用 PGP 钥匙环中的 B 公钥对 K 加密。

(6) A 将加密消息和被 B 的公钥加密的 K 发送给 B。

(7) B 收到后,用自己的私钥解密 K。

(8) B 用 K 对 W 解密,还原出信息后解压缩得到明文 M。

(9) B 用 PGP 钥匙环中 A 公密钥对 S 解密,还原出信息散列值 M'。

(10) B 用相同单向散列函数 Hash 从 M 抽取信息摘要 M''。

(11) B 比较 M' 与 M'',当 M' 与 M'' 相同时,可以断定 A 在 M 上签名。

由于 B 使用 A 的公钥才能解密 M',可以肯定 A 使用了自己的私钥对 M 进行了签名,所以 B 确信收到的 M 是 A 发送的,并且 M 是发送给自己的。

PGP 的特点在于每个使用它的用户都有一个公钥环,上面挂着已被列为"信任的"人的公钥,被列为信任有很多途径,可以是传统的认证手段,也可以是别人介绍的甚至可以亲自确认,PGP 的使用如图 9.18 所示。

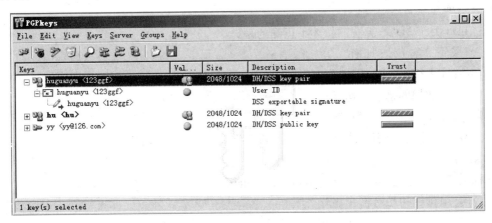

图 9.18 PGP 的密钥管理体系

本 章 小 结

本章首先介绍了物联网的安全现状及物联网面临的安全威胁，然后介绍了物理网的安全架构。本章详细介绍了传统的安全机制与物联网的关系：加密机制、认证机制、访问控制机制、入侵检测机制等。本章提出了一个新的理念：针对物联网的取证工作。最后介绍了物联网的身份识别技术和密钥管理技术。

习　题　9

一、填空题

9.1　DES 加密算法的密钥长度是(　　　　　)。

9.2　MD5 的输出信息长度是(　　　　　)。

9.3　整个 Kerberos 系统由(　　　　　)、(　　　　　)、(　　　　　)和(　　　　　)4 部分组成。

9.4　在公钥密码系统中，发件人用收件人的(　　　　　)加密信息，收件人用自己的(　　　　　)解密。

9.5　SET 协议中的双重签名 DS＝(　　　　　　　　)。

9.6　IDS 的全称是(　　　　)，根据数据来源分类有(　　　　)和(　　　　)。

9.7　防火墙按原理分类有(　　　　)、(　　　　)和(　　　　)。

9.8　取证时可以查看的日志文件有系统日志、安全日志、(　　　　)、(　　　　)和(　　　　)等。

9.9　目前的密钥管理方式有(　　　　)和(　　　　)。

9.10　网络嗅探的工作原理是将网卡的工作模式改为(　　　　)。

二、选择题

9.11　关于 3DES 算法的叙述不正确的是(　　)。

A. 采用 3 次 DES 加密

B. 有 3 个密钥

C. 第 2 次用的是加密运算

D. 第 2 次用的是解密运算

9.12　以下关于公用/私有密钥加密技术的叙述中，正确的是(　　)。

A. 私有密钥加密的文件不能用公用密钥解密

B. 公用密钥加密的文件不能用私有密钥解密

C. 公用密钥和私有密钥相互关联

D. 公用密钥和私有密钥不相互关联

9.13　关于信息指纹摘要，叙述不正确的是(　　)。

A. 输入任意大小的消息，输出是一个长度固定的摘要

B. 输入消息中的任何变动都会对输出摘要产生影响

C. 输入消息中的任何变动都不会对输出摘要产生影响

D. 可以防止消息被改动

9.14　基于 IP 地址来监视并过滤网络上流入和流出的 IP 包的防火墙属于以下哪一类?(　　)

A. 包过滤　　　　　　　　　　B. 应用代理

C. 状态检测　　　　　　　　　　D. 复合检测

9.15　以下哪个选项不属于计算机证据的特点?(　　)

A. 准确性　　　　　　　　　　B. 脆弱性

C. 永久保存性　　　　　　　　　　D. 数据的挥发性

三、简答题

9.16　简述对称加密体制与公开密钥体制的区别。

9.17　设置安全口令一般应注意哪几点?

9.18　简述 PKI 的基本组成。

9.19　简述在 SET 协议中,消费者交给商家和银行的信息中包含的内容及过程。

9.20　简述 PGP 加密的过程。

习 题 答 案

习题一

一、填空题

1.1　全面感知、可靠传送、智能处理

1.2　信息获取、信息传输、信息处理、信息施效

1.3　总体技术、感知层技术、网络层技术、服务支撑技术、应用子集类

二、选择题

1.4　D　1.5　ABCD　1.6　ABCD

三、简答题

1.7　简述当前比较公认的定义物联网定义。

物联网是指通过射频识别（RFID）、红外感应器、全球定位系统、激光扫描器等信息传感设备，按照约定的协议，把任何物品与互联网连接起来，进行信息交换和通信，以实现智能化识别、定位、跟踪、监控和管理的一种网络。它是在互联网基础上延伸和扩展的网络。

1.8　简述物物联网与传感器网络、泛在网络的关系。

物联网与传感器网络、泛在网络的关系可以概括为，泛在网络包含物联网，物联网包含传感器网。从通信对象及技术的覆盖范围看：①传感器网是物联网实现数据信息采集的一种末端网络。除了各类传感器外，物联网的感知单元还包括如 RFID、二维码、内置移动通信模块的各种终端等；②物联网是迈向泛在网络的第 1 步，泛在网络在通信对象上不仅包括物与物、物与人的通信，还包括人与人通信，而且泛在网络涉及多个异构网的互联。当然也不能把物联网与互联网、移动互联网、传感器网络和泛在网络的关系看成是固定的，随着网络的发展，这种关系可能会发生变化，所以要用动态发展的眼光看待它们之间的关系。

1.9　列举一些典型物联网的关键技术

RFID 即射频识别、EPC（ElectronicProductCode），即产品电子代码、无线传感器网络、M2M、移动互联网、NGI、云计算、数据挖掘、人工智能等

1.10　物联网标准体系框架包括那几部分。

包括总体技术标准、感知层技术标准、网络层技术标准、服务支撑技术标准和应用子集类标准的标准体系框。

1.11　物联网的发展将具有哪些特点？

1. 物联网的发展与信息通信技术的发展应具有相似的发展规律，也要经历数字化、IP 化、宽带化、移动化、智能化、云化、社交化和范在化；

2. 信息技术的演进是一个长期并不断深化的过程，物联网也需要一个较长而且深化应用的过程。第一阶段主要在嵌入消费电子应用，第二阶段为行业的垂直应用，第三阶段

为社会化应用；

3. 物联网是互联网应用的拓展，是信息化的新发展，将成为未来网络发展的重要特征，未来网络将扩展感知范围和领域。

4. 信息技术助力物联网的发展，物联网与移动互联网和下一代互联网相伴而行。物联网与移动互联网、下一代互联网、云计算、社交网络结合将掀起网络技术和业务运用的新浪潮。

习题二

一、填空题

2.1 敏感元件、转换元件

2.2 软件、硬件、IEEE1451.0、IEEE1451.1、X 代表 2−6

2.3 20Hz～20kHz、20Hz、$2 * 10^4$Hz

2.4 阻抗匹配器、前置电路

二、选择题

2.5 A、B、C、D、E 2.6 D 2.7 A

三、简述题

2.8 传感器的定义是什么？

国家标准 GB7665−87 对传感器下的定义是："能感受规定的被测量件并按照一定的规律转换成可用信号的器件或装置，通常由敏感元件和转换元件组成"。

2.9 什么叫绝对湿度和相对湿度？

绝对湿度，它表示每立方米空气中所含的水蒸气的量，单位是千克/立方米；相对湿度，表示空气中的绝对湿度与同温度下的饱和绝对湿度的比值，得数是一个百分比。（也就是指在一定时间内，某处空气中所含水汽量与该气温下饱和水汽量的百分比。）

2.10 什么是智能传感器？

美国宇航局(NASA)在 80 年代提出，定义为带有微处理器的，兼有信息检测和信息处理、逻辑思维与判断功能的传感器。

2.11 气敏传感器的主要参数与特性？

（1）灵敏度。灵敏度是气敏传感器的一个重要参数，用 S 表示。它标志着气敏元件对气体的敏感程度，用其电阻值的变化量 ΔR 与气体浓度的变化量 ΔP 之比来表示，即

$$S = \Delta R / \Delta P$$

（2）响应时间。响应时间指的是，从气敏元件与被测气体接触，气敏元件的参数达到新的稳定状态所需要的时间。它表示了气敏元件的反应速度。

（3）选择性。在多种气体共存的环境中，气敏元件对不同的气体有不同的灵敏度，这种区分不同气体的能力称为选择性。选择性是气敏元件的一个重要参数，也是一个比较难解决的问题。

（4）稳定性。当检测的气体浓度不变时，气敏元件的输出也应保持不变，但实际情况会受其它条件的影响而发生变化，这种在其它条件发生变化时，气敏元件的输出特性保持

不变的能力称为稳定性。

（5）温度特性。是气敏元件的特性，随温度的变化而发生变化的特性称为温度特性。消除这种影响的方法是采用温度补偿。

（6）湿度特性。随环境的湿度不同而发生变化的特性，称为湿度特性。湿度特性是影响检测精度的另一个因素。解决这一问题的措施之一是采用湿度补偿法。

（7）电源电压特性。电源电压发生变化时气敏元件也会发生变化。解决的方法是采用恒压源供电。

2.12　MEMS 的优点和特点是什么？

MEMS 并不只是传统机械在尺度上的缩小。与传统机械相比，除了在尺度上很小外它将是一种高度智能化、高度集成的系统。同时在用材上，MEMS 突破了原来的以铁为主，而采用硅、CaAs、陶瓷以及纳米材料，具有较高的性价比。而且增加了使用寿命。由于 MEMS 的体积小、集成度高、功能灵活而强大，使人类的操作、加工能力延伸到微米级空间。

MEMS 的研究还具有极大的学科交叉性：微型元器件的制造就涉及设计、材料、制造、测试、控制、能源以及连接等技术。MEMS 的研究除了上述技术外，还需要元器件的集成、装配等组装技术，同时会涉及材料学、物理学、化学、生物学、微光学、微电子学等学科作为理论基础。同时，为了掌握 MEMS 的各种机械、力学、传热、摩擦等方面的性能，还必须建立微机械学、微动力学、微流体学、微摩擦学等新的理论、新的学科。

2.13　电桥电路的主要作用是什么？可以分为哪几种？

电桥电路是传感器检测电路中经常使用的电路，主要用来把传感器的电阻、电容、电感变化转换为电压或电流信号。根据电桥供电电源的不同，电桥可分为直流电桥和交流电桥。直流电桥主要用于电阻式传感器，例如热敏电阻、电位器等。交流电桥主要用于测量电容式传感器和电感式传感器的电容和电感的变化。

习题三

一、填空题

3.1　唯一性、简单性、可扩展性、保密性与安全性

3.2　一维条形码、二维条形码

3.3　标签、阅读器、天线

3.4　低频、高频、甚高频

3.5　电子标签天线、读写器天线

二、选择题

3.6　ABC　3.7　A　3.8　D

三、简答题

3.9　EPC 系统的构成？

它由全球产品电子代码（EPC）体系、射频识别系统及信息网络系统三部分组成，主要包括六个方面：EPC 编码标准、EPC 标签、识读器、Savant（神经网络软件）、（Physical

Markup Language PML)实体标记语言。

3.10　RFID 系统的组成?

标签(Tag)：由耦合元件及芯片组成，每个标签具有唯一的电子编码，附着在物体上标识目标对象，标签含有内置天线，用于和射频天线间进行通信。

阅读器(Reader)：读取(有时还可以写入)标签信息的设备，可设计为手持式或固定式。

天线(Antenna)：在标签和读取器间传递射频信号。电子标签的天线一般是方型标签和长条状标签。

3.11　EPC、RFID、条形码的区别?

EPC 是编码标准，规定了对具体不同商品产品唯一的编码格式，完成 RFID 产品信息编码。

RFID 标签是存储了具体的 EPC 标准的产品编码信息的产品标签，它会因不同应用场合的具体要求而表现出不同的封装形式，如纽扣类、IC 卡类以及条形码形式等。

条形码是应用了不同宽度的黑白条码反射光来编码，具体成本低廉，使用方便，缺点是编码容量不足。

(1) 一维条形码

一维条码只是在一个方向(一般是水平方向)表达信息，而在垂直方向则不表达任何信息，其一定的高度通常是为了便于阅读器的对准。

(2) 二维条形码

在 EPC 条形码的编码方式中在水平和垂直方向的二维空间存储信息的条码。贮存数据量大，可存放 1K 字符，可用扫描仪直接读取内容，无须另接数据库。

3.12　简述阅读器的基本工作原理。

基本工作原理，由阅读器通过发射天线发送特定频率的射频信号，当电子标签进入有效工作区域时产生感应电流，从而获得能量、电子标签被激活，使得电子标签将自身编码信息通过内置射频天线发送出去；阅读器的接收天线接收到从标签发送来的调制信号，经天线调节器传送到阅读器信号处理模块，经解调和解码后将有效信息送至后台主机系统进行相关的处理；主机系统根据逻辑运算识别该标签的身份，针对不同的设定作出相应的处理和控制，最终发出指令信号控制阅读器完成相应的读写操作。

3.13　简答 EPC 系统的特点。

开放的体系结构，独立的平台与高度的互动性，灵活的可持续发展的体系结构。

习题四

一、填空题

4.1　传感器模块、处理器模块、无线通信模块、电源模块

4.2　通信协议、网络管理、网络支撑

4.3　三边测量法、三角测量法、极大似然估计法

4.4　单向同步、双向成对同步、参数拟和同步、参照广播同步

二、选择题

4.5　D　4.6　A　4.7　ABCDE

三、简答题

4.8　简述无线传感器网络的概念。

无线传感器网络就是部署在监测区域内大量的廉价微型传感器节点组成，通过无线通信方式形成的一个多跳自组织网络的网络系统，其目的是协作感知、采集和处理网络覆盖区域中感知对象的信息，并发送给观察者。通过大量布置在监测区域内的各种集成化的微型传感器节点，协作地实时监测、感知和采集各种环境或监测对象的信息，并能够在网内实现信息的综合加工和处理，最终将经过处理的信息通过多跳无线通信的方式传送给终端用户。

4.9　数据融合的概念是什么？

数据融合是关于协同利用多传感器信息，进行多级别、多方面、多层次信息检测、相关、估计和综合以获得目标的状态和特征估计以及态势和威胁评估的一种多级自动信息处理过程，它将不同来源、不同模式、不同时间、不同地点、不同表现形式的信息进行融合，最后得出被感知对象的更精确描述。

4.10　简述 ZigBee 的技术特点。

ZigBee 协议的主要技术特点如下：

（1）速率低：10kbps～250kbps，适用于低传输速率的网络；

（2）低功耗：一般终端节点只需两节普通 5 号干电池，可使用 6 个月到 2 年；

（3）成本低：ZigBee 协议开源，免收专利费；

（4）容量大：每个 ZigBee 网络最多可支持 255 个设备；

（5）低时延：通常的时延在 15ms～30ms 之间；

（6）安全性高：ZigBee 安全协议采用 AES－128 加密算法，可确保其安全属性；

（7）有效范围：一般可视距离 100 米，增加发射功率可提高传输距离；

（8）工作频段灵活：免费使用 3 个通信频段分别是 2.4GHz、868MHz（欧洲）及 915MHz（美国）。

4.11　简答 zigBee 网络体系结构的组成。

zigBee 技术具有统一的技术标准，主要由 IEEE802.15.4 工作组与 zigBee 联盟分别制定。其中，IEEE802.15.4 工作组负责制定物理（Physicai，PHY）层和媒体访问控制（MediumAccessControl，MAC）层的标准，而 ZigBee 联盟则制定高层的网络（Network，NWK）层、应用（Application，APL）层和安全服务提供者（SecurityServicesProvider，SSP）等标准。

4.12　简述 6LoWPAN 需要解决的主要问题。

• 可用的 IP 连接：IPv6 巨大的地址空间和无状态地址自动配置技术使数量巨大的传感器节点可以方便地接入包括 Internet 在内的各种网络。但是，由于有报文长度和节点能量等方面的限制，标准的 IPv6 报文传输和地址前缀通告无法直接用于 IEEE802.15.4 网络。

• 网络拓扑：IPv6overIEEE802.15.4 网络需要支持星型和 Mesh 拓扑。当使用 Mesh 拓扑时，报文可能需要在多跳网络中进行路由，这与 Ad-hoc 网络在功能上是相同的。但是，同样是由于报文长度和节点能量的限制，IEEE802.15.4 网络的路由协议应该更简单，管理的消耗也应该更少。此外，还需要考虑到节点计算能力和存储的限制。

• 报文长度限制：IPv6 要求支持最小 1280 的 MTU，而 IEEE802.15.4 最大 102 字节 MAC 帧长度显然不能满足这个要求。这样，一方面需要 IEEE802.15.4 网络的应用尽量发送小的报文以避免分片，另一方面也需要节点在链路层提供对超过 102 字节的 IPv6 报文的分片和重组。

• 组播限制：IPv6 特别是其邻居发现协议的许多功能均依赖于 IP 组播。然而 IEEE802.15.4 仅提供有限的广播支持，不论在星型还是 Mesh 拓扑中，这种广播均不能保证所有的节点都能收到封装在其中的 IPv6 组播报文。

• 有限的配置和管理：在 IEEE802.15.4 网络中，大量设备被期望能布置于各种环境中，节点功能相当有限，一般没有输入和显示功能的，且部署的地点有些是人类无法到达的地方，因此需要节点有一定的自配置功能。另外 MAC 层以上运行的协议的配置也要尽量简单，并且需要网络拓扑有一定的自愈能力。

• 安全性：IEEE802.15.4 提供基于 AES 的链路层安全支持，然而，该标准并没有定义诸如初始化、密钥管理以及上层安全性之类的任何细节。此外，一个完整的安全方案还需要考虑到不同应用的需求，这都是 6LoWPAN 所需要解决的。

习题五

一、填空题

5.1　嵌入式硬件，可组装硬件，调制解调器（Modem），传感器，识别标识（Location Tags）。

5.2　需求分析，体系结构，协议设计。

二、选择题

5.3　ABC　5.4　ABCD　5.5　ABCD

三、简答题

5.6　简述 M2M 的主要标准。

ETSI 从典型物联网业务用例，例如智能医疗、电子商务、自动化城市、智能抄表和智能电网的相关研究入手，完成对物联网业务需求的分析、支持物联网业务的概要层体系结构设计以及相关数据模型、接口和过程的定义。3GPP/3GPP2 以移动通信技术为工作核心，重点研究 3G，LTE/CDMA 网络针对物联网业务提供而需要实施的网络优化相关技术，研究涉及业务需求、核心网和无线网优化、安全等领域。CCSA 早在 2009 年完成了 M2M 的业务研究报告，与 M2M 相关的其他研究工作已经展开。

5.7　简述 M2M 应用的关键网络技术。

（1）码号。随着 M2M 应用的逐步普及，网络需接入大量的 M2M 终端，这对码号资源提出了新的需求，而码号的具体方案又对接入网和核心网提出改造要求。为此，需尽早启动 M2M 码号格式和分配策略的研究，统筹规划确保 M2M 应用的规模化发展。(2)服务质量保证机制。M2M 的应用领域和种类众多，涵盖行业、家庭等多方面，不同类的 M2M 业务对服务质量的要求多种多样。为了充分地利用网络资源，同时为 M2M 应用提供满足需求的通信服务，需要研究 M2M 应用的服务质量体系，以及终端、接入网、核心网、应用系统之间的统一的服务质量保证机制。(3)符合 M2M 业务流量模型的空中接口优化业务流量模型(Service traffic model)是无线通信系统设计的基础，现有无线通信系统的空口设计和优化是针对 H2H 通信业务进行的，如 VoIP 业务模型、FTP 业务模型、流媒体业务模型等，但 M2M 业务模型与这些业务模型有明显的差异。因此，必须首先构造针对 M2M 典型业务的业务模型，基于这些业务模型实现无线通信系统的控制接口优化。

5.8　简述 M2M 在家居领域的特点。

随着 M2M 技术及应用的进一步发展和普及，在智能家居领域将逐渐呈现出泛在、融合、开放的特点：(1)智能家电设备将通过蓝牙、WLAN、WiMAX、家庭网关等家庭局域网的无线宽带接入手段融入 3G 网络，构成智能家居服务泛在化的网络基础；(2)未来的智能家居不再是信息孤岛，而是由智能家电构成的家庭传感器网络与各服务提供商的应用系统建立连接，通过标准化的接口协议请求提供服务；(3)为了满足用户个性化和定制化的需求，客观上需要一个开放的业务开发环境，使应用开发商或运营商可以方便地为用户生成个性化的业务逻辑并迅速部署。

5.9　简述 M2M 在 ETSI 的研究。

ETSI 是国际上较早系统展开 M2M 相关研究的标准化组织，2009 年初成立了专门的 TC 来负责统筹 M2M 的研究，旨在制定一个水平化的、不针对特定 M2M 应用的端到端解决方案的标准。其研究范围可以分为两个层面，第一个层面是针对 M2M 应用用例的收集和分析；第二个层面是在用例研究的基础上，开展应用无关的统一 M2M 解决方案的业务需求分析，网络体系架构定义和数据模型、接口和过程设计等工作。

习题六

一、填空题

6.1　传输或核心、接入

6.2　32、128

6.3　WCDMA、CDMA2000、TD－SCDMA

二、选择题

6.4　D　6.5　ABC　6.6　A

三、简答题

6.7　简述物联网的通信包括哪几层，以及每层的功能，同时列举每层的主要技术。

包括为两个层次，分别是传输层和接入层，传输层为原有的互联网，主要完成信息的远距离传输等功能。包括 IPV4 网络技术、IPV6 网络技术和核心过渡技术。接入层主要完成各类感知设备的互联网接入，该层重点强调各类接入方式。包括有线接入和无线接入。比如 3G/4G、无线个域网、WiFi、有线或者卫星等方式。

6.8 从路由算法的自适应性考虑，可以分为那两种路由选择策略？

静态路由选择策略——即非自适应路由选择，其特点是简单和开销较小，但不能及时适应网络状态的变化。

动态路由选择策略——即自适应路由选择，其特点是能较好地适应网络状态的变化，但实现起来较为复杂，开销也比较大。

6.9 简述 IPv6 基本首部的格式。

版本（version）——4 位。它指明了协议的版本，对 IPv6 该字段总是 6。

通信量类（trafficclass）——8 位。这是为了区分不同的 IPv6 数据报的类别或优先级。目前正在进行不同的通信量类性能的实验。

流标号（flowlabel）——20 位。IPV6 的一个新机制是支持资源预分配，并且允许路由器把每一个数据报与一个给定的资源分配相联系。"流"是互联网络上从特定源点到特定终点的一系列数据报，"流"所经过的路径上的路由器都保证指明的服务质量。所有属于同一个流的数据报都具有同样的流标号。因此对于实时性要求较高的数据传输特别有用。

有效载荷长度（payloadlength）——16 位。它指明 IPv6 数据报除基本首部以外的字节数（所有扩展首部都算在有效载荷之内），其最大值是 64KB。

下一个首部（nextheader）——8 位。它相当于 IPv4 的协议字段或可选字段。它的值指出了基本首部后面的数据应交付给 IP 上面的哪一个高层协议。

跳数限制（hoplimit）——8 位。源站在数据报发出时即设定跳数限制。路由器在转发数据报时将跳数限制字段中的值减 1。当跳数限制的值为零时，就要将此数据报丢弃。

源地址——128 位。是数据报的发送站的 IP 地址。

目的地址——128 位。是数据报的接收站的 IP 地址。

6.10 简答 LTE 无线传输技术主要包括哪些。

双工技术、下行 OFDM 多址接入技术、上行 SC－FDMA 多址接入技术、MIMO 技术、混合自动重传技术（HARQ）、自适应调制编码技术等。

6.11 简述无线局域网的 CSMA/CA 原理。

欲发送数据的站先检测信道。在 802.11 标准中规定了在物理层的接口进行物理层的载波监听。通过收到的相对信号强度是否超过一定的门限数值就可判定是否有其他的移动站在信道上发送数据。当源站发送它的第一个 MAC 帧时，若检测到信道空闲，则在等待一段时间后（即分布协调功能帧间间隔）就可发送。这是考虑到可能有其他的站有高优先级的帧要发送。如有，就要让高优先级帧先发送。如果没有高优先级帧要发送，源站发送了自己的数据帧。目的站若正确收到此帧，则经过时间间隔（是最短的帧间间隔，用来分隔开属于一次对话的各帧）后，向源站发送确认帧 ACK。若源站在规定时间内没有收到确认帧 ACK（由重传计时器控制这段时间），就必须重传此帧，直到收到确认为止，或者经过若干次的重传失败后放弃发送。

为了进一步减少了碰撞的机会，采用了虚拟载波监听机制，虚拟载波监听（Virtual Carrier Sense）的机制是让源站将它要占用信道的时间（包括目的站发回确认帧所需的时间）写入到所发送的数据帧中（即在首部中的"持续时间"中填入本帧占用信道的时间），通知给所有其他站，以便使其他所有站在这一段时间都停止发送数据。当一个站检测到正在信

道中传送的 MAC 帧首部的"持续时间"字段时，就调整自己的网络分配向量 NAV (Network Allocation Vector)。NAV 指出了必须经过多少时间才能完成数据帧的这次传输，才能使信道转入到空闲状态。当信道从忙态变为空闲时，任何一个站要发送数据帧时，这时不仅都必须等待一个分布协调功能帧间间隔，而且还要进入争用窗口，并计算随机退避时间以便再次重新试图接入到信道。在信道从忙态转为空闲时，各站就要执行退避算法。这样做就进一步减少了发生碰撞的概率。802.11 使用二进制指数退避算法。

习题七

一、填空题

7.1 物理资源、虚拟化资源、中间件管理部分和服务接口

7.2 SaaS(Software as a Service)，PaaS(Platform as a Service)，IaaS(Infrastructure as a Service)。

二、选择题

7.3 C 7.4 ABCD 7.5 A

三、简答题

7.6 简述通俗理解的云计算的概念。

通俗的理解是，云计算的"云"就是存在于互联网上的服务器集群上的资源，它包括硬件资源(服务器、存储器、CPU 等)和软件资源(如应用软件、集成开发环境等)，本地计算机只需要通过互联网发送一个需求信息，远端就会有成千上万的计算机为你提供需要的资源并将结果返回到本地计算机，这样，本地计算机几乎不需要做什么，所有的处理都在云计算提供商所提供的计算机群来完成。

7.7 列举云计算的核心技术。

参考答案：编程模型、数据管理技术、数据存储技术、虚拟化技术、云计算平台管理技术。

7.8 简述云存储和云安全的概念。

云存储的概念与云计算类似，它是指通过集群应用、网格技术或分布式文件系统等功能，将网络中大量各种不同类型的存储设备通过应用软件集合起来协同工作，共同对外提供数据存储和业务访问功能的一个系统。数据量的迅猛增长使得存储成为企业无法回避的一个问题，与之相关的费用开支成为数据中心最大的成本之一，持续增长的数据存储压力使得云存储成为云计算方面比较成熟的一项业务。

"云安全(Cloud Security)"计划是网络时代信息安全的最新体现，它融合了并行处理、网格计算、未知病毒行为判断等新兴技术和概念，通过网状的大量客户端对网络中软件行为的异常监测，获取互联网中木马、恶意程序的最新信息，传送到 Server 端进行自动分析和处理，再把病毒和木马的解决方案分发到每一个客户端。

7.9 列举典型的云计算平台。

IBM 云计算：蓝云，亚马逊云计算：Amazon EC2，谷歌云计算：Google App Engine，微软云计算：Windows Azure，Salesforce。

7.10　简述云计算与物联网的结合方式。

云计算与物联网的结合方式我们可以分为以下几种。一是单中心，多终端。二是多中心，大量终端。三是信息、应用分层处理，海量终端。

习题八

一、填空题

8.1　选择、交叉 、变异；

8.2　惯性权值

8.3　$x_{ij}(t)$

8.4　r-连续匹配

8.5　10001、10010、2 　、11001 、11011 、1

8.6　模糊化机构、模糊规则集合、模糊推理、去模糊化机构

8.7　轴突、树突

8.8　反应型、思考型、复合型

二、选择题

8.9　C　8.10　D　8.11　C　8.12　A　8.13　D

三、简答题

8.14　简述当前比较流行的智能计算方法。

答：遗传算法、粒子群算法、人工蚁群、人工鱼群、免疫系统、神经网络以及 Agent 技术。

8.15　试比较遗传算法中轮盘赌选择与锦标赛选择操作。

答：相比于轮盘赌选择，使用锦标赛策略可提高解的精度并快速收敛，更适用于最小值问题。在使用锦标赛策略时，组的规模为种群规模的 60％～80％时效果最好。

8.16　简述粒子群算法的过程并写出计算公式。

答：将群体的一个粒子记为 $xi=(x_{i1}，x_{i2}，x_{i3}，\ldots，x_{iD})$，然后分析它在第 k 代时的某一个维度 d，记为 x_{id}^k，同样，v_{id}^k 表示它在第 k 代时的维度 d 上的位移（速度）。$(P_{id}-x_{id}^k)$ 表示它在第 k 代时与其最好位置在维度 d 上的差距，$(P_{gd}-x_{id}^k)$ 表示它在第 k 代时与群体最好位置在维度 d 上的差距，然后这两个差值分别乘 $c1×r1$ 和 $c2×r2$ 两个参数，实际上是对粒子原来飞行速度 v_{id}^k 的调整，防止粒子径直飞行，最终所有粒子都逐渐飞向最优值。

8.17　什么是检测器黑洞？

答：所谓的检测中的黑洞指的是一些无法被检测到的异体字符串

8.18　请画出 Agent 系统的基本结构。

答：Agent 的基本结构可以概括为 6 大模块：Agent 内核(Kernel)、基本能力模块(Basic Capabilities)、感知器(Sensor)、通信器(Communicator)、功能构件接口(Function Modules)以及知识库(Knowledge Base)。

四、综合题

8.19　请尝试用程序实现遗传算法中的轮盘赌选择操作。

答：function [new pop, bestindv] = roulette(new pop 1, pz, stringlength)

totalfit= 0;

for i= 1: pz

totalfit= totalfit+ new pop 1(i, stringlength+ 2);

end

prob= new pop 1(:, stringlength+ 2)/totalfit; prob= cum sum(prob); ms= sort (rand(pz, 1);

fitin= 1; new in= 1;

while(new in< = p z)

if ms(new in)< prob(fition)

    new pop(new in,:)= new pop 1(fitin,:); new in= new in+ 1;

else fitin= fitin+ 1;

end

end

8.20 请用本章介绍的智能计算方法实现一个实际应用的问题。

略

8.21 设有一个论域：X＝［1，100］，代表 100 个学生的学号，A＝｛1，2，6，7，9｝代表五个学生，1，2，6，7，9 这五人的隶属度分别为 0.89、0.23、0.76、0.45、0.96，代表他们的学习成绩和满分成绩的比值，用扎德表示法表示模糊集"好学生"。

答：$\bar{A}$＝0.89/1＋0.23/2＋0.76/6＋0.45/7＋0.96/9

习题九

一、填空题

9.1 64 位

9.2 128 位

9.3 AS、TGS、C、S

9.4 公钥、私钥

9.5 将账单 Hash 和订单 Hash 一起做 Hash 并用私钥签名

9.6 入侵检测 、HIDS、NIDS

9.7 包过滤、状态监测 、应用代理

9.8 服务日志、用户日志、网络日志

9.9 集中式、分布式

9.10 混杂

二、选择题

9.11 B 9.12 D 9.13 C 9.14 A 9.15 C

三、简答题

9.16 简述对称加密体制与公开密钥体制的区别。

答：1. 对称算法

（1）在对称算法体制中，如果有 N 个成员，就需要 N(N－1)/2 个密钥，这巨大的密钥量给密钥的分配和安全管理带来了困难。

（2）在对称算法体制中，知道了加密过程可以很容易推导出解密过程，知道了加密密钥就等于知道了解密密钥，可以用简单的方法随机产生密钥。

（3）多数对称算法不是建立在严格意义的数学问题上，而是基于多种"规则"和可"选择"假设上。

（4）用对称算法传送信息时，通信双方在开始通信之前必须约定使用同一密钥，这就带来密钥在传递过程中的安全问题，所以必须建立受保护的通道来传递密钥。

（5）对称算法不能提供法律证据，不具备数字签名功能。

（6）对称算法加密速度快，这也是对称算法唯一的重要优点，通常用对称算法加密大量的明文。

2. 公开密钥算法

（1）在公开密钥体制中，每个成员都有一对密钥(pk、sk)。如果有 N 个成员，只需要 2N 个密钥，需要的密钥少，密钥的分配和安全管理相对要容易一些。

（2）知道加密过程不能推导出解密过程，不能从 pk 推导出 sk，或从 sk 推导出 pk。或者说如果能推导出来也是很难的，要花很长的时间和代价。

（3）容易用数学语言描述，算法的安全性建立在已知数学问题求解困难的假设上。

9.17 设置安全口令一般应注意那几点。

答：要随机选择密码数字、在选择密码时，最好能同时使用字母(包括字母的大小写)、数字、特殊符号。如 A9d＄4 2，使用这种类型的密码是最为安全的、使用密码位数要尽可能地长，如 10 位密码、应该定期更换密码。

9.18 简述 PKI 的基本组成。

答：PKI 至少具有认证机构(CA)、数字证书库、密钥备份及恢复系统、证书作废处理系统、PKI 应用接口系统五个基本系统。

9.19 简述在 SET 协议中，消费者交给商家和银行的信息中包含的内容及过程。

略

9.20 简述 PGP 加密的过程。

答：PGP 的大致过程如下：

(1) A 用单向散列函数 hash(默认 MD5)从 M 中抽取信息散列值 M'；

(2) A 用自己的私钥对 M' 签名，得到签名文本 S，代表 A 在 M 上签了名；

(3) A 使用压缩算法压缩明文 M 得到 W；

(4) A 随机生成对称密钥 K，并用 K 加密 W 和 S；

(5) A 用 PGP 钥匙环中的 B 公钥对 K 加密；

(6) A 将加密消息和被 B 的公钥加密的 K 发送给 B；

(7) B 收到后，用自己的私钥解密 K；

(8) B 用 K 对 W 解密，还原出信息后解压缩得到明文 M；

(9) B 用 PGP 钥匙环中 A 公密钥对 S 解密，还原出信息散列值要 M'；

(10) B 用相同单向散列函数 hash 从 M 抽取信息摘要 M"；

(11) B 比较 M' 与 M"，当 M' 与 M" 相同时，可以断定 A 在 M 上签名。

参 考 文 献

[1] 谢希仁. 计算机网络[M]. 5 版. 北京：电子工业出版社，2008.

[2] 张金菊，孙学康. 现代通信技术[M]. 北京：人民邮电出版社，2005.

[3] 吴功宜. 计算机网络教程[M]. 北京：电子工业出版社，2003.

[4] [美] Andrew S. Tanenbaum. 计算机网络[M]. 4 版. 北京：清华大学出版社，2004.8.

[5] 步山岳. 计算机信息安全技术[M]. 北京：高等教育出版社，2005.

[6] 马利. 计算机信息安全[M]. 北京：清华大学出版社，2010.

[7] [美]Larry L. Peterson, Bruce S. Davie. Computer Networks A Systems Approach[M]. 北京：机械工业出版社，2007.

[8] 孙运旺，李林功. 传感器技术与应用[M]. 杭州：浙江大学出版社，2006.

[9] 张岩，胡秀芳. 传感器应用技术[M]. 福州：福州科技出版社，2006.

[10] 邓海龙. 传感器与检测技术[M]. 北京：中国纺织出版社，2008.

[11] 高晓蓉. 传感器技术[M]. 成都：西南交通大学出版社，2003.

[12] 张子栋，吴雪冰，吴申山. 智能传感器原理及应用[J]. 河南科技学院学报（自然科学版），2008.

[13] 周焱，胡氢. 湿度传感器发展反响[J]. 科技广场，2006.

[14] 王志刚，石凤良，刘先烨. 电阻和电容型湿度传感器的物理性能及其应用[J]. 物理通报，2008(2).

[15] 宋文绪. 传感器与检测技术[M]. 北京：高等教育出版社，2004.

[16] 凌振宝. 传感器原理及检测技术[M]. 长春：吉林大学出版社，2003.

[17] 刘凯，陈志东，邹德福，等. MEMS 传感器和智能传感器的发展[J]. 仪表技术与传感器，2007.

[18] 杨江. 基于 IEEE 1451.2 的智能传感器独立接口设计[J]. 单片机与嵌入式系统应用，2008(6).

[19] 丁露，梅恪. 智能传感器在物联网领域中的应用[J]. 信息技术与标准化，2010(8).

[20] 曾强，等. 无线射频识别与电子标签——全球 RFID 中国峰会[M]. 北京：中国经济出版社，2005.

[21] 游战清，李苏剑，张益强. 无线射频技术（RFID）理论与应用[M]. 北京：电子工业出版社，2004：25-323.

[22] 胡树豪. 实用射频技术[M]. 北京：电子工业出版社，2004.

[23] 佚名. 中国物流创新大会[J]. 北京：物流技术与应用，2004.

[24] 王立荣. 射频识别技术在图书馆领域应用[J]. 现代情报，2005(1)：111-112.

[25] 王忠敏，张成海. EPC 与物联网[J]. 北京：物流技术与应用. 2004：33-89.

[26] 结束同质时代—RFID 技术在制造业中的应用[EB/OL]. http：//www. un-wired. com. cn. 2004.

[27] [德]KlausFinkenzeller. 射频识别（RFID）技术[M]. 北京：电子工业出版社，2002：11-258.

[28] 中国物品编码中心. SAVANT 技术说明书. 2003：1-16.

[29] 李毅. 基于 RFID 技术的车辆综合自动管理系统的设计研究[J]. 微计算机信息，2005：153-154.

[30] 王志良. 物联网——现在与未来[M]. 北京：机械工业出版社，2010.

[31] 钟义信，周延泉，李蕾. 信息科学教程[M]. 北京：北京邮电大学出版社，2005.

[32] 孙其博，等. 物联网：概念、架构与关键技术研究综述[J]. 北京邮电大学学报，2010.

[33] 物联网牵手云计算的"两大关键"[EB/OL]. 国脉物联网. http：//nc. im2m. com. cn.

[34] 危机催生新技术——物联网发起突袭. IT 商业新闻网[EB/OL]. http：//www. itxinwen. com.

[35] 物联网——后危机时代的"救市主"[EB/OL]. http：//digi. tech. qq. com.

[36] UIT. ITU Internet Reports 2005：The Internet of Things[R]. 2005.

[37] 苏彬，范曲立，宗平，等. 物联网的体系结构与相关技术研究[J]. 南京邮电大学学报（自然科学版），2009(12).

[38] 祝魏伟，李国杰. 一场压抑已久的信息科学革命即将到来[J]. 科技信息参考，2008.

[39] 物联网"推高"第三次信息浪潮. 中科院无锡微纳传感网工程技术研发中心[EB/OL]. http：//www. Gkong. com.

[40] 物联网技术及其标准[EB/OL]. http：//fibenofweek. Eom/011-02/ART-210017-8300-28438159. html.

[41] 张晖. 物联网技术架构与标准体系[EB/OL]. http：//wenku. baidu. com/view.

[42] 梁炜，曾鹏. 面向工业自动化物联网技术与应用[J]. 仪器仪表标准化与计量，2010.

[43] 杨霖. 物联网将成我国城市信息化发展的引擎. 国脉物联网[EB/OL]. http：//www. rfidwodd. com. cn.

[44] 物联网产业发展研究(2010). 通信网[EB/OL]. http：//www. CWW. net. en.

[45] 物联网的本质是深度信息化. RFID 世界网[EB/OL]. http：//www. wOlOw. eom. cn.

[46] 邬贺铨院士在第二届物联网大会的发言. 关于物联网发展的思考.

[47] 邬贺铨院士在第三届物联网大会的发言. IOT 与 ICT.

[48] 周涛. 软计算与人工智能[J]. 福建电脑，2006(1).

[49] 王小平. 遗传算法—理论应用与软件实现[M]. 西安：西安交通大学出版社，2002.

［50］周明．遗传算法原理及应用［M］．北京：国防工业出版社，1999(6).

［51］张琛．遗传算法选择策略比较［J］．计算机工程与设计，2009(7).

［52］张宏宇．基于遗传算法的入侵检测特征选择［J］．技术研究与应用，2008(10).

［53］［南非］Andries. P. Engelbrecht. 计算智能导论［M］. 2 版．谭营，译．北京：清华大学出版社，2010.

［54］［南非］Andries. P. Engelbrecht. 计算群体智能基础［M］．谭营，译．北京：清华大学出版社，2009.

［55］胡森来，张昱，等．基于遗传算法的无线传感网 PEGASIS 算法的改进［J］．江南大学学报(自然科学版)，2008(8).

［56］纪震，等．粒子群算法及应用［M］．北京：科学出版社，2009.

［57］张利彪．基于粒子群优化算法的研究［D］．长春：吉林大学，2004.

［58］ShiY, Eberhart RA. Modiifed Particle Swarm Optimizer［C］. In：Proceedings of the IEEE International Conference on Evolutionary Computation，Piscataway NJ；IEEE Press，1998：69-73.

［59］Clerc M. The Swarm and the Queen：Towards a Deterministic and Adaptive Particle Swarm Optimization［C］. In：Proc CEC 1999，1999：1951-1957.

［60］王维，等．遗传算法在大学排课问题中的应用［J］．科协论坛，2010(9).

［61］胡冠宇，贾楠．基于粒子群算法的项目融资内部收益率的求解［J］．中国林业经济，2011(11).

［62］王亮，胡冠宇．基于粒子群算法和 QoS 约束路由的 EIGRP 混合度量值算法的优化［J］．哈尔滨理工大学学报，2012.

［63］邹立新．基于蚁群算法的拥塞规避与动态路由选择研究［D］．天津：中国民航大学，2007.

［64］李晓磊，邵之江．一种新型的智能优化方法－人工鱼群算法［D］．杭州：浙江大学，2003.

［65］Farmer J D，Packard N H，Perelson A S. The Immune System，Adaptation，and Machine Leraing. 大学论文，1986.

［66］焦李成，尚荣华，等．多目标优化免疫算法、理论和应用［M］．北京：科学出版社，2010.

［67］S. Forrest，A. S. Perelson，L. Allen，et al. Self-Nonself Discrimination in a Computer［C］. In Proceedings of the IEEE Symposium on Research in Security and Privacy，1994.

［68］J. Kim，P. j. Bentley. Negative Selection Niching by an Artificial Immune System for Network Intrusion Detection［C］. In Genetic and Evolutionary Computation Conference，1999.

［69］Kim J，Bentley P. Towards an artificial immune system for network intrusion detection：an investigation of clonal selection with a negative selection operator［M］. Seoul：IEEE Computer Society Press，2001：27-30.

［70］刘希玉，刘弘．人工神经网络与微粒群优化［M］．北京：北京邮电大学出版社，2008．

［71］董文杰，刘进，等．最优化技术与数学建模［M］．北京：清华大学出版社，2010．

［72］姚敏，黄燕君．模糊系统研究［J］．系统工程与实践，2000．

［73］Yager R R. Measures of Entropy and Fuzziness Related ti Aggregation Operators ［J］. Information Sciences，1995．

［74］吴刚．基于多 Agent 的物联网信息融合方法的研究［D］．南京：南京邮电大学，2011．

［75］武传坤．物联网安全机构初探［J］．中国科学院院刊，2010(5)．

［76］步山岳．计算机信息安全技术［M］．北京：高等教育出版社，2009(8)．

［77］［美］William Stallings. 密码编码学与网络安全［M］．刘玉珍，等译．北京：电子工业出版社，2006．

［78］李剑．入侵检测技术［M］．北京：高等教育出版社，2008．

［79］顾丽，王广泽．乔佩利．基于改进遗传算法的入侵检测的研究［J］．信息技术，2009．

［80］温蜜，邱卫东．基于传感器网络的物联网密钥管理［J］．上海电力学院学报，2011．

［81］楚狂，等．网络安全与防火墙技术［M］．北京：人民邮电出版社，2000．

［82］段云所，等．信息安全概论［M］．北京：高等教育出版社，2003．

［83］关振胜．公钥基础设施 PKI 与认证机构 CA［M］．北京：电子工业出版社，2002．

北京大学出版社本科计算机系列实用规划教材

序号	标准书号	书 名	主编	定价	序号	标准书号	书 名	主编	定价
1	7-301-10511-5	离散数学	段禅伦	28	38	7-301-13684-3	单片机原理及应用	王新颖	25
2	7-301-10457-X	线性代数	陈付贵	20	39	7-301-14505-0	Visual C++程序设计案例教程	张荣梅	30
3	7-301-10510-X	概率论与数理统计	陈荣江	26	40	7-301-14259-2	多媒体技术应用案例教程	李 建	30
4	7-301-10503-0	Visual Basic 程序设计	闵联营	22	41	7-301-14503-6	ASP .NET 动态网页设计案例教程(Visual Basic .NET 版)	江 红	35
5	7-301-10456-9	多媒体技术及其应用	张正兰	30	42	7-301-14504-3	C++面向对象与Visual C++程序设计案例教程	黄贤英	35
6	7-301-10466-8	C++程序设计	刘天印	33	43	7-301-14506-7	Photoshop CS3 案例教程	李建芳	34
7	7-301-10467-5	C++程序设计实验指导与习题解答	李 兰	20	44	7-301-14510-4	C++程序设计基础案例教程	于永彦	33
8	7-301-10505-4	Visual C++程序设计教程与上机指导	高志伟	25	45	7-301-14942-5	ASP .NET 网络应用案例教程(C# .NET 版)	张登辉	33
9	7-301-10462-0	XML 实用教程	丁跃潮	26	46	7-301-12377-5	计算机硬件技术基础	石 磊	26
10	7-301-10463-7	计算机网络系统集成	斯桃枝	22	47	7-301-15208-9	计算机组成原理	娄国焕	24
11	7-301-10465-1	单片机原理及应用教程	范立南	30	48	7-301-15463-2	网页设计与制作案例教程	房爱莲	36
12	7-5038-4421-3	ASP .NET 网络编程实用教程(C#版)	崔良海	31	49	7-301-04852-8	线性代数	姚喜妍	22
13	7-5038-4427-2	C 语言程序设计	赵建锋	25	50	7-301-15461-8	计算机网络技术	陈代武	33
14	7-5038-4420-5	Delphi 程序设计基础教程	张世明	37	51	7-301-15697-1	计算机辅助设计二次开发案例教程	谢安俊	26
15	7-5038-4417-5	SQL Server 数据库设计与管理	姜 力	31	52	7-301-15740-4	Visual C# 程序开发案例教程	韩朝阳	30
16	7-5038-4424-9	大学计算机基础	贾丽娟	34	53	7-301-16597-3	Visual C++程序设计实用案例教程	于永彦	32
17	7-5038-4430-0	计算机科学与技术导论	王昆仑	30	54	7-301-16850-9	Java 程序设计案例教程	胡巧多	32
18	7-5038-4418-3	计算机网络应用实例教程	魏 峥	25	55	7-301-16842-4	数据库原理与应用 (SQL Server 版)	毛一梅	36
19	7-5038-4415-9	面向对象程序设计	冷英男	28	56	7-301-16910-0	计算机网络技术基础与应用	马秀峰	33
20	7-5038-4429-4	软件工程	赵春刚	22	57	7-301-15063-4	计算机网络基础与应用	刘远生	32
21	7-5038-4431-0	数据结构(C++版)	秦 锋	28	58	7-301-15250-8	汇编语言程序设计	张光长	28
22	7-5038-4423-2	微机应用基础	吕晓燕	33	59	7-301-15064-1	网络安全技术	骆耀祖	30
23	7-5038-4426-4	微型计算机原理与接口技术	刘彦文	26	60	7-301-15584-4	数据结构与算法	佟伟光	32
24	7-5038-4425-6	办公自动化教程	钱 俊	30	61	7-301-17087-8	操作系统实用教程	范立南	36
25	7-5038-4419-1	Java 语言程序设计实用教程	董迎红	33	62	7-301-16631-4	Visual Basic 2008 程序设计教程	隋晓红	34
26	7-5038-4428-0	计算机图形技术	龚声蓉	28	63	7-301-17537-8	C 语言基础案例教程	汪新民	31
27	7-301-11501-5	计算机软件技术基础	高 巍	25	64	7-301-17397-8	C++程序设计基础教程	郗亚辉	30
28	7-301-11500-8	计算机组装与维护实用教程	崔明远	33	65	7-301-17578-1	图论算法理论、实现及应用	王桂平	54
29	7-301-12174-0	Visual FoxPro 实用教程	马秀峰	29	66	7-301-17964-2	PHP 动态网页设计与制作案例教程	房爱莲	42
30	7-301-11500-8	管理信息系统实用教程	杨月江	27	67	7-301-18514-8	多媒体开发与编程	于永彦	35
31	7-301-11445-2	Photoshop CS 实用教程	张 瑾	28	68	7-301-18538-4	实用计算方法	徐亚平	24
32	7-301-12378-2	ASP .NET 课程设计指导	潘志红	35	69	7-301-18539-1	Visual FoxPro 数据库设计案例教程	谭红杨	35
33	7-301-12394-2	C# .NET 课程设计指导	龚自霞	32	70	7-301-19313-6	Java 程序设计案例教程与实训	董迎红	45
34	7-301-13259-3	VisualBasic .NET 课程设计指导	潘志红	30	71	7-301-19389-1	Visual FoxPro 实用教程与上机指导（第2版）	马秀峰	40
35	7-301-12371-3	网络工程实用教程	汪新民	34	72	7-301-19435-5	计算方法	尹景本	28
36	7-301-14132-8	J2EE 课程设计指导	王立丰	32	73	7-301-19388-4	Java 程序设计教程	张剑飞	35
37	7-301-21088-8	计算机专业英语(第2版)	张 勇	42	74	7-301-19386-0	计算机图形技术(第2版)	许承东	44

75	7-301-15689-6	Photoshop CS5 案例教程(第2版)	李建芳	39	83	7-301-21052-9	ASP.NET 程序设计与开发	张绍兵	39
76	7-301-18395-3	概率论与数理统计	姚喜妍	29	84	7-301-16824-0	软件测试案例教程	丁宋涛	28
77	7-301-19980-0	3ds Max 2011 案例教程	李建芳	44	85	7-301-20328-6	ASP. NET 动态网页案例教程(C#.NET 版)	江 红	45
78	7-301-20052-0	数据结构与算法应用实践教程	李文书	36	86	7-301-16528-7	C#程序设计	胡艳菊	40
79	7-301-12375-1	汇编语言程序设计	张宝剑	36	87	7-301-21271-4	C#面向对象程序设计及实践教程	唐 燕	45
80	7-301-20523-5	Visual C++程序设计教程与上机指导(第2版)	牛江川	40	88	7-301-21295-0	计算机专业英语	吴丽君	34
81	7-301-20630-0	C#程序开发案例教程	李挥剑	39	89	7-301-21341-4	计算机组成与结构教程	姚玉霞	42
82	7-301-20898-4	SQL Server 2008 数据库应用案例教程	钱哨	38	90	7-301-21367-4	计算机组成与结构实验实训教程	姚玉霞	22

北京大学出版社电气信息类教材书目(已出版)
欢迎选订

序号	标准书号	书 名	主编	定价	序号	标准书号	书 名	主编	定价
1	7-301-10759-1	DSP 技术及应用	吴冬梅	26	38	7-5038-4400-3	工厂供配电	王玉华	34
2	7-301-10760-7	单片机原理与应用技术	魏立峰	25	39	7-5038-4410-2	控制系统仿真	郑恩让	26
3	7-301-10765-2	电工学	蒋 中	29	40	7-5038-4398-3	数字电子技术	李 元	27
4	7-301-19183-5	电工与电子技术(上册)(第2版)	吴舒辞	30	41	7-5038-4412-6	现代控制理论	刘永信	22
5	7-301-19229-0	电工与电子技术(下册)(第2版)	徐卓农	32	42	7-5038-4401-0	自动化仪表	齐志才	27
6	7-301-10699-0	电子工艺实习	周春阳	19	43	7-5038-4408-9	自动化专业英语	李国厚	32
7	7-301-10744-7	电子工艺学教程	张立毅	32	44	7-5038-4406-5	集散控制系统	刘翠玲	25
8	7-301-10915-6	电子线路 CAD	吕建平	34	45	7-301-19174-3	传感器基础(第2版)	赵玉刚	30
9	7-301-10764-1	数据通信技术教程	吴延海	29	46	7-5038-4396-9	自动控制原理	潘 丰	32
10	7-301-18784-5	数字信号处理(第2版)	阎 毅	32	47	7-301-10512-2	现代控制理论基础(国家级十一五规划教材)	侯媛彬	20
11	7-301-18889-7	现代交换技术(第2版)	姚 军	36	48	7-301-11151-2	电路基础学习指导与典型题解	公茂法	32
12	7-301-10761-4	信号与系统	华 容	33	49	7-301-12326-3	过程控制与自动化仪表	张井岗	36
13	7-301-19318-1	信息与通信工程专业英语(第2版)	韩定定	32	50	7-301-12327-0	计算机控制系统	徐文尚	28
14	7-301-10757-7	自动控制原理	袁德成	29	51	7-5038-4414-0	微机原理及接口技术	赵志诚	38
15	7-301-16520-1	高频电子线路(第2版)	宋树祥	35	52	7-301-10465-1	单片机原理及应用教程	范立南	30
16	7-301-11507-7	微机原理与接口技术	陈光军	34	53	7-5038-4426-4	微型计算机原理与接口技术	刘彦文	26
17	7-301-11442-1	MATLAB 基础及其应用教程	周开利	24	54	7-301-12562-5	嵌入式基础实践教程	杨 刚	30
18	7-301-11508-4	计算机网络	郭银景	31	55	7-301-12530-4	嵌入式 ARM 系统原理与实例开发	杨宗德	25
19	7-301-12178-8	通信原理	隋晓红	32	56	7-301-13676-8	单片机原理与应用及 C51 程序设计	唐 颖	30
20	7-301-12175-7	电子系统综合设计	郭 勇	25	57	7-301-13577-8	电力电子技术及应用	张润和	38
21	7-301-11503-9	EDA 技术基础	赵明富	22	58	7-301-20508-2	电磁场与电磁波(第2版)	邬春明	30
22	7-301-12176-4	数字图像处理	曹茂永	23	59	7-301-12179-5	电路分析	王艳红	38
23	7-301-12177-1	现代通信系统	李白萍	27	60	7-301-12380-5	电子测量与传感技术	杨 雷	35
24	7-301-12340-9	模拟电子技术	陆秀令	28	61	7-301-14461-9	高电压技术	马永翔	28
25	7-301-13121-3	模拟电子技术实验教程	谭海曙	24	62	7-301-14472-5	生物医学数据分析及其MATLAB实现	尚志刚	25
26	7-301-11502-2	移动通信	郭俊强	22	63	7-301-14460-2	电力系统分析	曹 娜	35
27	7-301-11504-6	数字电子技术	梅开乡	30	64	7-301-14459-6	DSP 技术与应用基础	俞一彪	34
28	7-301-18860-6	运筹学(第2版)	吴亚丽	28	65	7-301-14994-2	综合布线系统基础教程	吴达金	24
29	7-5038-4407-2	传感器与检测技术	祝诗平	30	66	7-301-15168-6	信号处理 MATLAB 实验教程	李 杰	20
30	7-5038-4413-3	单片机原理及应用	刘 刚	24	67	7-301-15440-3	电工电子实验教程	魏 伟	26
31	7-5038-4409-6	电机与拖动	杨天明	27	68	7-301-15445-8	检测与控制实验教程	魏 伟	24
32	7-5038-4411-9	电力电子技术	樊立萍	25	69	7-301-04595-4	电路与模拟电子技术	张绪光	35
33	7-5038-4399-0	电力市场原理与实践	邹 斌	24	70	7-301-15458-8	信号、系统与控制理论(上、下册)	邱德润	70
34	7-5038-4405-8	电力系统继电保护	马永翔	27	71	7-301-15786-2	通信网的信令系统	张云麟	24
35	7-5038-4397-6	电力系统自动化	孟祥忠	25	72	7-301-16493-1	发电厂变电所电气部分	马永翔	35
36	7-5038-4404-1	电气控制技术	韩顺杰	22	73	7-301-16076-3	数字信号处理	王震宇	32
37	7-5038-4403-4	电器与 PLC 控制技术	陈志新	38	74	7-301-16931-5	微机原理与接口技术	肖洪兵	32

序号	标准书号	书　名	主　编	定价	序号	标准书号	书　名	主　编	定价
75	7-301-16932-2	数字电子技术	刘金华	30	99	7-301-19451-5	嵌入式系统设计及应用	邢吉生	44
76	7-301-16933-9	自动控制原理	丁　红	32	100	7-301-19452-2	电子信息类专业 MATLAB 实验教程	李明明	42
77	7-301-17540-8	单片机原理及应用教程	周广兴	40	101	7-301-16914-8	物理光学理论与应用	宋贵才	32
78	7-301-17614-6	微机原理及接口技术实验指导书	李干林	22	102	7-301-16598-0	综合布线系统管理教程	吴达金	39
79	7-301-12379-9	光纤通信	卢志茂	28	103	7-301-20394-1	物联网基础与应用	李蔚田	44
80	7-301-17382-4	离散信息论基础	范九伦	25	104	7-301-20339-2	数字图像处理	李云红	36
81	7-301-17677-1	新能源与分布式发电技术	朱永强	32	105	7-301-20340-8	信号与系统	李云红	29
82	7-301-17683-2	光纤通信	李丽君	26	106	7-301-20505-1	电路分析基础	吴舒辞	38
83	7-301-17700-6	模拟电子技术	张绪光	36	107	7-301-20506-8	编码调制技术	黄　平	26
84	7-301-17318-3	ARM 嵌入式系统基础与开发教程	丁文龙	36	108	7-301-20763-5	网络工程与管理	谢　慧	39
85	7-301-17797-6	PLC 原理及应用	缪志农	26	109	7-301-20845-8	单片机原理与接口技术实验与课程设计	徐懂理	26
86	7-301-17986-4	数字信号处理	王玉德	32	110	301-20725-3	模拟电子线路	宋树祥	38
87	7-301-18131-7	集散控制系统	周荣富	36	111	7-301-21058-1	单片机原理与应用及其实验指导书	邵发森	44
88	7-301-18285-7	电子线路 CAD	周荣富	41	112	7-301-20918-9	Mathcad 在信号与系统中的应用	郭仁春	30
89	7-301-16739-7	MATLAB 基础及应用	李国朝	39	113	7-301-20327-9	电工学实验教程	王士军	34
90	7-301-18352-6	信息论与编码	隋晓红	24	114	7-301-16367-2	供配电技术	王玉华	49
91	7-301-18260-4	控制电机与特种电机及其控制系统	孙冠群	42	115	7-301-20351-4	电路与模拟电子技术实验指导书	唐　颖	26
92	7-301-18493-6	电工技术	张　莉	26	116	7-301-21247-9	MATLAB 基础与应用教程	王月明	32
93	7-301-18496-7	现代电子系统设计教程	宋晓梅	36	117	7-301-21235-6	集成电路版图设计	陆学斌	36
94	7-301-18672-5	太阳能电池原理与应用	靳瑞敏	25	118	7-301-21304-9	数字电子技术	秦长海	49
95	7-301-18314-4	通信电子线路及仿真设计	王鲜芳	29	119	7-301-21366-7	电力系统继电保护(第 2 版)	马永翔	42
96	7-301-19175-0	单片机原理与接口技术	李　升	46	120	7-301-21450-3	模拟电子与数字逻辑	邬春明	39
97	7-301-19320-4	移动通信	刘维超	39	121	7-301-21439-8	物联网概论	王金甫	42
98	7-301-19447-8	电气信息类专业英语	缪志农	40					

相关教学资源如电子课件、电子教材、习题答案等可以登录 www.pup6.com 下载或在线阅读。

扑六知识网(www.pup6.com)有海量的相关教学资源和电子教材供阅读及下载(包括北京大学出版社第六事业部的相关资源)，同时欢迎您将教学课件、视频、教案、素材、习题、试卷、辅导材料、课改成果、设计作品、论文等教学资源上传到 pup6.com，与全国高校师生分享您的教学成就与经验，并可自由设定价格，知识也能创造财富。具体情况请登录网站查询。

如您需要免费纸质样书用于教学，欢迎登陆第六事业部门户网(www.pup6.cn)填表申请，并欢迎在线登记选题以到北京大学出版社来出版您的大作，也可下载相关表格填写后发到我们的邮箱，我们将及时与您取得联系并做好全方位的服务。

扑六知识网将打造成全国最大的教育资源共享平台，欢迎您的加入——让知识有价值，让教学无界限，让学习更轻松。

联系方式：010-62750667，pup6_czq@163.com，szheng_pup6@163.com，linzhangbo@126.com，欢迎来电来信咨询。